普通高等教育"十四五"规划教材

冶金工业出版社

燃煤烟气现代除尘与测试技术

齐立强 编著

U0342188

北 京

冶金工业出版社

2021

内 容 提 要

本书共分两篇十一章，围绕除尘技术和烟尘测试技术两个方面，系统地介绍了机械式除尘器、电除尘器、过滤式除尘器、湿式除尘器以及电袋复合、湿式静电等高效除尘技术，并从实际应用角度分析了各除尘技术的特点。同时，本书还对燃煤烟气特性、粉尘特性、除尘器性能的测试技术，以及超低排放烟气的测试技术进行了介绍。

本书可作为高等院校环境工程或能源与动力工程专业本科生及研究生教材，也可供从事电力环保以及工业窑炉烟气除尘工作的相关工程技术人员使用。

图书在版编目(CIP)数据

燃煤烟气现代除尘与测试技术/齐立强编著. —北京：
冶金工业出版社，2021.7
普通高等教育"十四五"规划教材
ISBN 978-7-5024-8856-7

Ⅰ.①燃… Ⅱ.①齐… Ⅲ.①煤烟污染—消烟除尘—
研究 Ⅳ.①X770.1

中国版本图书馆 CIP 数据核字（2021）第 135010 号

出 版 人 苏长永
地　　址 北京市东城区嵩祝院北巷 39 号　邮编　100009　电话　(010)64027926
网　　址 www.cnmip.com.cn　电子信箱　yjcbs@cnmip.com.cn
责任编辑 于昕蕾　美术编辑 吕欣童　版式设计 郑小利
责任校对 石　静　责任印制 李玉山
ISBN 978-7-5024-8856-7
冶金工业出版社出版发行；各地新华书店经销；三河市双峰印刷装订有限公司印刷
2021 年 7 月第 1 版，2021 年 7 月第 1 次印刷
787mm×1092mm 1/16；21.5 印张；520 千字；333 页
49.00 元

冶金工业出版社　投稿电话　(010)64027932　投稿信箱　tougao@cnmip.com.cn
冶金工业出版社营销中心　电话　(010)64044283　传真　(010)64027893
冶金工业出版社天猫旗舰店　yjgycbs.tmall.com
（本书如有印装质量问题，本社营销中心负责退换）

前　言

2014 年 9 月 12 日，国家发展改革委、国家环保部、国家能源局联合印发《煤电节能减排升级与改造行动计划（2014~2020 年)》（以下简称为《行动计划》），要求燃煤发电机组大气污染物排放浓度基本达到燃气轮机组排放限值（即在基准氧含量为 6% 条件下，烟尘、二氧化硫、氮氧化物排放浓度分别不高于 $10mg/m^3$、$35mg/m^3$、$50mg/m^3$。针对《行动计划》，我国燃煤电厂已经大量安装了低低温电除尘、电袋复合除尘器或者湿式电除尘器等新型除尘器，烟尘的测试技术也日新月异，新的测试仪器层出不穷。为了更好地为高等教育服务，根据培养计划，结合电力生产特色以及当前燃煤烟气污染物的控制技术，在增加大量反映当前除尘技术及烟尘测试技术的新理论、新内容基础上，特别对低低温电除尘器、电袋复合除尘器及湿式电除尘器的内容及一些新型测试仪器作简明的、深入浅出的介绍，使本专业学生对除尘技术的新发展、新理论有比较全面的了解，以满足培养面向 21 世纪除尘技术人才的需要。

本书围绕除尘技术和烟尘测试技术两个方面，系统介绍了机械式除尘器、电除尘器、过滤式除尘器、湿式除尘器以及电袋复合、湿式静电等高效除尘技术，并从实际应用角度分析了各除尘技术的特点。同时，本书还对燃煤烟气特性、粉尘特性、除尘器性能的测试技术，以及超低排放烟气的测试技术进行了介绍。

本书在编写过程中参考和引用了大量国内外相关文献资料，在此对所有作者表示诚挚感谢。在编写过程中，研究生刘盟盟、高唯恒、周紫微、罗积琛、计霖等同学帮助完成了书稿的部分插图和文字整理工作，在此也深表谢意。

由于编者水平所限，书中难免存在不足之处，恳请读者给予批评指正。

作　者
2021 年 5 月

目　录

第1篇　除尘技术

1　绪论 ··· 1

1.1　我国环保政策及污染控制形势 ······························· 1

1.2　燃煤电厂烟气治理技术路线演变过程 ························· 3

2　除尘技术基础 ·· 5

2.1　颗粒捕集的理论基础 ······································· 5

2.2　除尘装置的分类 ··· 6

2.3　评价除尘器性能的指标 ····································· 7

2.3.1　处理气体流量 ·· 8

2.3.2　除尘器的压力损失 ···································· 9

2.3.3　除尘效率 ·· 9

2.3.4　分级除尘效率 ······································· 10

2.3.5　串联除尘效率 ······································· 10

2.3.6　粉尘通过率与净化系数 ······························ 10

3　机械式除尘技术 ··· 12

3.1　重力沉降室 ·· 12

3.1.1　重力沉降室的设计 ··································· 12

3.1.2　沉降室设计注意事项 ································· 14

3.1.3　重力沉降室的种类 ··································· 15

3.2　惯性除尘器 ·· 16

3.2.1　惯性除尘器的工作机理 ······························ 16

3.2.2　惯性除尘器的类型和结构 ···························· 16

3.3　旋风除尘器 ·· 17

3.3.1　旋风除尘器的工作原理 ······························ 18

3.3.2　影响旋风除尘器性能的主要因素 ······················ 24

3.3.3　旋风除尘器的分类和选型 ···························· 29

4　电除尘技术 ··· 32

4.1　电除尘器的发展与现状 ····································· 32

　　4.1.1　电除尘技术的发明与发展 ·· 32
　　4.1.2　我国电除尘技术的发展概况 ·· 34
　　4.1.3　电除尘技术的发展趋势 ·· 35
　4.2　电除尘器的分类及特点 ··· 37
　　4.2.1　电除尘器的分类 ·· 37
　　4.2.2　电除尘器的特点 ·· 43
　　4.2.3　电除尘器的常用术语 ·· 43
　4.3　电除尘机理及基本理论 ··· 47
　　4.3.1　电晕放电 ·· 47
　　4.3.2　收尘空间尘粒的荷电 ·· 53
　　4.3.3　荷电尘粒的运动 ··· 55
　　4.3.4　荷电尘粒的捕集和除尘效率 ·· 57
　　4.3.5　电极清灰 ·· 60
　4.4　电除尘器的本体结构 ·· 65
　　4.4.1　收尘极系统 ·· 66
　　4.4.2　电晕极系统 ·· 74
　　4.4.3　烟箱系统 ·· 81
　　4.4.4　壳体系统 ·· 87
　　4.4.5　储卸灰系统 ·· 92
　4.5　电除尘器的供电系统 ·· 95
　　4.5.1　电除尘器供电设备的特点及组成 ······································ 96
　　4.5.2　电除尘器高压供电装置 ·· 97
　　4.5.3　电除尘器低压自动控制装置 ·· 98
　　4.5.4　电除尘器供电新技术 ·· 99
　　4.5.5　变频高压电源 ··· 103
　　4.5.6　高频恒流高压电源 ··· 104
　　4.5.7　三相高压直流电源 ··· 105
　　4.5.8　单相工频高压直流电源 ·· 106
　4.6　影响电除尘器性能的因素 ·· 107
　　4.6.1　粉尘特性的影响 ·· 108
　　4.6.2　烟气性质的影响 ·· 112
　　4.6.3　本体结构参数及性能的影响 ·· 115
　　4.6.4　供电控制质量的影响 ··· 116
　　4.6.5　运行因素的影响 ·· 121

5　袋式除尘技术 ··· 127
　5.1　概述 ·· 127
　5.2　袋式除尘器的工作原理 ··· 128
　　5.2.1　过滤机理 ·· 129

　　5.2.2　清灰机理 ……………………………………………………… 132
　　5.2.3　袋式除尘器的特点 …………………………………………… 134
5.3　袋式除尘器的分类及结构形式 …………………………………… 135
　　5.3.1　袋式除尘器的分类 …………………………………………… 135
　　5.3.2　脉冲喷吹类袋式除尘器 ……………………………………… 138
　　5.3.3　反吹风类袋式除尘器 ………………………………………… 148
　　5.3.4　喷嘴反吹类袋式除尘器 ……………………………………… 157
　　5.3.5　机械振动清灰类袋式除尘器 ………………………………… 158
　　5.3.6　复合式除尘器 ………………………………………………… 161
　　5.3.7　其他特殊用途袋式除尘器 …………………………………… 164
5.4　滤料的种类及特性 ………………………………………………… 167
　　5.4.1　滤料的特性 …………………………………………………… 167
　　5.4.2　滤料的结构 …………………………………………………… 170
　　5.4.3　滤料的种类 …………………………………………………… 171
5.5　影响袋式除尘器除尘效率的因素 ………………………………… 173

6　湿式除尘技术 ………………………………………………………… 175

6.1　湿式除尘器的原理、分类与性能 ………………………………… 175
　　6.1.1　湿式除尘器的工作原理 ……………………………………… 175
　　6.1.2　湿式除尘器的分类 …………………………………………… 175
　　6.1.3　湿式除尘器的性能 …………………………………………… 176
6.2　湿式除尘器介绍 …………………………………………………… 176
　　6.2.1　喷淋塔 ………………………………………………………… 176
　　6.2.2　水浴除尘器 …………………………………………………… 178
　　6.2.3　筛板塔 ………………………………………………………… 179
　　6.2.4　水膜除尘器 …………………………………………………… 182
　　6.2.5　填料塔 ………………………………………………………… 189
　　6.2.6　文丘里除尘器 ………………………………………………… 190
6.3　脱水方法 …………………………………………………………… 194
　　6.3.1　重力沉降法 …………………………………………………… 194
　　6.3.2　离心法 ………………………………………………………… 194
　　6.3.3　过滤法 ………………………………………………………… 195

7　新型高效除尘技术 …………………………………………………… 196

7.1　低低温电除尘技术 ………………………………………………… 196
　　7.1.1　低低温电除尘技术工作原理及组成 ………………………… 196
　　7.1.2　低低温电除尘技术特点 ……………………………………… 197
　　7.1.3　酸露点及灰硫比 ……………………………………………… 198
　　7.1.4　核心问题及应对措施 ………………………………………… 200

7.2 湿式电除尘技术 ································· 205
7.2.1 金属极板湿式电除尘技术 ·············· 206
7.2.2 导电玻璃钢湿式电除尘技术 ············ 211
7.2.3 柔性极板湿式电除尘技术 ·············· 214
7.2.4 三种形式湿式电除尘技术的对比 ········ 216
7.3 移动电极技术 ································· 217
7.4 滤筒除尘器 ··································· 219
7.4.1 滤筒除尘器的粉尘捕集及清灰机理 ······ 220
7.4.2 滤筒除尘器的基本结构及其类型 ········ 222
7.5 电袋复合除尘技术 ··························· 226
7.5.1 电袋复合除尘器的基本原理 ············ 226
7.5.2 电袋复合除尘器的主要结构形式 ········ 229
7.5.3 电袋复合除尘器的主要技术特点 ········ 230
7.5.4 影响电袋复合除尘器性能的因素 ········ 231
7.6 静电增强水雾除尘技术 ······················· 237
7.6.1 静电增强水雾除尘技术基本原理 ········ 237
7.6.2 荷电水雾捕尘机理 ···················· 238
7.6.3 水雾的荷电 ·························· 239
7.6.4 荷电水雾喷嘴 ························ 241
7.7 燃煤烟气超低排放技术路线 ··················· 243
7.7.1 以低低温电除尘技术为核心的烟气协同治理技术路线 ···· 243
7.7.2 以湿式电除尘技术为核心的烟气协同治理技术路线 ······· 246

第2篇 烟尘测试技术

8 烟气状态参数的测量 ······························· 249

8.1 烟气的组成及表示 ··························· 249
8.1.1 烟气组成 ···························· 249
8.1.2 相及组分表示法 ······················ 249
8.1.3 气体基本定律 ························ 251
8.2 测试条件的选择 ····························· 252
8.2.1 测定与运转的条件 ···················· 252
8.2.2 测试位置和测定点的选取 ·············· 253
8.3 烟气温度的测量 ····························· 254
8.3.1 水银玻璃温度计 ······················ 255
8.3.2 热电偶温度计 ························ 255
8.4 烟气压力的测量 ····························· 256
8.4.1 烟气压力测定原理 ···················· 256

　　8.4.2　烟气压力测定仪器 ………………………………………… 256

　　8.4.3　测定方法 …………………………………………………… 258

　8.5　烟气含湿量的测量 …………………………………………… 258

　　8.5.1　吸湿管法 …………………………………………………… 258

　　8.5.2　冷凝器法 …………………………………………………… 259

　　8.5.3　干湿球法 …………………………………………………… 260

　8.6　烟气流速与流量的测量 ……………………………………… 261

　　8.6.1　流速的测定方法 …………………………………………… 261

　　8.6.2　管道内流量的计算 ………………………………………… 262

　8.7　烟气含尘浓度的测定 ………………………………………… 262

　　8.7.1　工作区粉尘浓度的测定 …………………………………… 262

　　8.7.2　管道内粉尘浓度的测定 …………………………………… 263

　　8.7.3　实验室粉尘浓度测定的工作原理 ………………………… 266

9　粉尘特性及测量 ……………………………………………… 267

　9.1　粉尘采样原则及等速采样 …………………………………… 267

　　9.1.1　粉尘采样的原则 …………………………………………… 267

　　9.1.2　预测流速法等速采样 ……………………………………… 268

　　9.1.3　皮托管平行采样法等速采样 ……………………………… 270

　　9.1.4　静压平衡法等速采样 ……………………………………… 270

　　9.1.5　动压平衡法等速采样 ……………………………………… 273

　9.2　粉尘样品的分取 ……………………………………………… 274

　　9.2.1　圆锥四分法 ………………………………………………… 274

　　9.2.2　流动切断法 ………………………………………………… 275

　　9.2.3　回转分取法 ………………………………………………… 275

　9.3　粉尘密度的测定 ……………………………………………… 275

　　9.3.1　粉尘真密度的测定 ………………………………………… 275

　　9.3.2　粉尘堆积密度的测定（自然堆积法） …………………… 278

　9.4　粉尘摩擦角的测定 …………………………………………… 278

　　9.4.1　静止角 ……………………………………………………… 278

　　9.4.2　内部摩擦角 ………………………………………………… 279

　　9.4.3　壁面摩擦角 ………………………………………………… 279

　9.5　粉尘润湿性的测定 …………………………………………… 279

　9.6　粉尘含水率的测定 …………………………………………… 281

　9.7　粉尘黏附性的测定 …………………………………………… 281

　9.8　粉尘磨损性的测定 …………………………………………… 283

　9.9　粉尘粒径的测定 ……………………………………………… 283

　　9.9.1　粒径的分类 ………………………………………………… 283

　　9.9.2　飞灰的粒度分布参数 ……………………………………… 285

9.9.3　粒度分布特征径 ··· 285

9.9.4　粉尘粒径的测定 ··· 286

9.10　粉尘的比电阻测定 ··· 291

9.10.1　实验室测量方法 ··· 291

9.10.2　BDL 型便携式飞灰比电阻现场测定仪 ················· 295

9.11　粉尘的成分分析 ··· 297

10　除尘器性能测试 ··· 298

10.1　除尘器基本性能测试 ··· 298

10.1.1　除尘效率测定 ··· 298

10.1.2　除尘器阻力的测量 ··· 300

10.1.3　漏风率的测量 ··· 301

10.2　电除尘器性能试验 ··· 303

10.2.1　气流均匀性试验 ··· 303

10.2.2　振打特性试验 ··· 305

10.2.3　伏安特性试验 ··· 309

10.2.4　收尘极板电流密度及分布均匀性测定 ················· 310

10.2.5　电场特性试验 ··· 311

10.3　布袋除尘器特性试验 ··· 311

10.3.1　滤料理化特性 ··· 311

10.3.2　布袋除尘器试验样机性能测量 ················· 318

10.3.3　布袋式除尘器现场性能测量 ················· 318

11　超低排放测试技术 ··· 320

11.1　燃煤电厂低浓度烟尘测试方法 ················· 320

11.1.1　自动分析法（在线监测方法） ················· 320

11.1.2　过滤称重法（参比方法） ················· 322

11.2　燃煤电厂烟气中 $PM_{2.5}$ 测试方法 ················· 326

11.2.1　重量法 ··· 326

11.2.2　电荷法 ··· 329

11.2.3　光学法 ··· 330

11.3　燃煤电厂烟气中 SO_3 测试方法 ················· 331

11.3.1　国内外 SO_3 测试标准 ················· 331

11.3.2　采样方法 ··· 332

11.3.3　硫酸根测定方法 ··· 332

11.3.4　烟气协同治理技术路线中 SO_3 测试方法探讨 ··· 332

参考文献 ··· 333

第 1 篇

除 尘 技 术

1 绪 论

1.1 我国环保政策及污染控制形势

"史上最严"的 GB 13223—2011《火电厂大气污染物排放标准》已执行近十年，但我国大气污染形势依然严峻，雾霾、酸雨等大气环境问题仍长期存在，尤其在京津冀、长三角、珠三角等地，由于国土开发密度较高、环境承载能力较弱、大气环境容量较小，雾霾天气频发。

我国的能源结构呈现"富煤、缺油、少气"的特征，在未来相当长时期内，以煤为主的能源供应格局不会发生根本性改变，同时，我国电煤比例将进一步增加。根据国家能源局日前发布的统计数据，2020 年，全国电源新增装机容量为 1.90 亿千瓦或 9.5%，其中新增火电装机容量为 5590 万千瓦或 4.7%，火电容量达 12.45 亿千瓦。剔除其中超过 1.5 亿千瓦的天然气发电、生物质发电和余温余压余气发电（我国油电极少），我国煤电装机容量 2020 年为 10.95 亿千瓦左右，占 22 亿千瓦总装机容量的比重为 49.8%左右。根据中电传媒记者数据库，2012 年以来我国煤电设备容量保持低位增长，从 2012 年的 7.55 亿千瓦增长到 2020 年的 10.95 亿千瓦左右，年平均增长 4.5%左右。

作为长期以来电源的"主力军"和"压舱石"，煤电为保障我国经济社会发展做出了重要贡献。因为能源密度高，即使装机比重已下降到 50%以内，煤电在发电量上仍是绝对主力。在 2020 年全国 7.4 万亿千瓦时的发电量中，煤电发电量占比仍高达 65%左右。电力结构调整仍任重道远。

图 1-1 为中国煤电与清洁能源装机容量对比图。燃煤发电虽已是我国煤资源利用的"最清洁"方式，对大气污染的影响远小于钢铁、建材等行业，但因其基数大，仍是我国大气污染的排放源之一，燃煤电厂烟气超低排放技术正面临越来越严峻的环境压力。

2013 年 9 月 10 日，国务院发布了《大气污染防治行动计划》，简称"国十条"，从总体要求、奋斗目标、具体指标、主要内容等方面进行了详细阐述：

（1）总体要求。以邓小平理论、"三个代表"重要思想、科学发展观为指导，以保障

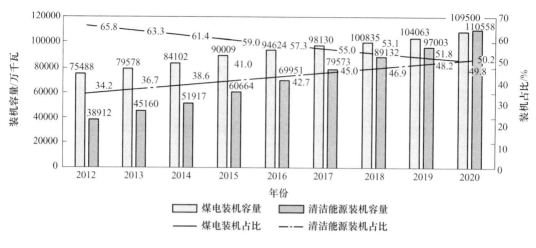

图 1-1　中国煤电与清洁能源装机容量对比图

人民群众身体健康为出发点，大力推进生态文明建设，坚持政府调控与市场调节相结合、全面推进与重点突破相配合、区域协作与属地管理相协调、总量减排与质量改善相同步、形成政府统领、企业施治、市场驱动、公众参与的大气污染防治新机制，实施分区域、分阶段治理，推动产业结构优化、科技创新能力增强、经济增长质量提高，实现环境效益、经济效益与社会效益多赢，为建设美丽中国而奋斗。

（2）奋斗目标。经过五年努力，全国空气质量总体改善，重污染天气较大幅度减少；京津冀、长三角、珠三角等区域空气质量明显好转。力争再用五年或更长时间，逐步消除重污染天气，全国空气质量明显改善。

（3）具体指标。到 2017 年，全国地级及以上城市可吸入颗粒物浓度比 2012 年下降 10% 以上，优良天数逐年增加；京津冀、长三角、珠三角等区域细颗粒物浓度分别下降 25%、20%、15% 左右，其中北京市细颗粒物年均浓度控制在 $60\mu g/m^3$ 左右。

由于环境容量有限等原因，江苏省、浙江省、广州市、山西省等地已出台相关政策，要求燃煤电厂大气污染物排放参考燃气轮机组标准限值，即在基准氧含量为 6% 条件下，烟尘、SO_2、NO_x 排放浓度[❶]分别不高于 $5mg/m^3$、$35mg/m^3$、$50mg/m^3$。

2014 年 9 月 12 日，国家发展和改革委员会、环境保护部、国家能源局联合发布的《煤电节能减排升级与改造行动计划（2014—2020 年）》（发改能源〔2014〕2093 号文）中指出：

（1）加强新建机组准入控制。辽宁、北京、天津、河北、山东、上海、江苏、浙江、福建、广东、海南等 11 省市新建燃煤发电机组大气污染物排放浓度基本达到燃机标准限值，即要求在基准氧含量为 6% 条件下，烟尘、SO_2、NO_x 排放浓度分别不高于 $10mg/m^3$、$35mg/m^3$、$50mg/m^3$，黑龙江、吉林、山西、安徽、湖北、湖南、河南、江西等 8 省新建机组原则上接近或达到燃机标准限值，鼓励西部地区新建机组接近或达到燃机标准限值。

---

❶　本书所规定的烟气浓度均指标准状态下干烟气的浓度。标准状态指烟气在温度为 273K、压力为 101.325kPa 时的状态，简称"标态"。

支持同步开展大气污染物联合协同脱除，减少 SO_3、汞、砷等污染物排放。

（2）加快现役机组改造升级。稳步推进东部地区现役 300MW 及以上公用燃煤发电机组和有条件的 300MW 以下公用燃煤发电机组实施大气污染物排放浓度基本达到燃机标准限值的环保改造，2014 启动年 800 万千瓦机组改造示范项目，2020 年前力争完成改造机组容量 1.5 亿千瓦以上。鼓励其他地区现役燃煤发电机组实施大气污染物排放浓度达到燃机标准限值的环保改造。因厂制宜采用成熟适用的环保改造技术，除尘可采用低（低）温静电除尘器、电袋除尘器、布袋除尘器等装置，鼓励加装湿式静电除尘装置；脱硫可实施脱硫装置增容改造，必要时采用单塔双循环、双塔双循环等更高效率脱硫设施；脱硝可采用低氮燃烧、高效率 SCR（选择性催化还原法）脱硝装置等技术。

在执行更严格能效环保标准的前提下，到 2020 年，力争使煤炭占一次能源消费比重下降到 62% 以内，电煤占煤炭消费比重提高到 60% 以上。

环保部印发的《京津冀及周边地区重点行业大气污染限期治理方案》指出：京津冀及周边地区 492 家企业、777 条生产线或机组全部建成满足排放标准和总量控制要求的治污工程，设施建设运行和污染物去除效率达到国家有关规定，要求 2015 年 1 月前 SO_2、NO_x、烟粉尘等主要大气污染物排放总量均较 2013 年下降 30% 以上。并要求 2014 年底前，京津冀区域完成 66 台、1732 万千瓦燃煤机组除尘改造。

1.2 燃煤电厂烟气治理技术路线演变过程

我国燃煤电厂烟气治理经历了从"除尘"到"除尘+脱硫"、再到现在的"除尘+脱硫+脱硝"的演变，随着烟气治理设备的增加，系统工艺也发生了较大变化，目前已形成的烟气治理系统主流工艺流程如图 1-2 所示。

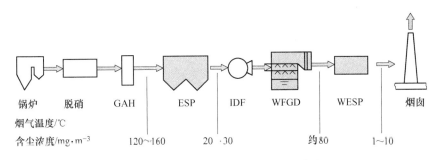

图 1-2 燃煤电厂烟气治理系统主流工艺流程

我国燃煤电厂现有烟气治理技术路线在实施过程中注重的是单一设备脱除单一污染物，其存在的主要问题有：

（1）未充分考虑各设备间协同效应。现有烟气治理技术路线未充分考虑各设备间的协同效应，如湿法脱硫装置（WFGD）在设计时往往忽视脱硫塔的除尘效果。国内湿法脱硫的除尘效率一般仅 50% 左右，甚至更低，实际运行中由于除雾器等性能问题使湿法脱硫装置石膏浆液带出，造成湿法脱硫系统协同除尘效果降低，特别是低浓度烟尘情况下除尘效率低于 50%，甚至发生烟尘浓度出口大于入口的情况。

（2）在达到相同效率情况下，系统投资和运行成本较大。以烟尘治理为例，现有的烟气治理技术路线降低烟尘排放浓度主要采用提高除尘器除尘效率的方式，目前国内绝大部分燃煤电厂采用的是低温电除尘器，为达到较低的出口烟尘浓度限值要求，原电除尘器需增加比集尘面积和电场数量，投资成本较大，并占用较大的空间，给空间有限的现役机组带来挑战。而采用电袋复合或袋式除尘技术改造时，存在本体阻力高、运行费用较高、滤袋的使用寿命短、换袋成本高、旧滤袋资源化利用率较低等缺点。

（3）较难达到超低排放的要求。在当前实际情况下，电厂采用低温电除尘、布袋除尘、电袋复合除尘技术均较难长期稳定地保证设备出口烟尘浓度低于 $10mg/m^3$。

2 除尘技术基础

2.1 颗粒捕集的理论基础

一般说，任意形状与任何密度的固体粉尘或液滴，大小在 $10^{-3} \sim 10^3 \, \mu m$ 之间，与气体介质一起所组成的气态分散体系称为气溶胶（俗称"含尘气体"）。把气溶胶中固相粉尘或液相雾滴从气体介质中分离出来的过程称为除尘过程（亦称为"分离捕集过程"）。从分离和捕集的物质看，不管是无用甚至有害的物质，或是有使用价值可回收的物料（如水泥、可可粉、奶粉、颜料、面粉、催化剂等）；也不管是从净化气体角度出发或与气体净化无关，都包括在广义的除尘范围内。将气溶胶粒子从气体介质中分离出来并加以捕集的装置统称为除尘器。

要把颗粒从气溶胶中的运载介质中分离开来，必须了解是什么作用力使粉尘颗粒悬浮在气体介质中。使粉尘颗粒弥散、扩散、碰撞、凝聚、沉降、分离等现象的作用力包括以下几种：

（1）来自运载介质气体的作用。

1）分子扩散；

2）紊流扩散；

3）气体流动作用。

（2）来自粉尘颗粒的作用。

1）布朗扩散；

2）颗粒间的吸引力，即范德华力；

3）荷电粉尘间的吸引力与排斥力，即库仑力。

（3）外力。

1）磁力；

2）电力；

3）机械力，如重力、惯性力和离心力；

4）声波力。

分析粉尘颗粒悬浮于气体中的各种作用或作用力，研究这些作用或作用力的矛盾关系，有助于了解整个除尘过程。当然，上述这些作用或作用力都不是彼此孤立单独存在的，而是相互依存相互制约的。在除尘技术中，一般以扩散（分子扩散、布朗扩散、紊流扩散及气体流动引起的扩散）与沉降（重力沉降、惯性力沉降、离心力沉降及电力沉降）构成主要矛盾。如果把含尘气体或气溶胶引入除尘器内，不同形式的除尘器有不同的外力起主导作用，粉尘颗粒悬浮于运载介质的状态就转化为从运载介质中分离的状态，就形成除尘过程。

2.2 除尘装置的分类

目前工业上应用的除尘设备主要有机械式除尘器、湿式除尘器、过滤式除尘器和静电除尘器等。

（1）机械式除尘器：包括重力沉降室，惯性除尘器和旋风除尘器。这类除尘器的特点是结构简单、造价低、维护方便，但除尘效率不高，往往用作多级除尘系统中的前级预除尘。

（2）湿式除尘器：包括低能湿式除尘器和高能文氏管除尘器。这类除尘器的特点主要是用水作为除尘的介质。一般来说，湿式除尘器的除尘效率高。当采用文氏管除尘器时，对微细粉尘的去除效率仍可达95%以上，但所消耗的能量较高。湿式除尘器的主要缺点是会产生污水，需要进行处理，以消除二次污染。

（3）过滤式除尘器：包括袋式除尘器和颗粒层除尘器等。其特点是以过滤机理作为除尘的主要机理。根据选用的滤料和设计参数不同，袋式除尘器的效率可达到很高（99.9%以上）。

（4）电除尘器：以电场力为捕尘机理。分为干式电除尘器（干法清灰）和湿式电除尘器（湿法清灰）。这类除尘器的特点是除尘效率高（特别是湿式电除尘器），消耗动力少，主要缺点是钢材消耗多，投资高。

实际中的除尘器往往综合几种除尘机理的共同作用，例如卧式旋风除尘器中有离心力作用，同时还兼有冲击和洗涤作用。特别是近年来为了提高除尘器的效率，研制了多种多机理的除尘器，因此以上的分类是有条件的，是指其中起主导作用的除尘机理。

以上四大类六种除尘器对于捕集分离粉尘颗粒的适宜范围、制造安装费、运转管理费等相对比较值见表2-1。

表 2-1 四大类型除尘器的比较表

除尘器类型		适宜捕尘范围/μm	制造安装费	运转管理费	备　注
机械除尘器	重力沉降室	>40	低	低	占地面积庞大，除尘效率过低
	惯性除尘器	>20	中	低	除尘效率偏低
	旋风除尘器	>5	中	中	分离小于5μm颗粒较困难
湿式除尘器		>0.05	较高	较高	需要处理洗涤污水
袋式除尘器		>0.1	高	高	都需要有清灰装置，对于高浓度粉尘运转费很高
电除尘器		>0.1	高	较高	

注：关于制造安装费与运转管理费高、中或低等是六种除尘器相对比较值。

此外，根据除尘器捕集粉尘的干湿情况可以分为干式除尘器和湿式除尘器；按照除尘效率高低可分为高效除尘器（$\eta \geqslant 95\%$）、中效除尘器（$60\% < \eta \leqslant 95\%$）和低效除尘器（$\eta \leqslant 60\%$）；按工作温度的高低可分为常温除尘器和高温除尘器；按工作压力可分为正压除尘器和负压除尘器等。

2.3　评价除尘器性能的指标

评定除尘器工作的性能指标有很多，如除尘效率、阻力、耗钢量、一次投资、运行费用等。在选择除尘器时，必须综合加以考虑。

除尘器的性能指标主要包括以下6项：

（1）处理气体流量；

（2）除尘器的压力损失；

（3）除尘效率；

（4）设备基建投资与运转管理费用；

（5）使用寿命；

（6）占地面积或占用空间体积。

以上6项性能指标中，前3项属于技术性能指标，后3项属于经济性能指标。当然这些项目都是相互关联、相互制约的技术经济指标，都统一在除尘器性能矛盾的各个方面。在某些特定条件下，压力损失与除尘效率是诸矛盾中的一对主要矛盾。前者是除尘器所消耗的能量，后者是除尘器所产生的效果。从除尘技术角度看，总是希望所消耗的能量最少，而达到最高的除尘效率，即评价除尘器性能就是要求所谓"低阻高效"。当然这一对矛盾中，在某些情况下，阻力为矛盾的主要方面。例如在改造旧锅炉中，烟囱排气富余的压力有限，以不增加引风设备为前提，压力损失成为主要矛盾方面。因此，低阻成为主要指标。反之，对于烟气含尘浓度很高，要达到国家规定的排放标准，除尘效率则成为矛盾的主要方面，高效则列为主要指标。

以压力损失与除尘效率成为诸矛盾中的主要矛盾，在小型锅炉或某些工业除尘中尤为突出。但在大型锅炉或某些需要处理大容积气体情况下，气体处理量与效率则又成为主要矛盾。各类除尘器的适用范围和性能比较见表2-2。

表 2-2　各类除尘器的适用范围和性能比较

形式	除尘作用力	除尘设备种类		适用范围				不同粒径效率/%			投资比较
				粉尘粒径/μm	粉尘浓度/$g \cdot m^{-3}$	温度/℃	阻力/Pa	50μm	5μm	1μm	
干式	重力	重力沉降室		>40	>10	<400	100~200	96	16	3	<1
	惯性力	惯性除尘器		>20	<100	<400	400~1200	95	20	5	1
	离心力	旋风除尘器		>5	<100	<400	1000~2000	94	27	8	2
	静电力	电除尘器		>0.1	<30	<300	200~300	>99	99	86	6~8.5
	惯性力、扩散力与筛分	袋式除尘器	振打清灰 脉冲清灰 反吹清灰	>0.1	3~10	<300	800~2000	>99 100 100	>99 >99 >99	99 99 99	6~7 6~7.2 6~7.5

形式	除尘作用力	除尘设备种类	适用范围				不同粒径效率/%			投资比较
			粉尘粒径/μm	粉尘浓度/g·m⁻³	温度/℃	阻力/Pa	50μm	5μm	1μm	
湿式	惯性力、扩散力与凝聚力	自激式除尘器		<100	<400	800~1000	100	93	40	2.7
		洗涤式除尘器	>0.05	<10	<400	200~5000	100	96	75	2.6
		文丘里除尘器		<100	<800	5000~10000	100	>99	93	4.7
	静电力	湿式电除尘器	>0.05	<100	<400	300~400	100	99	98	6~9

2.3.1　处理气体流量

处理气体流量是表示除尘器在单位时间内所能处理的含尘气体的流量，一般用体积流量表示。实际运行的除尘器由于不严密而漏风，使得进出口的气体流量往往并不一致，通常用两者的平均值作为该除尘器的处理气体流量，即

$$Q = \frac{1}{2}(Q_1 + Q_2) \tag{2-1}$$

式中，Q 为处理气体流量，m^3/h；Q_1 为除尘器进口气体流量，m^3/h；Q_2 为除尘器出口气体流量，m^3/h。

在设计除尘器时，处理气体流量指除尘器进口的气体流量；在选择风机时，其处理气体流量对正压系统（风机在除尘器之前）而言是指除尘器进口的气体流量，对负压系统（风机在除尘器之后）是指除尘器出口的气体流量。

由于除尘器服务对象的气体状态不同，例如锅炉排气的温度有高低，压力偏离大气压力较大，为了进行比较，有必要规定统一标准状态，即规定压力为 101325Pa，温度为 273.16K 为标准状态。所以处理气体流量都换算成为标准状态的流量 Q_n，单位为立方米每小时（m^3/h）。

如果已知气体在标准状态下的密度 ρ_0 和实际状态下的密度 ρ，则标准状态下的处理气体流量由式（2-2）确定：

$$Q_n = \frac{\rho}{\rho_0}Q \tag{2-2}$$

式中，Q_n 为标准状态的处理气体流量，m^3/h；Q 为实际状态下的处理气体流量，m^3/h；ρ_0 为标准状态下的气体密度，kg/m^3，见表 2-3；ρ 为实际状态下的气体密度，kg/m^3。

表 2-3　标准状态下常见气体的密度

气体种类	密度/kg·m⁻³	气体种类	密度/kg·m⁻³
干空气	1.293	二氧化碳 CO_2	1.965
一氧化碳 CO	1.251	氢气 H_2	0.0899
氧气 O_2	1.429	二氧化硫 SO_2	2.857

在计算除尘器体积流量时，还必须注意湿度的影响。由于水蒸气的凝结与蒸发，会引

起气体体积变化。特别是计算体积浓度时，是用干气体的体积，还是用湿气体的体积，必须事先加以注明。

漏风率是评价除尘器结构严密性的指标，它是指设备运行条件下的漏风量与入口风量的百分比。应注意，除尘器运行时的负压程度对其漏风量有较大影响，袋式除尘器标准规定，以净气箱静压保持在 $-2000Pa$ 时测定的漏风率为准。其他除尘器尚无此项规定。

漏风率按除尘器进出口实测风量值计算确定。

$$\varphi = \frac{Q_o - Q_i}{Q_i} \times 100\% \tag{2-3}$$

式中，φ 为漏风率，%；Q_i 为除尘器进口实测气体流量，m^3/h；Q_o 为除尘器出口实测气体流量，m^3/h。

2.3.2　除尘器的压力损失

除尘器的压力损失是指含尘气体通过除尘器的阻力，即气体流经除尘器时需要消耗的总机械能，是除尘器的重要性能之一。从节能和降低运行费用角度讲，压力损失越小越好，引风机的功率与它几乎成正比。对于旋风除尘器和文丘里除尘器，通过增加阻力可提高除尘效率。除尘器的压力损失和管道、风罩等压力损失以及除尘器的气体流量是选择风机的依据。

除尘器的压力损失 Δp 为除尘器进口处的全压与出口处的全压之差，即

$$
\begin{aligned}
\Delta p &= p_{qi} - p_{qo} = (p_{zi} + p_{di}) - (p_{zo} + p_{do}) \\
&= (p_{zi} - p_{zo}) + \left(\frac{\rho_i v_i^2}{2} - \frac{\rho_o v_o^2}{2}\right)
\end{aligned}
\tag{2-4}
$$

式中，p_{qi} 为除尘器进口处的全压，$p_{qi} = p_{zi} + p_{di}$，Pa；p_{qo} 为除尘器出口处的全压，$p_{qo} = p_{zo} + p_{do}$，Pa；p_{zi}、p_{zo} 分别为除尘器进口、出口处的静压，Pa；p_{di} 为除尘器进口处的动压，$p_{di} = \frac{1}{2}\rho_i v_i^2$，$Pa$；$p_{do}$ 为除尘器出口处的动压，$p_{do} = \frac{1}{2}\rho_o v_o^2$，$Pa$；$\rho_i$、$\rho_o$ 分别为除尘器进口、出口处的气体密度，kg/m^3；v_i、v_o 分别为除尘器进口、出口处的气体流速，m/s。

2.3.3　除尘效率

除尘器的除尘效率又称除尘器的捕集分离效率，有以下几种表达形式：

$$\eta = \left(1 - \frac{M_o}{M_i}\right) \times 100\% \tag{2-5}$$

$$\eta = \frac{M_c}{M_i} \times 100\% \tag{2-6}$$

$$\eta = \left(1 - \frac{C_o Q_{oN}}{C_i Q_{iN}}\right) \times 100\% \tag{2-7}$$

当 $Q_{iN} = Q_{oN}$ 时，即除尘器的漏风量 $\Delta Q = 0$ 时：

$$\eta = \left(1 - \frac{C_o}{C_i}\right) \times 100\% \tag{2-8}$$

10

式中，η 为除尘效率，%；M_i、M_o 分别为除尘器进口、出口处的粉尘质量流量，kg/h；M_c 为除尘器分离捕集的粉尘质量流量，kg/h；C_i、C_o 分别为除尘器进口、出口处气体含尘浓度，kg/m³；Q_{iN}、Q_{oN} 分别为除尘器进口、出口处的气体流量，m³/h。

2.3.4 分级除尘效率

虽然一般的除尘器总效率 η 足以说明除尘器的捕集分离性能，但在粉尘颗粒密度一定的情况下，除尘效率的高低与颗粒大小的分散度有密切的关系。一般来说，粒径愈大，除尘效率也愈高，因此，单独地用总除尘效率来描述某一类除尘器的捕集分离性能是十分不够的，还必须对不同大小的颗粒的除尘效率进行了解。不同大小颗粒的除尘效率称为分级除尘效率，或粒级除尘效率，可以用式（2-9）~式（2-12）表示。

$$\eta_d = \left(1 - \frac{M_{od}}{M_{id}}\right) \times 100\% \tag{2-9}$$

$$\eta_d = \frac{M_{cd}}{M_{id}} \times 100\% \tag{2-10}$$

$$\eta_d = \left(1 - \frac{f_{od}M_o}{f_{id}M_i}\right) \times 100\% \tag{2-11}$$

$$\eta_d = \left[1 - (1 - \eta)\frac{f_{od}}{f_{id}}\right] \times 100\% \tag{2-12}$$

式中，M_{id}、M_{od}、M_{cd} 分别为粒径 d（或在 Δd 范围内）的除尘器进口、出口处的粉尘流量和捕集的粉尘流量，g/s；f_{id}、f_{od} 分别为粒径 d（或在 Δd 范围内）的除尘器进口、出口处的粉尘质量分数，%。

当已知各分级除尘效率时，可按式（2-13）求出总除尘效率：

$$\eta = \sum_{d=1}^{n} (\eta_d f_{id}) \tag{2-13}$$

2.3.5 串联除尘效率

有时由于除尘器进口含尘浓度高，或者使用单位对除尘系统的除尘效率要求很高，用一种或一台除尘器不能达到所要求的除尘效率时，可采用两级或多级除尘，即在除尘系统中将两台或多台除尘器串联起来使用。当多级除尘器串联使用时，总除尘效率由式（2-14）表示：

$$\eta = \left[1 - (1 - \eta_1)(1 - \eta_2)\cdots(1 - \eta_n)\right] \times 100\% = \left[1 - \prod_{i=1}^{n}(1 - \eta_i)\right] \times 100\% \tag{2-14}$$

式中，η_1 为第一级除尘器的效率；η_2 为第二级除尘器的效率；η_n 为第 n 级除尘器的效率；η_i 为第 i 级除尘器的效率。

2.3.6 粉尘通过率与净化系数

对于高效除尘装置，如袋式除尘器和电除尘器等，其总除尘效率 η 高达99%以上时，例如把它表示为 99.99% 或 99.999%，这种表示方法在数值的区别上不明显，所以需要有另外表示方法。其中最简单的是以通过率 P（%）表示：

$$P = 1 - \eta \tag{2-15}$$

例如，$\eta = 99.0\%$ 时，$P = 1.0\%$；$\eta = 99.9\%$ 时，$P = 0.1\%$。

有时也采用净化系数 Φ 表示，即

$$\Phi = \frac{C_i}{C_o} = \frac{1}{1 - \eta} \tag{2-16}$$

式中，C_i 为除尘器进口处的气体含尘浓度，g/m^3；C_o 为除尘器出口处的气体含尘浓度，g/m^3。

净化系数 Φ 的定义为含尘气体进口浓度与出口浓度之比。

例如：对于 $\eta = 99.999\%$，则净化系数为

$$\Phi = \frac{1}{1 - 0.99999} = \frac{1}{0.00001} = 10^5$$

取 Φ 的常用对数值称为净化指数，在此例中，其净化指数为 5。

3 机械式除尘技术

机械式除尘器是利用质量力（如重力、惯性力、离心力等）的作用使颗粒物与气体分离并捕集的除尘设备。主要有重力沉降室、惯性除尘器和旋风除尘器。这些除尘器的共同特点是构造简单、无运动部件、容易操作和管理。

3.1 重力沉降室

重力沉降室是利用粉尘颗粒的重力作用而使粉尘与气体分离的除尘装置，是一种较简易的烟气除尘装置，其主要优点是结构简单、维护容易；阻力低，一般为 100~150Pa，主要是气体入口和出口的压力损失；投资省、施工快，可用砖石砌筑，不用或少用钢材，维护费用低，经久耐用。它的缺点是除尘效率低，一般干式沉降室为 50%~60%，采用喷雾、水封池等措施的湿式沉降室为 60%~80%。适用捕集粒径大于 $50\mu m$ 的粉尘粒子；设备较庞大，适用处理中等气量的常温或高温气体，多作为高效除尘器的预除尘器使用。

重力沉降室的结构如图 3-1 所示，主要由室体、进气口、出气口和灰斗组成。含尘气流进入重力沉降室后，由于流动截面积大大增加而使气体流速显著降低，使较重颗粒在重力作用下被分离而沉降到灰斗中被捕集下来。

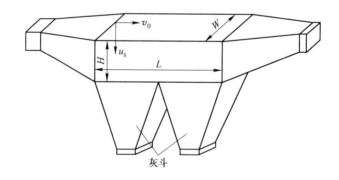

图 3-1　重力沉降室结构

重力沉降室的除尘效率与沉降室的结构、气流速度、烟气中尘颗粒大小等因素直接有关。在沉降室内部合理布置挡墙、隔板、喷雾或在沉降室底部设置水封池等措施，对提高除尘效率能起到一定作用。

3.1.1 重力沉降室的设计

重力沉降室的模式有层流式和湍流式两种。

3.1.1.1　层流式重力沉降室

重力沉降室设计的简单模式为：假定沉降室内气流为柱塞流，流速为 v_0(m/s)，流动状态保持在层流范围内，颗粒均匀地分布在烟气中。粒子的运动由两种速度组成，在垂直方向忽略气体的浮力，仅在重力和气体阻力的作用下，每个粒子以沉降速度 u_s(m/s) 独立沉降；在烟气流动方向，粒子和气流具有相同的速度。

图 3-1 的重力沉降室中，设沉降室的长、宽、高分别为 L、W 和 H，处理烟气量为 Q（m³/s），气流在沉降室内停留时间为

$$t = \frac{L}{v_0} = \frac{LWH}{Q} \tag{3-1}$$

在时间 t 内，粒径为 d_p 的粒子的沉降距离为

$$h_c = u_s t = \frac{u_s L}{v_0} = \frac{u_s LWH}{Q} \tag{3-2}$$

因此，对于粒径为 d_p 的粒子，只有在高度 h_c 以下进入沉降室才能沉降到灰斗。当 $h_c < H$ 时，粒子的分级除尘效率为

$$\eta_i = \frac{h_c}{H} = \frac{u_s L}{v_0 H} = \frac{u_s LW}{Q} \tag{3-3}$$

给定沉降室的结构，便可按式（3-3）求出不同粒径粒子的分级效率或作出分级效率曲线，根据沉降室入口粉尘的粒径分布即可计算出沉降室的总除尘效率。

假定粒子沉降运动处于斯托克斯区域，则重力沉降室能 100% 捕集的最小粒子直径为

$$d_{min} = \sqrt{\frac{18uv_0 H}{\rho_p gL}} = \sqrt{\frac{18uQ}{\rho_p gWL}} \tag{3-4}$$

式中，ρ_p 为尘粒密度。

为了简化计算和分析，除特殊说明外，都采用斯托克斯沉降公式。实际上，按斯托克斯公式计算的数值与试验值比较，在 293K 和 101.325kPa 下，对于 $\rho_p = 1g/cm^3$、粒径 $d_p < 100\mu m$ 的粒子，两者是相当一致的。

式（3-2）~式（3-4）都只是近似表达式。因为沉降室内的扰动会引起粒子速度和方向发生偏差，同时还要考虑到返混现象。工程上常用式（3-3）计算值的一半取为分级效率，用 36 代替式（3-4）中的 18，这样，理论和实践就符合得更好。

从式（3-3）可以看出，提高沉降室除尘效率的主要途径为：降低沉降室内的气流速度，增加沉降室长度或降低沉降室高度。

沉降室内的气流速度根据粒子的大小和密度确定，一般为 0.3~2.0m/s。

为使沉降室捕集直径更小的粒子，降低沉降室高度是一种实用的方法。在总高度不变的情况下，在沉降室内增设几块水平隔板，形成多层沉降室。此时沉降室的分组效率变为

$$\eta_i = \frac{u_s LW(n + 1)}{Q} \tag{3-5}$$

式中，n 为水平隔板层数。

3.1.1.2　湍流式重力沉降室

重力沉降室设计的另一种模式是假定沉降室中气流为湍流状态，在垂直于气流方向的

每个横断面上粒子完全混合，即各种粒径的粒子都均匀分布于气流中。为了确定对粒径为 d_p 的粒子的分级效率，需要寻求沉降室内任一位置 x 与留在气流中的粒径为 d_p 的粒子数目 N_p 之间的关系。

图 3-2 为湍流式重力沉降室内粒子分离示意图。考虑宽度为 W、高度为 H 和长度为 dx 的捕集集元，假如 dy 代表边界层的厚度，在气体流过距离 dx 的时间 dx/v_0 内，边界层内粒径为 d_p 的粒子都将沉降至灰斗而从气流中除去，被除去的粒子分数可以简单地表示为 dN_p/N_p。在时间 dx/v_0 内，粒径为 d_p 的粒子以其沉降速度 u_s 沉降，在垂直方向上沉降的最大距离 $dy = u_s dx/v_0$，因此 $dy/u_s = dx/v_0$。对于完全混合系统，比率 dy/H 是进入边界层且被从气流中除去粒子所占的份数。因此有：

$$\frac{dN_p}{N_p} = -\frac{dy}{H} = -\frac{u_s dx}{v_0 H} \tag{3-6}$$

负号表示随着 x 的增加粒子数目减少。

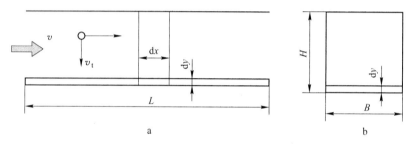

图 3-2　湍流式重力沉降室内粒子分离示意图
a—沿气流方向截面；b—沿宽度方向截面

此方程有两个边界条件，即在 $x=0$ 处，$N_p = N_{p0}$；在 $x=L$ 处，$N_p = N_{pL}$。因此：

$$\ln N_p = -\frac{u_s x}{v_0 H} + \ln C \tag{3-7}$$

最后，粒径为 d_p 的粒子的分级除尘效率为

$$\eta_i = 1 - \frac{N_{pL}}{N_{p0}} = 1 - \exp\left(-\frac{u_s L}{v_0 H}\right) = 1 - \exp\left(\frac{u_s LW}{Q}\right) \tag{3-8}$$

此处 Q 仍为气体的体积流量。根据分级除尘效率可以很容易地求得沉降室的总除尘效率。

设计重力沉降室时，先要算出 100% 捕集粒子的沉降速度 u_s，并假设沉降室内的气流速度和沉降室高度（或宽度），然后求出沉降室的长度和宽度（或高度）。

3.1.2　沉降室设计注意事项

（1）沉降室内烟气流速宜取 0.4~1.0m/s（沉降室加喷雾等措施时可取稍高速度值，但不宜高于 1.5m/s）。

（2）沉降室尺寸以矮、宽、长的原则布置为宜，若沉降室过高，其上部的灰粒沉降到底部时间较长，烟尘往往未降到底部就被烟气带走。流通截面确定后，宽度增加，高度就可以降低。加长沉降室，可以使灰粒充分沉降。

（3）沉降室内可合理设置挡墙或隔板（采用水平隔板降低沉降室高度形成多层沉降室），有利于提高除尘效率。为了防止沉积在沉降室底部的灰粒再次被气流带走，沉降室也可加设底部水封池或喷雾等措施，以提高除尘效果。但此时由于烟气中的二氧化硫溶于水，使水封池的水呈酸性，烟气带水进入金属烟道和引风机易引起腐蚀，设计时应采取相应的预防措施。废水的排放也要经过适当的处理。

（4）沉降室一般只能捕集大于40μm的灰粒，而且除尘效率较低。故沉降室一般仅在除尘要求不高或多级除尘的初级除尘（预处理）等场合被选用。

3.1.3 重力沉降室的种类

常见的重力除尘器可分为水平气流沉降室和垂直气流沉降室两种，图3-1是一种最简单的水平气流重力沉降室。为提高效率，可设计成图3-3所示的多层水平重力沉降室。沉降室通常是一个断面较大的空室，当含尘气流从入口管道进入比管道横截面积大得多的沉降室的时候，气体的流速大大降低，粉尘便在重力作用下向灰斗沉降。在气流缓慢地通过沉降室时，较大的尘粒在沉降室内有足够的时间沉降下来并进入灰斗中，净化气体从沉降室的另一端排出。

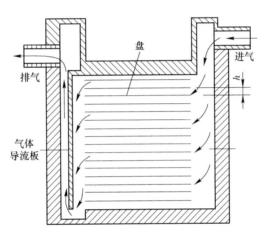

图3-3　多层水平重力沉降室

垂直气流沉降室中含尘气流从管道进入沉降室后，一般向上运动，由于横截面积的扩大，气体的流速降低，其中沉降速度大于气体速度的尘粒就沉降下来，如图3-4所示。

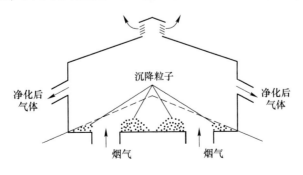

图3-4　垂直气流沉降室

3.2 惯性除尘器

若气流遇到障碍物时，会改变流向。而远大于气体密度的粒子则仍要保持原来的运动方向，于是粒子可从主气流中分离出来。利用这一原理净化气体的设备称为惯性除尘器。由于惯性加速度远大于重力加速度，所以，惯性除尘器的效率高于重力沉降室。

3.2.1 惯性除尘器的工作机理

在惯性除尘器内，主要是使气流急速转向或冲击在挡板上再急速转向，由于尘粒的惯性效应，其运动轨迹与气流轨迹不同，从而使其与气流分离。气流速度越高，这种惯性效应就越大，所以这类除尘器的体积可以大大减少，占地面积也小，对细颗粒的分离效率也大为提高，可捕集到 $10\mu m$ 的颗粒。惯性除尘器的阻力在 $400 \sim 1200Pa$ 之间。这一类设备适用于捕集粒径大于 $20\mu m$ 的尘粒。由于它的除尘效率较低，一般多用于初净化或配合其他形式的除尘器组成复合式除尘装置。

根据惯性除尘器的工作特点，设碰撞（或冲击）前的烟气流速为 v_1，气流的转折角为 θ，则惯性除尘器的性能可归纳如下：

（1）碰撞前后的烟气流速应适合尘粒特性。一般碰撞前的烟气流速 v_1 越大，细小尘粒越难分离出来。

（2）气流转折角 θ 越小，转折次数越多，则其压力损失越大，而除尘效率越高。由此可见，与重力沉降不同，惯性分离要求烟气流速较高（设计中一般选取 $12 \sim 15m/s$），基本都处于紊流状态下工作。

3.2.2 惯性除尘器的类型和结构

在工业锅炉烟气除尘系统中，常用的惯性除尘器的形式有很多，主要有挡板式、气流折转式、百叶式和浓缩器 4 种形式，如图 3-5~图 3-9 所示。

图 3-5 是挡板式惯性除尘器的结构形式，其特点是用一个或多个挡板阻挡气流的前进，使气流中的尘粒分离出来。

图 3-6 所示为采用槽型挡板所组成的惯性除尘器，可以有效地防止被捕集的粒子因气流冲刷而再次飞扬。清灰可采用振打或水洗。槽型挡板沿气流方向一般设置 $3\sim6$ 排，有时可设更多排。这种惯性除尘器阻力一般不超过 $200Pa$，对于收集 $50\mu m$ 以上的尘粒，效率可达 80% 以上。挡板的惯性分离作用在烟尘净化领域得到了广泛应用，如颗粒物的分

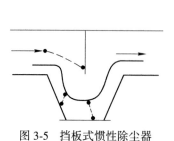

图 3-5 挡板式惯性除尘器

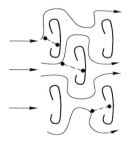

图 3-6 槽型挡板式惯性除尘器

级、高效除尘器入口端初级除尘、横向极板电除尘器等。

折转式惯性除尘器主要依靠气流作较急剧的折转，使粒子在惯性作用下分离，图 3-7 所示的几种形式的选取主要从管道连接是否方便来考虑。

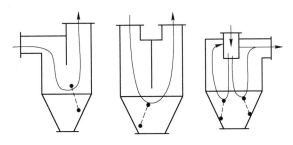

图 3-7　折转式惯性除尘器

图 3-8 所示为百叶式惯性除尘器。提高冲向百叶板的流速可以提高除尘效率，开始时效率增加很快，当流速超过 10m/s，效率增加缓慢；当流速超过 15m/s，二次扬尘作用将使除尘效率下降。因此，百叶式惯性除尘器中的流速不宜太高，通常取 10~15m/s。

图 3-9 所示为离心浓缩器。靠近外壁的挡板用于防止已经甩到外侧的颗粒再进入主流区。浓缩后的气流进入其他除尘器再次净化。

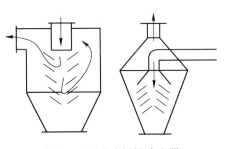

图 3-8　百叶式惯性除尘器

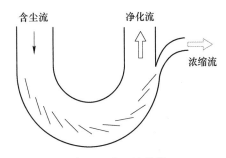

图 3-9　离心浓缩器

通过对惯性除尘器净化机理的分析，发现提高除尘效率的途径是缩小气流转弯半径和提高流速。理论上讲，惯性分离效率可以达到极高的效率。然而，对于 $20\mu m$ 的粒子，实际惯性除尘器的效率很少超过 90%。制约其效率提高的主要原因是"二次扬尘"现象。因此，现有惯性除尘器的设计流速通常不超过 15m/s。

3.3　旋风除尘器

气流在做旋转运动时，气流中的粉尘颗粒会因受离心力的作用从气流中分离出来，利用离心力进行除尘的设备称为旋风除尘器。

在惯性分离器中，气流只是简单地改变原始气流的方向。而在旋风除尘器中，气流要完成一系列的旋转运动，因而所产生的离心作用较大。同惯性分离器相比，在处理同样风量时，旋风除尘器的占地面积小，设备结构紧凑，分离效率高，但阻力也较大。

旋风除尘器中的气流要反复旋转许多圈，且气流旋转的线速度也很快，因此旋转气流中粒子受到的离心力比重力大得多。对于小直径高阻力的旋风除尘器，离心力比重力可大至 2500 倍。对于大直径、低阻力的旋风除尘器，离心力比重力也大 5 倍以上。

旋风除尘器有以下特点：

（1）结构简单，器身无运动部件，不需特殊的附属设备，占地面积小，制造、安装投资较少。

（2）操作、维护简便，压力损失中等，动力消耗不大，运转、维护费用较低，对于粒径大于 $10\mu m$ 的粉尘有较高的分离效率。

（3）操作弹性较大，性能稳定，不受含尘气体的浓度、温度限制。对于粉尘的物理性质无特殊要求，同时可根据生产工艺的不同要求，选用不同材料制作，或内衬各种不同的耐磨、耐热材料，以提高使用寿命。

（4）采用干式旋风除尘器，可以捕集干灰，便于综合利用。

（5）对捕集微细粉尘（小于 $5\mu m$）的效率不高。

（6）由于除尘效率随筒体直径增加而降低，因而单个除尘器的处理风量有一定的局限。

（7）处理大风量时，要采用多个旋风子并联，设置不当，对除尘性能有严重影响。

目前，国内外常用的旋风除尘器种类很多。根据除尘器净化烟气进口和已分离尘粒的出口两者位置的不同，旋风除尘器可以大致分为两类：烟气切向进入，尘粒由轴向或周边排出的旋风除尘器；烟气轴向进入，尘粒由轴向或周边排出的旋风除尘器。

根据出风口形式的不同除尘器又可分为带出口蜗壳和不带出口蜗壳两种，带出口蜗壳的称为 X 型（吸出式），不带出口蜗壳的称为 Y 型（压入式）。

根据烟气在旋风除尘器内的旋转方向，可以分为右旋转（或称右回旋）和左旋转（或称左回旋）两种，从器顶下视，顺时针旋转者为右旋转，称为 S 型；逆时针旋转者为左旋转，称为 N 型。因此，旋风除尘器可以具有 XN 型、XS 型、YN 型及 YS 型四种形式。

旋风除尘器可以是单筒（单个除尘器使用），也可以作成多筒组合使用。

当处理烟气量较大时，旋风除尘器可以设计为并联装置；而当除尘效率要求较高或者要求体型较小的高效除尘器不致受到尘粒的磨损时，旋风除尘器可以设计为串联装置。

3.3.1 旋风除尘器的工作原理

普通旋风除尘器是由进气管、筒体、锥体、排灰管和排气管等组成，结构组成如图 3-10 所示。

3.3.1.1 流场

含尘气体由除尘器入口以较高的速度（$13\sim27m/s$）沿切向方向进入圆筒体内，在筒体与排气管之间的环形区域内作向下旋转运动，这股向下旋转的气流称为外旋涡。外旋涡到达锥体底部后折返向上，沿轴心向上旋转，最后从出口管排出，这股向上旋转的气流称为内旋涡。向下的外旋涡和向上的内旋涡旋转方向是相同的。气流作旋转运动时，尘粒在离心力的作用下向外壁面移动。到达外壁的粉尘在下旋气流和重力的共同作用下沿壁面落入灰斗。

旋风除尘器内实际的气流运动是很复杂的。除了切向和轴向运动外，还有径向运动。通常把内外涡旋气体的运动分解成三个速度分量：切向速度 u、轴向速度 v、径向速度 w。

切向速度是决定气流速度大小的主要速度分量，也是决定气流质点离心力大小的主要因素。

根据对流场的了解，对粒子分离作用有影响的是切向速度 u 和径向速度 v。前者使粒子产生径向离心加速度，形成粒子的离心沉降速度 w_p，把粒子推向器壁而被分离，后者作用是把粒子由外向内推向中心涡核区而随上升气流从排气管逃逸。

依照图 3-11 所示的坐标及几何参数，旋风除尘器的流场可分为外环的准自由涡区和内环的准强制涡区，其交界面大致位于 $r = \frac{2}{3} r_1$ 的圆柱面上。在 $r \leqslant \frac{2}{3} r_1$ 的准强制涡区内，向内的径向速度使颗粒向内漂移，加之涡核区内的上行轴向流速很大，将会把在中心涡核区中的粒子排出旋风除尘器。在 $r > \frac{2}{3} r_1$ 的准自由涡区的粒子才有可能被分离。Strauss、Leith 和 Licht 等也曾假定在 $r < r_1$ 时无分离作用。这一偏保守的假定是比较合理的，因为只有当颗粒较大时，在 $r < r_1$ 才有一定的分离作用。

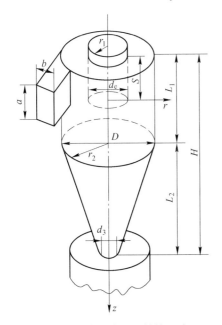

图 3-10　旋风除尘器结构组成

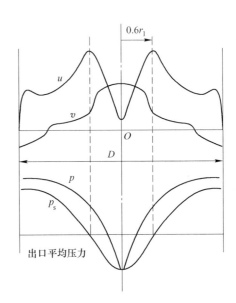

图 3-11　旋风除尘器的切向速度、轴向速度和压力损失

至于旋风除尘器的有效分离高度，Alexander 建议用式（3-9）计算：

$$L_e = 7.3 r_1 (r_2^2 / ab)^{1/3} \tag{3-9}$$

式中，L_e 为自然返回长度，简称自然长，即气流从 $z = 0$ 断面旋转到某一最低部位而折返的长度。

其他几何参数如图 3-10 所示。因此，旋风器的有效分离空间是半径为 r_1 的圆柱面到外壁和高度为 $H = S + L_e$ 的区域。

正确认识分离空间内的流场是分析颗粒运动沉降行为的前提，人们对旋风除尘器内的流场做过很多实验研究，图 3-12 是旋风除尘器的切向与轴向速度分布。

关于切向速度分布的研究较成熟，切向速度 u 随高度的变化很小，而仅是 r 的函数，

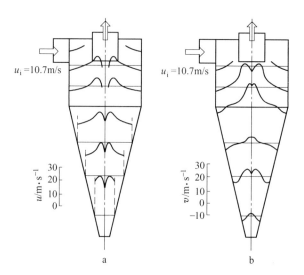

图 3-12　旋风除尘器的切向与轴向速度分布

a—切向速度分布；b—切向速度分布

切向速度可近似表示为

$$u = u_i(r_i/r)^n \qquad (3\text{-}10)$$

式中，u_i 为入口流速，m/s；r_i 为与入口中心线相切的圆半径，m；$r_i = r_2 - b/2$，如图 3-13 所示；n 为常数，$n = 0.4 \sim 0.8$，Cheremisinoff 等认为 n 取 0.5 是合理的。

根据图 3-12 的轴向速度分布特征，可将流场分为外侧的下行流区和中心部分的上行流区。关于轴向速度分布，至今尚无较确切的数学表达式。轴向速度与切向速度属同一量级，它对粒子输运过程起着重要作用。由图 3-12 看出，轴向速度既是 r 的函数，又是 z 的函数，假定轴向速度随 r 和 z 的变化都可近似为线性次的，于是，轴向速度可写成：

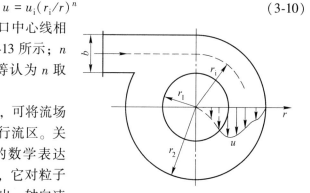

图 3-13　r_i 的定义与切向速度分布形态示意图

$$v = f_1(z) + f_2(z)/r \qquad (3\text{-}11)$$

式中，变系数由以下两个约束条件确定，其一是

$$\text{当 } r = r_0, \quad v = 0 \qquad (3\text{-}12)$$

r_0 是上行流和下行流的交界面半径。对于长锥形旋风除尘器，r_0 在分离空间内近似为常数。

在 $z = 0$ 断面上，进入分离空间的流量等于旋风除尘器的总流量 Q_0。由自然长的概念，通过 $z = L_e$，水平断面的流量 $Q = 0$，假定 Q 随高度 z 的变化是一次线性的，从而得另一约束条件：

$$Q = \int_{r_1}^{r_2} 2\pi rv\,\mathrm{d}r = Q_0\left(1 - \frac{z}{L_e}\right) \qquad (3\text{-}13)$$

将式（3-12）和式（3-13）分别代入式（3-11），得

$$\begin{cases} f_1 + f_2/r_0 = 0 \\ f_1(r_2^2 - r_1^2) + 2f_2(r_2 - r_1) = \dfrac{Q}{\pi}\left(1 - \dfrac{z}{L_e}\right) \end{cases} \tag{3-14}$$

解方程组式（3-14）得出的结果代入式（3-11），整理得

$$v(r,\ z) = K\left(1 - \frac{r_0}{r}\right)\left(1 - \frac{z}{L_e}z\right) \tag{3-15}$$

$$K = -\frac{Q_0}{\pi r_1^2}\left[\left(1 - \frac{r_1}{r_2}\right)\left(1 - \frac{2r_0 - r_2}{r_1}\right)\right]^{-1} \tag{3-16}$$

关于径向速度 w，它比切向速度小一个数量级，且有明显的非对称性，为描述其分布特征，只考虑它的平均效果。因不可压缩流体的连续性方程为

$$\frac{1}{r} \times \frac{\partial}{\partial r}(rw) + \frac{\partial v}{\partial z} = 0 \tag{3-17}$$

将式（3-15）代入式（3-17）积分，有：

$$rw = \frac{K}{L}\left(\frac{r^2}{2} - r_0 r\right) + g(z) \tag{3-18}$$

利用边界条件 $r = r_2$，$w = 0$，得任意函数 $g(z)$ 为

$$g(z) = -\frac{K}{L}\left(\frac{r^2}{2} - r_0 r\right) \tag{3-19}$$

将式（3-19）代入式（3-18）中，经整理得径向速度为

$$w = \frac{K}{2L}r\left[\left(1 - \frac{r_2}{r}\right)\left(1 - \frac{2r_0 - r_2}{r}\right)\right] \tag{3-20}$$

当 $r = r_1$ 时，将式（3-16）代入式（3-20），有：

$$w = -\frac{Q}{2\pi r_1 L} \tag{3-21}$$

这恰好是流过半径为 r_1、高为 L 圆柱面上的平均流速。负号表示流向与半径 r 的方向相反。

3.3.1.2 压力分布和压力损失

在评价旋风除尘器设计和性能时的一个主要指标是气流通过旋风除尘器时的压力损失，亦称压力降。旋风除尘器的压力损失主要包括有：气体在进气管内的摩擦损失；气体进入旋风除尘器内，因膨胀或压缩而造成的能量损失；气体在旋风除尘器中与器壁的摩擦所引起的能量损失；旋风除尘器内气体因旋转而产生的能量损失；气体在排气管内摩擦损失；旋转运动较直线运动需要消耗更多的能量和排气管内气体旋转时的动能转化为静压的损失等。

图3-11也给出了旋风除尘器内的压力分布，全压和静压的径向变化非常显著，由外壁向轴心逐渐降低，轴心处静压为负压，直至锥体底部均处于负压状态。

通常，旋风除尘器的压力损失 Δp 在 $1000 \sim 2000\text{Pa}$。压力损失用旋风除尘器进口、出口全压之差来表示，即

$$\Delta p = (p_q)_i - (p_q)_o \tag{3-22}$$

式中，$(p_q)_i$、$(p_q)_o$ 分别为旋风除尘器进口、出口全压，Pa。

实验表明，旋风除尘器的压力损失 $\Delta p(\text{Pa})$ 一般与气体入口速度的平方成正比，即

$$\Delta p = \xi \frac{\rho u_i^2}{2} \tag{3-23}$$

式中，ρ 为气体的密度，kg/m^3；u_i 为气体入口速度，m/s；ξ 为局部阻力系数。

在缺少实验数据时，ξ 可用式（3-24）估算：

$$\xi = 16A/d_e^2 \tag{3-24}$$

式中，A 为旋风除尘器进口面积，m^2；d_e 为排气管直径，m。

式（3-24）表明，除尘器相对尺寸对压力损失影响较大，当除尘器结构形式相同时，几何相似放大或缩小，压力损失基本不变。

应当指出，旋风除尘器的其他操作因素对压力损失也有影响。例如，随入口含尘气体浓度的增高，除尘器的压力降明显下降，这是因为旋转气流与粉尘摩擦导致旋转速度降低的缘故。除尘器内部有叶片、突起和支持物时，同样可使气流的旋转速度降低，导致压力降减小。

在设计旋风除尘器时，应合理选择其进口气流速度。流速过大，压力损失会急剧上升，从而应考虑风机能否足以克服旋风除尘器的压力损失。

3.3.1.3　除尘效率

旋风除尘器从 1885 年获发明专利投入工业应用到今天已有 100 多年的历史了。多少年来，人们对旋风除尘器的分离机理进行过大量的理论与实验研究，概括起来主要可分为 5 种分离理论：转圈理论、筛分理论、边界层分离理论、紊流扩散理论和传质理论。紊流扩散理论虽然分析方法较严格，但由于对旋风除尘器中粒子浓度分布和扩散过程的认识还不充分，特别是紊流扩散系数的确定相当困难，因而离实际应用还有一段距离。边界层分离理论的效率计算公式与实际比较吻合，因而得到较普遍的承认。该理论是基于径向紊流返混使旋风除尘器各截面上的粒子浓度均一的假设提出的，同时考虑了涡流分布。下面仅讨论较为简单，且目前最常用的转圈理论、边界层分离理论和筛分理论。

A　沉降分离理论（转圈理论）

沉降分离理论又称转圈理论，是由类比重力沉降室的沉降原理发展起来的。尘粒受离心力作用，沉降到旋风除尘器壁面所需要的时间和在分离区间停留的时间相平衡。从而计算出粉尘完全被分离的临界粒径 d_{100}。

转圈理论只考虑旋涡的离心分离作用，而忽视了汇流的影响。由于在旋风除尘器中的流速较高（$15 \sim 25m/s$），必须用紊流模型进行分析。

Martin 把旋风除尘器内的气流流动看成是在圆弧形通道中的转圈流动，故称之为转圈理论。在 Martin 的著作中详细介绍了紊流情况下旋风除尘器分级效率的推导方法，其过程非常复杂。从前面的讨论发现，紊流分级效率表达式的指数部分必定是层流分级效率前添加一个负号，于是紊流分级效率问题变得空前简单。

在旋风除尘器中的分离空间内，如果假定流速均匀分布（虽然不均匀，用平均速度作近似计算有时也是可以接受的），其效率可用式（3-25）计算：

$$\eta = 1 - \exp\left(-\frac{\tau \bar{u} \theta}{r_2 - r_1}\right) \tag{3-25}$$

如果设在 $r \geqslant r_1$ 的流速服从自由涡式，则效率可直接用式（3-26）计算：

$$\eta = 1 - \exp\left[- \frac{1 - \sqrt{1 - 2Q\tau\theta/r_2\ln(r_2/r_1)}}{1 - r_2/r_1} \right] \tag{3-26}$$

式中，θ 为气流在旋风除尘器内的总旋转角度。

关于旋风除尘器的总旋转角度，Martin 给出：

$$\theta = \frac{2L_1 + L_2}{a}\pi \tag{3-27}$$

Martin 还给出了一些较复杂的流场分布情况下的紊流分级效率推导过程，在此不做赘述。

B　边界层分离理论

紊流扩散对于细颗粒的影响是不可忽视的。20 世纪 70 年代有人提出横向掺混模型，认为在旋风除尘器的任一横截面上，颗粒浓度的分布是均匀的，但在近壁处的边界层内是层流流动，只要颗粒在离心效应下浮游进入此边界层内，就可以被捕集分离下来，这就是边界层分离理论。

经过一系列数学推导和运算整理，可得到边界层分离理论的粉尘分级效率计算式为

$$\eta_i = 1 - \exp\left[- 0.639\left(\frac{\delta}{d_{50}}\right)\frac{1}{1 + n} \right] \tag{3-28}$$

式中，η_i 为粉尘分级效率；δ 为粉尘平均当量直径，m；d_{50} 为分割粒径，m；n 为外旋流速度指数，由实验确定，也可近似用式（3-29）估算：

$$n = 1 - (1 - 0.67D_0^{0.14})\left(\frac{T}{283}\right)^{0.3} \tag{3-29}$$

式中，D_0 为除尘器直径，m；T 为气体绝对温度，K。

C　筛分理论

筛分理论是一个更为简化的分析模型。在旋风除尘器内存在涡、汇流场，处于外涡旋内的粉尘在径向上同时受到方向相反的两种力的作用。即由涡旋流场产生的离心力 F_C 使粉尘向外运动，由汇流场（即向心径向流动）产生的向心力 F_D 又使粉尘向内漂移。离心力的大小与粉尘直径的大小有关，粉尘粒径越大则离心力越大，因此必定有一临界粒径 d_k，其所受的两种力的大小正好相等。由于离心力 F_C 的大小与粉尘粒径的 3 次方成正比，而向心力 F_D 的大小仅与粉尘粒径的一次方成正比，显然有：凡粒径 $d_p > d_k$ 者，向外推移作用大于向内漂移作用，粉尘被推移到除尘器外壁而被分离出来；相反，凡粒径 $d_p < d_k$ 者，向内漂移作用大于向外推移作用，粉尘被带入上升的内涡旋中，随气流排出除尘器。这相当于在内外涡旋的交界面处（此处切向速度最大，粉尘在该处受到的离心力也最大）有一筛网，其孔径为 d_k，凡粒径 $d_p > d_k$ 的颗粒被截留在筛网一侧，而粒径 $d_p < d_k$ 的颗粒则通过筛孔排出除尘器。对于粒径为 d_k 的粉尘，因为 $F_C = F_D$，它将在交界面上不停地旋转。此时，粉尘有 50% 的可能分离，也同时有 50% 的可能进入内涡旋而排出除尘器，即此种粉尘的分离效率为 50%。除尘器对于某粒径粉尘的除尘效率为 50% 时，此粒径称为除尘器的分割粒径，通常用 d_{50} 表示。

粒径为 d_p 的粉尘在旋风除尘器内所受到的离心力 F_C 可表示为

$$F_C = \frac{\pi}{6}d_p^3\rho_p\frac{u_t^2}{r} \qquad (3\text{-}30)$$

同时，由于外涡旋气流的向心径向流动，将使粉尘受到向心的阻力，设向心径向流动处于层流状态，则径向气流阻力 F_D 可用斯托克斯公式表示为

$$F_D = 3\pi\mu d_p u_r \qquad (3\text{-}31)$$

因此，在内、外涡旋的交界面上，当 $F_C = F_D$ 时，有：

$$\frac{\pi}{6}d_{50}^3\rho_p\frac{u_{t_0}^2}{r_0} = 3\pi\mu d_{50}u_{r_0} \qquad (3\text{-}32)$$

所以，分割粒径的表达式为

$$d_{50} = \left(\frac{8\mu u_{r_0}r_0}{\rho_p u_{t_0}^2}\right)^{\frac{1}{2}} \qquad (3\text{-}33)$$

式中，μ 为空气动力黏度，$Pa \cdot s$；u_{r_0} 为交界面上气流的径向速度，m/s；r_0 为交界面半径，m；ρ_p 为粉尘的真密度，kg/m^3；u_{t_0} 为交界面上气流的切向速度，m/s。

分割粒径是反映除尘器性能的一项重要指标，d_{50} 越小，说明除尘器的除尘效率越高。由式（3-33）可以看出，d_{50} 随 u_{r_0} 和 r_0 的减小而减小，随 u_{t_0} 和 ρ_p 的增加而减小。这就是说，旋风除尘器的除尘效率是随径向速度和排出管直径减小、切向速度和粉尘密度增加而增加的，其中起主要作用的是切向速度。

应当指出，粉尘在旋风除尘器内的分离过程是很复杂的，难以用一个公式来准确表达。目前旋风除尘器的效率一般仍是通过实测确定。

3.3.2　影响旋风除尘器性能的主要因素

3.3.2.1　结构尺寸的影响

旋风除尘器的筒体直径、高度、气体进口及排气管形状和大小都是影响旋风除尘器性能的主要因素。

A　旋风除尘器的筒体直径 D_c

一般来说，旋风除尘器的直径越小，旋风半径越小，尘粒所受的离心力越大，旋风除尘器的除尘效率也就越高。但过小的筒体直径，由于旋风除尘器器壁与排气管太近，会造成较大直径颗粒有可能反弹至中心气流而被带走，使除尘效率降低。另外，筒体太小容易引起堵塞，尤其是对于黏性物料。因此，一般筒体直径不宜小于 150mm。工程上常用的旋风除尘器的直径（多管式旋风除尘器除外）是在 200mm 以上。同时，为保证除尘效率下降不致太大，筒径一般不大于 1000mm。如果处理气量大，则考虑采用并联组合形式的旋风除尘器。

旋风除尘器每部分的几何尺寸，都是通过其与筒体直径之比确定的，所以旋风筒直径的改变，不仅会改变除尘器的几何尺寸和形状，还会引起除尘效率的变化。

B　旋风除尘器高度 H

通常，较高除尘效率的旋风除尘器，都有较大的长度，它不但使进入筒体的尘粒停留时间增长，有利于分离，且能使尚未到达排气管的尘粒，有更多的机会从旋流核心中分离

出来，减少二次夹带，以提高除尘效率。足够长的旋风除尘器，还可避免旋转气流对灰斗的磨损。但是，过长的旋风除尘器，会占据较大的空间，且增加流动阻力。一般常取旋风除尘器的直筒段高度为其直径的 1~2 倍。

旋风除尘器的圆锥体可以在较短的轴向距离内将外旋流变为内旋流，节约了空间和材料。另外，采用圆锥型结构，旋转半径可逐渐变小，使切向速度不断提高，离心力随之增大，这样，除尘效率将会随离心力的增加而提高。圆锥体的另一个作用是将已分离出来的粉尘微粒集中于旋风除尘器中心，以便将其排入储灰斗中。

旋风除尘器的圆锥高度，直接与圆锥体的半锥角 α 和锥体下端排灰口直径 D_2 有关。当锥体高度一定，而锥体角度较大时，由于气流旋流半径很快变小，很容易造成核心气流与器壁撞击，使沿锥壁旋转而下的尘粒被内旋流所带走，影响除尘效率。所以，半锥角 α 不宜过大。另外，α 还取决于粉尘颗粒的物理性质，一般 $\alpha \leqslant 30°$，或小于等于 90° 减去粉尘的内摩擦角。设计时常取 α 为 13°~15°。

为防止已分离下来的粉尘重新卷入核心旋流而造成二次夹带，要求排灰口直径 D_2 不得小于 $D_c/4$。对于较大的旋风除尘器和在处理粉尘浓度较高的情况下，应考虑能使粉尘顺利排出的可能，即通过排灰口的粉尘的质量流速不宜过大。这就需要设计较大的排灰口直径。但排灰口直径越大，则会有较多的气体进入灰斗，形成激烈的旋涡气流，反而容易将已捕集的粉尘重新卷起，影响除尘效率。

C 旋风除尘器进口

旋风除尘器的进口形式主要有切向进口和轴向进口两种。切向进口又分为螺旋面进口、渐开线进口及切向进口，如图 3-14 所示。

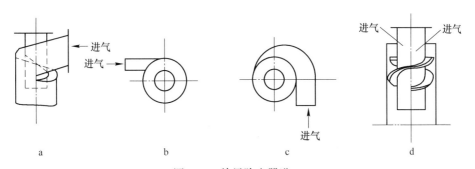

图 3-14 旋风除尘器进口

a—螺旋面进口；b—切向进口；c—渐开线进口（蜗壳进口）；d—轴向进口

切向进口为最普通的一种进口形式，制造简单，用得比较多。这种进口形式的旋风除尘器外形尺寸紧凑。

若旋风除尘器为螺旋面进口，则气流通过螺旋面进口进入旋风除尘器后，以与水平呈近似 10° 的倾斜角度，向下做螺旋运动。采用这种进口有利于气流向下做倾斜的螺旋运动，同时也可以避免相邻两旋转圈的气流互相干扰。螺旋顶板倾斜角 β 应小于 15°，一般取 $\beta \approx 11°$，以克服湍流和改善上灰环问题。

渐开线（蜗壳形）进口可以减少进口气流对筒体内气流的撞击和干扰。由于从蜗壳形进口排入筒体的气体宽度逐渐变窄，使尘粒向壁面移动的距离减小，而且加大了进口气体和排气管的距离，减少气流的短路机会，因而可提高除尘效率。与其他进口形式相比，蜗壳形进口处理气体量大，压力损失小，是比较理想的一种进口形式。在 90°、180°、270°蜗壳形式中，以 180°的蜗壳用得最多。

轴向进口是最好的进口形式，它可以最大限度地避免进入气体与旋转气流之间的干扰，以提高效率。但因气体均匀分布于进口截面，使靠近中心处的分离效果很差。轴向进口常用于多管式旋风除尘器。为使进口气体产生旋转，一般多在进口处设置各种形式的叶片。

旋风除尘器的进口管可以制成矩形和圆形两种形式。但由于圆形进口管与旋风除尘器器壁只有一点相切，而矩形进口管其整个高度均与管壁相切。故一般多采用矩形进口管。

矩形进口管的宽度 b 和高度 a 的比例要适当，通常长而窄的进口管与器壁有着更大的接触面。宽度 b 越小，临界粒径越小，除尘效率越高。但过长而窄的进口也是不利的。因为进口太长，为了要保持一定的气体旋转圈数 N，必须加长筒体，否则除尘效率仍不能提高。一般矩形进口管高与宽之比为 $a/b = 2 \sim 3$；$b = (0.2 \sim 0.25)D_c$；$a = (0.4 \sim 0.75)D_c$。

水平进口管的位置通常有两种，如图 3-15 所示。一种是与旋风除尘器的顶盖相平，这有利于消除上旋流。另一种则与顶盖有一段距离，这可使细粉尘富集在顶盖下面的上旋流中，通过旁室将其送入主旋流进一步分离，以减少短路的机会。

D　排气管

常见的排气管形式如图 3-16 所示。在相同的排气管直径下，下端采用收缩形式，既不影响旋风除尘器的除尘效率，又可以降低压力损失。所以，在设计分离较细粉尘的旋风除尘器时，可考虑这种形式的排气管。

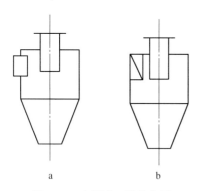

图 3-15　水平进口管的位置

a—进气管在顶盖下方；b—进气管与顶盖相平

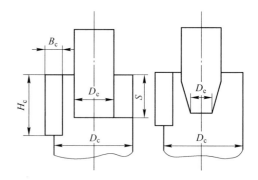

图 3-16　常见的排气管形式

一定范围内，排气管直径越小，则旋风除尘器的除尘效率越高，压力损失也越大。反之，除尘器的效率越低，压力损失也越小。当 $D_c/D_e = 2.5 \sim 3$ 时，除尘器效率达到最高点。如再增加 D_c/D_e（即减少排气管直径），除尘效率提高缓慢，但阻力系数急剧上升。所以在旋风除尘器设计时，需控制 D_c/D_e 在一定的范围内，即排气管直径不能取得过小，以免带来动能消耗过大的后果。一般常取 $D_e = (0.3 \sim 0.5)D_c$。

由于旋流是在排气管与器壁之间运动。因此，排气管的插入深度 S 直接影响旋风除尘器的性能。插入深度过大，缩短了排气管与锥体底部的距离，减少了气体的旋转圈数 N。同时也增多了二次夹带机会。排气管插入深度过大，也会增加表面摩擦，增大压力损失。但排气管插入深度过小，或甚至不插入筒体，会造成正常旋流核心的弯曲，甚至破坏，使其处于不稳定状态。同时也容易造成气流短路而降低除尘效率。因此，插入深度要适当，一般排气管下端与进气管的下缘平齐或稍低。

为降低旋风除尘器的压力损失，在排气管下方，安装不同形式的叶片。但它降低了气流的旋转速度，影响旋风除尘器的分离性能。由于气体在排气管内处于剧烈的旋转状态，若将排气管末端制成蜗壳形状，这样既可以减少能量损耗，也不影响除尘效率，这在设计中已被广泛采用。

E　灰斗

它是旋风除尘器设计中最容易被忽视的部分。一般都把它仅看作是排出粉尘的装置。其实在除尘器的锥底处，气体非常接近高湍流，而粉尘也正是由此排出，因此二次夹带的机会也就更多。再则，旋流核心为负压，如果设计不当，造成灰斗漏气，就会使粉尘的二次飞扬加剧，严重影响除尘效率。因此，理想的灰斗及卸灰装置应该具有结构简单、动作灵活、排灰及时和严密不漏风等特点。

旋风除尘器尺寸比例变化对性能的影响见表3-1。

表 3-1　旋风除尘器尺寸比例变化对性能的影响

比 例 变 化	性 能 趋 向		投资趋向
	压力损失	效率	
增大旋风除尘器直径	降低	降低	提高
加长筒体	稍有降低	提高	提高
增大入口面积（流量不变）	降低	降低	—
增大入口面积（速度不变）	提高	降低	降低
加长锥体	稍有降低	提高	提高
增大锥体的排出孔	稍有降低	提高或降低	—
减小锥体的排出孔	稍有提高	提高或降低	—
加长排出孔深入器内的长度	提高	提高或降低	提高
增大排气管管径	降低	降低	提高

3.3.2.2　运行条件的影响

A　进口气流速度

在一定范围内，进口气流速度越高，除尘效率也越高。这是因为增加进口气流速度，能增加尘粒在运动中的离心力，尘粒更易分离。但气流速度太高，气流的湍动程度增加，二次夹带严重。另外，气流速度太高，粉尘颗粒与器壁的摩擦加剧，导致粗颗粒（大于 $40\mu m$）粉碎，使细粉尘含量增加。过高的气流速度，对具有凝聚性质的粉尘也会起分散作用，对除尘不利。

此外，气体通过旋风除尘器的压力损失和进口气流速度的平方成正比。所以，如果进口气流速度过大，虽然除尘效率会稍有提高（有时不提高甚至下降），但压力损失却急剧上升，能量耗损大大增加。同时，进口气流速度太高，也会加剧旋风除尘器筒体的磨损，降低除尘器的寿命。因此，在设计旋风除尘器的进口截面时，必须使进口气流速度为一适宜值。这样既能保证除尘效率，又能减少能量的消耗。一般进口气流速度为 15~25m/s。

B　含尘气体的密度 ρ、黏度 μ、压力 p 和温度 T

气体密度随进口温度增加而降低，随进口压力增加而增加。气体密度越大，临界粒径也越大，除尘效率下降。但是，气体的密度和固体尘粒密度相比，特别是在低压下几乎可以忽略。所以，其对除尘效率的影响较之固体尘粒密度来说，也可以忽略不计。

气体密度与压力损失成正比，对于一个给定的旋风除尘器，在相同的操作条件下，气体密度增加一倍，压降也将增加一倍。

黏度是对气体或液体流动阻力进行度量的物理量。旋风除尘器的除尘效率随着气体的黏度的增加而降低。由于温度升高，气体黏度增加，当进口气流速度等条件保持不变时，除尘效率也略有降低。因此，在进口气流速度一定的情况下，除尘效率随气体温度的升高而下降。

C　气体含尘浓度

旋风除尘器的除尘效率，随粉尘浓度增加而提高。这是因为含尘浓度大，粉尘的凝聚与团聚性能提高，使较小的尘粒凝聚在一起而被捕集。另外，在含尘浓度大时，大颗粒向器壁移动产生了一个空气曳力，也会将小颗粒夹带至器壁而被分离。大颗粒对小颗粒的撞击也使小颗粒有可能被捕集。值得注意的是，含尘浓度增加后除尘效率虽有提高，但从排气管排出的粉尘的绝对量也会大大增加。

粉尘浓度对旋风除尘器的压力损失有影响。处理含尘气体的压力损失要比处理清洁气体时小，当进口气体含尘浓度为 1~2g/m³ 时，压力损失可以降低到近清洁气体的 60%。气体含尘浓度增至 2~50g/m³ 时，压力损失下降缓慢，但在浓度超过 50g/m³ 时，压力损失又迅速下降。这是因为气体中即使含有少量尘粒，也会使气体间存在内摩擦。由于分离到器壁的颗粒之间产生摩擦，使旋流速度降低，减少了离心力。因而，压力损失也就下降。

D　粉尘物理性质的影响

粉尘的物理性质主要指粒径大小、密度 ρ_p 以及粉尘的粒径分布。

较大粒径的粉尘在旋风除尘器中会产生较大的离心力，有利于分离。所以，在粉尘的粒径分布中，大颗粒所占有的百分数越大，总除尘效率越高。

颗粒物密度会直接影响到该颗粒物在某种驱动力作用下通过某种气体的速度。随着颗粒物密度的增加，其通过气体的速度也会随之增加，因而旋风除尘器的收集效率会随之提高。

粉尘真密度 ρ_p 对分割粒径有一定影响，ρ_p 越大，分割粒径越小，除尘效率也越高。

E　漏风率

除尘器的漏风率对除尘效率有显著影响，尤其排灰口的漏风影响更为严重。因为旋风除尘器无论是在正压还是负压条件下运行，其底部总是处于负压状态，如果除尘器底部密封不严，从外部漏入的空气会把正落入灰斗的粉尘重新带走，使除尘效率显著下降。

除上述影响旋风除尘器性能的因素外，除尘器内壁粗糙度也会影响旋风除尘器的性能。浓缩在壁面附近的粉尘微粒，会因粗糙的表面引起旋流，使一些粉尘微粒被抛入上升的气流，进入排气管，降低除尘效率。所以在旋风除尘器的设计中应避免没有打光的焊缝、粗劣的法兰连接点、设计不当的进口等问题的出现。

旋风除尘器轴心处具有很高的负压，所以此处的泄漏程度对除尘效率有着一定的影响。在旋风除尘器设计时，应考虑排灰口及卸灰阀的密封。

另外，气体的湿度（含湿量）过大将会引起粉尘黏壁，甚至堵塞，以致大大降低旋风除尘器的性能。

3.3.3　旋风除尘器的分类和选型

3.3.3.1　旋风除尘器的分类

旋风除尘器的种类繁多，分类也各有不同。

按其性能分为：（1）高效旋风除尘器，其筒体直径较小，用来分离较细的粉尘，除尘效率在95%以上；（2）大流量旋风除尘器，筒体直径较大，用于处理很大的烟气流量，其除尘效率为50%~80%；（3）通用型旋风除尘器，处理风量适中，因结构形式不同，除尘效率为70%~85%；（4）防爆型旋风除尘器，本身带有防爆阀，具有防爆性能。

根据结构形式，旋风除尘器可分为长锥体、圆筒体、扩散式、旁路型。

按组合、安装情况分为内旋风除尘器（安装在反应器或其他设备内部）、外旋风除尘器、立式旋风除尘器、卧式旋风除尘器以及单筒旋风除尘器、多管旋风除尘器。

按气流导入情况（切向导入或轴向导入）、气流进入旋风除尘器后的流动路线（反转或直流）以及带二次风的形式则可概括为以下几种。

A　切流反转旋风除尘器

这是旋风除尘器最常用的形式。含尘气体由筒体侧面沿切线方向导入，气流在圆筒部旋转向下，进入锥体，到达锥体的端点前反转向上。净化后的清洁气流经排气管排出旋风除尘器。根据不同的进口形式又可分为蜗壳进口（见图3-17a）、螺旋面进口（见图3-17b）、狭缝进口（见图3-17c）。

为提高旋风除尘器对粉尘的捕集能力，把排出气体中含尘浓度较高的气体以二次风的形式引出后，经风机再重复导入旋风除尘器内。这种狭缝进口的旋风除尘器，按二次风引入的方式又可分为切流二次风（见图3-17d）和轴流二次风（见图3-17e）。

B　轴流式旋风除尘器

轴流式旋风除尘器是利用导流叶片使气流在旋风除尘器内旋转，除尘效率比切流旋风除尘器低，但处理烟气流量比较大。

根据气体在旋风除尘器内的流动情况分为轴流反转式（见图3-17f）和轴流直流式（见图3-17g）两种。

轴流直流式旋风除尘器的压力损失最小，尤其适用于动力消耗不宜过大的地方，但除尘效率较低。同样可以把排出气体中含尘浓度较高的部分（或清洁气体）以二次风的形式再导回旋风除尘器内，以提高除尘效率，此种形式除尘器称为龙卷旋风除尘器。按二次风引入的方式可分为切流二次风（见图3-17h）和轴流二次风（见图3-17i）。

C　旋风除尘器的特点

旋风除尘器是工业应用比较广泛的除尘设备之一，其主要优点是：

（1）设备结构简单、体积小、占地面积少、造价低。

（2）没有转动机构和运动部件，维护、管理方便。

（3）可用于高温含尘烟气的净化，一般碳钢制造的旋风除尘器可用于350℃烟气的净化，内壁衬以耐火材料的旋风除尘器可用于500℃烟气的净化。

（4）干法清灰，有利于回收有价值的粉尘。

（5）除尘器内易敷设耐磨、耐腐蚀的内衬，可用来净化含高腐蚀性粉尘的烟气。

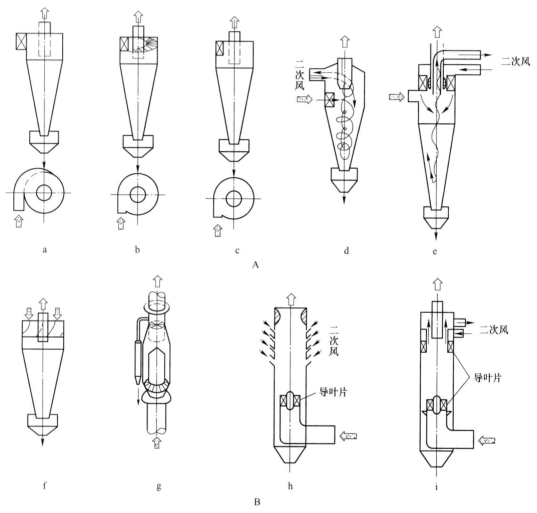

图3-17　各种类型的旋风除尘器
A—切流反转旋风除尘器；B—轴流式旋风除尘器
a—蜗壳进口；b—螺旋面进口；c—狭缝进口；d—切流二次风；e—轴流二次风；
f—轴流反转式；g—轴流直流式；h—切流二次风；j—轴流二次风

但旋风除尘器的压力损失一般比重力沉降室和惯性除尘器高，在选用时应注意以下几点：

（1）旋风除尘器适合于分离密度较大、粒度较粗的粉尘，对于粒径小于5μm的尘粒和纤维性粉尘，捕集效率很低。

（2）单台旋风除尘器的处理风量是有限的，当处理风量较大时，需多台并联。

（3）不适合于净化黏结性粉尘。

（4）设计和运行时，应特别注意防止除尘器底部漏风，以免造成除尘效率下降。

（5）在并联使用时，要尽量使每台旋风除尘器的处理风量相同。

在多级除尘系统中，旋风除尘器一般作为预除尘装置，有时也起粉料分级的作用。

3.3.3.2 旋风除尘器的选型

旋风除尘器的选择通常是根据其技术性能（处理烟气量、除尘效率和压力损失等）和经济指标（基建投资和运行管理费用、占地面积、使用寿命等）进行的。在具体选择旋风除尘器的形式时，要结合实际气体性质（流量及波动范围、成分、温度、压力、腐蚀性等）、粉尘特性（浓度、粒度分布、黏附性、纤维性和爆炸性）、粉尘的回收价值等情况，参考国内外类似实践经验和先进技术，全面考虑，处理好技术性能指标和经济指标之间的关系。主要的选型原则有如下几个方面：

（1）旋风除尘器适用于净化密度较大、粒度较粗的粒子，其中，细筒长锥形高效旋风除尘器对细尘也有一定的净化效果。旋风器对入口含尘质量浓度变化适应性较好，可处理高含尘质量浓度的气体。

（2）旋风除尘器一般只适用于净化非纤维性粉尘及温度在400℃以下的非腐蚀性气体。用于处理腐蚀性的含尘气体时，需采取防腐措施。

（3）旋风除尘器对流量的波动有较好的适应性，入口气流速度一般为15~25m/s，个别情况下（如湿润时）可达30m/s以上，但阻力却随速度的增长呈平方增长。而入口气流速度降低，其除尘效率会下降。从除尘效率和阻力综合考虑，最佳范围大致在16~22m/s之间。

（4）在旋风除尘器中，由于旋转气流速度很高，固体颗粒物对器壁的磨损较快，应采取防磨措施。

（5）对于非湿性旋风器，不宜净化黏性粉尘，处理相对湿度较高的含尘气体时，应注意避免因结露而造成的黏结。

（6）设计时，在空间高度允许的条件下，应优先考虑长锥形旋风除尘器，即 H（总高） $- S$（排气管插入深度）$\geqslant L$（自然返回长）。

（7）因旋风除尘器通常是负压运行，设计和运行中应特别注意防止旋风器底部漏风。实践证明：旋风除尘器漏风5%，除尘效率降低50%；漏风15%，除尘效率接近零。因此，必须采用气密性好的卸灰装置。当无需收干灰且无二次污染时，可考虑湿式水封法，此法可使漏风率为零。

（8）当旋风除尘器并联使用时，应合理设计连接除尘器的分风管和汇风管，尽可能避免各旋风器之间窜风使效率下降，可考虑对各旋风除尘器单设灰斗。

4 电除尘技术

电除尘器是利用电场力（库仑力）将气体中的粉尘分离出来的除尘设备，也称静电除尘器。电除尘器在冶炼、水泥、煤气、电站锅炉等工业中得到了广泛应用。与其他除尘器相比，电除尘器的显著特点是：几乎对各种粉尘、烟雾等，甚至极微小的颗粒都有很高的除尘效率；高温、高压气体也可应用；设备阻力低（200~300Pa）；维护检修简单。

4.1　电除尘器的发展与现状

4.1.1　电除尘技术的发明与发展

第一个演示静电除尘装置是由德国人霍菲尔德（M. Hohlfeld）在1824年完成的。他用莱顿瓶的电荷供给一个盛有烟雾的玻璃瓶，通过放在瓶中的金属线产生放电现象而使烟气被净化。1850年美国人吉塔尔德（C. F. Guitard）观察到无声电晕放电也有同样的作用。1880年以后，英国物理学家洛奇爵士（Sir Oliver Lodge）一直致力于将电除尘技术应用于工业烟气净化的试验研究中。1885年洛奇与沃克（A. O. Walker）、哈钦斯（W. M. Hutchings）合作，在北威尔士炼铅厂建造了第一台电除尘试验装置，但是这套装置的试验未取得成功，其主要原因有二：一是静电感应起电机产生的高电压运行很不稳定；二是氧化铅烟尘极细，比电阻又很高，非常难捕集。虽然洛奇在1903年就获得了静电除尘技术的专利权，但直到1907年，美国加利福尼亚大学化学教授科特雷尔（F. G. Cotterl）才将电除尘技术用于捕集硫酸雾并首次获得成功。他试验成功的关键在于他的试验装置是捕集比电阻较低的硫酸雾和采用了新发明的同步机械整流器。从此，电除尘器才正式成为净化工业气体的除尘设备。

随着科学技术的发展和工业水平的提高，从20世纪初开始，西欧各工业发达国家相继开展电除尘技术的研究工作。特别是第二次世界大战以后，一些发达的资本主义国家，在发展工业的同时，出现了大气污染的环境问题。在这种背景下，电除尘器以其独特的优越性而兴盛起来。到了20世纪50年代，电除尘器已被冶金和建材工业广泛采用，并迅速扩展到电力、化工、石油等领域。到了20世纪60年代，电除尘器已遍及各个工业部门，并在世界各国得到迅速发展。近年来，随着环境保护要求的日益提高，电除尘器的发展更加迅速，应用范围也更加广泛。

随着电除尘器的使用领域不断扩大，电除尘器的结构、性能和控制方式等也日臻完善。就电极构造而论，最早采用的是筒形管状收尘极和细圆线电晕极。20世纪40年代出现了板状收尘极，使电场空间利用率大为提高。1945年开始采用螺旋形细圆线代替直细圆线作电晕极。与直的细圆线相比，螺旋形线降低了起晕电压，这对捕集某些比电阻较高的粉尘是有利的。其后出现了星形电晕线，使电场分布更为合理。1960年有人发现芒刺电晕线比螺旋线和星形线的起晕电压更低，更适合于捕集高比电阻粉尘和净化高浓度烟气。从 20 世纪 40 年代到 60 年代，为了防止已被捕集的粉尘产生二次飞扬，带有各种防风槽的板状收尘极被设计出来，在实际使用中取得了良好的效果。到了 20 世纪 70 年代以后，对电除尘器本体结构的研究更加深入，研制出多种板、线结构，在提高气流品质、改善清灰效果、防止二次扬尘、优化本体结构等方面取得了许多成果，进一步促进了电除尘技术的发展。

　　电除尘技术的发展还与高压供电及其控制装置的演变密切相关。电除尘器的高压电源装置一般有升压、整流和控制三部分。用变压器升压是迄今仍在使用的经济而实用的方法，只是随着绝缘技术的进步，变压器的性能更为优越，体积更加小。在整流方面，早期的电除尘器是采用机械同步整流方法，这在 20 世纪 50 年代以前几乎是唯一的方法。20 世纪 50 年代以后，电子元件逐渐成熟，机械整流曾被电子管整流器所代替，但是电子管整流器在工业上并没有获得大规模应用。1956 年开始试用硒整流器，但体积庞大。20 世纪 50 年代末期硅整流器的出现，很快就全部取代了硒整流器。在控制方面，随着电除尘技术的发展，控制方法也日新月异。早期的电除尘器是靠人工控制电压和电流。最早就是采用自耦变压器或感应调压器来调节输入电压的。虽然在 20 世纪 20 年代初期就已出现用直流磁场来改变交流线圈阻抗的理论，但是直到高导磁率的磁性材料和半导体整流元件大量生产和质量提高后，饱和电抗器才真正在自动控制方面得到应用。从 20 世纪 50 年代起，饱和电抗器开始代替调压变压器，为电除尘器的自动控制奠定了基础。但采用饱和电抗器控制存在缺陷，即响应滞后、除尘效率低。所以，到了 20 世纪 60 年代开始广泛采用可控硅控制。由于可控硅的应用，使电除尘器的电源获得了新的控制特性，即快速降压和升压。这种特性使电除尘器有可能在电场发生闪络的瞬间立即降压而不产生弧光放电或击穿，同时又能立即使电压回升，让电场重新正常工作。这样，电场的工作电压会始终接近于击穿前的临界电压，从而能保证最高的除尘效率。到了 20 世纪 70 年代，利用晶体管实现火花自动跟踪控制技术开始被广泛应用。20 世纪 80 年代初期开始利用运算放大器代替晶体管实现多功能控制，使电除尘器自动控制水平进一步提高，但模拟控制电路也更趋复杂。随着计算机控制技术的发展，到了 20 世纪 80 年代中期，兴起了利用微机对电除尘器进行控制的热潮，使电除尘器供电控制技术又进入了一个新的发展时期。火花强度控制、最佳火花控制、临界火花控制、浮动火花控制、间歇供电控制等多种控制方式相继出现，使电除尘器的控制特性、自动化程度和运行的可靠性都得到了进一步提高。进入 20 世纪 90 年代以后，随着计算机技术、网络通讯技术、测量控制技术、信号处理技术和人机接口技术的迅猛发展，以工业控制计算机为上位机，以电除尘器高低压供电控制设备为下位机，以各种检测设备为耳目的集散型智能控制和管理系统便应运而生了，这标志着电除尘器的供电控制技术进入了数字化、信息化的时代，它必将对电除尘技术的进一步发展起到巨大的推动作用。

　　电除尘技术除在本体结构和供电控制方面取得较大发展外，在电除尘理论方面的研究也取得了很大进步，为电除尘技术的发展奠定了理论基础。

　　1911 年起，美国人斯特朗（W. W. Strong）开始研究电除尘的理论，他对诸如尘粒荷电、电场形态、除尘效率等方面的问题作了大量的分析。在今天看来，他的不少分析直到今天还是正确的，为电除尘的理论奠下了初步基础。1922 年多依奇（Deutch）假设在没有紊流的条件下推导出电除尘效率的理论公式。人们还常把效率与收尘极板面积和气体流量之间的数学表达式称为多依奇公式，成为目前电除尘理论的基础。多依奇公式是在安德森（Anderson）关于电除尘指数定律的基础上导出的，所以多依奇公式也称为安德森—多依奇公式。1950年怀特（H. J. White）根据概率理论，重新导出了多依奇公式。尽管多依奇公式是在理想的条件下导出的，但是到现在一直是电除尘计算最基本的公式，在历史上和技术上都有重要价值。

1923年罗曼（Rohman）确立了电场荷电的原理，1932年波德尼尔（Pauthenier）和莫罗-哈诺特（Moreau-Hanot）发表了粒子碰撞荷电和扩散荷电的方程式，1951年怀特导出了更加精确的扩散荷电方程式。

1948年怀特和1961年波德尼尔报道了捕集高比电阻粉尘时反电晕影响的研究结果。1918年沃尔柯特（Wolcott）、1934年弗兰克（Frandk）、1960年彭尼（Penneg）和克雷格（Craig）对火花放电进行了研究。1970年奥格尔斯比（Oglesby）和尼科尔斯（Nichols）提出了包括影响电除尘器性能的理论和经验在内的数学模型，1975年克奇（Gooch）等人对这一模型作了改进。20世纪80年代以后，各科研机构对电除尘理论的研究扩展到极配形式、供电控制、节能管理、故障诊断、专家系统等领域。总之，电除尘技术的发展与相关科学技术的发展密不可分，然而电除尘理论的发展还存在着滞后实际应用的现象。随着科学技术的进步和对电除尘研究的深入，电除尘技术将得到进一步的完善和提高。

4.1.2 我国电除尘技术的发展概况

我国对电除尘技术的研究起步较晚，到了20世纪70年代，电除尘器才在我国得到应有的重视和比较广泛地采用。1949年以前，由于我国工业落后，所以全国只有沈阳冶炼厂、葫芦岛锌厂和本溪水泥厂等装有屈指可数的几台电除尘器，而且性能很差，其结构也非常陈旧。在新中国成立后一个较长的时期内，由于工业还不发达，而且许多工业还处于恢复阶段，对环境保护的重要性认识不足，所以对电除尘技术的发展没有引起重视。有的企业虽然新增设了电除尘器，但其主要目的也只是为了回收有价值的物质。如1954年我国自行设计制造的第一台12.6m²卧式四电场电除尘器，就是用于炼锌氧化多膛焙烧炉回收有价值的金属。随着我国经济建设的发展，有色冶金、水泥、化工等工业部门相继也采用了一些电除尘器。1965年以前所使用的电除尘器，一部分是从国外引进的，一部分是按引进设备图纸仿造的。大多数有色冶金、化工企业所采用的是套用苏联棒帏式电极的电除尘器，黑色冶金高炉采用管式湿式电除尘器。水泥行业大多采用民主德国的立式电除尘器，少数采用鱼鳞状收尘极的卧式电除尘器。电力系统仅保定热电厂、吉林热电厂分别从民主德国和苏联引进了几台电除尘器。新中国成立后水泥行业第一台自行设计和制造的60m²立式电除尘器用于华新水泥厂回转窑的废气处理。原北京水泥工业设计院还设计了20~60m²立式电除尘器的系列，有色冶金工业也设计出多种棒帏式电除尘器，而且技术水平较之建国初期有较大提高。但是由于我国建设资金有限，而电除尘器的一次投资又较大，所以限制了电除尘器在我国的快速发展，到1960年，我国各个工业部门装设电除尘器的总台数还不超过60台。

我国有计划有组织地开展电除尘技术的科研工作是从1965年开始的。当时由冶金部组织武汉冶金安全技术研究所、鞍山矿山设计院、北京有色冶金设计院等单位，在包头着手进行电除尘的试验研究工作。试验设备是一台 0.4m² 的小型电除尘器。通过试验，除掌握冶金生产系统部分粉尘捕集的资料外，同时对电除尘器的结构形式也进行了对比试验。此后北京有色设计院，原北京水泥设计院等单位，设计了新型结构的卧式电除尘器，代替了原有的棒帏式和立式电除尘器。为了总结经验、统一结构、便于制造、降低成本，1972 年由第一机械工业部、冶金工业部和原建筑材料工业部共同组成了电除尘器系列化设计小组，在广泛调查的基础上，做出了从 3m² 到 60m² 电除尘器的系列设计，对我国广泛地采用电除尘器起到促进作用。与此同时，由于我国电子工业的发展，高压硅堆已经广泛地应用于工业，因此硅整流器逐步取代了过时的机械整流器。生产硅整流器的工厂也增加到十多家。1974 年由一机部和冶金部在郑州联合召开了硅整流器的鉴定会。不少厂家生产的硅整流器已达到国家标准所规定的技术指标，在自动控制方面，采用了饱和电抗器和可控硅控制两种方式，基本上达到了火花跟踪和自动调压的要求。

到了 20 世纪 70 年代中期，我国电除尘的试验研究工作已向纵深发展，在常规电除尘器方面，除对极板和板线的形式进行研究外，还对电除尘器的气流分布、清灰振打强度、粉尘比电阻的测试方法以及用喷雾增湿方法对烟气进行调质等方面进行了大量的试验研究，这些试验对保证电除尘器的正常运行和提高电除尘器的性能都起到积极的作用。有的研究成果已赶上世界先进水平。有的单位对超高压横向极板和双区等新型电除尘器也进行了试验，并取得可喜的成果。现在粉尘污染比较严重的工业部门都有从事本行业电除尘技术研究和设计的专业机构，试验手段也日趋齐全和完善。特别是冶金和电力行业，还装备有电除尘的试验台，为电除尘器的设计和选型提供可靠的数据。

从 20 世纪 80 年代开始，随着我国工业生产的飞速发展和对环境保护要求的日益严格，我国电除尘产业得到了迅猛发展，在我国出现了几十家电除尘器本体和供电电源专业工厂，一大批专业技术骨干转行从事电除尘器的科研、教学、设计、制造、安装和调试工作，涌现出一大批研究成果，使我国的电除尘技术水平得到迅速提高。如今，电除尘器在我国的环保产业中，已经成为技术力量较为雄厚、装备水平较高、开发能力较强的行业之一。国产电除尘器本体和供电控制技术已达世界水平。中国已成为世界电除尘大国，并正跻身于世界电除尘强国之林。

4.1.3　电除尘技术的发展趋势

综观近几年来国内外电除尘技术的发展情况，今后电除尘技术的发展趋势大致是：

（1）致力于进一步提高除尘效率，以满足更加严格的排放标准的要求。Sproull 的研究表明，在电除尘器出口的烟尘中，约 50% 是由于振打产生的二次扬尘造成的。Tassicker 对 6 台高效电除尘器的测定表明，低温电除尘器出口的烟尘中约 30% 是振打产生的二次扬尘，而高温电除尘器出口的烟尘中振打产生的二次扬尘则高达约 60%。防止振动清灰引起部分已被捕集的粉尘再次飞扬，提高对微尘的捕集能力，扩大对高比电阻除尘的适应范围（后级电场中的粉尘细，比电阻较高），是各国电除尘界关注的热点问题。对此，已进行了大量的研究工作，并取得了一些积极的研究成果。如日本电力部门确认，用半湿式电除尘器可以把燃煤锅炉的烟尘排放浓度控制在 15mg/m³ 以内，能满足一些地区极其严格的排放标准。

（2）减少电除尘器基建投资和现有设备改造费用。宽间距不但能改善电除尘器的性能，而且有明显的经济效益。美国燃烧工程公司（CE）和南方研究所（SRI）所进行的试验表明，同极间距可增大至 457mm 而不影响除尘性能。

（3）在保证除尘效率的前提下，尽可能节约能源。节约能源的措施之一是采用间歇供电，也就是供电一个或几个半波后停止供电几个半波。电除尘器在停止供电时如同一个大的电容器，平均电场强度几乎与常规供电方式时一样高。间歇供电尤其适用于捕集高比电阻粉尘，此时间歇供电因减小了板电流密度，故可减少收尘极板上粉尘层内的电场强度，使之不超出粉尘层内气体的击穿场强，从而控制了反电晕的产生。另一个措施是采用能源管理系统（EMS）。当电除尘器在烟气浊度很低（低于 5%）下工作时，消耗的能量很大。如果能够准确控制环保要求所允许的烟气浊度，则在稍许增加浊度的情况下可以获得较大的节能效果。

（4）采用经济有效的方法解决高比电阻粉尘的捕集问题。为减少 SO_2 对环境的污染，要求工厂尽量多烧低硫煤。低硫煤的飞灰比电阻一般较高，如何解决高比电阻粉尘的捕集问题，也是当务之急。曾出现高温电除尘器、冷电极双区电除尘器等。但由于种种原因，实际上应用还不多。烟气调质处理是捕集高比电阻粉尘的有效办法，但费用较高。喷入的 SO_3 是否随烟气排放造成新的污染，也尚待进一步调查研究。

（5）提高电除尘器对煤种变化的适应性。常规电除尘器对粉尘比电阻较敏感，粉尘比电阻小于 $10^4\Omega\cdot cm$（如飞灰可燃物 $C_{fh}>10\%$）或大于 $10^{12}\Omega\cdot cm$（如 $S^y<0.5\%$ 的低硫煤烟尘）都将造成除尘效率急剧下降。要维持高效率则需增加电场数或降低电场风速，势必使电除尘器体积大、投资高的缺点更为突出。国内在烧低硫无烟煤或贫煤时，粉尘比电阻呈两极分化，其中细粉尘比电阻大于 $10^{13}\Omega\cdot cm$；飞灰可燃物含量高的粉尘比电阻小于 $10^4\Omega\cdot cm$。在焦作电厂 200MW 机组上，取用宽间距、鱼骨针放电极配辅助电极、末电场出口设横向槽板的 KFH 型电除尘器，除尘效率达 99.6% 以上，对其机理研究和结构的优化，正在深入之中。

（6）开发电除尘器智能控制软件，进一步提高自动化水平。自从微机应用于电除尘器自动控制系统之后，电除尘器供电控制技术的开发研究从硬件转向软件，利用各种软件来丰富电除尘器的控制功能，是供电控制技术新的发展趋势。虽然在 1995 年我国已成功研制出以电除尘器的高压和低压供电控制设备为下位机，以工业控制计算机为上位机，以浊度仪等检测设备为耳目，以能量管理为目标，五者联用，形成具有遥感、遥控、遥讯、数据自测自记录、故障自诊断显示、高精度自动化、大幅度节能和全面计算机管理的现代智能运行控制系统。但是，该系统的智能控制水平还相对较低，还不能根据煤种和锅炉负荷的变化，实行自动跟踪控制、优化控制或模糊控制，电除尘器专家知识库还不健全，专家在线故障诊断、专家在线优化控制、专家在线优化管理、专家在线运行帮助和远程通信、网络资源共享功能等还都刚刚起步，有待进一步完善和提高。显而易见，随着电除尘器控制管理功能的不断丰富，在不久的将来，电除尘器的自动化程度会提高到一个新的水平。

总之，电除尘技术的发展只有近百年的历史，它还是一门年轻的学科，虽然在发展过程中存在着诸如理论还不能指导实践、结构形式不尽合理、供电电源达不到本体要求和高比电阻粉尘等制约因素，又面临着袋式除尘器的挑战，但电阻尘器仍蕴藏着巨大潜力，只要依靠科学的方法努力发掘，就一定能获得新的突破，得到它丰厚的回报。

4.2　电除尘器的分类及特点

电除尘器是利用高压电源产生的强电场使气体电离，即产生电晕放电，进而使悬浮尘粒荷电，并在电场力的作用下，将悬浮尘粒从气体中分离出来的除尘装置。电除尘器有许多类型和结构，但它们都是由机械本体和供电电源两大部分组成的，都是按照同样的基本原理设计的。图4-1所示为管式电除尘器工作原理示意图，接地金属圆管叫收尘极（也称阳极或集尘极），与直流高压电源输出端相连的金属线叫电晕极（也称阴极或放电极）。电晕极置于圆管的中心，靠下端的重锤张紧。在两个曲率半径相差较大的电晕极和收尘极之间施加足够高的直流电压，两极之间便产生极不均匀的强电场，电晕极附近的电场强度最高，使电晕极周围的气体电离，即产生

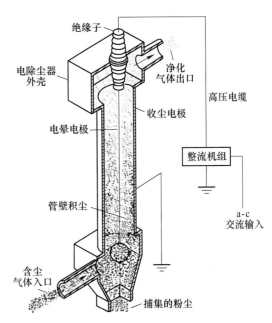

图4-1　管式电除尘器工作原理示意图

电晕放电，电压越高，电晕放电越强烈。在电晕区气体电离生成大量自由电子和正离子，在电晕外区（低场强区）由于自由电子动能的降低，不足以使气体发生碰撞电离而附着在气体分子上形成大量负离子。当含尘气体从除尘器下部进气管引入电场后，电晕区的正离子和电晕外区的负离子与尘粒碰撞并附着其上，实现了尘粒的荷电。荷电尘粒在电场力的作用下向电极性相反的电极运动，并沉积在电极表面，当电极表面上的粉尘沉积到一定厚度后，通过机械振打等手段将电极上的粉尘捕集下来，从下部灰斗排出，而净化后的气体从除尘器上部出气管排出，从而达到净化含尘气体的目的。

实现电除尘的基本条件是：（1）由电晕极和收尘极组成的电场应是极不均匀的电场，以实现气体的局部电离。（2）具有在两电极之间施加足够高的电压，能提供足够大电流的高压直流电源，为电晕放电、尘粒荷电和捕集提供充足的动力。（3）电除尘器应具备密闭的外壳，保证含尘气流从电场内部通过。（4）气体中应含有电负性气体（诸如：O_2、SO_2、Cl_2、NH_3、H_2O等），以便在电场中产生足够多的负离子，来满足尘粒荷电的需要。（5）气体流速不能过高或电场长度不能太短，以保证荷电尘粒向电极驱进所需的时间。（6）具备保证电极清洁和防止二次扬尘的清灰和卸灰装置。

4.2.1　电除尘器的分类

由于各行业工艺过程不同，烟气性质各异，粉尘特性有别，对电除尘器提出的要求不同。因此，出现了不同类型的电除尘器，现将各种类型的电除尘器按以下分类方式介绍其各自的特点。

4.2.1.1 按电极清灰方式分类

按电极清灰方式分为干式、湿式、雾状粒子捕集器和半湿式电除尘器。

A 干式电除尘器

在干燥状态下捕集烟气中的粉尘，沉积在收尘极上的粉尘借助机械振打清灰的称为干式电除尘器。这种电除尘器振打时，容易使粉尘产生二次扬尘，对于高比电阻粉尘，还容易产生反电晕，所以设计干式电除尘器时，应充分考虑这两个问题。大、中型电除尘器多采用干式，干式电除尘器捕集的粉尘便于处置和利用，干式电除尘器的结构示意图如图4-2所示。

B 湿式电除尘器

收尘极捕集的粉尘，采用水喷淋或适当的方法在收尘极表面形成一层水膜，使沉积在收尘极上的粉尘和水一起流到除尘器的下部而排出，采用这种清灰方法的称为湿式电除尘器，如图4-3所示。

这种电除尘器不存在粉尘二次飞扬的问题，除尘效率高，但电极易腐蚀，需采用防腐材料，且清灰排出的浆液会造成二次污染。

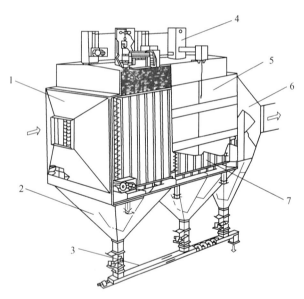

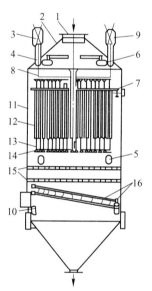

图4-2 干式电除尘器结构示意图

1—进气烟箱；2—灰斗；3—干灰集中设备；4—电源设备；
5—壳体；6—出气烟箱；7—收尘极板

图4-3 湿式电除尘器结构示意图

1—节流阀；2—上部锥体；3—绝缘子箱；
4—绝缘子接管；5—人孔门；6—电极定期洗涤喷水器；
7—电晕极悬吊架；8—提供连续水膜的水管；
9—带输入电源的绝缘子箱；10—进风口；11—壳体；
12—收尘极；13—电晕极；14—电晕极下部框架；
15—气流分布板；16—气流导向板

C 雾状粒子电捕集器

这种电除尘器主要用于捕集硫酸雾、焦油雾那样的液滴，捕集后液态流下并除去，如图4-4所示，实质上也是属于湿式电除尘器。

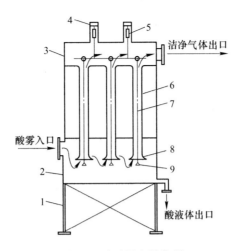

图 4-4　硫酸雾电捕集器

1—钢支架；2—下室；3—上室；4—空气清扫绝缘子室；5—高压绝缘子；
6—铅管；7—电晕线；8—喇叭形入口；9—重锤

D　半湿式电除尘器

吸取干式和湿式电除尘器的优点，出现了干、湿混合式电除尘器，也称半湿式电除尘器，其构造系统如图 4-5 所示。高温烟气先经两个干式收尘室，再经湿式收尘室，最后从烟囱排出。湿式收尘室的洗涤水可以循环使用，排出的泥浆，经浓缩池用泥浆泵送入干燥机烘干，烘干后的粉尘进入干式收尘室的灰斗排出。

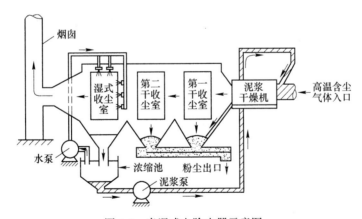

图 4-5　半湿式电除尘器示意图

4.2.1.2　按气体在电场内的运动方向分类

按气体在电场内的运动方向分为立式和卧式电除尘器。

A　立式电除尘器

气体在电除尘器的电场内自下而上作垂直运动的称为立式电除尘器。这种电除尘器适用于气体流量小，除尘效率要求不很高，粉尘易于捕集和安装场地较狭窄的情况下，如图 4-6 所示。实质上图 4-3 和图 4-4 也可以说是属于立式电除尘器。

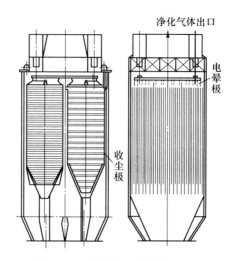

图 4-6　立式电除尘器结构示意图

B　卧式电除尘器

气体在电除尘器的电场内沿水平方向运动的称为卧式电除尘器，如图 4-7 所示，图 4-2 也是卧式电除尘器。

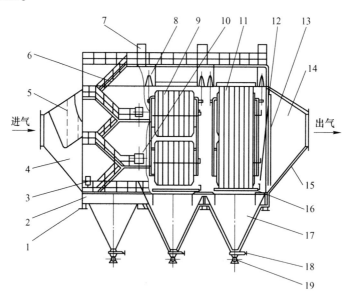

图 4-7　卧式电除尘器结构示意图

1—支座；2—外壳；3—人孔门；4—进气烟箱；5—气流分布板；6—梯子平台栏杆；7—高压电源；
8—电晕极吊挂；9—电晕极；10—电晕极振打；11—收尘极；12—收尘极振打；13—出口槽型板；
14—出气烟箱；15—保温层；16—内部走台；17—灰斗；18—插板箱；19—卸灰阀

卧式电除尘器与立式电除尘器相比有以下特点：

（1）沿气流方向可分为若干个电场，这样可根据除尘器内的工作状况，各个电场可分别施加不同的电压，以便充分提高电除尘器的效率。

（2）根据所要求达到的除尘效率，可任意增加电场长度。而立式电除尘器的电场不宜太高，否则需要建造高的建筑物，而且设备安装也比较困难。

（3）在处理较大的烟气量时，卧式电除尘器比较容易保证气流沿电场断面均匀分布。

（4）设备安装高度较立式电除尘器低，设备的操作维修比较方便。

（5）适用于负压操作，可延长引风机的使用寿命。

（6）各个电场可以分别捕集不同粒度的粉尘，这有利于有色稀有金属的富集回收，也有利于水泥厂在原料中钾含量较高时提取钾肥。

（7）占地面积比立式电除尘器大，所以旧厂扩建或除尘系统改造时，采用卧式电除尘器往往要受场地的限制。

4.2.1.3　按收尘极的形式分类

按收尘极的形式分为管式、板式和棒帷式电除尘器。

A　管式电除尘器

这种电除尘器的收尘极由一根或一组呈圆形或六角形的管子组成，管子直径一般为200~300mm，长度为3~5m。截面呈圆形或星形的电晕线安装在管子中心，含尘气体自下而上从管内通过，如图4-8所示。图4-1也是管式电除尘器。管式电除尘器多制成立式，且处理烟气量较小，多用于中小型水泥厂、化工厂、高炉烟气净化和炭黑制造部门。

B　板式电除尘器

这种电除尘器的收尘极由若干块平板组成，为了减少粉尘的二次飞扬和增强极板的刚度，极板一般要轧制成各种不同断面形状，电晕线安装在每两排收尘极板构成的通道中间，如图4-1所示。板式电除尘器多制成卧式，结构布置较灵活，可以组装成各种大小不同的规格。因此，在各个行业得到广泛的应用。

C　棒帷式电除尘器

这种电除尘器的阳极是用实心圆钢或钢管垂直地吊挂在一条直线上，间距很密，制成帷状。其主要优点是结实、耐腐、不易变形和耐高温（370~427℃）。但棒帷阳极质量重、钢耗多、易积灰、二次扬尘严重。因此，棒帷式电除尘器除烟气温度较高时使用外，在其他场所应用较少。

4.2.1.4　按收尘极和电晕极的不同配置分类

按收尘极和电晕极的不同配置分为单区和双区电除尘器。

A　单区电除尘器

这种电除尘器的收尘极和电晕极都装在同一区域内，所以粉尘的荷电和捕集在同一区域内完成，如图4-9所示。单区电除尘器是各个工业部门广泛采用的电除尘装置。

B　双区电除尘器

这种电除尘器的收尘极系统和电晕极系统分别装在两个不同的区域内。前区内安装电晕极，粉尘在此区域内进行荷电，这一区为电离区。后区内安装收尘极，粉尘在此区域内被捕集，称此区为收尘区。由于电离区和收尘区分开，所以既可把电晕极电压由单区的几万伏降到一万余伏，又可采用多块收尘极板，增大收尘面积，缩小极板间距，因而收尘极可以用几千伏较低的电压，这样运行也更安全。双区电除尘器主要用于空气净化方面。

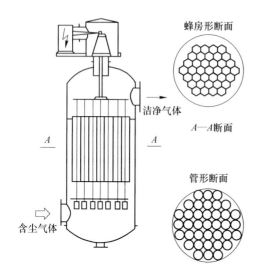

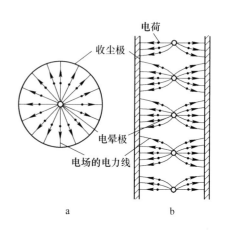

图 4-8　管式电除尘器结构示意图

图 4-9　单区电除尘器的断面图
a—管式；b—板式

双区电除尘器和工业上用的电除尘器不同的主要一点是采用正电晕放电，即用正极性的电极作为放电电极。由于正电晕容易从电晕放电向火花放电转移，只能施加较低的工作电压。由于正电晕产生的臭氧少，所以用于空气净化是很有利的。双区电除尘器的示意图如图 4-10 所示。

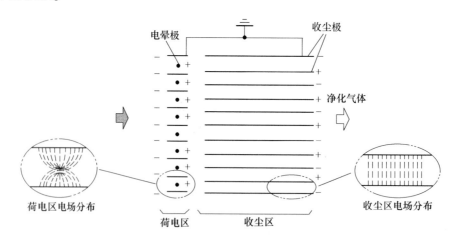

图 4-10　双区电除尘器的示意图

电除尘器除上述几种分类外，还可按极间距离分为窄间距（≤150mm）和宽间距（>150mm）电除尘器，按气体温度分为常温（≤350℃）和高温（>350℃）电除尘器，按气流的通道空间分为单室和双室电除尘器，按工况条件分为原式、防爆式和可移动电极式电除尘器等。虽然电除尘器的类型很多，但大多数工业窑炉采用的是干式、板式、单区、卧式电除尘器。

4.2.2　电除尘器的特点

4.2.2.1　电除尘器的优点

电除尘器的优点包括：

（1）除尘效率高。电除尘器可以通过加长电场长度、增大电场截面积、提高供电质量和对烟气进行调质等手段来提高除尘效率，以满足任何所要求的除尘效率。对于常规电除尘器，在正常运行时其除尘效率大于99%是极为普遍的。对于粒径小于0.1μm的微细粉尘，电除尘器仍有较高的除尘效率。

（2）设备阻力小，总能耗低。电除尘器的总能耗是由设备阻力损失，供电装置、加热装置、振打和卸灰电动机等能耗组成的。电除尘器的阻力损失一般为150~300Pa，约为袋式除尘器的1/5，在总能耗中占的份额较低。一般处理1000m³/h烟气量约需消耗电能0.2~0.8kW·h。

（3）处理烟气量大。电除尘器由于结构上易于模块化，因此可以实现装置大型化。目前单台电除尘器最大电场截面积达到了四百多平方米，处理烟气量可达200万立方米/h。

（4）耐高温，能捕集腐蚀性大、黏附性强的气溶胶颗粒。一般常规电除尘器用于处理350℃及以下的烟气，如果进行特殊设计，可以处理500℃以上的烟气。对于硫酸雾和沥青雾等腐蚀性大和黏附性强的气溶胶颗粒，采用湿式电除尘器仍能保持良好的捕集性能。

4.2.2.2　电除尘器的缺点

电除尘器的缺点包括：

（1）一次性投资和钢材消耗量较大。据统计，常规电除尘器（一般设置4~5个电场），平均每平方米（指截面积）消耗钢材为3.0~3.6t。例如，与一台600MW火电机组配套的$2\times449m^2$、5个电场的电除尘器总质量为3425.5t，按目前市场价6000元/t计算，一次性设备投资为2055.3万元，与袋式除尘器的投资费用相当。但是，由于电除尘器的运行费用较低，通常运行数年后就可以得到补偿。

（2）占地面积和占用空间体积较大。例如，与一台600MW火电机组配套的$2\times449m^2$、5个电场的电除尘器处理烟气量为305.74万立方米/h，需占地面积约2500m²，需占用空间体积约80000m³。因此，老式除尘器改建电除尘器时，可能会受到场地限制，需要精心布置。

（3）对制造、安装和运行水平要求较高。由于电除尘器结构复杂、体积庞大，所以对制造质量、安装精度和运行水平都有严格要求，否则不能达到预期的除尘效果。

（4）易受工况条件的影响。虽然电除尘器对烟气性质和粉尘特性有较宽的适应范围，但当某些工况参数偏离设计值较多时，电除尘器性能会发生相应的变化。对粉尘比电阻最为敏感，当粉尘比电阻过高或过低时，都会引起除尘效率降低，最适宜的粉尘比电阻范围为$10^4\sim5\times10^{10}\Omega\cdot cm$。

4.2.3　电除尘器的常用术语

4.2.3.1　电除尘器本体结构术语

电除尘器本体结构术语有：

（1）套。与一台锅炉配套的一台或几台电除尘器，称为一套。

（2）台。具有一个完整的独立外壳的电除尘器，称为一台。

（3）室。由电除尘器的外壳或隔墙所围成的一个气流的流通空间称为室，一台电除尘器若中间无隔墙称为单室，若中间有隔墙称为双室。

（4）电场。沿气流流动方向将室分成若干个有收尘极和电晕极组成的除尘空间，称为电场。卧式电除尘器一般设 4~5 个电场，根据需要还可将电场再分成几个并列或串联的供电分区。

（5）供电分区。可以单独与一台高压电源配套的最小供电单元称为供电分区。一台双室四电场的电除尘器至少有 8 个供电分区。

（6）电场高度（m）。一般将收尘极板的有效高度（除去上、下夹持端板高度）称为电场高度。

（7）电场宽度（m）。一般将一个室最外两侧收尘极板轴线之间的距离乘以室数称为电场宽度。它等于电场通道数与同极距（相邻两排极板的中心距）的乘积。

（8）电场长度（m）。在一个电场中，沿气流方向一排收尘板板的长度（即每排极板第一块极板的前端到最后一块极板末端的距离）称为单电场长度。沿气流方向各个单电场长度之和称为电除尘器的总电场长度，简称电场长度。

（9）电场截面积（m²）。一般将电场高度与电场宽度的乘积称为电场截面积，它是表示电除尘器规格大小的主要参数之一。

（10）收尘面积（m²）。指收尘极板的有效投影面积。由于极板的两个侧面均起收尘作用，所以两面的面积均应计入。每一排收尘极板的收尘面积为单电场长度与电场高度乘积的 2 倍。每一个供电分区的收尘面积为一排极板的收尘面积与该供电分区通道数的乘积。一台电除尘器的总收尘面积为各个供电分区的收尘面积之和。一般所说的收尘面积多指一台电除尘器的总收尘面积。

（11）比收尘面积（m²·s/m³）。单位流量的烟气所分配到的收尘面积称为比收尘面积。它等于收尘面积（m²）与烟气流量（m³/s）之比。比收尘面积的大小对电除尘器的除尘效果影响很大，它是电除尘器的重要结构参数之一。

（12）通道数。电场中相邻两排极板之间的空间称为通道。电场宽度除以同极间距等于电场通道数。供电分区通道数等于电场通道数除以该电场的并列供电分区数。

（13）同极距。相邻两排收尘极板的中心距离称为同极距或板间距。

（14）线间距。在一个通道中沿气流方向相邻两根电晕线的中心距离称为线间距。

（15）极配形式。指电除尘器的收尘极和电晕极的结构形式及相互配置关系。

（16）气流均布装置。安装于烟道内或电除尘器进出口烟箱内，用以改善进入电场的气流分布均匀性的装置。一般由导流板、多孔均布板、阻流板和槽形板组成。

（17）清灰装置。清除电晕线、收尘极板和其他部件表面积灰的装置。

（18）卸灰装置。从灰斗中断续或连续排出灰尘的装置。

（19）壳体。由箱体、进出口烟箱和灰斗组成的，用以密封烟气、支承电除尘器内部构件质量和外部附加载荷的结构件。

（20）支座。位于壳体底部与电除尘器支架之间，为适应壳体热膨胀需要而设置的支承结构件。

4.2.3.2　电除尘器供电控制术语

电除尘器供电控制术语包括：

（1）一次电压。施加到整流变压器一次绕组上的交流电压。

（2）一次电流。通过整流变压器一次绕组的交流电流。

（3）二次电压。整流变压器输出的直流电压。

（4）二次电流。整流变压器通向电除尘器电场的直流电流。

（5）电晕放电。发生在不均匀的、场强很高的电场中，使气体局部电离，以声光形式表现出来的气体放电现象。

（6）电晕电流。发生电晕放电时，在电极之间通过的电流。

（7）起晕电压。在电极之间刚开始出现电晕电流时的电压。

（8）击穿电压。在电极之间刚开始出现火光放电时的电压。

（9）移相调压。通过改变可控硅导通角实现对一次交流电压的自动调整。

（10）电流密度。流过单位面积收尘极板的电流称为板电流密度，流过单位长度电晕线的电流称为线电流密度。

（11）电晕功率。向电场提供的平均电压和平均电晕电流的乘积。

（12）伏安特性。二次电压与二次电流之间的关系特性。

（13）阻抗匹配。指整流变压器的短路阻抗与电除尘器本体的负载阻抗之间的匹配关系。

（14）间歇供电。周期性地关断几个半波，断续向电除尘器供电。

（15）脉冲供电。在常规供电的基础上迭加作用时间很短的脉冲电压。

（16）火花跟踪控制。以电除尘器电场火花放电为依据，自动控制可控硅的导通角，使整流变压器的输出电压接近电场火花放电电压的一种控制方式。

（17）安全联锁控制。为保证人身安全和电除尘器的正常运行，由钥匙旋转的安全开关与机械锁组成的安全逻辑控制。

（18）导通角。指可控硅在一个正弦电压半波内的导通范围。

（19）占空比。在间歇供电方式下，供电半波个数与断电半波个数之比。

（20）火花率。单位时间内（1min）出现火花放电的次数。

（21）节能管理。以电除尘器出口浓度为约束条件，以电除尘器总能耗最小为优化目标的闭环控制管理方式。

（22）集散控制系统。以工业控制计算机为上位机，以电除尘器的高、低压供电控制设备为下位机，以各种检测设备为耳目，实行全面计算机自动监视、控制和管理的闭环系统。

4.2.3.3　电除尘器运行工况参数术语

电除尘器运行工况参数术语包括：

（1）处理气体流量（m^3/s）。通常指实际工况条件下，在单位时间内，进入电除尘器的含尘气体体积流量。

（2）电场风速（m/s）。含尘气体在电场中的平均流动速度。它等于电除尘器处理气体流量与电场截面积之比。

（3）停留时间（s）。含尘气体流经电场长度所需要的时间。它等于电场长度与电场风速之比。

(4) 气体含尘浓度（g/m³）。通常指在电除尘器入、出口处，单位体积干气体（标准状态下）中所含有的粉尘质量。

(5) 驱进速度（m/s）。荷电尘粒在电场力的作用下向收尘极运动的速度。

(6) 粉尘粒度分布。根据需要将样尘划分为若干个粒组，表明各粒组粒子大小和占试样比例多少的分布数据称为粉尘粒度分布。

(7) 粉尘成分。根据需要测得的样尘中各氧化物（如 SiO_2、Al_2O_3、Fe_2O_3、C_aO、Na_2O 等）所占试样的比例。

(8) 气体成分。根据需要测得的各种气体成分（如 O_2、CO_2、SO_2、NO_x、H_2O 等）占试样气体的比例。

(9) 气体温度（℃）。通常指电除尘器入口处气体的平均温度。

(10) 气体压力（Pa）。通常指电除尘器入口处气体的平均静压力。

4.2.3.4　电除尘器性能参数术语

电除尘器性能参数术语包括：

(1) 除尘效率（%）。单位时间内，电除尘器捕集到的粉尘质量占进入电除尘器的粉尘质量的百分比。

(2) 透过率（%）。单位时间内，电除尘器排出的粉尘质量占进入电除尘器的粉尘质量的百分比。

(3) 压力损失（Pa）。电除尘器入口和出口处气体的平均全压之差。

(4) 漏风率（%）。电除尘器出口的气体流量（标准状态）与进口的气体流量之差占进口气体流量的百分比。

(5) 能耗。电除尘器正常运行时所消耗的电能、热能和克服其阻力所消耗的能量之和。

4.2.3.5　电除尘器常见故障类型术语

电除尘器常见故障类型术语包括：

(1) 反电晕。沉积在收尘极表面上高比电阻粉尘层所产生的局部反放电现象。

(2) 电晕闭塞。当气体含尘浓度较高时，在电晕线周围的负粒子抑制电晕放电，使电晕电流大大降低甚至趋于零的现象。

(3) 二次扬尘。已经沉积在收尘极上的粉尘，因黏附力不够，受气流冲刷或振打清灰等因素的影响使粉尘重新返回气流中的现象。

(4) 气流分布不均。由于漏风、窜气、烟道转弯，均布气流装置设计不合理等原因，使除尘器入口断面上气流分布不均匀，除尘效率严重降低的现象。

(5) 气流旁路。也称窜气，是指部分含尘气流未从电除尘器内部的电场中通过，而是从收尘极板的顶部、底部和极板左右最外边与壳体内壁之间通过的现象。

(6) 电场短路。由于极板变形、电晕线断线、灰斗满灰和绝缘子结露等原因，使阴阳极之间绝缘破坏，二次电压非常小，二次电流非常大，电场无法正常运行的现象。

(7) 高压供电设备故障。由于整流变压器绕组短路、硅堆击穿、阻尼电阻烧毁、可控硅损坏和熔断器熔断或控制回路失灵等原因，使高压供电设备无法正常工作的现象。

（8）低压控制设备故障。由于振打、卸灰电机故障，电加热器烧毁或控制回路失灵等原因，使低压控制设备无法正常工作的现象。

（9）偏励磁。由于某种原因，使整流变压器一次绕组上施加的电压的正半波数与负半波数不相同，致使整流变压器偏向励磁而引起发热，甚至烧毁的现象。

（10）灰短路。由于灰斗满灰、板线严重积灰等原因，构成阴、阳极之间通过灰尘形成的短路现象。

（11）爬闪。由于绝缘套管或绝缘子表面结露、积污、破损等原因而引起的局部击穿或沿面放电现象。

（12）板、线积灰。由于粉尘黏附性太强、振打机构故障或板线结露等原因，致使板、线严重积灰的现象。

（13）灰斗堵棚灰。由于灰斗加热、保温不良而引起灰斗结露，致使粉尘结块搭拱引起卸灰不畅的现象。

4.3　电除尘机理及基本理论

4.3.1　电晕放电

4.3.1.1　气体的电离

空气在通常状态下几乎是不能导电的绝缘体，但是当气体分子获得能量时就可能使气体分子中的电子与分子脱离而成自由电子，这些电子成为输送电流的媒介，气体就具有了导电的本领。使气体具有导电本领的过程称为气体电离。在电场力的作用下，被加速的电子与气体原子（或分子）碰撞，使气体原子（或分子）发生电离的过程称作碰撞电离。通过碰撞电离产生大量电子和正离子的过程是实现电除尘的第一个物理过程。使气体发生电离所需的最小能量称为电离能 $W_i(eV)$，一些气体的电离能见表4-1。

表 4-1　一些气体的电离能

气体原子或分子名称		电离能 W_i/eV
氧	O_2	12.50
	O	13.61
氮	N_2	15.60
	N	14.54
氢	H_2	15.40
	H	13.59
汞	Hg	10.43
	Hg_2	9.60
水	H_2O	12.59
氦	He	24.47

当速度为 V_e 的电子与一个气体原子碰撞时，电子传递给原子的最大动能为

$$W_{dmax} = \frac{1}{2} m_e V_e^2 \tag{4-1}$$

式中，W_{dmax} 为原子获得的最大功能，J；m_e 为电子的质量，0.91×10^{-30} kg；V_e 为电子的速度，m/s。

显然，当 $W_{dmax} \geqslant W_i$ 时，就可能使气体发生碰撞电离。

4.3.1.2　电晕形成

通常由于自然界的放射线、宇宙射线、紫外线等作用，气体中常会含有一些被电离的分子和自由电子。在电晕极和收尘极之间施加一定电压时，这些带电粒子在电场力的作用下，向电极性相反的方向运动，就形成了电流。由于这些带电粒子并非自发产生的，数量较少，形成的电流也非常小（一般仪器测不出来），故称此种导电为非自发性电离导电过程。随着在电晕极和收尘极之间施加电压的增大，在靠近曲率较大电极（电晕极）的强电场区（电晕区）内，当自由电子获得足够大的能量时，它和气体分子碰撞就会产生新的正离子和新的电子，而新生的电子立刻又参与到碰撞电离中去，使得电离过程加强，生成更多的正离子和电子。这种导电称为自发性电离导电过程。随着电极之间的电压进一步升高，在电子的行程上新生成电子不断参加碰撞电离，结果气体中的电子像雪崩似的增长，形成电子雪崩，迁移率较大的电子集中在"崩"的头部迅速向阳极（收尘极）方向发展，而正离子则留在"崩"尾向阴极（电晕极）加速运动，并撞击阴极使其释放出更多的电子。这样，在电晕极附近的狭小区域内发生剧烈的碰撞电离，产生可见辉光，形成了电晕放电。由电晕区产生的自由电子，一经进入两极之间的低场强区（电晕外区或含负离子区），由于运动速度已减慢到小于碰撞电离所需的动能，便与具有电子亲和力的电负性气体分子（如 O_2、SO_2、Cl_2、NH_3、H_2O 等）结合而形成负离子。这些气体离子向阳极运动就形成了电晕外区的电晕电流，图 4-11 所示为管式电除尘器电晕放电示意图。

虽然阴电晕和阳电晕都已用到电除尘技术中，但是除空气净化考虑到阳电晕产生的臭氧较少而采用阳电晕以外，在工业电除尘中，几乎是全部采用阴电晕。这是因为在相同条件下，阴电晕可以获得比阳电晕高一些的电流，阴电晕的击穿电压也远比阳电晕要高，而且运行稳定。图 4-12 所示为正、负电晕电压与电晕电流的关系曲线。图 4-13 所示为正、负针—板电极间距与击穿电压的关系曲线。

图 4-11　电晕放电示意图

4.3.1.3　电晕封闭

在工业用电除尘器中，电晕外区不仅有气体离子形成的空间电荷，还有许多已荷电的粉尘粒子。由于尘粒空间电荷的加入，电晕电流的变化受自身空间电荷的影响就要加剧，当电除尘器中存在含尘浓度高、粉尘粒度细（比表面积大）的烟气时，电晕外区的空间

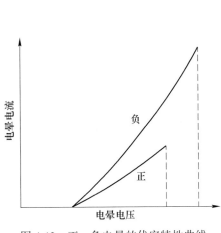

图4-12　正、负电晕的伏安特性曲线

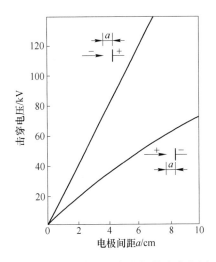

图4-13　正、负针—板电极的击穿电压

电荷就由气体的负离子和荷电尘粒组成，而主要成分是荷电尘粒，其总量要比纯气体负离子大得多，而且，由于荷电尘粒的迁移速度比离子小得多，所以荷电尘粒对电场的影响就比纯气体负离子的影响大得多，使得电晕极附近的场强削弱得更厉害。当烟气中的含尘浓度高到一定程度时，能把电晕极附近的场强减少到电晕的始发值，因此电晕电流大大降低，甚至会趋于零，这种现象称为"电晕封闭"。由于电除尘器沿电场长度方向（烟气流向）荷电尘粒的浓度是逐渐减小的，所以在第一电场主要以荷电尘粒影响空间电场，而末级电场则因随着尘粒被除去而主要以气体负离子影响电场。由于荷电尘粒的迁移速度比负离子小得多，所以第一电场整个空间电荷（包括荷电尘粒和负离子）对电场的影响要比末级电场大得多，这就是电除尘器运行时一般第一电场电晕电流小，而末级电场电晕电流大的原因，热态运行电晕电流总是小于空载升压时电晕电流也是同样原因。

　　对含尘浓度大，易发生"电晕封闭"的电除尘器，在设计时应采用放电强的芒刺线、鱼骨针线等，使放电较集中，增加电风影响。多串联几个电场也是一种解决办法，运行中要保证振打机构完好，使电晕线处于清洁状态，以减少或防止"电晕封闭"的发生。

4.3.1.4　反电晕

　　对于工业粉尘中的高比电阻粉尘（$\rho > 5 \times 10^{10} \Omega \cdot cm$），当采用电除尘器捕集时，荷电尘粒到达阳极形成粉尘层，不易释放所带电荷，这样在阳极粉尘层面上就形成一个残余的负离子层。从空间电荷对电场的影响可知，它屏蔽部分通向电晕极的电力线，将削弱电晕极附近的场强而提高阳极板面处的场强，造成电晕区电离减弱，电晕电流下降。随着阳极表面粉尘层厚度的增加，由于残余电荷分布的不均匀性，就会使阳极表面局部粉尘层的电场强度（它在数值上等于粉尘层的电流密度与比电阻的乘积）超过粉尘层的绝缘强度，此时粉尘层气隙被击穿发生局部反放电，通常将发生在收尘极板上粉尘层的局部反放电现象称之为"反电晕"。

　　如果许多局部反放电频频发生，则会产生大量的正离子，这些正离子进入电场后，使原电场负空间电荷的影响大大降低，使原电晕区的电离又加强，因此电晕电流增大。更严重的是，由于电晕外区的大批正负离子会合，且该区场强小，正负离子运动速度也小，使该区的正负离子浓度很高，这些条件将造成此区正负离子大量复合，从而导致电流增大，并使电极之间的击穿电压较原来的大大降低。这种异常的电流小或电流大及击穿电压下降的"反电晕"现象会使粒子的荷电大受影响，前者电晕电流下降，空间负离子少，使尘粒荷电少（弱反电晕现象）；后者则因为正离子的复合而使尘粒荷不上电，所以除尘效率大大下降。为了防止"反电晕"发生，通常设计者要考虑选取较保守的驱进速度值，将运行电压调至发生反电晕的电压值（即伏安特性曲线中的拐点）以下运行。可通过对烟气进行调质、采用宽极距加辅助电极、采用双区电除尘器、采用脉冲供电、采用间歇供电、采用电流密度均匀的极配形式等方法避免反电晕的发生，或运行中采用微机合理控制运行电压、电晕电流和振打清灰周期等措施避免反电晕的发生。

4.3.1.5　起始电晕电压

起始电晕电压系指开始发生电晕放电时的电压，与之相对应的电场强度称为起始电晕场强或临界场强。如果向电除尘器施加的电压从零逐渐增加，当电压很低时，回路中没有电流（实际上有宇宙射线等造成的电离而形成的极微小电流，一般表计反映不出来），即没有产生电晕放电。当电压升到某一数值后，回路开始出现电流，说明电晕线周围的气体开始电离，即电晕放电开始形成。

开始形成电晕放电所需的场强，取决于几何因素及气体的性质。皮克（Peek）通过大量实验研究，提出了圆形电晕线起始电晕场强 $E_0(\mathrm{V/m})$ 的半经验公式。

对于负电晕：

$$E_0 = f(31.02\delta + 0.954\sqrt{\frac{\delta}{r_a}}) \times 10^5 \tag{4-2}$$

对于正电晕：

$$E_0 = f(33.7\delta + 0.813\sqrt{\frac{\delta}{r_a}}) \times 10^5 \tag{4-3}$$

式中，r_a 为电晕线的半径，m，对于非圆形电晕线，可用当量半径表示；f 为电晕线粗糙系数，一般取 0.5~1.0，电晕线越粗糙，f 值越小；δ 为气体的相对密度，按式（4-4）计算：

$$\delta = \frac{T_0}{T} \times \frac{p}{p_0} \tag{4-4}$$

式中，T_0 为标准室内空气温度，298K；T 为空气的实际温度，K；p_0 为标准大气压，1.0133×10⁵Pa；p 为空气的实际压力，Pa。

对于管式电除尘器，起始电晕电压为

$$U_0 = r_a E_0 \ln(r_b/r_a) \tag{4-5}$$

对于板式电除尘器，起始电晕电压为

$$U_0 = r_a E_0 \ln(d/r_a) \tag{4-6}$$

式中，r_b 为管式电除尘器收尘管的半径，m；d 为板式电除尘器的一个参量，其值取决于 1/2 板间距 b 和 1/2 线间距 c 的比值。当 $b/c \leq 0.6$ 时，$d \approx 4b/\pi$；当 $b/c \geq 2.0$ 时，$d \approx \frac{c}{\pi} \times e^{\pi b/2c}$；当 $0.6 < b/c < 2.0$ 时，其值如图 4-14 所示。

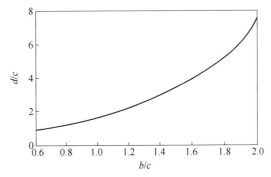

图 4-14 d/c 与 b/c 的关系曲线

4.3.1.6 电压—电流关系

电除尘器的除尘效率主要取决于电场强度的大小，而电场强度又与电极之间的电晕电压和通过电极的电晕电流有关。电除尘器中的电晕电压—电流关系特性（简称"伏安特性"）是许多变量的函数。其中主要包括：气体成分、气体温度和压力、电极的几何形状、电压波形和极性、电极上的粉尘层以及气体中的悬浮尘粒。显然，电除尘器的电压—电流关系非常复杂，但在无尘粒情况下，且施加电压较低、电晕电流较小时，电除尘器的电压—电流关系可近似表示如下。

对于管式电除尘器：

$$i = \frac{8\pi\varepsilon_0 K}{r_b^2 \ln(r_b/r_a)} U(U - U_0) \tag{4-7}$$

对于板式电除尘器：

$$i = \frac{4\pi\varepsilon_0 K}{b^2 \ln(d/r_a)} U(U - U_0) \tag{4-8}$$

式中，i 为电晕线单位长度上通过的电晕电流，A/m；ε_0 为真空介电常数，$\varepsilon_0 = 8.85 \times 10^{-12}$ F/m；K 为气体的离子迁移率，$m^2/(V \cdot s)$；U 为电极之间施加的电晕电压，V；U_0 为起始电晕电压，V。

4.3.1.7 气体的离子迁移率

气体的离子迁移率 K 对电除尘器中电流和电场的计算有很大意义。离子迁移率的大小取决于气体的压力 p 和温度 t，在某种程度上也取决于电场强度。含有水蒸气的气体对离子迁移率有很大影响。对离子迁移率影响最大的是气体的压力。实际上，压力减小，离子自由行程的长度增大，因此，在此行程中，在电场力作用下离子迁移的速度增大。当压力足够大时，离子的迁移率用式（4-9）表示，即

$$pK = 常数 \tag{4-9}$$

离子的迁移率与气体的绝对温度成正比。一般情况下，负离子的迁移率比正离子的迁移率要大。

在弱电场情况下，离子迁移率不取决于电场强度。而当电场强度达到 10kV/cm 时，离子迁移率大大增加。在这一强大电场下，会出现一种新的现象，即碰撞电离。应该指出，电场只影响负离子的迁移率。当电场强度在很大范围内变化时，正离子的迁移率仍然

不变。蒸汽和一些气体离子的迁移率见表4-2。

表 4-2　蒸汽和一些气体单电荷离子在 0℃和 101.325kPa 时的迁移率

气体名称	迁移率/cm² · (V · s)⁻¹		气体名称	迁移率/cm² · (V · s)⁻¹	
	K_a^-	K_a^+		K_a^-	K_a^+
干空气	2.10	1.32	C_2H_5OH	0.37	0.36
空气（很纯的）	2.48	1.84	CO	1.14	1.11
饱和空气（26℃）	1.58	—	CO_2（很纯的），$\varepsilon \approx 0$	2.5×10^4	—
H_2	8.13	5.92	CO_2（干的）	0.96	—
H_2（很纯的），$\varepsilon \approx 0$	7.74×10^3	—	CO_2（饱和蒸汽），25℃	0.82	—
O_2	1.84	1.32	SO_2	0.41	0.41
N_2	1.84	1.28	N_2O	0.91	0.83
N_2（很纯的）	1.44×10^2	1.28	H_2O（100℃）	0.567	0.62
N_2（很纯的），$\varepsilon \approx 0$	3.15×10^4	—	NH_3	0.66	0.57
He	6.31	5.13	H_2S	0.71	0.71
He（很纯的）	5.0×10^2	—	Cl_2	0.74	0.74
He（很纯的），$\varepsilon \approx 0$	2.24×10^4	19.70	C_2H_2	0.84	0.79
Ne	—	9.87	HCl	0.62	0.53
Ar	1.71	1.32	SF_6	0.57	—
Ar（很纯的），$\varepsilon \approx 0$	6.31×10^4	1.32			

由于离子迁移率 K 对电除尘器空间的电场分布、电压和电流特性都产生影响。如把表4-2中的迁移率作为 K_a，利用朗温（Langvin）公式可求出气体温度为 $t(℃)$、压力为 p（kPa）时的 K 值，即

$$K = K_a \sqrt{\frac{273 + t}{273}} \times \frac{1 + \dfrac{\overline{S}}{273}}{1 + \dfrac{\overline{S}}{273 + t}} \times \frac{p_0}{p} \tag{4-10}$$

式中，p_0 为标准大气压，101.325kPa；$\overline{S}$ 为萨瑟蓝德（Surtherland）常数，见表4-3。

表 4-3　几种气体的萨瑟蓝德常数

气体名称	$\overline{S}$	气体名称	$\overline{S}$
干空气	330	CO	570
空气（很纯的）	509	CO_2	356
H_2	800	NH_3	1960
O_2	505	SO_2	875
N_2	525		

式（4-10）是各种气体离子迁移率的计算公式，当电除尘器空间有粉尘时，粉尘与离子碰撞而荷电，使电除尘器空间电荷密度增大，离子迁移率减小，此时电除尘空间的离子

迁移率可用式（4-11）修正：

$$K' = \frac{K}{1 + \frac{2}{3}DS_0 r}$$ (4-11)

式中，K' 为空间有粉尘时的离子迁移率，$m^2/(V \cdot s)$；K 为空间无粉尘时的离子迁移率，$m^2/(V \cdot s)$；r 为空间某一点距电晕线中心的距离，m；D 为与粉尘介电常数 ε_r 相关的系数，$D = 3\varepsilon_r/(\varepsilon_r + 2)$，对于气体 $\varepsilon_r = 1$，对于金属 $\varepsilon_r = \infty$，对于金属氧化物 $\varepsilon_r = 12 \sim 18$，对于一般粉尘 $\varepsilon_r = 4$；S_0 为在 $1m^3$ 气体中悬浮尘粒的表面积总和，m^2/m^3。S_0 可按式（4-12）计算：

$$S_0 = N_0 \pi d_{50}^2$$ (4-12)

式中，d_{50} 为粉尘的中位径，m；N_0 为 $1m^3$ 气体中所含的尘粒数，可由式（4-13）求得

$$N_0 = \frac{C_0}{\frac{1}{6}\pi d_{50}^3 \rho_p}$$ (4-13)

式中，C_0 为气体的含尘浓度，kg/m^3；ρ_p 为粉尘的真密度，kg/m^3。

4.3.2 收尘空间尘粒的荷电

尘粒荷电是电除尘过程中最基本的过程之一。在电除尘器的空间电场中，尘粒的荷电量与尘粒的粒径、电场强度和停留时间等因素有关。尘粒的荷电机理基本有两种，一种称为电场荷电，另一种称为扩散荷电。哪种荷电机理是主要的，这取决于尘粒粒径。对于粒径大于 $1.0\mu m$ 的尘粒，电场荷电是主要的；对于粒径小于 $0.1\mu m$ 的尘粒，扩散荷电是主要的；而粒径在 $0.1 \sim 1.0\mu m$ 之间的尘粒，两者均起重要作用。但是，就大多数实际应用的工业电除尘器所捕集的尘粒范围而言，电场荷电更为重要。

4.3.2.1 电场荷电

电场荷电是离子在外电场力作用下沿电力线有秩序运动与尘粒碰撞使其荷电。将一球形尘粒置于电场中，设这一尘粒与其他尘粒的距离比尘粒的半径要大得多，并且尘粒附近各点的离子密度和电场强度均相等。因为尘粒相对介电系数 ε_r 大于 1，作为电介质的粒子在电场中将被极化，从而改变粒子附近原来外加电场的分布。一部分电力线与尘粒表面相交，如图 4-15a 所示。沿电力线运动的离子与尘粒碰撞时把电荷传给尘粒。尘粒荷电后，就会对后来的离子产生斥力，因此，尘粒的荷电速率逐渐下降，如图 4-15b 所示。最终荷

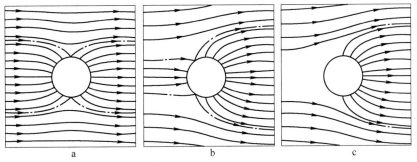

图 4-15 尘粒荷电与电场的关系

a—粒未荷电时的电场；b—尘粒部分荷电时的电场；c—尘粒饱和荷电时的电场

电尘粒本身产生的电场与外加电场正好平衡时荷电便停止, 如图 4-15c 所示。这时尘粒的荷电达到饱和状态, 这种荷电过程就是电场荷电。

用经典静电学方法可以求得荷电速率与饱和电荷量, 这里仅给出推导结果。尘粒表面的饱和荷电量为

$$q_{ps} = 4\pi D\varepsilon_0 a^2 E \tag{4-14}$$

式中, q_{ps} 为尘粒的饱和荷电量, C; a 为尘粒半径, m; E 为电场强度, V/m。

而尘粒在电场中的荷电过程可用式 (4-15) 表示。

$$q_p = \frac{t}{t + t_0} q_{ps} \tag{4-15}$$

式中, q_p 为尘粒的荷电量, C; t 为荷电时间, s; t_0 为荷电过程的时间常数, 即当 $t = t_0$ 时, $q_p = 0.5 q_{ps}$。

$$t_0 = \frac{4\varepsilon_0}{NeK} \tag{4-16}$$

式中, N 为 $1m^3$ 气体中的离子数, 为 $10^{14} \sim 10^{15}$ 个/m^3; e 为电子的电量, 1.6×10^{-19} C; K 为离子迁移率, $m^2/(V \cdot s)$。

由式 (4-16) 可以求得 t_0 约为 2ms。式 (4-15) 的关系可以用图 4-16 的曲线表示。从图中可以看出, 电场荷电速率最初很快, 当接近饱和电荷时就变得很慢。当 $t < 2t_0$ 时, 荷电速率很快, 而当 $t > 4t_0$ 时, 荷电速率很慢。这意味着在很短的时间内, 尘粒便可获得其饱和电荷的 75% 左右。由于 t_0 较小, 尘粒达到饱和荷电量所需的时间与尘粒在电场中停留时间相比也很小, 即可以认为尘粒一经进入电场很快就达到了饱和荷电量。

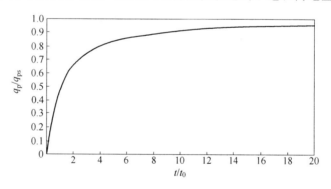

图 4-16　球形尘粒的荷电速率

4.3.2.2　扩散荷电

尘粒的扩散荷电是由于离子无规则的热运动造成的。离子的热运动使得离子通过气体而扩散。扩散时离子与气体中所含的尘粒相碰撞, 这时离子一般都能被吸附于尘粒上, 这是由于离子接近尘粒时, 有吸引作用的电象力 (electrical-image force) 在起作用。所以离子扩散使尘粒荷电机理与外加电场的作用并无关系。外加电场虽有助于粒子荷电, 但就离子扩散荷电过程来说, 并不是必需的。

悬浮于有离子的气体中的某一尘粒单位时间内接受离子碰撞的次数依赖于尘粒附近离子的密度及离子热运动的平均速度, 后者又取决于温度和气体的性质。当尘粒获得电荷之后,

将排斥后来的离子。然而由于热能的统计分布，总会有些离子具有能够克服排斥力的扩散速度，因而不存在理论上的饱和电荷，这与电场荷电不同，但是随着粒子上积累电荷的增加，荷电速率将越来越低。尘粒扩散荷电量的精确表达非常困难，综合考虑外加电场、自由电子和尘粒半径对扩散荷电的影响，尘粒的扩散荷电量可用近似公式（4-17）表示。

$$q'_p = 2.23 \times 10^{-11} \times a \tag{4-17}$$

式中，q'_p 为尘粒的扩散荷电量，C；a 为尘粒半径，m。

4.3.2.3 联合荷电

对于粒径在 $0.1\sim1.0\mu m$ 之间的尘粒，电场荷电和扩散荷电均起重要作用，即尘粒的荷电量是通过联合荷电机理获得的。联合荷电量的精确描述也很复杂，可在电场荷电中引入康林汉修正因子（Cunningham correction factor）来表示。

$$q'_{ps} = K_m q_{ps} \tag{4-18}$$

式中，q'_{ps} 为尘粒的联合荷电量，C；K_m 为康林汉修正因子，其值可用经验公式（4-19）计算。

$$K_m = 1.644 + 0.552\exp\left(-0.656\frac{2a}{\lambda}\right) \tag{4-19}$$

式中，λ 为气体分子的平均自由行程，m，由式（4-20）计算。

$$\lambda = \frac{k_0 T}{\sqrt{2}\,\pi r_1^2 p} \tag{4-20}$$

式中，T 为气体的温度，K；p 为气体的压力，Pa；k_0 为玻耳兹曼常数，1.3806505×10^{-23} J/K；r_1 为气体分子的半径，m。

在 $T=288K$，$p=101.325kPa$ 条件下，一些气体分子的平均自由行程见表4-4。

表4-4 一些气体分子的平均自由行程

气体名称	相对分子质量	λ/m	分子直径/m
H_2	2.016	47.0×10^{-8}	2.74×10^{-10}
He	4.002	74.3×10^{-8}	2.18×10^{-10}
H_2O	18.000	16.6×10^{-8}	4.60×10^{-10}
N_2	28.000	25.1×10^{-8}	3.75×10^{-10}
Ne	20.180	52.6×10^{-8}	2.59×10^{-10}
O_2	32.000	27.1×10^{-8}	3.61×10^{-10}
Ar	39.940	26.6×10^{-8}	3.64×10^{-10}
CO_2	44.000	16.7×10^{-8}	4.59×10^{-10}
Kr	83.800	20.4×10^{-8}	4.16×10^{-10}
Xe	131.300	15.0×10^{-8}	4.85×10^{-10}

4.3.3 荷电尘粒的运动

尘粒荷电后，在电场力的作用下，带着不同极性电荷的尘粒分别向极性相反的电极运动，并沉积在电极上。工业电除尘器多采用负电晕。在电晕区内，少量带正电荷的尘粒沉积到电晕极上，而电晕外区的大量尘粒带负电荷，因而向收尘极运动。本节将阐述电晕外区荷电尘粒在电场中所受的力和运动规律。

4.3.3.1　荷电尘粒受力分析

处于收尘极和电晕极之间的荷电尘粒，受四种力的作用，这四种力是：

（1）尘粒所受的重力（N）：

$$F_g = mg \tag{4-21}$$

（2）电场作用在荷电尘粒上的静电力（N）：

$$F_e = Eq_{ps} \tag{4-22}$$

（3）尘粒加速运动时的惯性力（N）：

$$F_i = m\mathrm{d}w/\mathrm{d}t \tag{4-23}$$

（4）尘粒运动时介质的阻力（N）：

$$F_c = 6\pi a\mu w \tag{4-24}$$

式中，m 为尘粒质量，kg；g 为重力加速度，9.80665m/s²；q_{ps} 为尘粒的饱和荷电量，C；E 为荷电区的电场强度，V/m；μ 为气体介质的黏度，Pa·s；a 为尘粒半径，m；w 为荷电尘粒的驱进速度，m/s。

4.3.3.2　荷电尘粒的驱进速度

荷电尘粒在电场力的作用下沿水平方向向收尘极运动时，可不考虑重力对运动的影响，由牛顿定律得

$$F_e - F_i - F_c = 0 \tag{4-25}$$

将式（4-22）~式（4-24）代入式（4-25）得

$$q_{ps}E - m\mathrm{d}w/\mathrm{d}t - 6\pi a\mu w = 0 \tag{4-26}$$

解式（4-26）得

$$w = \frac{q_{ps}E}{6\pi a\mu}(1 - e^{-\frac{6\pi a\mu}{m}t}) \tag{4-27}$$

由式（4-27）式可以看出，$t=0$ 时，$w=0$，随着时间 t 的增加，w 值按指数规律增大。通常当 $t>10^{-2}$s 时，w 就到达了终速度，即荷电尘粒经过很短时间加速后，电场力和介质阻力就达到了平衡，尘粒向收尘极作等速运动，于是式（4-27）变为

$$w = \frac{q_{ps}E}{6\pi a\mu} \tag{4-28}$$

（1）当粒径大于 1μm 时，尘粒的荷电量按式（4-14）计算，将式（4-14）代入式（4-28）得

$$w = \frac{2}{3} \times \frac{\varepsilon_0 DaE^2}{\mu} \tag{4-29}$$

（2）当粒径小于 0.1μm 时，尘粒的荷电量按式（4-17）计算，将式（4-17）代入式（4-28）得

$$w = \frac{2.23 \times 10^{-11}E}{6\pi\mu} \tag{4-30}$$

（3）当粒径在 0.1~1.0μm 之间时，尘粒的荷电量按式（4-18）计算，将式（4-18）代入式（4-28）得

$$w = K_{\mathrm{m}} \times \frac{2}{3} \times \frac{\varepsilon_0 DaE^2}{\mu} \tag{4-31}$$

4.3.4　荷电尘粒的捕集和除尘效率

4.3.4.1　荷电尘粒的捕集

在电除尘器中，尘粒的捕集与许多因素有关，如尘粒的比电阻、介电常数和密度，气体流速、温度和湿度，电场的伏安特性以及收尘极的表面状态等。要导出上述各个因素的数学表达式是很困难的，所以尘粒在电除尘器中的捕集过程，要根据具体条件来考虑，主要是根据实验来确定。

气流状态可以是层流或紊流。实际上工业用的电除尘器都是在不同程度的紊流下运行的，层流的模式只能在实验室实现。虽然层流情况下的除尘公式只是在学术上有意义，但是为了定性和便于比较起见，它还是很有价值的。在层流条件下，图 4-17 中在板式电除尘器的荷电尘粒位于高压电晕线附近，它必须向接地的收尘极运动 b 的距离才能被收尘极捕集。尘粒沿气流运动方向前进的速度与气流速度 v 相同，而横向速度为驱进速度 w。显然，在 $t = b/w$ 时间内荷电尘粒可到达收尘极，而捕集尘粒所需的电场长度为

$$L = vt = (v/w)b \tag{4-32}$$

从理论上讲，按上式求得的电场长度可使气流中的全部尘粒被捕集。但实际上，电除尘器中的气流状态多为紊流，这使得悬浮尘粒的捕集过程有很大变化。尘粒的运动轨迹不再是图 4-17 所示的只是气流速度与驱进速度的向量和，支配尘粒运动的轨迹是紊流特性所引起的杂乱无章的气流状态。如图 4-18 所示，从图中可以看出，尘粒运动的途径完全受紊流的支配，只有当尘粒进入库仑力能够起作用的层流边界区，尘粒才有可能被捕集。由于通过电除尘器的尘粒既不能选择它的运动途径，也不能选择它进入边界区的地点，很有可能直接通过电除尘器而未进入边界层，在这种情况下，尘粒显然不能被收尘极捕集。因此，尘粒能否被捕集应该说是一个概率问题。

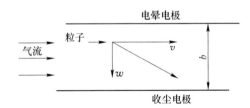

图 4-17　在气流为层流条件下电场中尘粒的运动

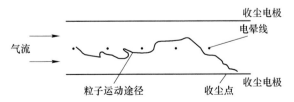

图 4-18　电除尘器中悬浮尘粒不规则运动的示意图

4.3.4.2　电除尘效率——多依奇（Deutsh）公式

A　多依奇基本假设

在 1922 年，多依奇（Deutsch）为推导电除尘器的除尘效率公式，作了以下基本假设：

（1）气流的紊流扩散使尘粒得以完全混合，因而在任何断面上的粉尘浓度都是均匀的。

（2）通过电除尘器的气流速度除电除尘器壁边界层外都是均匀的，同时不影响尘粒的驱进速度。

（3）粉尘一进入电除尘器的电场内就认为已经完全荷电。

（4）收尘极表面附近尘粒的驱进速度对于所有粉尘都为一常数，与气流速度相比是很小的。

（5）不考虑冲刷、二次扬尘、反电晕和粉尘凝聚等因素的影响。

B　多依奇公式

通常任何除尘器在忽略漏风的情况下，其除尘效率均可按式（4-33）计算：

$$\eta = \frac{C_i - C_0}{C_i} \times 100\% = \left(1 - \frac{C_0}{C_i}\right) \times 100\% \qquad (4-33)$$

式中，C_i 为电除尘器进口的烟气含尘浓度，g/m^3；C_0 为电除尘器出口的烟气含尘浓度，g/m^3。

图 4-19 为板式电除尘器捕集粉尘示意图。图中极板高度为 $H(m)$；极板长度为 $L(m)$；极板间距为 $2b(m)$；坐标 x、y、z 如图所示。烟气沿 x 方向通过电场，速度为 v；荷电尘粒沿 x 方向的速度分量为 v，在电场力作用下向收尘极运动速度为 w，即尘粒沿 y 方向的速度分量为 w；荷电尘粒沿 v、w 合成速度方向向收尘极运动。沿 x 方向取一横截面积，其大小为 F，则长度为 dx 的微元体积为

$$dV = Fdx = 2bHdx \qquad (4-34)$$

微元体积中悬浮尘粒的质量为

$$M = C_p dV = C_p Fdx \qquad (4-35)$$

式中，C_p 为微元体积中的含尘浓度。

在所研究的体积单元和时间间隔 dt 内，沉积在收尘极板上的粉尘层的质量为

$$dM = C_p w dA dt \qquad (4-36)$$

式中，dA 为收尘极板的微元面积，即

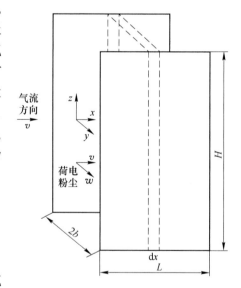

图 4-19　板式电除尘器捕集粉尘示意图

$$dA = 2Hdx \qquad (4-37)$$

所以：

$$dM = 2C_p w Hdxdt \qquad (4-38)$$

由于粉尘被收尘极捕集，在所研究的体积单元内，含尘浓度将减小，其含尘浓度的改变为 dC_p，即

$$dC_p = -\frac{dM}{dV} = -\frac{2C_p wHdxdt}{2bHdx} = -\frac{wC_p}{b}dt \tag{4-39}$$

将式（4-39）整理得

$$\frac{dC_p}{C_p} = -\frac{w}{b}dt \tag{4-40}$$

两边积分，并代入边界条件：$t = 0$ 时，$C_p = C_i$。$t = t$ 时，$C_p = C_0$。

$$\int_{C_i}^{C_o} \frac{dC_p}{C_p} = -\int_0^t \frac{w}{b}dt \tag{4-41}$$

积分得

$$\ln \frac{C_0}{C_i} = -\frac{w}{b}t \tag{4-42}$$

因为 $t = \frac{L}{V}$，所以：

$$\frac{C_0}{C_i} = e^{-\frac{w}{b}t} = e^{-\frac{w}{b} \times \frac{L}{V}} \tag{4-43}$$

又因为 $2HL = A$，$2HbV = Q$，所以：

$$\eta = \left(1 - \frac{C_0}{C_i}\right) \times 100\% = (1 - e^{-\frac{A}{Q}w}) \times 100\% = (1 - e^{-fw}) \times 100\% \tag{4-44}$$

式中，η 为除尘效率，%；A 为总收尘面积，m^2；Q 为烟气流量，m^3/s；w 为尘粒的驱进速度，m/s；f 为比收尘面积，$m^2/(m^3 \cdot s^{-1})$。$f = \frac{A}{Q}$，即 1s 净化 1m^3 烟气所需要的收尘面积。

尽管在推导除尘效率公式过程中，作了与实际条件有较大出入的假设，但这个公式在历史上和技术上都有其重要的价值，所以至今仍被广泛采用。它是分析、评价和比较电除尘器性能的理论基础，也是设计电除尘器的理论依据，多依奇除尘效率公式概括地描述了 η 与 A、w、Q 之间的关系，指明了提高除尘效率的途径，被广泛地应用于电除尘器性能分析和设计中。

多依奇除尘效率公式中共有四个量，若已知其中任意三个量，就可根据公式（4-44）求出第四个量。

分析式（4-44）可以得出这样的结论：公式中除驱进速度 w 外，其他三个参数比较容易确定。除尘效率是主观要求的，可根据除尘器的进口、出口含尘浓度得出，烟气流量 Q 是已知的，A 值可在 w 值选定后求出。所以在应用式（4-44）时，只要正确的选定驱进速度 w 值，则保证电除尘器达到预期的性能是完全可靠的。但是，在实际应用式（4-44）时，单纯从理论上确定驱进速度不仅极为困难，而且也是很不可靠的。因为驱进速度受烟气成分、温度、黏度、含湿量和含尘浓度、粉尘的粒径分布、化学成分和比电阻以及除尘器内的气流速度、气流分布、电极构造和荷电条件等诸多因素的影响。所以，在实际应用中，一般都是应用有效驱进速度 w 来进行计算。所谓有效驱进速度是指实际运行中的电

除尘器测出其除尘效率和处理烟气量后，应用已知的收尘极总面积，利用式（4-44）反算出来驱进速度 w，如式（4-45）所示：

$$w = \frac{Q}{A}\ln\left(\frac{1}{1-\eta}\right) \tag{4-45}$$

由于多依奇效率公式是在许多假定条件下导出的纯理论公式，与电除尘器实际运行情况有较大的差别，所以不少从事电除尘技术研究的学者力求对多依奇公式予以修正，使其尽可能接近实际。如瑞典 Svenska Flakt 公司的 Matts 等人对多依奇公式作了以下修正：

$$\eta = 1 - e^{-\frac{A}{Q}w^{K_c}} \tag{4-46}$$

式中，系数 K_c 在 0.4~0.6 的范围内，对于燃煤电厂的电除尘器可取 0.5。尽管还有不少文献中有关于修正多依奇公式的报道和论文，但是在实际工作中都未得到广泛应用。

4.3.5　电极清灰

电极表面粉尘沉积较厚时，将导致击穿电压降低，电晕电流减小，尘粒的有效驱进速度显著下降，使电除尘器性能受到严重影响。因此，及时有效地清除电极表面的积灰，防止二次扬尘，是实现电除尘的最后一个物理过程，也是保证电除尘器高效运行的重要条件。电极清灰方法有湿式清灰、机械清灰和声波清灰三种。

4.3.5.1　湿式清灰

湿式电除尘器是广泛采用的电除尘器的类型之一。湿式清灰一般采用水喷淋清灰。在除尘过程中，对于积沉到收尘极上的固体粉尘，一般是用水清洗收尘极板，使极板表面经常保持一层水膜，当粉尘沉降到水膜上时，便随水膜流下，从而达到清灰的目的。形成水膜的方法很多，可以采用喷雾方法，也可以采用溢流方法。

湿式清灰的主要优点是二次扬尘很少；不存在粉尘比电阻问题；水滴凝聚在小尘粒上更利于捕集；空间电荷增强，不会产生反电晕，所以除尘效率很高。此外，湿式除尘器还可同时净化有害气体，如二氧化硫、氟化氢等。湿式电除法器的主要问题是腐蚀、结垢、黏附、绝缘、气体降温处理、如何使水膜在极板表面分布均匀、节约用水及污泥处理等。

湿式清灰的关键在于选择性能良好的喷嘴和合理地布置喷嘴。湿式清灰一般选用喷雾好的小型不锈钢喷嘴或铜喷嘴。布置喷嘴时，除了极板之间外，也应在极板和极线上部布置喷嘴。为取得良好清灰效果，应采用连续供水清洗收尘极板，定期供水清洗电晕线和气流分布板等处，且气流分布板处、极板和极线上部使用的喷嘴形式和性能应有区别。

4.3.5.2　机械清灰

电极的机械清灰方式有多种，如刷子清灰，机械振打、电磁振打及振动器振动等。但应用最多的清灰方式是挠臂锤机械振打，如图 4-20 所示。它由传动轴、承击砧和振打杆等组成。随着轴的转动，锤头达到最高位置后靠自重落下，打在承击砧上，再通过振打杆传到极板各点去。一般是一排极板安装一个振打锤，同一电场各排的振打锤安在一根传动轴上，并依次错开一定角度，使各排极板的振打依次交替进行。

振打清灰效果主要决定于振打强度和振打频率。振打强度的大小决定于锤头的质量和挠臂的长度。振打强度一般用收尘极板面法向产生的重力加速度 $g(9.80665 \text{m/s}^2)$ 表示。一般要求，极板上各点的振打强度不小于 $(100~200)g$。实际上，振打强度也不宜过大，只要能使板面上残留极薄的一层粉尘脱落即可，否则二次扬尘增多，结构损坏加重。振打强度的大小，取决于下列因素：

（1）电除尘器规格。对应面积大的收尘板排，一般需要振打强度大。

（2）极板安装方式。极板安装方式不同，如采用刚性连接，或自由悬吊方式，由于它们传递振打力情况不同，所需振打强度不同。

（3）粉尘性质。黏附性强、比电阻高和粒径小的粉尘振打强度要大，振打强度大于 $200g$，这是因为高比电阻粉尘的附着力，主要靠静电力，所以需要振打强度更大。粒径小的粉尘比粗粉尘的附着力大，振打强度也要大些。

（4）温度。一般情况下温度高些对清灰有利，所需振打加速度小些。

（5）使用年限。随着电除尘器运行年限延长，极板锈蚀，粉尘板结，振打的强度应该提高。

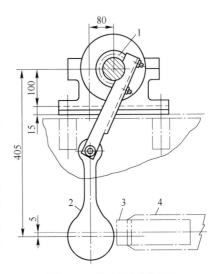

图 4-20　收尘极振打装置
1—传动轴；2—锤头；3—承击砧；4—振打杆

（6）振打制度。一般有连续振打和间断振打两种。采用哪种制度合适，要视具体条件而定。例如，若粉尘浓度较高，黏性也较大，采用强度不太大的连续振打较合适。

在设计电除尘器的振打强度时，一方面要考虑粉尘层的抗振力，另一方面又要考虑使粉尘脱落所需的惯性力。

粉尘层的抗振力包括电场力、黏附力和摩擦力。其中电场力一般颇大，彭尼和克林勒研究了粉尘层的电场力 F_e，提出单位面积上的电场力（N/m^2）由式（4-47）确定：

$$F_e = \frac{1}{2}\varepsilon_0\left[\left(\frac{U - j\rho\delta}{b - \delta}\right)^2 + \left(\frac{j\rho\varepsilon_p}{\varepsilon_0}\right)^2\right] \times 10^4 \qquad (4\text{-}47)$$

式中，ε_0 为真空介电常数，$8.85 \times 10^{-12} F/m$，ε_p 为粉尘的介电常数，$\varepsilon_p = \varepsilon_r\varepsilon_0$，$\varepsilon_r$ 为粉尘的相对介电常数，一般粉尘 $\varepsilon_r = 4$；j 为收尘极板电流密度，A/cm^2；ρ 为粉尘比电阻，$\Omega \cdot cm$；U 为电极之间的电压，V；δ 为粉尘层的厚度，cm；b 为电极间距，cm。

由式（4-47）可以看出，式中第一项是粉尘表面附近气体的电场强度所产生的电场力；第二项是由粉尘层内的电场强度所产生的电场力。显然，电极之间施加的电压越高，粉尘层与收尘极板之间的电场力越大。且当收尘极板电流密度较大或粉尘比电阻较高时，也使粉尘层内电场强度增大，电场力也会增大。但是，当粉尘层内电场强度大到一定程度时，粉尘层局部击穿，使粉尘感应正电荷而重返气流，导致二次扬尘，此即为反电晕。图 4-21 所示为电场力与粉尘比电阻、收尘极板电流密度的关系曲线。

粉尘的黏附力包括分子力（也叫范德瓦尔力）、毛细黏附力和静电力，其中分子力和静电力较小，毛细黏附力起主要作用。单位面积上粉尘的毛细黏附力 $F_\omega(N/m^2)$ 可近似用式（4-48）计算：

$$F_\omega = 2\pi df/S \qquad (4\text{-}48)$$

式中，f 为与粉尘性质有关的表面张力系数，N/m；d 为粉尘的粒径，m；S 为粉尘的表面积，m^2；$S = \pi d^2$。

由式（4-48）可知，粉尘越细，黏附力越大。粉尘的黏附力对清灰有极大的影响，当粉尘的黏附力 $F_\omega < 60\text{Pa}$ 时，易加剧二次扬尘；当粉尘的黏附力 $F_\omega > 600\text{Pa}$ 时，易造成电极严重积灰；当 $F_\omega = 60 \sim 600\text{Pa}$ 时，粉尘易凝聚成团块，振打清灰时成片状从极板上剥落，既可保持电极清洁，又可减少二次扬尘。

在粉尘颗粒之间以及粉尘层与收尘极板之间均存在着摩擦力。当极板受到振打而产生振动运动时，粉尘层就会产生阻止极板运动的摩擦力。摩擦力 F_f 的大小由摩擦定律确定：

$$F_f = \mu(F_e + F_\omega) \tag{4-49}$$

式中，μ 为静摩擦系数，粉尘的粒径越小，静摩擦系数越大，因而摩擦力也越大。

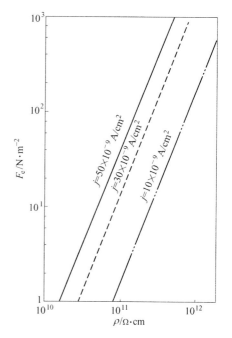

图 4-21 　电场力与粉尘比电阻、收尘极板电流密度的关系

粉尘层上惯性力的大小与粉尘层的质量成正比，所以在粉尘层积累到足够的厚度时，振打所产生的加速度才能将收尘极板上的粉尘层剥落下来。当粉尘层较薄时，粉尘层的质量小，所产生的惯性力也小，剥落薄粉尘层需要的振打力就大。所以要保持收尘极板非常清洁是不切实际的。另外，振打时若粉尘层太薄易粉碎，容易引起二次扬尘。因此，一般维持粉尘层厚度应在 0.25~1cm。

实际上，电除尘器的收尘极和电晕极均需振打。虽然电晕极上的粉尘很少，二次扬尘的问题也不大，但在清灰上仍然和收尘极同样重要。因为电晕极上也会沉积粉尘。通过电晕极上粉尘层的电流密度要比通过收尘极粉尘层的电流密度大很多，其比值等于收尘极表面积与电晕极表面积之比。因此，在电吸引力的作用下，粉尘附着在放电极上要比在收尘极上牢固得多。如果电晕极的振打力不足，沉积的粉尘将严重影响除尘器的效率。

振打频率对清灰效果的影响也很大，斯普劳尔指出，最佳的振打条件是等粉尘积累到一个合理的厚度时，再以足够的力量进行振打，使粉尘层沿极板逐步下落而跌入灰斗。此时，只有最下部 2m 以内的粉尘层掉入灰斗，下落的速度较低，因此对已经沉积在灰斗中的粉尘干扰很小。总之，不管清灰的机理如何，只要将振打强度和振打频率调整到最佳值，都可能大大减少二次扬尘，提高除尘效率。

沿气流方向各电场的最佳振打频率是不相同的。如果除尘器的总除尘效率为 99%，若按各电场除尘效率相等计算，则四电场除尘器的第一电场效率约为 68.3%，而最后一个电场的除尘效率仅为 2.16%，而实际上这个差异还要大。如果不计二次扬尘的影响，第一电场粉尘的沉降量约为第四电场的 30 倍。据此，最后一个电场的振打频率显然应比第一电场低得多。在实际应用中，并不是机械地以各电场捕集粉尘量的比例来确定振打时间间隔的，而是综合考虑尘层黏附性、尘层电压降等因素，适当缩短后级电场的振打时间间隔。一般来说，从入口电场到出口电场均应逐渐减小振打频率。

在现场要根据目测电场出口浓度或者使用测量仪器来调节振打制度。如果振打损失过多，则从烟囱口或电场出口的极板处可以看到振打扬尘。只要有良好的照明，观察者又很熟练，那么在除尘器出口设观察窗是最有效的措施。对于高效除尘器，最好用浊度仪在线监测来调节振打制度，使振打频率实时跟踪锅炉负荷和燃烧煤种的变化，以便取得最佳振打效果。

4.3.5.3　声波清灰

电除尘器的声波清灰用的是气动式声源，这是因为气动式声源较其他声源转换效率高，且容易实现大功率辐射的缘故。声波清灰是对整个除尘器内部的清灰，比机械清灰具有"全面"性。

A　声波清灰原理

通过声波发生器把压缩空气变为具有一定能量的强声波馈入除尘器电场空间，进行全方位传播。由于声波的强度和频率是按清灰要求设计的，所以声波到达除尘器的极板极线后，转化为机械能，与灰尘形成高速周期振荡，抵消气流中粉尘的聚集力（表面黏附力），以阻止粉尘相互之间结合成一层硬壳。同时声波还能使已结块的粉尘层疏松，使粉尘较容易地从极板脱落下来（见图4-22），达到声波清除极板极线积灰的目的。声波清灰与传统的机械振打清灰相比，声波清灰的机理是"波及"，其作用力是"交流"量，作用力的方向具有多向性。由此可见，声波清灰是一种很有效地可将黏附粉尘从物体表面剥离的方法。但是，声波清灰的作用范围广，一次集中清灰的区域大，用于电场极板清灰时易引发集中二次扬尘，应用时应当注意。

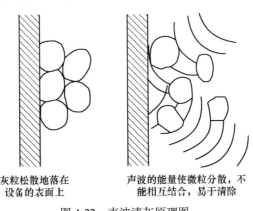

灰粒松散地落在
设备的表面上

声波的能量使微粒分散，不
能相互结合，易于清除

图4-22　声波清灰原理图

B　声波清灰设计要求

a　声波发生器的布置

声波自声源向四周辐射时，声强随距离的增加呈平方反比规律衰减，当距离增加为2、3、4倍时，声能相应减少为1/4、1/9、1/16，…，所以声波发生器布置至关重要。设计中以一个发生器负责 $20\sim100m^3$ 电场空间为宜。

声波发生器一般布置在除尘器顶部或侧部的壁板上，而不能布置在设备的内部或下部。因为布置在内部容易影响电场放电，布置在下部容易积灰。布置在顶部时宜设在支持绝缘套管的空间内，布置在侧部时宜设在两个电场之间，高度应在箱体中部。

在设计喇叭安装的方向时，声波发生器的喇叭口应垂直或斜角向下，或平放，喇叭口切勿向上放置。为达到理想的声波传播，喇叭口前应有 400mm 距离的空间。而喇叭周围的空间亦应有 20mm 距离。

声波发生器的数量因除尘器的大小、电场多少、粉尘性质以及发生器性能差异较大，应根据具体情况而定。

b　声波清灰系统组成

电除尘器的声波清灰系统由声波发生器、贮气包、减压阀、压力表、过滤器、油雾器、电磁阀、时间控制器和气路、电路等部分组成（见图 4-23），其中声波发生器是主要部件。

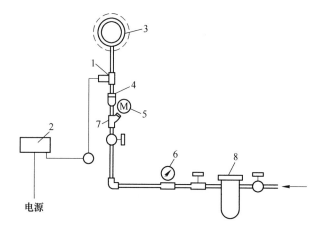

图 4-23　声波清灰系统

1—电磁阀；2—时间控制器；3—声波发生器；4—油雾器；5—试压表；
6—减压阀；7—各声波发生器的过滤器；8—主过滤器

c　供气

压缩空气的供气压力和流量是保证声波发生器正常工作的重要条件。在正常情况下，要求的压力大于 0.4MPa，2~10 个发生器时流量为 1~4m³/min，这是因为每个发生器工作 3~20s 就够了，在两次清灰之间，空气压缩机可以很快恢复到原来的压力，设计中气路上应设一个 1~3m³ 的贮气包，以便压力顺利恢复。贯通膜片两边的气孔，是为鸣音时进气压力（0.40~0.55MPa）而设计的。设计计算时，考虑到正常管道压降情况，此时压缩气源压力为 0.6~0.7MPa。度量压力以鸣音时为准。

声波发生器用的压缩空气，应经主过滤器去除杂质及水分。因为尘垢杂质会影响声波发生器正常操作，所以每个声波发生器还需要其独立的过滤器，并在组装系统前，先吹清输气管内所有杂质。

d　供电

声波清灰系统要求的电量很少，但是对电气器件的质量要求很严格。时间控制器供给的电源信号必须与电磁阀电压相匹配，否则不能正常工作。

电磁阀的耐温一般不应大于 80℃，而且电磁阀至声波发生器的距离不小于 2m。声波发生器出厂前应附有一个正常关闭的电磁阀，阀内有一个气孔，用来流通冷却气。因此不可用其他电磁阀代替。

e　供油

为降低膜片与顶盖及内壳的磨损，每个声波发生器应设计一个独立的油雾器。油雾器的供油量为每 2~3s 一滴较为适合。油雾器每周加一次油，加油量约为 0.3L，油的标号为 30° 透平油。

f　噪声防范

"声波泄漏"是客观存在的问题，因此设计时，应注意避免将会产生的噪声问题。当声波发生器工作时，所产生的声浪可能达 130dB(A) 以上，因此，在声波发生器的操作电源及压缩气源未完全截断时，严禁人在其扬声空间范围内工作。

声波发生器每次发音维持 3~20s，每天的发音时间总和将长达 20~60min。从防范噪声来说，在每个新的声波发生器的外壳周围，要设计一个 4~5mm 厚钢制的隔音罩，内附 100~200mm 厚的矿质棉。隔音罩应安装在壁板上，而不可安装在声波发生器法兰上，如图 4-24 所示。

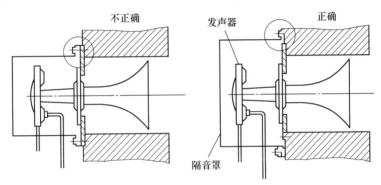

图 4-24　隔音罩及其安装

总之，机械清灰和声波清灰均为干式清灰，其主要优点是清灰装置结构简单、易于维护，且清除下来的干灰便于处置和利用。存在的主要问题是在清灰过程中产生二次扬尘。采取降低电场风速、防止本体漏风、窜气、降低电场高度、增加电场长度和在线实时跟踪监控等措施，可有效减少二次扬尘对电除尘效率的影响。

4.4　电除尘器的本体结构

电除尘器主要由两大部分组成。一部分是电除尘器的本体系统，它是实现气体净化的场所，是电除尘器的主体设备。另一部分是电除尘器的电气系统，用于向电除尘器提供动力和实施控制，它也是电除尘器的重要组成部分。电除尘器的本体和电气系统既相对独立又相互依存，既相互影响又相互促进，两者相辅相成，共同实现电除尘器的安全、稳定、高效运行。本节只对电除尘器的本体结构及其功能进行介绍，而电除尘器电气系统的组成和工作原理将在 4.5 节中详细介绍。

目前，在各工业窑炉中应用最广泛的是板卧式电除尘器。图 4-25 所示为板卧式电除尘器的结构透视图。

由图 4-25 可知电除尘器的本体系统主要包括：收尘极系统（含收尘极振打）、电晕极系统（含电晕极振打和保温箱）、烟箱系统（含气流分布板和槽形板）、壳体系统（含支

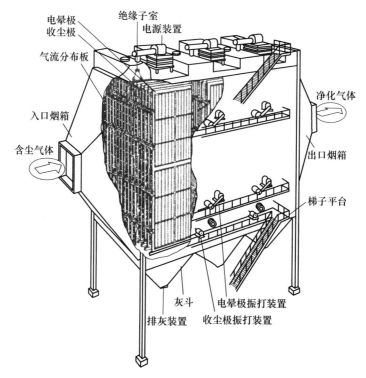

图 4-25 常规板卧式电除尘器的结构透视图

座、保温层、梯子和平台）和储卸灰系统（含阻流板、插板箱和卸灰阀）等，现将各系统的结构组成和功能特点分别介绍如下。

4.4.1 收尘极系统

电除尘器的收尘极系统由收尘极板、极板的悬挂和极板的振打装置三部分组成。它与电晕极共同构成电除尘器的空间电场，是电除尘器的重要组成部分。收尘极系统的主要功能是协助尘粒荷电，捕集荷电粉尘，并通过振打等手段将极板表面附着的粉尘成片状或团状剥落到灰斗中，达到防止二次扬尘和净化气体的目的。

4.4.1.1 收尘极板

收尘极板又称阳极板或沉淀极板，是电除尘器的主要部件之一。实践证明，在一个电场中，每一排极板不能用整块钢板制成，一方面是因为受到钢板规格的限制，另一方面整块的收尘极板安装很不方便，使用时也会因平面外刚度差而发生弯曲变形，另外整块平板光滑的表面也不利于减小二次扬尘。因此，极板均制成一条条的细长条形，并且带有凸凹槽和防风沟。另外，随着处理气体流量的增大，要相应增多极板排数，构成多个通道，共同处理含尘气体。

A 收尘极板的特点

立式电除尘器的极板常见的有圆管状（$\phi 250 \sim 500\text{mm}$ 的钢管）、蜂窝状和郁金花状三种。其中郁金花状因为有防止粉尘二次飞扬的性能，所以应用较广泛。立式电除尘器的收尘极板断面如图 4-26 所示。

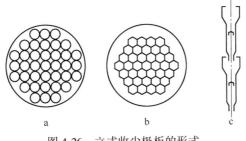

图 4-26　立式收尘极板的形式

a—圆管状；b—蜂窝状；c—郁金花状

随着电除尘技术的发展，电除尘器应用的领域和范围在逐步扩大，为适应不同工况的需要，在卧式电除器中出现了多种收尘极形式，图 4-27 所示为常见的几种卧式收尘极板的形式。

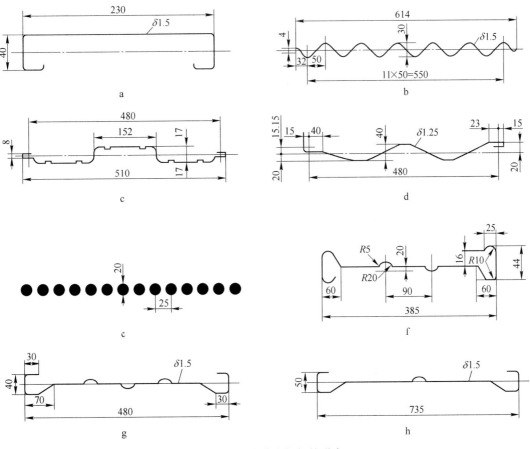

图 4-27　卧式收尘极板的形式

a—小 C 形板；b—波纹形板；c—CW 形板；d—ZT 形板；e—棒帏形板；

f—Z 形板；g—480C 形板；h—735C 形板

（1）小 C 形极板。小 C 形极板是早期出现的一种极板形式，它是将钢板压成如图

4-27a所示的形状，其板面宽度为 230mm 的 C 形极板（又称槽形板）。由于这种极板一个面裸露于烟气中，直接接受气流冲刷，易引起粉尘二次飞扬，所以很快就被 Z 形和 C 形极板所代替。

（2）波纹形极板。波纹形极板是将薄钢板压成如图 4-27b 所示波纹形的极板。它的重量较轻，刚度较大，但因其防止粉尘二次飞扬和振动性能较差，一般采用的较少。

（3）CW 形极板。如图 4-27c 所示，CW 形极板是德国鲁奇公司设计的一种极板，它具有良好的振打性能和电性能，但制造困难，最近已被图 4-27d 所示的 ZT 形极板所代替。

（4）棒帏形极板。如图 4-27e 所示，棒帏形极板是由一排若干根 $\phi 10 \sim 20mm$ 圆钢组成的极板。它在高温下使用不易变形，收尘面积大、耐腐蚀。但自重大、耗用钢材多、粉尘的二次飞扬大。所以，电场风速应小于 0.8m/s，目前主要应用于高温电除尘器。

（5）Z 形极板。如图 4-27f 所示，Z 形极板是将薄钢板轧制成 Z 字形状的极板。这种极板从断面形状组成看，基本上是由两部分组成，中间比较平直，两边做成弯钩形（通称防风沟），目的在于减少粉尘的二次飞扬。这种极板由于两端的防风沟朝向相反，极板在悬吊后容易出现扭曲。

（6）C 形极板，C 形极板是用薄钢板在专用轧机上将板的断面轧成 C 形状的极板。C 形极板目前按宽度方向的大小可分为 480C 形极板和 735C 形极板两种。480C 形极板如图 4-27g 所示，是 20 世纪 70 年代末从联邦德国引进的。目前国内有许多电除尘器制造厂能够生产这种极板。735C 形极板如图 4-27h 所示，是 20 世纪 80 年代初引进瑞典菲达公司技术在国内生产的。C 形极板从其断面形状组成来看，基本上也是由两部分组成，中间是凹凸条槽较小，平直的部分较大，两边则做成弯钩形（通称防风沟），防风沟能防止气流直接吹到极板表面。这样可减少粉尘的二次飞扬，提高除尘效率。这种极板电性能较好，有足够的刚度，板面的振打加速度分布较均匀，粉尘的二次飞扬少。材料一般采用普通碳素钢、厚度为 1.2~1.5mm 的卷板轧制，质量较轻，耗钢量少。目前，国内电除尘器制造厂在设计、生产中采用这种断面形式的最多，尤其在大型电除尘器中，几乎全部采用这种 C 形极板。

另外，还有网状极板、鱼鳞状极板、工字形极板、V 形极板、W 形极板等，因适用范围窄、造价高或加工困难等原因，未得到广泛应用。

B　对收尘极板的基本要求

（1）电性能良好。板电流密度和极板附近的电场强度分布比较均匀。

（2）电晕性能好。极板无锐边、毛刺，不易产生局部放电，火花放电电压高。

（3）振打传递性能好。极板表面振打加速度分布较均匀，清灰效果好。

（4）有良好的防止粉尘二次飞扬的性能。

（5）机械强度大、刚度高，热稳定性好，不易变形。

（6）制造方便、钢耗少、质量轻。

4.4.1.2　极板的悬挂

阳极板排是由若干块长条形收尘极板拼装而成的。图 4-28 所示为 C 形极板的拼装方式。考虑到电除尘器运行时阳极板排会受热膨胀，因此，阳极板排是自由悬挂在电除尘器壳体内的。根据振打机理不同，最常见的阳极板悬挂方式有紧固型悬挂和自由悬挂两种。

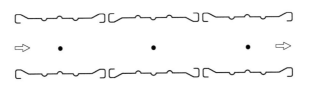

图 4-28　C 形极板的拼装方式

A　紧固型悬挂

紧固型悬挂方式如图 4-29 所示，悬挂梁由两根槽型钢组成（用钢板轧制而成），并支承在壳体顶梁的翼缘上，极板伸入槽型钢中间，在极板与槽型钢间垫以凹凸套支承块 K，使螺栓紧固时能将极板紧紧压住。极板上、下端均用螺栓加以固定，使板排组成一个整体，借助垂直于极板表面的法向振打加速度，使粉尘层与极板分离。这种悬挂方式的极板振打位移小，板面能获得较大的振打加速度，固有频率高，振打力从振打杆到极板的传递性能好。采用这种极板固定方式时，极板表面最小的法向振打加速度值应在 $(150 \sim 200)g$（g 为重力加速度）范围。为了使同一排极板有良好的加速度分布，安装时必须注意各个螺栓拧紧力要一致，并且拧紧力要符合设计要求，一般拧紧力矩在 $160N \cdot m$ 左右。安装时，要采用力矩扳手来拧极板的各紧固螺栓。

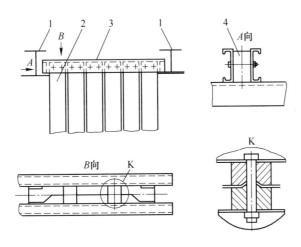

图 4-29　紧固型极板悬挂方式

1—壳体顶梁；2—极板；3—悬挂梁；4—支承块

这种紧固型悬挂方式，由于阳极板顶部是固接的，极板上端部分的振打加速度将很快衰减，若振打力选择不当，容易使极板上部局部区域得不到清灰所需的足够的振打加速度，影响极板的清灰效果。

紧固型悬挂的另一种方式是将极板上的悬杆固定在一根弹性梁上，如图 4-30 所示。弹性梁是由两片薄钢板压制而成柔性结构，其下端可随极板振动而振动，传递冲击振打时允许有轻微的弹性变形。弹性梁的尺寸取决于悬挂极板的自重及极板粘灰的荷重。采用这种结构能提高极板顶端的振打加速度值，并使板面的振打加速度值分布较均匀。

B　自由悬挂

自由悬挂方式又分为不偏心悬挂和偏心悬挂两种方式。

a　不偏心悬挂方式

如图 4-31 所示，此阳极悬挂方式是在极板上端冲出 2 个方孔，在与挂钩接触的方孔一边加一保护卡子（用 2mm 厚左右的钢板压制而成）。安装时，只要将极板二方孔插入悬挂角铁的 2 个钩子上即可。这种悬挂方式能提高极板顶部的振打加速度值，能使极板表面振打加速度值分布较均匀，并且具有制造简单、安装方便等优点。

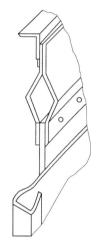

图 4-30　弹性梁结构图

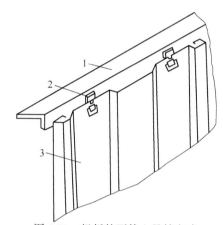

图 4-31　极板的不偏心悬挂方式
1—悬挂角铁；2—极板挂钩；3—阳极板

b　偏心悬挂方式

如图 4-32 所示，要使附着在极板表面的粉尘层从板面分离，不仅要有一定的振打加速度，而且极板要有一定的位移量。

基于这种振打机理，采用了单点偏心悬挂。这种悬挂方式在极板的上、下端均焊有加强板，上端加强板 1 借助销轴 2 将极板偏心的悬挂于梁 3 上，下端加强板 4 插入下部的振打杆（又称撞击杆）5 中，由于极板是单点偏心悬挂，极板在自身重力矩的作用下，使极板紧靠于振打杆的挡块 6 上。当振打时，极板绕上端偏心悬挂点回转，下端加强板对于挡铁有一相对运动，极板下端的加强板与挡块离开，产生一定的位移量（可达几毫米）；当极板落下时再次与挡块撞击，从而再次振动极板。

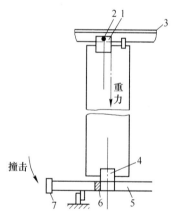

图 4-32　单点偏心悬挂
1—上加强板；2—销轴；3—悬挂梁；
4—下加强板；5—撞击杆；6—挡块；
7—承击砧

单点偏心悬挂的极板振打时位移量较大，振打力一定时，其传递振打力虽较小、板面振打加速度不大，但比较均匀。因此，清灰效果较好，这种悬挂方式适用于烟气温度较高的场合。

4.4.1.3　阳极振打装置

极板清洁与否直接影响电除尘器的除尘效率。因此，为了清除极板板面的粉尘，极板需要进行恰当的周期性振打，通过振打使黏附于极板上的粉尘落入灰斗并及时排出，这是保证电除尘器有效工作的重要条件之一。振打装置的任务就是定期清除黏附在极板上的粉尘。对振打装置的基本要求是：

（1）应有适当的振打力。

（2）能使极板获得满足清灰要求的加速度。

（3）能够按照粉尘的类型和浓度不同，适当调整振打周期和频率。

（4）运行可靠，能满足主机大、小检修周期要求。

由于极板的断面形式不同，联接方式和悬挂方式不同，振打装置的形式、振打的位置也是多种多样的。如弹簧凸轮振打、顶部电磁振打和底部侧向传动旋转挠臂锤振打等。

弹簧—凸轮振打机构如图4-33所示，电场中每一排收尘极板都用联接板悬吊于顶部梁上，当凸轮2回转时，带动拉条3及整排收尘极向左移动，当凸轮脱开拉条时，收尘极由于重力和弹簧的作用向右运动。此时相邻电场的两排收尘极发生撞击，使极板板面产生振动，使粉尘脱落。

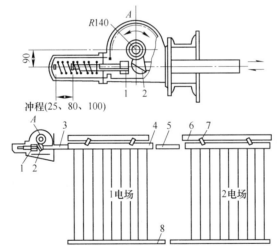

图4-33　卧式电除尘器凸轮撞击振打装置

1—滑块；2—凸轮机构；3—振打拉条；4—扁钢梁；5—上冲击杆；
6—工字梁；7—夹板；8—下冲击杆及冲击头

电磁振打装置如图4-34所示，它主要由电磁铁和线圈组成。当线圈2通电时，振打锤3被吸起，当线圈断电时，振打锤依靠自身的重力作用对极板进行振打。这种装置较适用于从上部振打极板的情况，使用时需配备一套电磁振打控制器。使用时将每个振打装置的线圈接入控制器，通过改变流过线圈电流的大小，可改变振打锤的提升高度，即改变了振打强度。通过改变相邻两次振打的断电时间间隔，即实现了振打周期的调整。电磁振打装置安装在电除尘器顶部的壳体外面，且无旋转部件，运行维护十分方便。

目前，我国电除尘器上采用较多的是侧向传动旋转挠臂锤振打装置，安装于阳极板的下部，从侧面振打。该振打机构由传动装置、振打轴轴承、振打锤和振打轴四个部分组成。

A　传动装置

粉尘在电场内荷电后,在电场力的作用下,向阳极板驱进,并黏附在极板上,待粉尘沉积到一定的厚度时,通过振打等手段使粉尘层成片状或团状地剥离阳极板。为达到这个目的,要从两方面来解决,一是控制振打力的大小,主要是设计时考虑振打锤的质量;二是采用周期振打,主要是在传动装置上采用减速比大的减速机构,避免频繁振打,并对各个电场的传动装置实行程序控制,根据各电场的实际运行情况进行程序调整,使其达到合理的振打周期,获得理想的除尘效果。

目前国内采用的减速机构主要两种,一种是行星摆线针轮减速机构,该减速机构与电动机组成一个整体,并通过靠轮直接与振打轴相连,应用较为广泛。它的特点是减速比大、传动效率高、结构紧凑、体积小、质量轻,而且故障较少、寿命长。

另一种是蜗轮减速机构,如图4-35所示。这种传动形式虽占地比摆线针轮减速机大些、效率低些,但对于体积很大的电除尘器来说,它占有的空间并不大。又因为传动所需功率很小(仅0.4~1kW),即使蜗轮传动效率低,损失的能量也很有限,反之,这种形式的传动装置运行可靠,维修也方便,所以目前在一些电除尘器上仍采用这种方案。

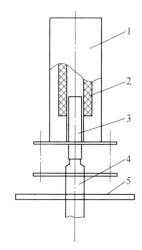

图4-34　电磁振打装置

1—外壳;2—线圈;3—振打锤;
4—振打杆;5—电除尘器壳体顶板

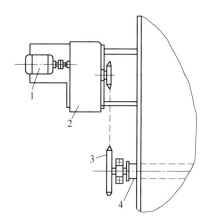

图4-35　阳极振打传动装置

1—电动机;2—减速机;3—链轮;4—振打轴

B　振打轴轴承

振打轴轴承由于其转速低(一般为0.4~1r/min),所以,对其运行精度要求并不高。但在除尘器壳体内处于温度较高,空间充满含尘气体的条件下工作,使得轴承不能添加润滑油脂。对火电厂、炼钢厂等大型电除尘器而言,不允许轻易停炉检修,这就要求轴承在最恶劣的环境下工作时可靠性要高,并且使用寿命要长(需满足主机大修周期要求)。正是由于这些特殊要求,国内外电除尘器制造厂设计并制造出多种形式的振打轴轴承,来设法适应各种不同的恶劣环境。如铸铁滑动轴承、托滚式轴承和密封式滑动轴承等。

a　铸铁滑动轴承

如图4-36所示,轴承是下、下对开式的,两端有大坡口,使灰尘不易堵塞。在轴与轴承的接触面上装有上、下轴瓦,有利于振打轴灵活转动、耐磨损及受热膨胀时不抱轴。

其结构简单、制造容易、使用寿命长、成本低。国内外均有采用此轴承的。该轴承的缺点是如果振打轴硬度不高，长期运行振打轴容易磨损。改进后，在轴上加 45 号钢的对开式轴套，可使振打轴不易磨损。即使轴套长期运行磨损，更换也方便。

　　b　托滚式轴承

　　托滚式轴承结构如图 4-37 所示，该轴承是将振打轴安放于两个或四个小滚轮上，且振动轴装有保护轴套。当振打轴转动时，小滚轮也随之转动。这种结构不易积存粉尘，又有较小的摩擦力，不易产生卡轴现象，使用寿命长且运行安全可靠。但这种轴承结构较复杂、价格较高。从实际使用来看，是较理想的轴承，应用较普遍。

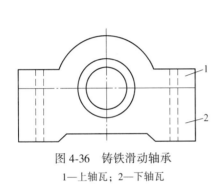

图 4-36　铸铁滑动轴承

1—上轴瓦；2—下轴瓦

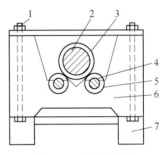

图 4-37　托滚式轴承

1—丝杆；2—振打轴；3—耐磨套；4—小滚轮小轴；

5—小滚轮；6—轴承架；7—轴承支架

　　c　密封式滑动轴承

　　密封式滑动轴承结构如图 4-38 所示，该轴承为上、下对开式铸铁轴承，在振打轴与轴承之间加一对开式轴套，轴套两端有二副对开式密封端盖，轴承上部有一个添加润滑剂的孔。该轴承也系滑动轴承，与以上所述的其他轴承相比该轴承是密封的，在轴承内部可以加注粉剂二硫化钼，大大减少了轴转动时的摩擦力，提高了轴承的使用寿命，长期运行较安全可靠。

　　C　振打锤

　　振打锤按结构形式可分为整体锤和组合锤。

　　(1) 整体锤。整体锤是指锤头和锤柄两者合为一体的振打锤，如图 4-39 所示。整体锤是用 40~50mm 厚度的钢板整体切割而成，这种振打锤的零件少，发生故障的概率也小，而且强度大，不易断裂。但耗钢量大，偶尔会发生锤头与极板承击砧钩住现象。

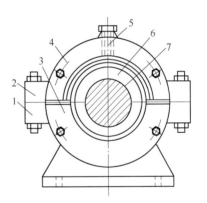

图 4-38　密封式滑动轴承

1—下轴承座；2—上轴承座；3—下端盖；

4—上端盖；5—润滑剂加注孔；

6—对开式轴套；7—振打轴

　　(2) 组合锤。组合锤是指锤头和锤柄两者分开加工后铆接而成的振打锤，如图 4-40 所示。组合锤耗钢量较整体锤省，加工也方便。因其锤头可 360°转动，故锤头提升时不会发生与承击砧钩住现象。

　　由于振打锤长期承受振打冲击，其设计不能单纯做强度计算，最好通过疲劳试验来确定各零件的材质、尺寸及加工技术要求（如热处理等）。由于各制造厂家选用材质、热处理方式不同，其寿命也各不相同。但一般要求振打锤能承受的振打次数应在几十万次甚至一百万次以上。

锤头的质量与电除尘器阳极系统的结构、电除尘器在不同工况下运行所需的最小振打加速度有关，必须通过振打试验来确定。

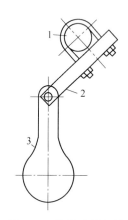 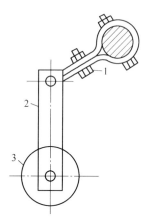

图 4-39　整体式振打锤　　　　　　　图 4-40　组合式振打锤
1—振打轴；2—锤臂；3—锤头　　　　　1—锤臂；2—锤柄；3—锤头

D　振打轴

振打轴在振打系统中用于传递动力和在其上安装振打锤头。振打轴一般用冷拉圆钢加工而成，也有用无缝钢管制成的。为了便于运输和安装，振打轴一般分数段制造，到安装现场后用轴节联成整体。为了使现场组装时容易将振打锤与承击砧一一对齐，每段轴的联接宜采用允许有较大径向位移的联轴节。

振打轴穿过电除尘器壳体墙封板处，应有良好的密封结构，否则，会从外面漏入冷风。尤其是在高负压条件下运行的电除尘器，这点更为重要。

侧向振打的电除尘器，每个电场的各排阳极板上承击砧所对应的振打锤都装在一根或二根振打轴上，径向上所有的振打锤按一定的角度间隔均布。振打轴旋转一周，依次对电场内每排阳极板交错振打一次。这样可以使相邻两排极板不同时振打，减少二次扬尘，并且使整根轴的受力均匀，图 4-41 所示为阳极振打装置的组合图。

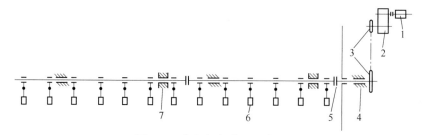

图 4-41　阳极振打装置组合图
1—电动机；2—减速机；3—链轮；4—轴承；5—联轴节；6—振打锤；7—轴挡

4.4.2　电晕极系统

电除尘器的电晕极系统由电晕线、阴极小框架、阴极大框架、阴极吊挂装置、阴极振打装置、绝缘套管和保温箱等组成。电晕极与收尘极共同构成极不均匀电场，它也是电除尘器的重要组成部分。电晕极系统的主要功能是使气体电离，产生电晕电流，使尘粒荷电，并协助收尘。由于电晕极在工作时带负高压，所以电晕极除能实现上述功能外，还要与收尘极及壳体之间有足够的绝缘距离和绝缘强度，这是保证电除尘器长期稳定运行的重要条件。

4.4.2.1　电晕线

电晕线又称阴极线或放电线，是电除尘器的主要部件之一。电晕线性能的好坏，将直接影响到电除尘器的性能。故针对不同工况条件的需要，各制造厂设计、制造出多种电晕线形式。图 4-42 所示为国内常用的几种电晕线形式，现将各种电晕线的特点介绍如下。

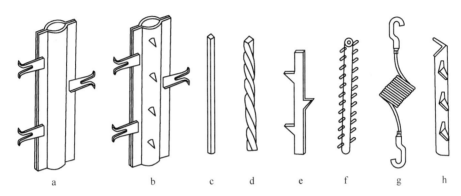

图 4-42　常用的几种电晕线形式

a—RS 管形芒刺线；b—新型管形芒刺线；c—星形线；d—麻花线；
e—锯齿线；f—鱼骨针刺线；g—螺旋线；h—角钢芒刺线

A　电晕线形式及特点

a　RS 管形芒刺线

如图 4-42a 所示，RS 管形芒刺线是用薄壁焊接管作主干，在主干两头加装连接板，并在主干连接板上焊上（或冲击）若干个芒刺而成的。

当给芒刺线施加高压直流电时，在芒刺尖端能产生强烈的电晕放电。强烈的离子流能破坏负电效应，避免出现申晕闭塞。同时，强烈的离子流还能产生速度很快的电风，电风能促进带电粉尘向收尘极板移动，大大地提高了粉尘的驱进速度，因此可提高除尘效率。实践证明，只要芒刺线的结构及振打加速度选择合理（一般芒刺线上的法向加速度最小值应在 $(50\sim100)g$ 范围内），安装正确，使用工况在正常范围内，刺尖上就不会产生结瘤。

RS 管形芒刺线的起晕电压较低。在相同条件下，起晕电压越低就意味着单位时间内的有效电晕功率越大，则除尘效率就越高。管形芒刺线的起晕电压约为 15kV，在各种电晕线中是起晕电压最低的极线之一。

芒刺线的强度好，在热态运行情况下不变形，振打力传递及清灰效果好，不易断线。对烟气变化的适应性强，在含尘浓度很高时也不发生电晕封闭，对含尘浓度低、粒径细的粉尘也表现出极大的适应性。

此外，该极线制造容易、质量轻，材料采用普通碳素钢，成本低，安装也较方便。

但该极线的线电流密度在各种极线中不算大。这是由于圆管区域内没有放电尖端，不产生电晕放电，形成电流死区。现在又出现了一种新型管形芒刺线，如图 4-42b 所示，该芒刺线是在原极线的主干管壁上又冲制出若干个三角刺，从而使该极线的线电流密度比原极线大，并且提高了收尘极板的电流密度均匀性。在不改变原极间距情况下，配以该极线就能提高除尘效率。

由于管形芒刺线有以上优点，因此是目前国内应用最广泛的一种极线。

b　星形线

星形线有两种形式：一种是星形直线，如图 4-42c 所示。另一种是星形扭线，如图 4-42d所示。两者性能相似。

星形线常用 4mm 或 6mm 的方钢制成，有的将其断面轧制成四边内凹，四菱角突出的星形，两端有螺纹段用螺栓连接。

星形线的优点是易于制造、成本较低、包装运输方便又放电均匀，适用于后级电场或含尘浓度低的场合。缺点是截面小、易断线，运行中容易吸附粉尘而产生极线肥大现象。由于该极线机械强度低，对不同含尘浓度烟气的适应性差等缺点，现国产电除尘器使用星形线逐步减少，趋向是以其他极线替代。

c　锯齿线

如图 4-42e 所示，锯齿线是用厚度为 2mm 左右的普通碳素钢板冲制成形的。其主干与芒刺同时冲为一整体，两端焊上两个螺栓作为连接。

锯齿线的电气特性较好，即起晕电压低，伏安特性好，且制造容易、成本低、包装运输方便，对较高的烟气流速适应性强，对较高比电阻的粉尘适应性也较好。但从国内目前应用的情况来看，它的断线率较高。其原因一是国产锯齿线宽度窄（最小的宽度为 5mm）、强度小；二是在轧制过程中有机械损伤；三是锯齿线两端连接方式有问题。但目前国内电除尘器采用锯齿线的在数量上还是占据第二位。

d　鱼骨针刺线

如图 4-42f 所示，鱼骨针刺线是由一个圆管作为主干，在主干上穿入鱼骨针后，在针的根部点焊或挤压，并在两端加装连接板制作而成，是一种刚性极线。

鱼骨针刺线起晕电压低，强度好，在高温下变形小，振打力传递及清灰效果好，对高的烟气流速及高的粉尘浓度适应性都较好。但从国内应用情况来看，其主要问题是易掉针，制造工艺较复杂，运输过程中鱼骨针易歪斜变形，逐根矫正费工费时。

鱼骨针线一般以辅助电极或与锯齿线组合使用。目前国内有些制造厂采用这种极线。

e　螺旋线

如图 4-42g 所示，螺旋线是用 $\phi2.2 \sim 3.5$mm 的高镍不锈钢在专用机器上绕成弹簧形状制成的，并且其两端有做成弯钩形的螺旋线保护套管作为连接。安装时用专用工具，将弹簧状螺旋线拉伸成波纹形，将两端的弯钩钩入阴极框架的上、下挂钩孔内即可。靠拉伸后螺旋线自身的张力来限制极线的横向移动。振打时极线会产生抖动，使它保持清洁。螺旋线上的振打加速度最小值应在（30~50）g 范围内。

螺旋线的曲率半径较大，电晕放电均匀，对高烟气流速和高比电阻粉尘的适应性强，使用安全可靠，振打力的传递和清灰效果好，且安装方便，不需要调整极线的直度，可缩短安装时间。

螺旋线因材料系高镍不锈钢，且目前该材料还需从国外进口，故成本较高，使其应用受到一定限制。

f　角钢芒刺线

如图4-42h所示，角钢芒刺线是用小角钢作主干，直接在主干两侧按一定间距冲出10mm左右的芒刺，两端焊上连接螺栓制作而成。

该极线的刚度大，能产生强烈的电晕电流，对高浓度粉尘的适应性强，电气伏安特性曲线较理想，制造比管形芒刺线容易，成本较低。起晕电压与锯齿线相近。但振打力传递性较差，目前国内应用较少。

在同极距为400mm的情况下，以上六种常用电晕线的起晕电压与板电流密度见表4-5。

表 4-5　常用电晕线起晕电压和板电流密度比较

电晕线名称	起晕电压/kV	板电流密度/mA·m⁻²
管形芒刺线	15	1.300
鱼骨针刺线	15	1.243
锯齿线	20	1.880
角钢芒刺线	20	2.020
螺旋线（φ2.7mm）	28	0.870
星形线	35	0.993

B　对电晕线的基本要求

对电晕线的基本要求包括：

（1）牢固可靠、机械强度大、不断线。每个电场往往有数百根至数千根电晕线，其中只要有一根折断便可造成整个电场短路，使该电场停止运行或处于低除尘效率状态下运行，影响整台电除尘器的除尘效率，使出口排放浓度升高，从而导致引风机叶片磨损，使用寿命缩短。因此，电晕线在设计、制造时，应充分考虑具有足够的机械强度。

（2）电气性能良好。电晕线的形状和尺寸可在某种程度上改变起晕电压、电晕电流和电场强度的大小和分布。良好的电气性能通常是指使阳极板上的电流密度分布均匀、平均电场强度高；对于含尘浓度高、粉尘粒度细及高比电阻粉尘均表现出极大的适应性。另外，起晕电压低、电晕功率大也是电晕线具有良好电气性能的表现形式。

（3）振打力传递均匀，有良好的清灰效果。电场中带正离子的粉尘在电晕线上沉积，积聚达到一定厚度时，会大大降低电晕放电效果，故要求极线黏附粉尘要少。也就是说通过振打等手段，使极线上积聚的粉尘应容易脱落。

（4）结构简单、制造容易、成本低和安装、维护方便。

4.4.2.2　电晕线的固定

电晕线的固定方式分为重锤悬吊固定、用笼式阴极框架固定和用单元式阴极小框架固定三种方式。

A　重锤悬吊固定

用重锤悬吊固定电晕线的形式如图4-43所示，将电晕线按一定的线间距自由悬吊在阴极吊架上，下面悬挂2~7kg的重锤使电晕线保持垂直，并用限位管限制电晕线下端的前后或左右位移。当电晕线受热伸长时，重锤可以向下移动，可防止电晕线受热膨胀弯曲。所以，这种固定方式适用于高温电除尘器。

B　用笼式阴极框架固定

笼式阴极框架由上架、下架和连接架组成，如图 4-44 所示。上、下架均是由一根水平布置的与气流平行的角钢和两根连接槽钢焊接而成。连接架将上、下架连接成笼式阴极框架，电晕线便固定在上、下与气流平行的角钢上。上架还安装了 2 根或 4 根悬吊杆，可将笼式阴极框架悬吊在壳体顶部的绝缘套管上。这种结构一般在电除尘器规格较小且阴极板为自由悬挂时使用。

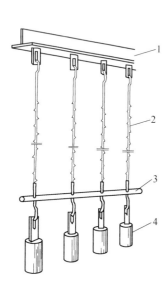

图 4-43　电晕线的重锤悬吊固定
1—阴极吊架；2—电晕线；
3—限位管；4—重锤

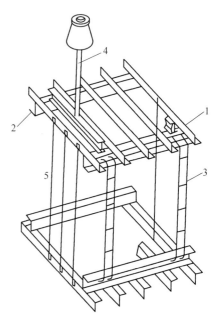

图 4-44　用笼式阴极框架固定电晕线
1—上架角钢；2—连接槽钢；3—连接架；
4—悬吊杆；5—电晕线

C　用单元式阴极小框架固定

单元式阴极小框架如图 4-45 所示，一般是由 $\phi 30 mm$ 左右钢管焊成。为了便于铁路运输，在宽度或高度方向分为两半制造，在安装现场拼装成一体。

对安装锯齿线的小框架，为防止极线过长而发生断线，通常把框架沿高度方向分成四个间隔，每个间隔高度一般为 1.2~1.4m。对安装管形芒刺线或鱼骨针刺线的小框架，则把每个框架沿高度方向分为两个间隔，每个间隔高度一般为 2.5~3.5m。在框架上还装有阴极承击砧和支架，承击砧用来承受阴极振打锤的冲击力，支架则用来把小框架固定在阴极大框架上。

该结构广泛应用在大、中型卧式电除尘器中，且在阳极板为紧固型悬挂和自由悬挂时均可使用。

4.4.2.3　阴极吊挂装置

用阴极小框架将电晕线固定好后，就需要将一片片的阴极小框架安装在阴极大框架

（也称侧架）上，并通过 4 根吊杆把整个阴极系统（包括振打装置）吊挂在壳体顶部的绝缘套管上，图 4-46 所示为电除尘器的阴极吊挂系统。

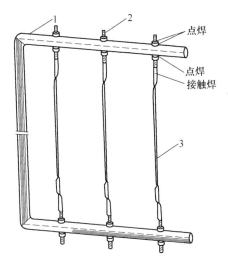

图 4-45 用单元式阴极小框架固定电晕线
1—阴极小框架；2—连接螺栓；
3—电晕线

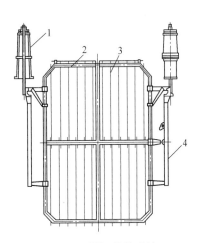

图 4-46 阴极吊挂系统
1—绝缘套管；2—阴极小框架；
3—电晕线；4—阴极大框架

阴极吊挂起着两个方面的作用，一是承担电场内阴极系统的荷重及经受振打时产生的机械负荷；二是使阴极系统与阳极系统及壳体之间绝缘，并使阴极系统处于高电压工作状态。阴极吊挂目前有两种形式，即支柱型和套管型。

A 支柱型吊挂装置

支柱型吊挂装置的结构如图 4-47 所示，每个电场或供电分区有四组绝缘支柱，安装在每个电场或供电分区的前后大梁中，而每组绝缘支柱又由四个（或两个）瓷支柱、一个瓷套管、一根阴极吊杆及防尘套等组成。四个瓷支柱通过阴极吊杆和横梁承担了阴极系统的荷重及振打时的机械负荷。瓷支柱耐压为直流 100kV（同极距 400mm 及以下时），抗压强度为 440~540MPa，抗拉强度为 30~50MPa，抗弯强度为 60~100MPa，耐温为 150~250℃。瓷套管与瓷支柱材质一样，但它不承压，只起绝缘作用。在瓷套管上有一法兰盖，有的法兰盖上开有均布的气孔，有的不开孔。不开孔的法兰在安装时，需与瓷套管上平面留有 10mm 左右间隙，孔和间隙的作用都是为了使大梁中干净正压热空气由此处进入瓷套管，对其进行热风吹扫，防止瓷套管内壁粘灰结露而引起表面爬电击穿。在瓷套管的下端有钢制防尘套，它处于电场烟气中，其作用是一方面能防止烟气直接吹入瓷套管内部，以免造成瓷套内壁粘灰；另一方面它有一定的收尘作用，可以减少粉尘进入瓷套管内。阴极吊杆上端有一组螺母和蝶形弹簧垫圈，固定在瓷支柱上面的横梁上，下端与阴极大框架相连接，从而达到承重和绝缘之目的。

B 套管型吊挂装置

套管型吊挂装置的结构如图 4-48 所示，每个电场或供电分区有四个电瓷套管或石英套管，安装在每个电场或供电分区的前后大梁中。每个吊点用一个套管，通过阴极吊杆将

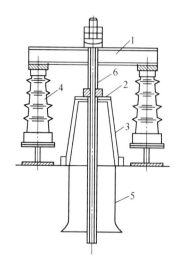

图 4-47 支柱型阴极吊挂装置

1—横梁；2—法兰盖；3—瓷套管；4—瓷支柱；
5—防尘套；6—吊杆

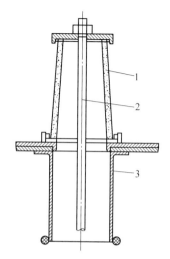

图 4-48 管型套阴极吊挂装置

1—瓷套管；2—吊杆；
3—防尘套

阴极系统的荷重及振打时的机械负荷直接吊挂在电瓷套管或石英套管上。套管既承受荷重，又起与壳体绝缘的作用，因套管与大梁底平面及上部承压金属盖之间密封很好，故金属盖板上需留热风吹扫孔。当需要检修时，擦拭各套管内壁少量黏尘即可。

石英套管在高温下（可达 800℃）有良好的电绝缘性能，可用于烟气温度较高（250℃以上）的电除尘器上。但其抗压强度、抗冲击性能较差，内外壁粗糙易粘灰，过去一般只用于小型电除尘器上，目前国内应用很少。

电瓷套管在低温下有良好的电绝缘性能，一般用于烟气温度不超过 250℃的电除尘器上。其抗压强度、抗冲击性能均比石英套管优越（电瓷套管在室温下压缩破坏负荷不小于 500kN）。其运行安全可靠、造价低及安装方便，而且各大、中、小型电除尘器都能适用，是目前国内常规电除尘器中应用最广泛的绝缘套管。

4.4.2.4 阴极振打装置

工业电除尘器一般都采用负电晕，电除尘器在工作时绝大多数粉尘是吸附负离子，并在电场力作用下向收尘极沉积，但也有少量的粉尘吸附了电晕线附近的正离子而沉积在电晕线上。当粉尘沉积到一定厚度时，会大大降低电晕放电效果。所以，必须及时清除电晕线上的积灰，保证电晕线正常放电，使电除尘器能正常运行。

阴极振打装置的作用是连续或周期性的敲打阴极小框架，使附着在电晕线和框架上的粉尘被振落。其主要目的是对阴极系统清灰而不是收尘。

阴极振打与阳极振打的基本原理相同，主要区别在于：阴极振打轴、振打锤带有高电压，所以，必须与壳体及传动装置绝缘。每排阴极线所需振打力比阳极板排小，故阴极振打锤的质量比阳极振打锤小。阴极振打与阳极振打的差异还在于阴极可以连续或间断振打，而阳极必须间断振打。

阴极振打装置的形式很多，如顶部电磁振打、顶部提升脱钩振打等，在部分电除电器上都有应用。下面仅介绍两种常用的侧向传动和顶部传动旋转挠臂锤振打装置的特点。

A　侧向传动旋转挠臂锤振打

这种振打装置的组成如图4-49所示，它与阳极振打装置的传动方式相同，只是在每个电场或供电分区的阴极大框架上安装了一根或两根水平振打轴，在振打轴上安装了若干个振打锤，使每个阴极小框架对应一个锤头。该装置采用行星摆线针轮减速机作为传动装置，通过链轮、万向联轴节、电瓷转轴与振打轴连接。由于振打轴和阴极大框架在电场内会受热伸长，为防止出现锤头错位和轴转动卡死现象，用万向联轴节或有径向位移的柱销联轴节来补偿热膨胀位移，使传动装置正常工作。振打轴与传动装置的绝缘是通过电瓷转轴来实现的。电瓷转轴应能承受100kV的直流电压以及大于1000N·m的扭矩。振打轴与壳体的绝缘是通过绝缘密封板来实现的，绝缘密封板一般采用5mm厚的具有良好绝缘性能的聚四氟乙烯板制成，它不仅起到振打轴与壳体绝缘的作用，而且起到电瓷转轴保温箱与电场内含尘气体隔绝的作用。

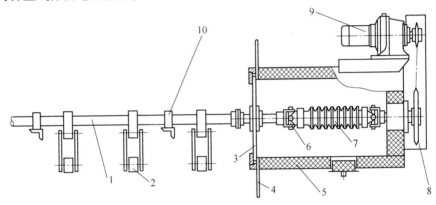

图4-49　侧向传动旋转挠臂锤振打装置

1—振打轴；2—挠臂锤；3—绝缘密封板；4—本体壳体；5—保温箱；6—万向联轴节；
7—电瓷转轴；8—链轮；9—减速电机；10—尘中轴承

B　顶部传动旋转挠臂锤振打

为了改善电瓷转轴的工作条件，可将传动装置布置在电除尘器大梁之顶部，其结构如图4-50所示，这种传动装置是通过针轮啮合来传递动力，通过一对90°交叉的大小针轮将垂直回转变成水平回转，带动带有振打锤的水平振打轴回转，从而实现旋转挠臂锤振打。

顶部传动装置补偿框架受热变形和垂直传动轴受热伸长的方法与侧面传动装置相同，也是通过万向联轴节或有径向位移的柱销联轴节来实现的。垂直传动轴的质量由1个止推滚动轴承来承担。

由于传动装置放在顶部，电瓷转轴易于保温（因顶部大梁受高温烟气的烘烤而温度较高，只要对保温箱少许加热即可达到电瓷转轴保温之目的）。

由于应用了垂直竖轴传递动力，这样在竖轴上可安装两对针轮，与侧向传动相比减少了一半传动装置。因此，传动电机节省了运行费用和制造成本，减少了安装、维护及检修的工作量。这种阴极振打装置目前在国内外应用日趋普遍。

4.4.3　烟箱系统

电除尘器的烟箱系统由进气、出气烟箱，气流均布装置和槽形极板组成。其主要功能是过渡电场与烟道的连接，使电场中气流分布均匀，防止局部高速气流冲刷产生二次扬尘，并可利用槽形极板协助收尘，达到充分利用烟箱空间和提高除尘效率的目的。

4.4.3.1 烟箱

烟箱包括进气烟箱和出气烟箱两部分。电除尘器通过烟道被连接到净化气体系统中。为防止粉尘在烟道中发生沉降，并考虑到烟气流动的阻力损失，通常烟气在电除尘器前后烟道中的流速为 8 ～ 13m/s。然而为使荷电尘粒在电场中有足够的停留时间和保证电除尘器的捕集效率，烟气在电除尘器内电场中的流速为 0.8 ～ 1.5m/s。因此，烟气通过电除尘器时，是从具有小断面的通风烟道过渡到大断面的除尘空间电场，再由大断面的除尘空间电场过渡到小断面的烟道，如果采用直接连接，就会在电除尘器的电场前出现断面的突然扩大，在电除尘器的电场后出现断面的突然收缩的现象。断面骤变，将会引起气流的脱流、旋涡、回流，从而导致电场中的气流极不均匀。为了改善电场中气流的均

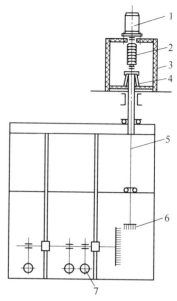

图 4-50 顶部传动旋转挠臂锤振打装置
1—减速电机；2—电瓷转轴；3—保温箱；
4—绝缘支座；5—垂直传动轴；
6—针轮；7—振打锤

匀性，将渐扩的进气烟箱连结到电除尘器电场前，以便使气流逐渐扩散；将渐缩的出气烟箱连接到电除尘器的电场后，以便使气流逐渐被压缩。

进气烟箱具有扩散气体的作用，对进气烟箱设计的基本要求是：

(1) 满足扩散气体的要求。

(2) 防止局部积灰。

(3) 满足结构强度、刚度及密闭性要求。

进气烟箱多采用矩形喇叭口形状，其进气方式的选择应根据除尘系统工艺条件的要求，可采用前进气、下进气、侧进气、斜进气等不同形式。其中以前进气和下进气最为常用，如图 4-51 所示。

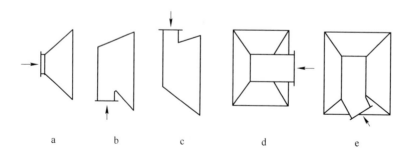

图 4-51 进气烟箱形式
a—前进气；b—下进气；c—上进气；d—侧进气；e—斜进气

进气烟箱一般用 5mm 厚的钢板制作，适当配置角钢、槽钢、扁钢梁和肋，以满足强度、刚度要求，对于较大的进气烟箱还需在内部设置管支撑。

进气烟箱的进气端法兰应与进气烟道匹配，其流通面积一般可按最低不积灰风速考虑，为防止烟箱底部积灰，其底部与水平面夹角 α 可在 $50° \sim 60°$ 之间取值。

出气烟箱与进气烟箱形式基本相同，但出气烟箱与水平面夹角 α 一般应取 $60°$，因为出口处粉尘粒度比进口处细，因而黏附力强，取较大 α 角可以防止出口积灰。进气烟箱和出气烟箱的结构如图 4-52 所示。

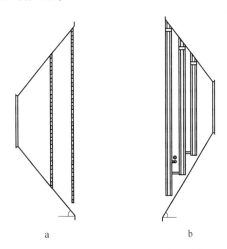

图 4-52　进气烟箱和出气烟箱的结构
a—进气烟箱；b—出气烟箱

4.4.3.2　气流均布装置

烟气进入电除尘器通常都是从小断面的烟道过渡到大断面的电场内。所以，要在烟气进入电场前的烟道内加装导流板，在电除尘器的进口烟箱内加装气流分布板，使进入电场的烟气分布均匀，这样才能保证设计所要求的除尘效率。

若电场内气流分布不均匀，则就意味着烟气在电场内存在着高、低流速区，某些部位存在着涡流和死区。这种现象将导致在流速低处所增加的除尘效率远不足以弥补流速高处所降低的除尘效率，因而使平均后的总除尘效率降低。此外，高速气流、涡流会产生冲刷作用，使阳极板和灰斗中的粉尘产生二次飞扬。不良的气流分布会严重影响电除尘器效率。

关于电除尘器气流分布均匀性评定，目前国际上尚无统一标准。我国采用相对均方根值法，相对均方根值 σ' 可用式（4-50）表示：

$$\sigma' = \sqrt{\frac{1}{n} \sum_{i=1}^{n} \left(\frac{V_i - \bar{V}}{\bar{V}} \right)^2} \qquad (4\text{-}50)$$

式中，σ' 为相对均方根值；V_i 为测点上的流速，m/s；$\bar{V}$ 为断面平均流速，m/s；n 为断面点数。

气流分布完全均匀时 $\sigma' = 0$，实际上工业电除尘器的 σ' 值处于 $0.1 \sim 0.4$ 之间，我国行业标准规定：第一电场进口断面测得的相对均方根值 σ' 值应小于 0.25，其他断面测得的 σ' 值应小于 0.20。

因为许多电除尘器烟道走向都不一样，要解决气流分布均匀性问题，一般通过模拟试验来确定气流分布装置的结构形式和技术参数。试验用模型的设计应符合几何相似准则，模型比一般选用 $1:10$ 的比例来做试验。模型中应设模拟极板。烟道走向要按电除尘器实际运行时的走向设计。也可采用计算机流体动力学分析软件对进入烟箱的气流流动状态，如压力差、流动方向、速度分布、浮升力和阻力等进行数值模拟分析，用以替代实体模拟试验。

气流均布装置由导流板、气流分布板和分布板振打装置组成，如图 4-53 所示。

A　导流板

导流板分烟道导流板和分布板导流板。

烟道导流板一般用 6~8mm 的钢板压制成形，安装在气流改变方向的弯头或改变速度的变径烟道内，将气流分割成若干股，并通过模拟试验将导流板的角度调整到正确位置，使气流进入烟箱时的流速大体分布均匀。

分布板导流板一般用 2~3.5mm 钢板制成若干个约 50mm×50mm 的小方块，安装在气流分布板的每个孔的上方，并与分布板呈 30°~60° 的夹角，以保证气流水平、均匀地进入电场。若进入烟箱的气流已大体均匀，则可不装分布板导流板。

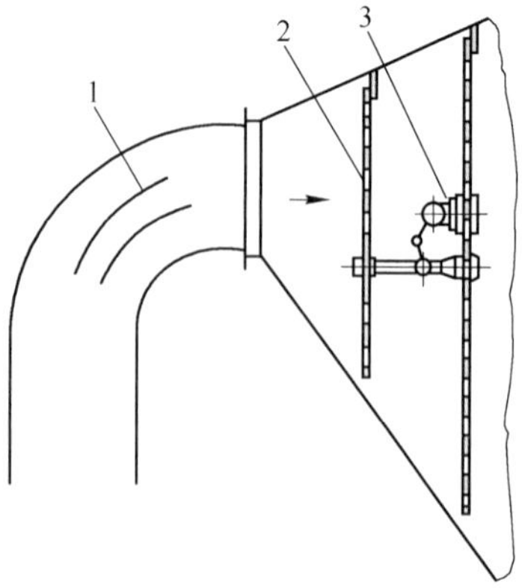

图 4-53　气流均布装置的组成
1—导流板；2—气流分布板；
3—分布板振打装置

B　气流分布板

气流分布板有多种结构形式，如图 4-54 所示。

多孔板结构简单，制造容易，是目前应用最广泛的一种气流分布板。多孔板用厚 2~3.5mm 钢板制成，根据不同的开孔率在分布板上打出 $\phi(30\sim80\text{mm})$ 的孔。每块分布板宽 400~800mm，沿高度方向分若干条加工后到现场拼装。每相邻两条多孔板之间采用若干个相距 2m 左右的连接片连接，以免受风力作用时前后错开，造成气流短路。为加强分布板的刚度和导流作用，每块分布板两侧有折边，折边的宽度可根据需要而定。一般分布板上端用螺栓连接在进气烟箱内，下端与烟箱底面保持 150~200mm 的间隙，整个分布板呈自由悬挂状态，如图 4-55 所示。

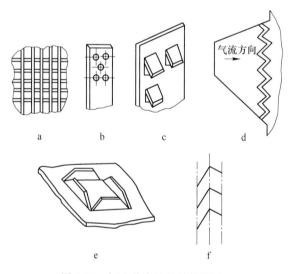

气流方向

图 4-54　气流分布板的结构形式
a—方格板；b—多孔板；c—垂直偏转板；d—锯齿板；e—X 形孔板；f—垂直折板

多孔板的作用是通过增加阻力，把多孔板前面大规模气流分割开来，在多孔板后面形成小规模紊流，而且在短距离内使紊流的强度减弱，使原来方向不垂直于气流分布板的气流变成与板垂直。当多孔板的高度大于 3m 时，在多孔板的背风面应焊以工字钢（每 2.5~3m 焊一根），用以支撑气流对多孔板的作用力。在进气烟箱的两侧壁上边需焊上若干个挡风块，以防止多孔板受气流作用而前后摆动。多孔板的开孔率（圆孔面积与整个分布板面积之比）、设置层数及分布板之间的距离，应通过模型试验确定。一般在进口烟箱设置二至三层、开孔率为 50% 左右的气流分布板。

　　实践证明，在渐缩形烟箱内是否安装气流分布板对电除尘器电场内气流分布影响不大。所以在设计中，出气烟箱（包括竖井式）不设置气流分布板。出气烟箱由于设置有槽形极板，槽形极板具有均布气流的作用，可以阻隔气流在出气烟箱被压缩而引起的回流旋涡对电场内气流分布的影响，因而可以保证电场出口处气流分布的均匀性。

　　C　分布板振打装置

　　对于中黏和微黏性粉尘，电除尘器的分布板上一般不设振打装置。当粉尘黏性较大时，应设置分布板振打装置。常见的分布板振打方式有两种，一种振打方式如图 4-56 所示，当分布板宽度较大（大于 6m）时，采用此振打方式，即将振打轴伸入两层分布板中间，并用夹板固定在分布板上，用连杆连接两层分布板，在其中一层分布板上安装承击砧，当电机带动振打轴旋转时，锤头打击承击砧，两层分布板同时振动，达到清除分布板上积灰之目的。分布板另一种振打方式如图 4-56 所示，将分布板下端与撞击杆相连，撞击杆一端伸出到烟箱侧壁外面，并在烟箱侧壁上安装电动机、减速机和挠臂锤，通过敲击撞击杆振落分布板上的积灰。

4.4.3.3　槽形极板

　　A　槽形极板的作用

　　通过电除尘器的实际运行发现，在电除尘器的出气烟箱或出口烟道中存在着积灰现象，而且这些灰较细，大多在 5μm 以下。有关技术人员对此进行了研究，提出采用槽形极板可以收集这些粉尘，该方法在实际应用中取得了良好的效果，并得到了广泛应用。

　　常见的槽形极板装置如图 4-57 所示，它是由在电除尘器出气烟箱前平行安装的两排槽形极板组成。在电除尘器的电场内，由于气流涡流现象的存在，使得无论电场长度有多长，总有一些微细粉尘从电场逸出，流向出气烟箱和出气烟道。此外，在靠电场出口部分的极板在振打时会产生粉尘二次飞扬，这些粉尘一般在电场中也来不及重新沉积到收尘极板上便脱离电场逸出。上述这两部分粉尘一般都带负电。当它们遇到前排槽形极板时，则会沉积下来变为中性粉尘。另外有一部分粉尘随气流流向后排槽形极板。而流经槽形极板的气流从槽形极板的缝隙流出，由于气流的转向，粉尘会失去动能而再次沉积下来。

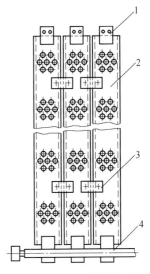

图 4-55　多孔板的拼装与悬挂
1—悬挂板；2—多孔板；
3—连接片；4—撞击杆

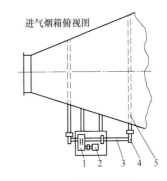

进气烟箱俯视图

图 4-56　分布板的振打
1—减速机；2—电动机；3—振打轴；
4—锤头；5—撞击杆

有关试验表明，加装槽形极板比不装槽形极板时除尘效率提高很多。而且，随着电场风速的增大，二者之间的除尘效率差距明显增大，如图4-58所示。这是由于风速的增大，使电场内的粉尘二次飞扬增大，而槽形极板对粉尘二次飞扬的收集作用更加显著。

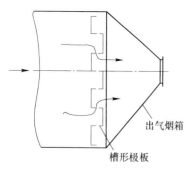
图 4-57　槽形极板装置示意图

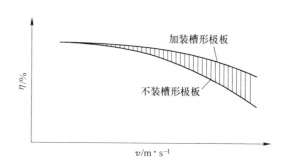
图 4-58　电场风速对槽形极板除尘效率的影响

B　槽形极板的结构

槽形极板一般采用3mm厚的钢板冷压或模压制成，每块槽形极板宽100mm，翼缘为25～30mm，长度依据出气烟箱高度而定。通常将各长条槽形极板交错对接组成两排槽形极板，按垂直于气流方向一起悬吊在电除尘器出气烟箱入口的断面上（见图4-57）。两槽形极板之间的气流间隙宜取50mm左右，使槽形板排的空隙率不小于50%。有时为了减小槽形板排的阻力，将各槽形极板与气流平行布置，按一定距离散组成槽形板排，并悬吊在出气烟箱内（见图4-52）。

槽形极板的悬吊方式有两种，一种是在槽形极板的上端焊以6mm厚的连接板，然后悬吊于上部悬吊架上，如图4-59所示。另一种方式是将槽形极板直接固定于上部两根槽钢上，槽钢与角钢组成吊架，然后悬吊在顶部大梁上，如图4-60所示。当槽形极板长度大于5m时，需在槽形板排的上、下各设一道固定板（见图4-59）。

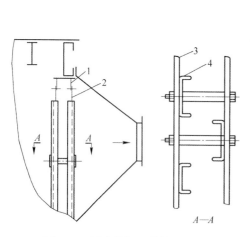
图 4-59　用连接板悬吊槽形极板
1—悬吊架；2—连接板；3—固定板；4—槽形极板

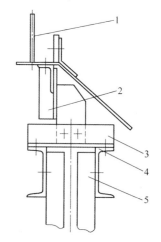
图 4-60　用槽钢悬吊槽形极板
1—大梁；2—吊架；3—角钢；4—槽钢；5—槽形极板

槽形极板还需装设振打机构，以清除极板上的积灰，其结构如图4-61所示，在前排槽形极板上安装轴承支架、轴承座。振打轴水平设置，并在其上安装若干个振打锤（每1.5～2m设一个），在槽形极板的固定板上安装承击砧，当承击砧被敲打时，槽形极板上的积灰便会脱落至灰斗，从而达到提高除尘效率之目的。

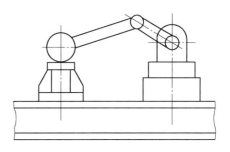

图4-61　槽形极板的振打机构

4.4.4　壳体系统

电除尘器壳体是密封烟气、支承全部内件重量及外部附加载荷的结构件。其作用是引导烟气通过电场，支承其内部的收尘极系统、电晕极系统、气流分布板、槽形极板和阻流板等设备，形成一个与外界环境隔离的独立的除尘空间。

电除尘器的壳体系统由进气、出气烟箱，灰斗，围成除尘空间的箱体和箱体上的辅助设备组成，其中箱体是电除尘器壳体系统的主要组成部分。本节主要介绍电除尘器箱体的组成、作用和结构特点。

电除尘器的箱体主要由两部分组成，一部分是承受电除尘器全部结构质量及外部附加载荷的框架。一般由底梁、立柱、大梁和支撑构成。电除尘器的内件质量全部由顶部的大梁承受，并通过立柱传给底梁和支座。底梁和支座除承受电除尘器全部结构自重外，还承受外部附加载荷及灰斗中物料的质量。箱体的另一部分是用以将外部空气隔开，形成一个独立的电除尘器除尘空间的壁板。壁板应能承受电除尘器运行的负压、风压及温度应力等。

4.4.4.1　梁、柱

小型电除尘器的框架大梁可采用热轧型钢制作，如图4-62a所示；中型电除尘器则采用组合工字形截面焊接梁，如图4-62b所示；大型电除尘器则采用具有两肢工字形截面的箱形梁，如图4-62c所示。

框架柱全部是实腹式的，有单肢也有双肢，箱形大梁必须配用双肢柱。柱肢的截面一般都比较小。有的采用单肢型钢截面，如图4-62a所示。有的采用单肢型钢组合截面，如图4-62d所示。也有的采用双肢型钢或双肢型钢组合截面，如图4-62e所示。

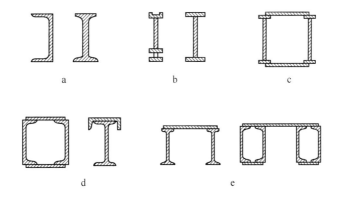

图4-62　梁、柱的结构

单肢梁的翼缘采用厚为 16~20mm，宽为 250~300mm 的钢板，腹板采用厚为 10~14mm 的钢板，沿梁的长度方向每隔 800mm 焊一块加固筋，加固筋可用 8mm 厚的钢板制作，梁的高度根据强度计算确定。箱形顶梁采用厚为 5~6mm 的钢板焊成箱形断面，其宽度根据安装在内部的绝缘套管所需的绝缘距离确定。电除尘器的边梁通常取 800mm 宽，而中间梁的宽度取 1200~1500mm，箱形梁的高度需考虑进入检修绝缘套管及电加热器等的方便，一般取 1500~1900mm。组成肢柱的宽度应与顶梁的宽度一致。

框架的底梁由端底梁、侧底梁、纵底梁和横底梁组成，一般截面都比较小，多采用型钢和钢板制成的单腹梁，如图 4-63 所示。

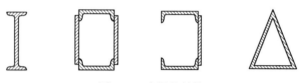

图 4-63　底梁的结构

框架支撑多用钢管制成，有横连框架的一个柱顶和另一柱脚的大斜撑式，如图 4-64a 所示。也有连接框架相邻两个柱腰的水平撑杆式，如图 4-64b 所示。

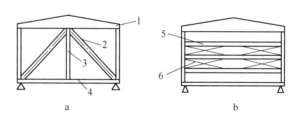

图 4-64　框架支撑
a—大斜撑式；b—水平撑杆式
1—顶梁；2—大斜撑；3—立柱；4—底梁；5—水平撑；6—剪刀撑

4.4.4.2　壁板

电除尘器的壁板包括箱体两边的侧墙板，箱体顶部的屋面板、屋顶板，进气、出气烟箱的箱壁板和储灰斗的斗壁板等。一般都是在平面钢板上加适当的梁格构成。梁格的布置应与板跨度相适应。通常把主肋（梁）布置在跨度较小的方向上，次肋（梁）则嵌于主肋之间。电除尘器所用的板肋采用热轧型钢最为经济。常用的有角钢、小型工字钢和槽钢。将肋与板焊接在一起，可使两者共同参与受力。平板可以增强肋的侧向稳定，而整个壁板的刚度对于框架甚至全部壳体的纵向稳定性有密切关系。壁板应能承受壳体的运行压力（一般为负压）、风压、积灰、积雪、地震力和温度应力，同时还要满足检修和敷设保温等要求。壁板应满足强度、刚度和稳定性要求，要经济合理，传力直接。

电除尘器的侧墙板结构如图 4-65 所示，侧墙板由若干单位宽、5mm 厚的竖条钢板拼装焊接而成。侧墙板的两侧与立柱相连，板的外侧焊有若干根水平布置的角钢作为加强筋，以满足侧墙板的荷载要求。

屋面板的设计可参照侧板方法进行，但必须注意，由于除尘器工作时温度的升高，屋面骨架梁间的距离会变化，所以屋面板设计时需既保持密封又能使其自身伸缩，在实际生产中曾采用焊接结构，但在焊缝处多次发生了开裂。图 4-66 是屋面板在屋面骨架梁处的连接结构。此外，屋面板下面应焊以 5mm×50mm 的扁钢，扁钢间距应以 280~300mm 为宜。

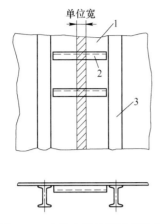
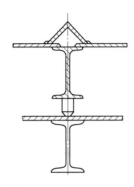

图 4-65   电除尘器的侧墙板结构　　　　　图 4-66　屋面板的连接

1—侧墙板；2—角钢；3—立柱

屋面骨架的线膨胀量与除尘器梁的膨胀量也不会相等。所以，屋骨架安装在顶梁时除选择一个固定点外，其余都应设计成与顶梁可以相对滑动的。为防止顶盖被风吹起，在除尘器四周的那些连接点可采用环接，其结构如图 4-67 所示。在屋顶板和屋面板间应敷设保温层，其厚度应不小于 100mm，保温材料用矿渣棉，并在屋顶板四周焊以 5mm×150mm 的扁钢。

另外，为方便电除尘器的维护和检修，需在电除尘器的壳体上安装若干个人孔门，人孔门与外壳连成一体，且应密封良好，启、闭方便。

4.4.4.3　支座

电除尘器壳体在热态运行时，整个壳体会受热膨胀。所以，每台电除尘器的底梁下面装有一套活动支座来补偿壳体受热膨胀的位移，其中有一个支点是固定的，其余各支点按不同位置安装不同结构的活动支座，在壳体受热时，按设定的方向滑动。

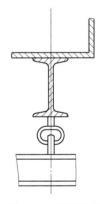

图 4-67　环接接点

A　滚珠式活动支座

滚珠式活动支座的结构如图 4-68 所示，它是由底座 1、滚珠 2、支承块 3 及调整座 4 组成。在底座和支承块内分别镶有一厚度为 12mm、硬度不小于 RC50、表面经过磨光的铬钢板，由轴承钢制作的、直径为 $\phi10\sim12mm$ 的滚珠则放在两块铬钢板之间。底座通过地脚螺栓与混凝土基础连接。调整座则用螺栓与除尘器的立柱相连接，支承块上部做成一球形表面，以防因立柱歪斜时滚珠受力不均而损坏。当除尘器壳体热胀冷缩时，其立柱连同调整座推动支承块在滚珠上面往返移动，以消除壳体的热应力。

由于支承块不能偏移底座太多，所以，这种支座仅适用于壳体膨胀量不大的情况。此外因为钢珠及铬钢板均需用合金钢材制作，并需进行精加工，所以它的价格比较昂贵。这种支座目前已在许多发电厂的电除尘器上应用。

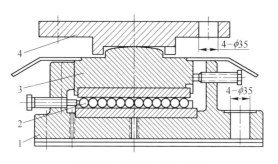

图 4-68 滚珠式活动支座
1—底座；2—滚珠；3—支承块；4—调整座

B 滚柱式活动支座

滚柱式活动支座的结构如图 4-69 所示。四个直径为 φ160～200mm 的短滚柱分别由两根轴连成两个哑铃形的滚柱组，两个滚柱组置于上、下支承板之间，并以卡板固定其相对位置，导板镶在上、下支承板上，用以限制滚柱组的轴向移动，上支承板和柱脚上分别镶有半径不等的凸凹球面接触块，使除尘器柱脚与支座间形成球面接触，以弥补因立柱歪斜造成的受力不均。下支承板在活动支座安装时焊于预埋在混凝土基础的底板上。当壳体膨胀、立柱移动时，上支承板在四个滚子上移动，由于摩擦力，滚柱分别在上、下支承板间滚动。

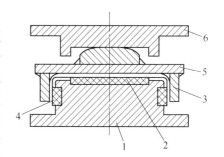

图 4-69 滚柱式活动支座
1—卡板；2—滚柱；3—导板；
4—定位块；5—支承板；6—柱脚

滚柱式活动支座的支座上还需装设定位块，以便支座在安装时滚柱组有固定的位置，待壳体安装完毕后，再将定位块卸掉。支座上加设防尘罩也是不容忽视的，用以防止灰尘进入滚柱和支承板之间的接触面上。这种活动支座具有下列特点：

（1）结构简单，制造容易。这种支座的各个零件均由一般碳素钢制作，对加工精度和光泽度也没有特殊要求，一般机械加工厂都可制作。

（2）允许有较大的移动量。理论上只要立柱的中心线处于两个滚柱组轴心线之间便可，而两个滚柱组的轴心线距离一般为滚柱直径加 20mm，所以这种结构允许的移动量较大。因此，它对高温、大规格、多电场的电除尘器尤为适用。

（3）滚柱与下支承的摩擦阻力小，大大降低了设备的热应力，保证了设备的长期安全运行，同时也减少了基础的水平推力。

（4）滚柱式活动支座检修维护均较方便。

由于上述优点，滚柱式活动支座从 1975 年起便在我国普遍采用。通过实践，证明它完全能克服由于除尘器热变形而带来的问题。

C 滑履式活动支座

滑履式活动支座的结构形式与滚珠式活动支座相似，唯独将支承滚珠改为聚四氟乙烯板，图 4-70 是这种支座的具体结构。

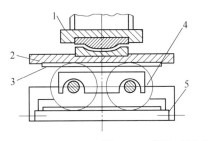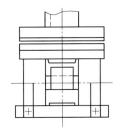

图 4-70　滑履式活动支座

1—柱脚板；2—上座；3—不锈钢板；4—聚四氟乙烯板；5—下座

除尘器的立柱用螺栓与柱脚板 1 连为一体，柱脚板支承在带有球面的上座 2 上，在上座底面镶以一厚为 2mm 的不锈钢板 3（采用不锈钢的目的是使钢板不因长期使用而生锈，且与聚四氟乙烯板有良好的滑动性能），不锈钢板下面是一块厚 5mm 的聚四氟乙烯板 4，这种板具有耐高温、抗高压、摩擦系数小等优点（与钢板的摩擦系数约为 0.035），聚四氟乙烯板安放在下座 5 内，下座用地脚螺栓固定在基础上，当除尘器壳体热胀冷缩时，柱脚板则带动上座在聚四氟乙烯板上做前后方向的滑动，这种结构称为单向滑履式活动支座。

还有一种叫做多向滑履式活动支座，它的结构与单向滑履活动支座基本相同，所不同的只是上座与聚四氟乙烯板之间的活动方向不受到限制，即将上座中左右对称安装的两块限位板去掉，使上座能做任意方向移动，这种活动支座已逐步得到推广使用。

D　固定式支座

电除尘器的柱脚除了采用活动支座外，通常还有一个固定支座，其结构如图 4-71 所示。它是由上板 1、下板 3、钢管 2 焊接而成的，上板与柱脚相联，下板用地脚螺栓固定于基础上，中间的厚壁钢管周围焊以若干块加强筋。必须指出，如果所设计的除尘器需要考虑地震载荷时，则由地震产生的水平力应由固定支座的固定螺栓承担。

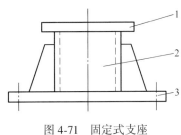

图 4-71　固定式支座

1—上板；2—钢管；3—下板

4.4.4.4　辅助设备

电除尘器壳体上的辅助设备包括保温层、护板、梯子、栏杆、平台、吊车和防雨棚等。

保温层敷设在进出口烟箱、除尘器箱体和灰斗壁板的外表面上，用于防止除尘器内部结露及腐蚀，同时也使除尘器外表面温度低于 50℃，以防止操作人员烫伤。

保温材料一般选用岩棉或矿渣棉板，密度为 100kg/m³，导热系数为 0.105~0.146kJ/（m·h·℃），保温层厚度一般为 100mm，高温电除尘器可用 150~200mm，低温除尘器可用 50~60mm。

保温层外面包覆金属护板，一般常用 0.5mm 或 0.75mm 镀锌钢板，用户要求时也可用铝合金板。

梯子和平台是维护及检修的通道，要求通行方便并具有承受检修荷载的能力。一般平台均为槽钢框架覆盖栅格板结构，质量轻，不积灰。梯子宽度为 600～800mm，踏板为栅格板。

栏杆设置应符合有关国标要求，高度为 1050mm，下部设有踢脚板。

梯子、平台、栏杆对除尘器的外观有较大影响，设计施工时都应注意整体美观效果。

吊车用于检修变压器。目前电除尘器一般采用户外式电源，变压器放在除尘器顶部，设吊车便于就地检修变压器处，还可利用吊车将变压器下放到零米，其他检修工具或材料也可利用吊车从零米吊到除尘器顶部。

防雨棚可防止阳光直射变压器，也可防雨，在高温多雨地区使用，可延长整流变压器的使用寿命。户外式整流变压器都具有适应室外环境条件的能力，一般情况下可不设防雨棚。

4.4.5　储卸灰系统

电除尘器的储卸灰系统由灰斗、阻流板、插板箱和卸灰装置等设备组成，以实现捕集粉尘的储存、防止灰斗漏风和窜气、适时卸灰和防止堵棚灰等作用。

4.4.5.1　灰斗

电除尘器壳体下部的灰斗有四棱台形和棱柱形两种，如图 4-72 所示。根据卸灰方式的不同，可采用不同的形式。四棱台形灰斗多适用于顺序定时卸灰，棱柱形灰斗适用于连续卸灰。四棱台形灰斗的结构如图 4-73 所示，图 4-73a 为灰斗的外形结构图，图 4-73b 为灰斗的内部结构图。从图中可以看出，灰斗上口有一由钢板焊成的双层法兰，高度为 100～150mm，用以搭放在底梁的支架上。灰斗上口四周与底梁的上平面用薄钢板连接，所有接缝处均满焊，保证除尘器的密封性。

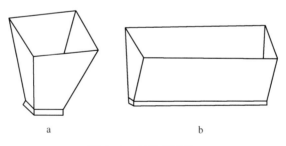

图 4-72　灰斗的形状

a—四棱台形；b—棱柱形

电除尘器的灰斗一般分为上下两段制造，下段一般制造为整体，并且把蒸汽加热管也焊接在灰斗下段上。上段又分为四片或多片制造，各片之间用角钢或槽钢作为连接法兰，在现场先用螺栓连接，然后焊接。

通常灰斗的横肋已经能够满足运行中强度和刚度的要求，为了解决运输中的变形问题又增加了竖肋。灰斗内部垂直于气流方向装有三块阻流板，防止烟气短路和因烟气短路在灰斗中产生二次扬尘。阻流板中间一块尺寸较大，约占灰斗总高度的三分之二以上，其余两块尺寸较小而且有一个倾斜角度。灰斗阻流板在安装时直接或通过一条角钢间接焊在灰斗壁上。

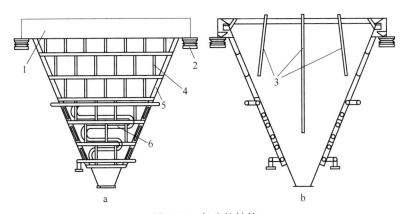

图 4-73　灰斗的结构

a—外形结构；b—内部结构

1—底梁；2—支座；3—阻流板；4—竖肋；5—壁板；6—蒸汽加热管

为了保证灰斗内不积灰，灰斗内壁与水平面的夹角一般设计为 60°~65°，有时甚至更大。

粉尘在电除尘器的工作温度下流动性极强，一旦降低到一定温度，灰便吸潮或结块，造成灰斗堵灰。灰斗的位置在电除尘器的最下端，是整个电除尘器温度最低的部位，故必须采取以下措施防止灰斗漏风及温度下降，以保证电除尘器正常运行。

（1）灰斗外壁敷设保温层，防止热粉尘落入灰斗后温度下降，保温层的厚度与当地的气候条件及所选用保温材料、粉尘性质等因素有关。

（2）保温层外有的用镀锌铁皮或铝合金铁板作为外壳护板，有的不要护板，在保温层外表面刷一层油漆。

（3）灰斗下端的插板箱外壁保温材料应采用石棉灰，既可以保温又起一定的密封作用，防止冷空气进入灰斗。

（4）灰斗外壁应安装加热装置，使粉尘温度保持在露点温度以上。加热装置可用电加热或蒸汽加热装置。电加热一般安装在每个灰斗四个侧壁外表面的下部，外敷保温层；蒸汽加热一般在灰斗下部直接焊接蒸汽加热管路，也同样在灰斗外壁敷设保温层。蒸汽加热管路分为进气管和回水管，除有总阀门外，对通向每个灰斗的进气和回水管路都应有分阀门控制。蒸汽压力一般为 490~590kPa，蒸汽温度为 150~350℃。

（5）灰斗侧壁与水平面夹角应大于灰的安息角，一般为 60°~65°，但当灰的黏性较大时，在可能的条件下可以加大到 65°（系指灰斗两个方向的侧壁中与水平面的最小夹角）。

（6）灰斗内壁侧壁交角处加弧形板，弧形板与侧壁的焊缝要保证光滑，不得有焊渣毛刺等。

（7）有的灰斗在一个侧壁上装一个检查门。当灰斗内堵灰或有异物时，可由此捅灰或取出异物。

（8）灰斗下部外侧焊有承击砧，以备堵灰时将灰震落。灰斗设计上主要需满足容灰能力，结构强度及卸灰通畅三项要求。为保证卸灰通畅，下部斗壁上设有气化板，某些电除尘器灰斗还设手动搅动器，如图 4-74 所示。搅动器由手柄、球形支座及搅动杆构成。

94

搅动器设在灰斗下部，当灰斗中部棚灰时可用搅动器将棚住的灰捅落，当灰斗下部灰板结时，可用搅动器搅动使灰松动。

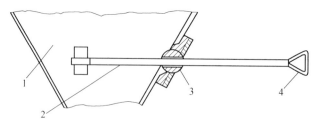

图 4-74　灰斗搅动器

1—灰斗；2—搅动杆；3—球形支座；4—手柄

另外，为实现定时卸灰控制，应在灰斗上安装料位计，一般需设上、下两个料位计。当灰位达到上料位计对应的高度时，上料位计发出开始卸灰信号，启动卸灰阀进行卸灰。当灰位下降到下料位计对应的高度时，下料位计发出停止卸灰信号，关闭卸灰阀停止卸灰。

4.4.5.2　插板箱

插板箱是连接灰斗和卸灰阀的一个中间设备。正常工作时插板箱处于开启位置，当卸灰阀发生故障需检修时，将插板箱关闭，就可以打开卸灰阀处理故障，同时不影响电除尘器的运行。

插板箱的结构如图 4-75 所示，插板箱一般有 300mm×300mm、400mm×400mm 两种规格。

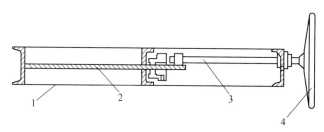

图 4-75　插板箱结构

1—箱体；2—插板；3—螺杆；4—手轮

插板箱由箱体、插板和驱动机构组成。箱体由钢板焊接而成，用以安装插板和驱动机构之用。插板通常位于箱体的侧部，当有异物落入卸灰阀影响其工作时，转动手轮将插板移至灰斗卸灰口下方（即关闭位置），打开检查门将落下异物取出。驱动机构由螺杆、螺母及手轮组成。手轮安装在螺杆轴上，转动手轮，插板可作往复运动，即可将插板箱打开或关闭。检查门安装在下料管的管壁上，与下料管用螺栓连接，中间有密封垫防止漏风。插板箱用石棉灰保温，这样可以起密封作用，防止冷空气进入灰斗而造成堵灰现象。

4.4.5.3　卸灰装置

电除尘器灰斗下部的卸灰装置根据灰斗的形式和卸灰方式而异，其中回转式卸灰阀是最常见的一种卸灰装置。

回转式卸灰阀适用于卸载非黏性粉尘。为了确保卸灰阀气密性，在叶片和壳壁之间，缝隙不得超过 0.2mm。有的改进型在叶片上镶有橡胶条或聚四氟乙烯条使密封效果更好，但必须在橡胶条或聚四氟乙烯条磨损后及时检修或更换。卸灰阀的卸灰能力可按式（4-51）计算：

$$G = \left[(\pi D^2/4)L - V \right] n\psi \tag{4-51}$$

式中，G 为卸灰能力，m^3/s；D 为卸灰阀内径，m；L 为阀门宽度，m；V 为被轴和挡板所占据的卸灰阀内腔容积，m^3；n 为叶轮转速，r/s；ψ 为充填系数，一般取 0.4~0.6。

回转式卸灰阀应用最广泛，图 4-76 所示为改进型回转式卸灰阀示意图。它靠回转叶轮在壳体内的转动而完成卸灰动作。卸灰口多采用 400mm×400mm，叶轮转速为 20r/min，连续卸灰量约 40t/h。为了保持气密，回转叶轮的叶片端部镶嵌橡胶条，并使进灰口到卸灰口之间经常保持两片以上叶片与壳体内壁接触。为了改善叶轮格腔的装料情况，在卸灰阀外壳上装有均压管，使叶轮待受料格腔的气压与灰斗内的气压均衡，以利于灰料卸入，提高格腔的装满系数。当除尘器内部负压较小时，也可不装均压管。回转式卸灰阀的优点是结构紧凑、气密性好、能连续卸灰。缺点是使用一段时间后有漏风现象。

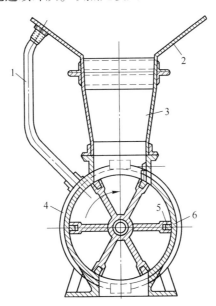

图 4-76　改进型回转式卸灰阀示意图
1—均压管；2—灰斗壁；3—下料管；4—卸灰阀外壳；5—叶轮；6—橡胶条

4.5　电除尘器的供电系统

电除尘器是由机械本体系统和电气控制系统两大部分组成的机电一体化系统。电气控制系统作为电除尘系统中重要的设备，对整个电除尘器的性能有着重要的影响，尤其在机械本体系统已经定型的情况下，电气控制系统性能的优劣对整个电除尘器的性能有着至关重要的决定作用。性能优异的电气控制系统能充分挖掘机械本体的收尘潜能，使整个收尘系统性能提高，反之会使电除尘器的性能大打折扣。

电除尘器供电设备包括高压供电设备和低压控制设备两类，高压供电设备还包括升压变压器、整流器等，低压控制设备包括自控设备、输排灰装置、料位计、振打电机、电加热等供电设备。

4.5.1　电除尘器供电设备的特点及组成

4.5.1.1　电除尘器供电的特点

电除尘器要获得高的除尘效率，要有合理而可靠的供电系统，其特点如下：

（1）供给直流电，且电压高（40~100kV）、电流小（150~1500mA）。

（2）电压波形应有明显峰值和最低值，利用峰值提高除尘效率、低值熄弧，不宜用三相全波整流，大多采用单相全波整流。比电阻高的烟尘宜采用半波整流、脉冲供电或间歇供电。

（3）电除尘器是阻容性负载，当电场闪络时，产生振荡过电压，因此，硅整流设备及供电回路需选配适当电阻、电容和电感，使回路限制在非周期振荡和抑制过压幅度，同时硅堆设计制作中需考虑均压、过载等问题，以免设备在负载恶化的情况下损坏。

（4）收尘电极、壳体等均需接地，电晕电极采用负电晕。

（5）供电需保持较高的工作电压和较大的电晕电流。

4.5.1.2　电除尘器对供电设备性能的要求

（1）根据火花频率，临界电压能自动跟踪，使供电电压和电流达到最佳值。

（2）具有良好的联锁保护系统，对闪络、拉弧、过流能及时做出反应。

（3）自动化水平高。

（4）机械结构和电器元件牢固可靠。

4.5.1.3　电除尘器供电设备的组成

供电设备的系统结构如图 4-77 所示。

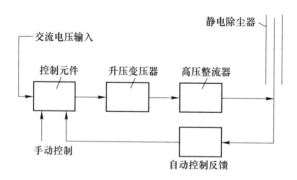

图 4-77　电除尘器供电系统结构

供电设备一般包括如下部分：

（1）升压变压器。升压变压器能将外部供给的电压交流电（380V）变为高压交流电（60~150kV）。

（2）高压整流器。高压整流器是将高压交流电整流成高压直流电的设备。常用的高压整流器有机械整流器、电子管整流器、硒整流器和高压硅整流器。高压硅整流器具有较低的正向阻抗，反向耐压高、耐冲击，整流效率高，轻便可靠，使用寿命长，无噪声等优点。

（3）控制装置。控制装置是电除尘器供电设备的控制系统。

（4）调压装置。为维护电除尘器正常运行而不被击穿，需采用自动调压的供电系统，以适应烟气、烟尘条件变化时供电电压亦随之变化的需要。

（5）保护装置。为防止因电除尘器局部断路和其他故障造成对升压变压器或整流器的损害，供电系统必须设置可靠的保护装置，此装置包括过流保护、灭弧保护、久压延时、跳闸、报警保护和开路保护设备。

（6）显示装置。控制系统应把供电系统的各项参数用仪表显示出来，包括一次电压、一次电流、二次电压、二次电流和导通角等。

4.5.2　电除尘器高压供电装置

高压供电装置是一个以电压、电流为控制对象的闭环控制系统，包括升压变压器、高压整流器、主体控制（调节）器和控制系统的传感器等 4 部分（见图 4-78）。其中，升压变压器、高压整流器及一些附件组成主回路，其余部分组成控制回路。

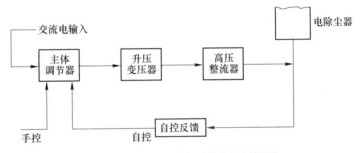

图 4-78　电除尘器高压供电控制框图

4.5.2.1　升压变压器

升压变压器是将工频 380V 交流电升压到 60kV 或更高的电压。电除尘器运行的特有条件对变压器结构和高压绕组有特殊要求，其绝缘性能要能够经受经常出现的超负荷运行，这种超负荷在电除尘器击穿时就会发生。除尘器内供电参数的调节都是通过手动或自控信号来变动升压变压器的输入端来完成的。

在进行变压器设计、选型以及应用中，都需知道其运行工作中的一些特性参数：

（1）工作频率。变压器铁芯损耗与频率关系很大，故应根据使用频率来设计和使用，这种频率称为工作频率。

（2）额定功率。在规定的频率和电压下，变压器能长期工作而不超过规定温升的输出功率。

（3）额定电压。指在变压器的线圈上允许施加的电压，工作时不得大于规定值。变压器初级电压和次级电压的比值称为电压比，它有空载电压比和负载电压比的区别。

（4）空载电流：变压器次级开路时，初级仍有一定的电流，这部分电流称为空载电流。空载电流由磁化电流（产生磁通）和铁损电流（由铁芯损耗引起）组成。对于 50Hz 电源变压器而言，空载电流基本上等于磁化电流。

（5）空载损耗。指变压器次级开路时，在初级测得功率损耗。主要损耗是铁芯损耗，其次是空载电流在初级线圈铜阻上产生的损耗，这部分损耗很小。

（6）效率。指次级功率与初级功率比值的百分比。通常变压器的额定功率越大，效率就越高。

（7）绝缘电阻。表示变压器各线圈之间、各线圈与铁芯之间的绝缘性能。绝缘电阻的高低与所使用的绝缘材料的性能、温度高低和潮湿程度有关。

（8）频率响应。指变压器次级输出电压随工作频率变化的特性。

4.5.2.2　高压整流器

电除尘器电极上所需的电压是固定极性的，所以由变压器得到的高压电流必须经过整流，使之变为直流电。将高压交流电整流成高压直流电的设备称为高压整流器，在电除尘器供电系统中采用的各种半导体整流器电路如图 4-79 所示。

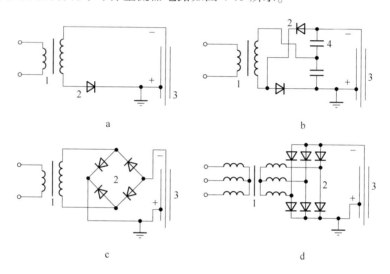

图 4-79　几种半导体整流器电路

a—半波整流；b—全波倍压整流；c—全流桥式整流；d—三相桥式整流

1—变压器；2—整流器；3—电除尘器；4—电容

4.5.2.3　主体调节器

电除尘器内工况电气条件主要是靠调节高压电源来控制的。高压电源的调压都是在高压电源的输入端进行的。调压主器件现在普遍采用可控硅调压器。可控硅调压元件反应速度快，能够使整流器的高压输出随电场烟气条件而变化，很灵敏地实现自动跟踪调节。由可控硅输出的可调交变电压，经升压变压器升压，再经桥式整流器整流成高压直流电。

4.5.2.4　自动控制回路

这部分的工作原理是控制可控硅的移相角，从而达到控制输出高压电的目的。它以给定的反馈量为调压依据，自动调节可控硅的移相角，使高压电源或电场在发生短路、开路、过流、偏励磁、闪络和拉弧等情况时，对高压电源进行封锁或保护。

4.5.3　电除尘器低压自动控制装置

低压自动控制装置包括高压供电装置以外的一切用电设施，是一种多功能自控系统。主要有程控、操作显示和低压配电 3 个部分。按其控制目标，可分为如下组成：

（1）电极振打控制装置。指控制同一电场的两种电极根据收尘情况进行振打，但不能同时进行，应错开振打的持续时间，以免加剧二次扬尘，降低除尘效率。

（2）卸灰、输灰控制装置。灰斗内所收粉尘达到一定程度（如到灰斗高度的1/3时），就要开动星形卸灰阀以及输灰机进行输排灰。也可控制卸灰阀定时卸灰。

（3）绝缘子室恒温控制装置。为了保证绝缘子室内对地绝缘的套管或瓷轴的清洁干燥，以保持其良好的绝缘性能，通常采用加热保温措施。加热温度应较气体露点温度高30℃左右。绝缘子室内要求实现恒温自动控制。在绝缘子室达不到整定温度前，高压直流电源不得投入运行。

（4）安全连锁控制和其他自动控制装置。一台完善的低压自动控制装置还应该包括高压安全接地开关的控制、高压整流室通风机的控制、高压运行与低压电源的连锁控制，以及低压操作讯号显示电源控制和电除尘器的运行与设备事故的远距离监视等器件。

4.5.4　电除尘器供电新技术

电除尘器高压控制系统主要由电除尘器高压电源微机控制器、高压控制柜、高压整流变压器等部件组成，其主要作用是向电除尘器电场提供直流高压和直流电流，以便提供烟气中粉尘荷电电荷以及荷电尘粒运动捕集的电场力，最终达到收尘的目的。

电除尘器经过100多年的发展，本体技术已基本上成熟，但供电电源技术随着电子技术和计算机技术的发展，不断有创新技术及换代产品开发出来。

4.5.4.1　脉冲供电技术

电除尘器高压脉冲供电技术是20世纪80年代发展起来的一种先进的电除尘器供电技术。它能够有效地抑制高比电阻粉尘在电场中形成反电晕现象，使电除尘器在高比电阻粉尘的工况下能较好地运行，因而提高了电除尘器处理高比电阻粉尘的能力。对于处理正常粉尘比电阻的电除尘器，亦能取得高效节能的效果。

目前，电除尘器使用的高压脉冲电源有两种基本类型，一种是在高压电源的高压侧形成脉冲的脉冲电源。这种脉冲电源的基本工作方法是将高压直流电用一种特制的高压开关切割成脉冲。这种高压脉冲电源的主要优点是形成的脉冲宽度窄，可达 $2\mu s$ 以下，这对于提高电除尘器的电场击穿电压，加强粉尘荷电很有帮助。脉冲电源的另一种形式是在比较低的电源电压下形成脉冲，然后用脉冲变压器将低压脉冲升压成为高压脉冲，这种脉冲电源的主要优点是开关寿命长、噪声小。

脉冲发生时，引起脉冲宽度极小，在极短的时间里，当电场还未发展为火花之前，脉冲过程就结束了。此时，电场所得到的脉冲峰值比常规 T/R 供电时的火花电压高，有利于提高电场强度。脉冲关断期的直流基压低且平缓，随着脉冲关断个数的增加，供给电场的电流减少，瞬间电流密度小而均匀，有利于避免反电晕的发生。

4.5.4.2　恒流高压直流电源

电除尘器采用恒流源供电，是20世纪80年代中期开始的。恒流源是一种电流源的概念，能直接控制、调整电流 i。通过控制和调整电流 i，达到"恒压""恒流""最佳火花率"等工作状态。

由于电除尘器具有气体放电的非线性特性，特别是曲线的后半段具有负阻特性，因此对于同一个电压值，电流可能是多值的，而对同一个电流值来说，电压是单值的，即在某一时刻，除尘器的工作电压是其电流的单值函数。因此，简单地从非线性电路平衡状态的稳定性来考虑，以恒流源来供电时，电压不会发生跳跃，即工作在高的电压和电流下。因为一个电流值只有一个电压值与之对应，而电流值是设备所决定的，因此这种稳定的工作状态不需要反馈控制回路来支撑，而是本身回路所具有的。所以，用恒流源供电，可以使除尘器稳定地工作在较高的功率水平。

恒流电源技术具有如下特点：

（1）恒流电源能保证向电场提供足够的电晕电流，可有效克服电晕闭塞现象。

（2）恒流电源对电场的阻抗变化反应不敏感，能提高电除尘器的运行电压和电场输入功率，保证除尘效率。

（3）恒流电源具有体积小、质量轻、运行安全可靠等特点，非常适用于电除尘器的运行工况参数大幅度变化的场所。

4.5.4.3　高频电源技术

高频、高压、大功率的开关电源是电源变换技术发展的重要方向。适合电除尘器应用的高频高压开关电源有两种变流技术形式，一种是脉冲宽度调制（PWM）变流技术形式，另一种是谐振式变流技术形式，现分别介绍如下。

A　脉冲宽度调制式开关电源

图4-80所示为脉冲宽度调制式高频高压开关电源原理框图。该电源的主回路由不可控整流电路、降压型斩波电路、π型滤波电路、全桥逆变电路和升压整流电路等组成，图4-81所示为脉冲宽度调制式高频高压开关电源主电路原理图。

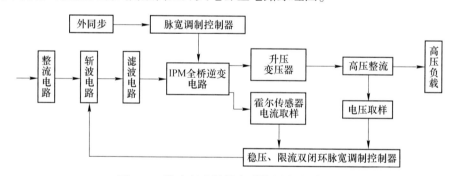

图4-80　脉冲宽度调制式开关电源原理框图

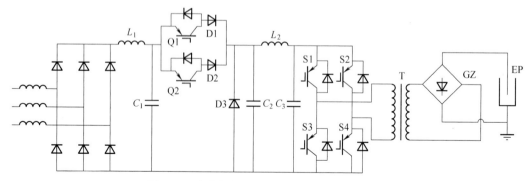

图4-81　脉冲宽度调制式开关电源主电路原理图

三相交流电源经滤波后送入不可控三相桥式整流电路，经整流滤波后再送入降压型斩波电路，经开关管 Q1、Q2 推挽斩波输出图 4-82 所示的 40kHz 方波，经 π 型滤波电路滤波后，作为全桥逆变器的支撑电压，逆变器由 4 组智能功率模块（IPM）S1~S4 组成，由脉冲宽度调制控制器控制，输出 20kHz 的高频交流电压，经升压整流后向电除尘器供电。

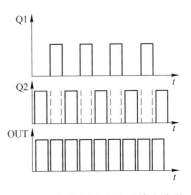

图 4-82　推挽斩波变换器输出波形

脉冲宽度调制式高频高压开关电源的开关频率为 20kHz，输出功率为 15kW，输出电压为 20kV，稳定度优于 0.1%，对电网的干扰不大于 0.1%，适宜的环境温度为 -40~+65℃，并兼有缺相、过流、过压、短路等保护功能，是一种适合中、小型电除尘器使用的新型开关电源。

B　谐振式高频高压开关电源

图 4-83 所示为谐振式高频高压开关电源主电路原理图。三相交流电源经三相桥式整流电路整流和 LC 滤波后送入逆变器，逆变器由开关器件 S1~S4 组成，由控制电路对开关器件的开通和关断进行控制，使逆变器输出 40kHz 左右的高频交流电压，也可以对开关器件的开通和关断实行间歇控制，形成脉冲宽度较窄和重复频率可调的脉冲供电波形，经 L_S 与 C_S 组成的串联谐振电路，由变压器升压和整流器整流后向电除尘器供电。

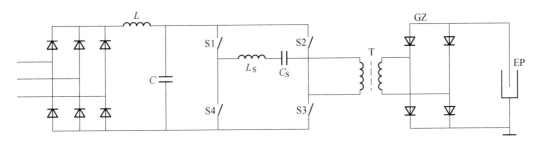

图 4-83　谐振式高频高压开关电源主电路原理图

谐振式高频高压开关电源具有以下特点：（1）是一个与电网频率无关的可变脉动电源，产生的电压波形可以从纯直流电压波形到脉冲供电电压波形变换，所以对工况的适应性好；（2）采用三相电源供电，三相负载平衡，功率因数接近于 1，再加上间歇供电方式，属于高效节能设备；（3）由于负载对谐振式高频开关电源的脉冲宽度和电流幅值影响小，因此就具有类似恒电流的输出特性，当电除尘器内部出现闪络、拉弧、短路时，电流增幅较小，有利于电除尘器的安全稳定运行；（4）具有体积小、质量轻，控制柜与变压器可实现一体化，是一种具有良好应用前景的新型电除尘器电源。

4.5.4.4　电除尘器高低压合一电源

电除尘器高、低压分开控制系统是电除尘器电气控制系统的重要工程应用形式，所谓"高低压分开控制"是指将电除尘器电气控制系统再细化为高压供电控制和低压监控控制两个控制系统，对高压供电设备采用以电场为单位进行配置，一个电场一套设备，而低压监控设备则以整个电除尘器为单位进行分类配置，两个控制系统基本上相互独立，自成体系。即整台电除尘器的高压供电控制由三台高压控制柜构成，每台高压控制柜分别对对应电场进行高压供电和控制。三个电场的阴、阳极振打、瓷套、瓷轴、卸灰和料位等低压辅助设备由一台低压控制柜进行集中控制。从宏观上看，整个电除尘器电气控制系统被分为高压供电控制和低压设备控制两个独立的子系统。由于高、低压控制系统功能相互独立，互不影响，因此，高、低压系统的构成可根据用户要求灵活调整。但高、低压分开控制系统割裂了高低压控制系统之间工作过程中的联系，使得此类系统的性能提高受到制约。

A　电除尘器高低压合一电源的原理

电除尘器高低压合一型电源是在可控硅移相调压电源的原理上开发出来的新型电源，从高压供电控制原理的角度来讲，此类电源仍属于可控硅移相调压型电源。电除尘器高低压合一电源的主要原理是以电除尘器的单个电场为单位，将单个电场的高压供电控制和低压设备控制有机地集合在一起，构成一体化的监控设备进行集中控制。在设备硬件构成上，在充分保证设备电气技术指标的要求前提下，通过大量采用新器件，将高压控制器件和低压控制器件集成在一台控制柜内，提高设备的集成度，在控制柜数量上与除尘器机械本体相对应，实现电除尘控制系统构成的积木化和模块化。在功能设计上，将高压供电控制、低压供电控制、人机接口、通信等控制功能集成在一台控制装置中，使各种控制功能相互协调，从总体上实现控制的最优化。即整个电除尘器的电气控制系统由三台高低压控制柜构成，每台控制柜分别对对应电场的高压供电和阴、阳极振打、瓷套加热、瓷轴加热等低压设备进行控制和保护。

B　电除尘器高低压合一电源的特点

电除尘器高低压合一型电源出现的根本目的是解决目前高低压分开控制系统存在的问题，使电除尘器电源的控制性能得到进一步的提升，因此，相对于传统高低压分开的电源系统，高低压合一型电源自身有着明显的优势和特点。

a　采用多处理器构建高起点、大资源的硬件平台

与传统电源相比，高低压合一电源硬件平台的处理能力大大增强。

通过采用多处理器构建高起点、大资源的硬件平台，有效地解决了两个制约系统性能提高的问题：一是将高低压控制功能合一后，由于单台装置控制对象的增加，客观上对系统硬件的处理能力有更高的要求。采用多处理器构建高起点、大资源的硬件平台，有效解决制约系统性能提升的硬件瓶颈问题。二是电除尘器电源从本质上来讲是一个实时控制系统，控制的实时性是系统重要的性能指标。例如，火花的捕捉和处理对电除尘器电源来讲是非常重要的控制内容，当电场内产生火花放电后，电除尘器电源必须能够及时地捕捉到火花的产生并进行处理，降低火花产生后下一个供电半波的供电电压。如果电除尘器电源设备没有捕捉到火花的产生或没有及时进行处理，将可能在电场内产生拉弧，对本体和电源设备产生危害。

以往传统的高低压分开电源一般采用单块处理器进行设计，单块处理器需要对火花捕捉控制、人机接口、通信等许多事件进行处理，一旦当几个事件同时发生时，将有可能产生火花的漏捕，系统的性能因此而下降。而采用多处理器设计，重要的控制功能通过专用的处理器进行处理，将使控制的实时性大大提高，确保系统性能不受影响。

b　控制功能强大

目前，电除尘器电源已经进入微机时代，作为微机型产品，软件是其灵魂，因此电除

尘器电源系统的性能很大程度上取决于软件功能的强弱。电除尘器高低压合一电源由于构建了大资源的基础硬件平台，很多先进的控制算法可以实现，在该硬件平台上通过增强软件功能来增强系统功能将变得十分容易。此外，高低压合一电源还能对单个电场的振打、加热、卸灰、料位等低压设备进行完善的控制和检测。

c 振打优化控制

振打优化控制是高低压合一型电源突出的优点之一，其基本实现原理是在单个电场单元收尘极进行振打时，通过软件分析和控制使高压供电电压降低到一个合适的幅度，通过改变电场力的作用效果，来改善振打清灰的效果，这种功能对工作在特殊工况下的粉尘处理效果尤为显著。

目前，部分高低压分开型电源也开发出了振打优化控制功能，但受高低压分开电源设计思想的制约，振打优化功能的实现途径主要是通过上位机监控系统实现，这一方面增加了整个控制系统的成本（50MW以下发电机组目前从降低工程造价角度考虑，一般不配套上位机系统），另一方面高压控制系统和低压控制系统之间的信息传递通过上位机通信方式，受到通信速率的制约，振打优化控制的实时性也很难保证。

d 系统集成度高

高低压合一电源采用以电场为基本单位的设计理念，在硬件设计上将高压供电控制和低压设备控制集成于一体，提高了设备的集成度。应用于工程实际中时，使整个系统的集成度大大提高。以上述介绍的单室三电场电除尘器为例，采用电除尘器高低压分开电源时，至少需要三台高压控制柜和一台低压控制柜才能提供一台电除尘器所需的全部控制功能，而采用电除尘器高低压合一电源时只需要三台控制柜就可以满足全部控制功能。采用高低压合一电源可以使系统的复杂程度和占地面积大大降低。

e 运行可靠性提高

采用高低压分开电源设计电除尘器电气控制系统时，对低压设备的控制以整个电除尘器为单位进行分类配置。一旦低压控制系统的核心控制器出现故障时，将有可能使整台电除尘器的低压设备或大部分低压设备的自动控制功能失效，为了保证系统正常运行，不得不采用运行人员手动控制或者连续运行的工作方式，影响电除尘器的运行效果。采用高低压合一电源时，则可以有效避免以上问题的出现，当出现控制设备损坏时，只会对单个电场的运行产生影响，对与系统内的其他设备没有直接影响，整个系统的可靠性得到了保证。

4.5.5 变频高压电源

4.5.5.1 变频高压电源原理

变频高压电源（简称变频电源）具有与高频电源相类似的特点，即采用 AC→DC→AC→DC 的变流工作方式，将三相工频输入整流成直流，采用 SPWM 变频逆变后升压整流，输出平滑的直流电压。从结构上看，变频电源采用控制柜与变压器分体式结构，结构形式与常规电源相同，所以变频电源也具有维护方便、可靠性高、大功率实现容易等常规电源的特点。

变频电源的工作频率一般在 50~400Hz。输出电压纹波较常规工频电源小。变频电源输入电场的平均直流电压比工频电源高出约 20%。变频电源的输出电压纹波系数小于

5%，避免了工频电源纹波大峰值电压在电场中容易出现闪络的问题，从而提高了电除尘器电场的直流电压，达到提高除尘效率的目的，其原理如图4-84所示。

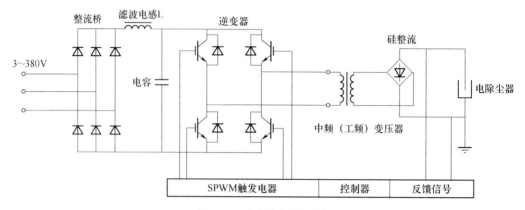

图 4-84 变频电源原理图

4.5.5.2 变频电源主要特点

（1）图4-84中电源采用正弦脉宽调制（SPWM）调压，可以通过频率和阻抗的动态变化与电场的工况相匹配来改善电除尘器的供电特性。

（2）变频电源可以通过动态阻抗处理火花和拉弧，在充电起始阶段，低阻抗可以使电场快速到达临界电压，在临近充电结束时高阻抗会抑制电场火花和限制火花的能量，使接近临界电压的维持时间加长，实现不间断供电或缩短电场恢复时间。

（3）变频电源高压控制柜可以配套中频整流变压器，也可以配套原工频整流变压器从而节省工程费用。

（4）变频电源采用电源三相输入，三相供电平衡，无缺相损耗，功率因数与电源效率均可达0.9。

4.5.5.3 变频电源推荐应用场合

（1）变频电源应用于高粉尘浓度的电场，可以提高电场的工作电压和电流。

（2）当粉尘比电阻比较高时，变频电源应用间歇脉冲供电可以克服反电晕。

4.5.6 高频恒流高压电源

高频恒流高压电源（简称"高频恒流电源"）具有电流源输出特性，功率因数高，转换效率高，在允许的工作频率范围内可实现无级调频（调整电流），工作电压高、电流大，连续、可靠等优点。

4.5.6.1 高频恒流电源原理

高频恒流电源由工频三相交流电输入，经整流变为直流，再经过逆变器和 V/I 转换变为近似正弦的高频交流电流源，再经变压器升压整流输出为高频恒流高压直流，其原理如图4-85所示。

4.5.6.2 高频恒流电源主要特点

（1）三相供电平衡，工作频率在0~50kHz范围内可调。

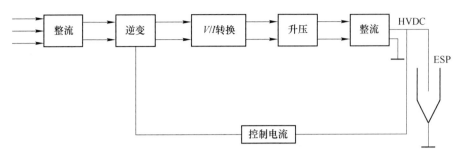

图 4-85　高频恒流电源原理图

（2）高频恒流电源参数设定后输出电流为恒定值，具有电除尘负载跟踪特性和火花抑制特性的自适应特点。

（3）与工频恒流高压电源相比，高频恒流电源工作电压可提高 10% ~ 20%，工作电流提高 20% ~ 30%，排放降低 30%。

（4）转换效率大于 92%。

4.5.6.3　高频恒流电源推荐应用场合

常用于湿式电除尘、电除雾、电捕焦和电场工作条件恶劣、放电条件不利、电场存在瞬态/稳态短路，以及本体材质不能承受经常性击穿的场合。

4.5.7　三相高压直流电源

4.5.7.1　三相高压直流电源原理

三相高压直流电源（简称三相电源）是采用三相 380V、50Hz 交流输入，各相电压、电流、磁通的大小相等，相位上依次相差 120°，通过三路六只可控硅反并联调压，经三相变压器升压整流，对电除尘器供电。三相电源电网供电平衡，无缺相损耗，功率因数高，可以减少初级电流，设备效率较常规电源高，容易实现超大功率。

同常规单相高压电源比较，三相电源输出电压的纹波系数较小，二次平均电压高，输出电流大，对于中、低比电阻粉尘，需要提高运行电流的场合，可以显著提高除尘效率。

三相电源电路原理如图 4-86 所示。

4.5.7.2　三相电源主要特点

（1）输出直流电压平稳，较单相工频电源波动小，运行电压可提高 20% 以上，可提高除尘效率。

（2）三相供电平衡，提高设备效率，有利于节能。

（3）相电流小，容易实现超大功率。

（4）三相电源在电场闪络时的火花强度大，火花封锁时间更长，需要采用新的火花控制技术和抗干扰技术控制。

（5）变压器和控制系统可分开布置，适应各种恶劣环境。

（6）三相电源脉冲宽度、间歇比调整不灵活，因此对于高比电阻粉尘的应用效果较差。

4.5.7.3　三相电源推荐应用场合

（1）三相电源应用于高浓度粉尘的电场，可以提高电场的工作电压和荷电电流。

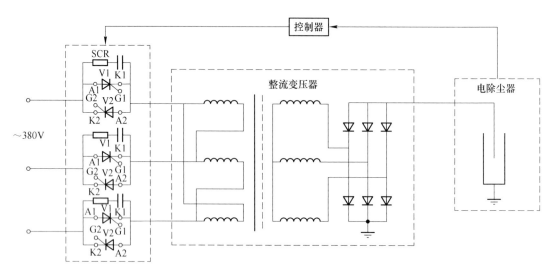

图 4-86　三相电源电路原理图

（2）适合应用于电除尘器比较稳定的工况条件。

4.5.8　单相工频高压直流电源

单相工频高压直流电源（简称工频电源）是电除尘器目前最为成熟和应用最多的电源。经过长期的使用和完善，已形成稳定可靠的控制技术和成熟的生产工艺，控制性能已实现了多样化。随着电子技术的发展和进步，数字化、智能化成为电除尘电源发展的主导方向，越来越多的电除尘厂商加大电控系统的研发力度，不断探索研究，开发出更为先进的智能化控制系统，它们在常规电源的节能、提效方面成效显著，以满足目前市场上对常规工频电源的需求。

4.5.8.1　工频电源原理

工频电源采用单相 380V 交流输入，通过两只可控硅反并联调压，经单相变压器升压整流实现对电除尘器的供电，其原理如图 4-87 所示。

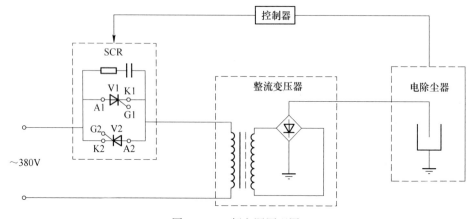

图 4-87　工频电源原理图

4.5.8.2　工频电源主要特点

（1）现代工频电源均采用了先进的智能型控制器，比传统的模拟控制具有更强的智能控制性能和更高的可靠性，确保电除尘器高效运行。它内置了自动分析电除尘器的电场工况特性、降功率振打和反电晕控制等技术，具备了独立的控制和优化能力，拥有更加完善的火花跟踪和处理功能。

（2）采用智能控制器，具有节能功能，通过专业工程师现场优化设定以后，运行能耗将不大于额定设计容量的1/3；具有灵活多变的控制方式，根据不同的工况状态，选择不同的工作方式。一般具有以下几种工作方式：火花跟踪控制方式、最高平均电压控制方式、间歇脉冲控制方式、反电晕检测控制方式、临界火花控制方式等。

（3）智能控制器可以作为一个独立单元进行操作，控制柜可完全独立运行，并接受操作人员的手动控制。

（4）具有负载短路、负载开路、SCR短路、过流保护、偏励磁保护、油温超限保护和自检恢复功能等。

（5）可以实现高、低压控制一体化设计，在高压控制柜实现部分低压控制。控制器除了控制整流变压器外，还有另外的I/O接口，用来控制振打电机、加热器或排灰电机。

4.5.8.3　工频电源推荐应用场合

工频电源是一种经典的电除尘器供电设备，技术成熟，运行可靠，维护简便，适用于绝大多数电除尘工况应用条件。与高频高压直流电源等新型电源相比，在克服高浓度粉尘电晕封闭和高比电阻反电晕等方面略显不足，功率因数和设备效率也较低。

4.6　影响电除尘器性能的因素

影响电除尘器性能的因素很多，可以大致归纳为如下五大类：

（1）粉尘特性。主要包括粉尘的化学成分、尘粒的物相结构、粉尘的比电阻、粒径分布、比表面积、真密度、堆积密度和黏附性等。

（2）烟气性质。主要包括烟气温度、压力、成分、湿度和含尘浓度等。

（3）本体结构参数及性能。主要包括设定的电场烟气流速、比收尘面积、驱进速度、电场长高比、电极形式、几何间距、电场截面积、振打方式、壳体的严密性和保温性。

（4）供电控制质量。主要包括供电极性、供电波形、阻抗匹配、自动控制方式、自动监视管理水平、振打制度、检测手段、故障诊断和保护功能，以及供电控制设备的绝缘性能、接地性能和运行的可靠性等。

（5）运行因素。主要包括气流分布的均匀性、漏风，以及防止窜气、防止二次扬尘、防止结露腐蚀、防止灰斗堵灰、防止电极积灰、防止电极变形的措施等。粉尘特性和烟气性质是影响电除尘器性能的外在的不易控制因素，也是在电除尘器本体结构设计时应重点考虑的因素，应做到量体裁衣、有的放矢、扬长避短。对于已投运的电除尘器，由于燃烧煤种和锅炉负荷的变化，必然会影响到电除尘器的性能，此时应重点考虑充分发挥供电控制设备的作用，选择不同的供电方式和控制特性，以自动跟踪和适应各种工况条件的变化，使电除尘器长期保持高效、安全、稳定运行。

4.6.1　粉尘特性的影响

4.6.1.1　粉尘比电阻的影响

粉尘比电阻是衡量粉尘导电性能的指标，它对电除尘器性能的影响最为突出，主要有以下两个方面。

（1）在通用的单区板式电除尘器中，电晕电流必须通过极板上的粉尘层传导到接地的收尘极上。若粉尘比电阻小于 $10^4 \Omega \cdot cm$，则粉尘在收尘极板上会产生跳跃现象。若粉尘的比电阻超过临界值 $5 \times 10^{10} \Omega \cdot cm$ 时，则电晕电流通过粉尘层就会受到限制，这将影响到粉尘粒子的荷电量、荷电率和电场强度等，严重时会产生反电晕现象，最终将导致除尘效率大幅度下降。

（2）粉尘的比电阻对粉尘的黏附力有较大的影响，高比电阻导致粉尘的黏附力相当大，以致清除电极上的粉尘层要增大振打强度，这将导致粉尘浓度比正常情况下的二次扬尘大。其最终也导致除尘效率大幅度下降。

粉尘比电阻与除尘效率的关系如图 4-88 所示。显然，了解粉尘的导电机理，并采取相关措施，是提高除尘效率的重要手段。

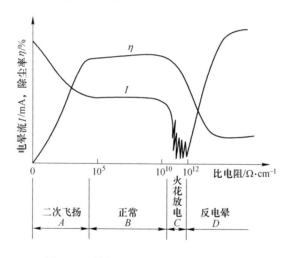

图 4-88　粉尘比电阻和除尘效率的关系

A　粉尘比电阻的定义

粉尘的比电阻是指单位面积上单位厚度粉尘层的电阻。粉尘比电阻可按式（4-52）计算：

$$\rho = \frac{A}{\delta} \times \frac{U}{I} = \frac{A}{\delta} \times R \qquad (4-52)$$

式中，ρ 为粉尘的比电阻，$\Omega \cdot cm$；A 为粉尘层的面积，cm^2；δ 为粉尘层的厚度，cm；U 为施加于粉尘层上的电压，V；I 为通过粉尘层的电流，A；R 为粉尘层的电阻，Ω。

沉积在电除尘器收尘极表面上的粉尘，必须具有一定的导电性，才能传导从电晕放电到接地极的离子流。根据理论和实践得知，其最小的电导率为 $10^{-10}/(\Omega \cdot cm)$。和普通金属相比，这是很微弱的电导率，但是比良好绝缘体的电导率要大得多。工业窑炉产生的粉尘，其比电阻的范围很广，从炭黑的 $10^{-3}\Omega\cdot cm$ 到石灰石粉尘的 $10^{14}\Omega\cdot cm$（温度为100℃时）。根据粉尘的比电阻对电除尘器性能的影响，大致可分为三个范围：

（1）$\rho<10^{4}\Omega\cdot cm$，比电阻在这一范围内的粉尘，称为低比电阻粉尘；

（2）$10^{4}\leqslant\rho\leqslant5\times10^{10}\Omega\cdot cm$，比电阻在这一范围内的粉尘，称为中比电阻粉尘；

（3）$\rho>5\times10^{10}\Omega\cdot cm$，比电阻在这一范围内的粉尘，称为高比电阻粉尘。

中比电阻粉尘最适合于电除尘器捕集，而比电阻过低或过高的粉尘，如不采取有效措施，采用电除尘进行捕集时都会遇到一定困难。

B　低比电阻粉尘的影响

如果粉尘的比电阻小于 $10^{4}\Omega\cdot cm$，则当它一到达收尘极表面，不仅立即释放电荷，而且会如图 4-89 所示那样，由于静电感应获得和收尘极同极性的正电荷（见图 4-89 中的 A），若正电荷形成的排斥力大得足以克服粉尘的黏附力，则已经沉积的粉尘将脱离收尘极而重返气流，重返气流的粉尘在空间又与负离子相碰撞，会重新获得和电晕极同极性的负电荷而再次向收尘极运行（见图

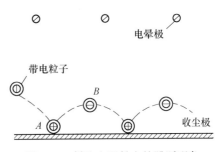

图 4-89　低比电阻粉尘的跳跃现象

4-89 中的 B）。结果形成在收尘极上跳跃的现象，最后可能被气流带出电除尘器。用电除尘器捕集石墨粉尘、炭黑粉尘，都可以看到这一现象。如不采取相应措施，用电除尘器捕集低比电阻粉尘，就会得不到预期效果。当然，能否出现跳跃现象与粉尘的黏附性有关。像重油锅炉的炭黑粉尘，其表面附着 SO_3 和焦油，虽然比电阻小，采用电除尘器却也能有效地捕集。

C　高比电阻粉尘的影响

当粉尘比电阻超过 $5\times10^{10}\Omega\cdot cm$ 后，电除尘器的性能就随着比电阻的增高而下降。比电阻超过 $10^{11}\Omega\cdot cm$，采用常规电除尘器就难以获得理想的效率。若比电阻更高，超过 $10^{12}\Omega\cdot cm$。采用常规电除尘器进行捕采，在大多数情况下除尘效率会严重降低，这是因为沉积在收尘极表面上的高比电阻粉尘层产生局部击穿，发生反电晕现象所致。

所谓反电晕就是沉积在收尘极表面上的高比电阻粉尘层所产生的局部反放电现象。若沉积在收尘极上的粉尘是良导体，就不会干扰正常的电晕放电。但是若荷电后的高比电阻粉尘到达收尘极后，电荷不容易释放。随着沉积在收尘极上的粉尘层增厚，释放电荷更加困难。此时一方面由于粉尘层未能将电荷全部释放，其表面仍有与电晕极相同的极性，便排斥后来的荷电粉尘。另一方面由于粉尘层电荷释放缓慢，于是在粉尘层间形成较大的电位梯度。当粉尘层的电场强度大于击穿电场强度时，就在粉尘层的孔隙间产生局部击穿，产生与电晕极极性相反的正离子，所产生的离子便向电晕极运动，中和电晕区带负电的粒子，其结果是电流增大，电压降低，粉尘二次飞扬严重，导致收尘性能显著恶化。

D　防止反电晕的措施

在工业窑炉产生的粉尘中，有相当比例的粉尘属于高比电阻粉尘。为了扩大电除尘技术的应用范围，研究克服和解决高比电阻粉尘对电除尘性能影响的可行办法，一直是国际上发展电除尘技术的主要课题。要从技术上解决高比电阻粉尘产生反电晕问题，主要措施

是使沉积在收尘极上的粉尘层不被击穿，要满足这一要求，必须降低粉尘层的电晕电流或降低粉尘的比电阻，如式（4-53）所示：

$$E_d = j\rho < E_{ds} \tag{4-53}$$

式中，E_d 为粉尘层中的电场强度，V/cm；j 为电晕电流密度，A/cm^2；ρ 为粉尘比电阻，$\Omega \cdot cm$；E_{ds} 为粉尘层中的击穿电场强度，V/cm，一般在 5~20kV/cm 范围内。

根据上述理论，防止反电晕的措施包括以下几个方面：

（1）对烟气调质。所谓烟气调质就是向烟气中加入导电性好的物质如炭黑，向烟气中掺入 SO_3 或 NH_3 等合适的化学调质剂和向烟气中喷水或水蒸气等。达到降低粉尘比电阻的目的。烟气调质方法很多，其效果也不尽相同，应进行经济技术比较，综合考虑确定调质方案。

（2）采用高温电除尘器。粉尘有体积导电和表面导电两种机理。温度超过 200℃ 时，以体积导电为主，低于 140℃ 时以表面导电为主。大多数工业粉尘都存在这两种导电机理。如果温度在此两者之间粉尘的比电阻会达到最大值。因此，对使用电除尘的工艺生产系统采取措施，以调节电除尘器中的烟气温度，是降低粉尘比电阻的一个重要方法。

用降低烟气温度的办法来增大粉尘的导电率，只有在粉尘表面有足够水分可以形成导电水膜时才有效，而在高温时增加粉尘导电率和气体性质无关。因此，出现了使用高温电除尘器作为解决高比电阻粉尘的一种措施。20 世纪 60 年代中期有些国家的热电站燃烧低硫煤，为了解决粉尘的高比电阻问题，把电除尘器放在空气预热器前面使用。电除尘器的温度在 300℃ 以上，称为"热侧"电除尘器。在一个时期内，热侧电除尘器有逐渐增多的趋势。但是采用这种办法也存在不少问题，例如温度高，使电除尘器处理的烟气量增大；和常规电除尘器相比，在相同的电流和电压情况下要达到相同的除尘效率，热侧电除尘器的规格约要增大 50%。同时电除尘器在高温下运行，气体密度降低和黏度增高，所以运行电压下降，除尘效率降低。另外，由于温度高，要考虑特殊热膨胀补偿装置，对绝缘子要求也高，引风机和整个除尘管道也相应增大，而且由于烟气经除尘器的热损失，降低了锅炉的热效率。由于采用热侧电除尘器存在不少问题，所以国外对发展热侧电除尘器一直存在着争议。决定是否采用热测电除尘器前，一定要进行技术和经济比较。

（3）采用脉冲供电或间歇供电。大量试验研究发现，提高供电电压的峰值有利于粉尘荷电，而降低供电电压的平均值可有效减少通过粉尘层的电流密度。而脉冲供电或间歇供电恰好是利用较高的峰值电压强迫高比电阻粉尘荷电，通过降低平均电压来减少通过粉尘层的电流密度，从而达到防止或减弱反电晕的目的。采用脉冲供电或间歇供电不仅能防止高比电阻粉尘产生的反电晕，而且可有效节约供电能耗，降低运行费用。目前，脉冲供电或间歇供电已在国内外电除尘领域得到广泛应用。

另外，采用湿式电除尘器、宽间距电除尘器和选用板电流密度分布均匀的极配形式也可以防止和减弱高比电阻粉尘产生的反电晕。

4.6.1.2 粉尘粒径的影响

粉尘的粒径分布对电除尘器总的除尘效率有很大的影响。这是因为荷电粉尘的驱进速度随着粉尘粒径的不同而变化，即粉尘的驱进速度与粒径大小成正比。粉尘的驱进速度、电除尘器的除尘效率与粉尘粒径的函数关系如图 4-90 所示，显然，粒径越大，除尘效率越高。

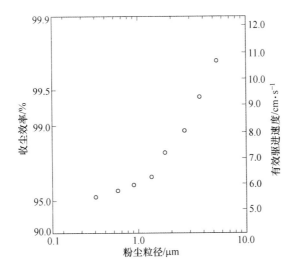

图 4-90 驱动速度、除尘效率与粉尘粒径的关系

图 4-90 中函数关系是在特定的工况条件下计算得到的，在实际生产中，即使粉尘粒径分布相同，而粉尘的成分、物理和化学性质若有差异，则粉尘驱进速度也不尽相同。图 4-91 所示为不同粉尘在电场强度为 1.3kV/cm 时，计算出来的粉尘驱进速度与粒径的关系曲线。

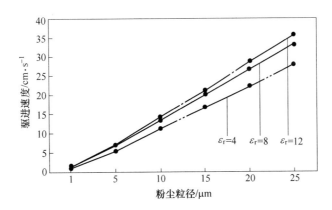

图 4-91 粉尘的粒径分布和驱进速度的关系

当粉尘粒径小于 0.1μm 时，从表面上看，粉尘的驱进速度与粉尘的粒径无关，但是粉尘粒径越小其附着性越强，因此细粉尘容易造成电极积灰。另外细粉尘还易产生二次飞扬，这样就会使电除电器的性能降低。

4.6.1.3 粉尘密度的影响

电除尘器中利用电场力分离出来的粉尘在落入灰斗时也要依靠重力。因此，粉尘的密度对电除尘器的性能也有一定影响。

粉尘堆积密度是指包括粒子间气体空间在内的单位体积粒子的质量。粒子间的空间体积与包括粒子群在内的全部体积之比，通常称为空隙率，用字母 ε 表示。空隙率 ε、真密

度 ρ_p 与堆积密度 ρ_b 之间的关系用式（4-54）表示：

$$\rho_b = (1 - \varepsilon)\rho_p \tag{4-54}$$

真密度 ρ_p 对一定的物质而言是一定的，而堆积密度 ρ_b 则与空隙率 ε 有关，随着充填程度不同而有大幅度的变化。ρ_p 与 ρ_b 之比越大，则由于粉尘再飞扬而对除尘性能的影响也就越大。如果 ρ_p/ρ_b 达到 10 左右时，由于烟气的偏流或漏风对粉尘再飞扬的影响会很大，所以在电收尘器的设计与运行时对此应予以足够的重视。

4.6.1.4 粉尘黏附性的影响

由于粉尘有黏附性，可使细微粉尘粒子凝聚成较大的粒子，这对粉尘的捕集是有利的。但是粉尘黏附在除尘器壁上会堆积起来，是造成除尘器发生堵塞故障的主要原因。在电除尘器中，若粉尘的黏附性强，粉尘会黏附在电极上，即使加强振打力，也不容易将粉尘振打下来，会出现电晕线肥大和收尘极板粉尘堆积的情况，影响正常的电晕放电和极板收尘，致使除尘效率降低。所以设计电除尘器时，对粉尘的黏附性应予以充分考虑。

由于尘粒之间或尘粒与器壁表面存在黏附力，因此可将粉尘层的黏附强度作为评定粉尘黏附性的指标。根据粉尘的黏附强度可将粉尘分为四类，见表4-6。

表4-6 粉尘黏附性的分类

分 类	粉尘性质	黏附强度/Pa	粉 尘 举 例
第Ⅰ类	无黏附性	<60	干矿渣粉、石英粉（干砂）、干黏土
第Ⅱ类	微黏附性	60~300	含有许多未燃烧完全物质的飞灰、焦炭粉、干镁粉、页岩灰、干滑石粉、高炉灰、炉料粉
第Ⅲ类	中等黏附性	300~600	完全燃尽的飞灰、泥煤粉、泥煤灰、湿镁粉、金属粉、黄铁矿粉、氧化锌、氧化铅、氧化锡、干水泥、炭黑、干牛奶粉、面粉、锯末
第Ⅳ类	强黏附性	>600	潮湿空气中的水泥、石膏粉、雪花石膏粉、熟料灰、含盐的钠、纤维尘（石棉、棉纤维、毛纤维）

表4-6中的分类是有条件的，粉尘的受潮或干燥，都将影响粉尘黏附力的变化。另外，粉尘的几何形状、粒径分布等其他物性对黏附性也有影响，如粉尘的比表面积对黏附性的影响就比较大。粉尘粒径越小，其比表面积越大，黏附性越强。

4.6.2 烟气性质的影响

4.6.2.1 烟气温度和压力的影响

烟气的温度和压力影响起始电晕电压、起始电场强度、空间电荷密度和离子的迁移率等。温度和压力对电除器性能的某些影响可以通过烟气密度 ρ 的变化来进行分析。

$$\rho = \rho_0 \times \frac{T_0}{T} \times \frac{p}{p_0} \tag{4-55}$$

式中，ρ 为烟气密度，kg/m^3；ρ_0 为烟气在 T_0 和 p_0 时的密度，kg/m^3；T_0 为标准温度，273K；T 为烟气的实际温度，K；p_0 为标准大气压，$1.01325 \times 10^5 Pa$；p 为烟气的实际压力，Pa。

参数 ρ 随着温度的升高和压力的降低而减少。当 ρ 降低时，起始电晕电压、起始电场强度和火花放电电压等都要降低。这些影响可以用 ρ 对电晕极附近的空间电荷密度的影响来进行解释。当 ρ 减小时，离子的有效迁移率由于和中性分子碰撞次数减小而增大。因为在外加电压一定的情况下，这将导致电晕极附近的空间电荷密度减小和收尘极的平均电晕电流密度增大。电晕极附近的空间电荷密度减小，导致在电晕极表面以较低的电场强度获得一定的电晕电流。于是当 ρ 减小时，为了在极板上保持一定的平均电晕电流密度，则外加电压必须降低，以致出现较低电场强度将使离子以较低的速度离开电晕极临近区。图 4-92 和图 4-93 表示压力和温度对伏安特性和火花放电电压的影响。

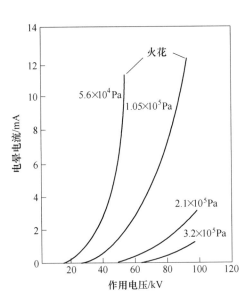

图 4-92 空气压力对火花放电电压和
伏安特性的影响

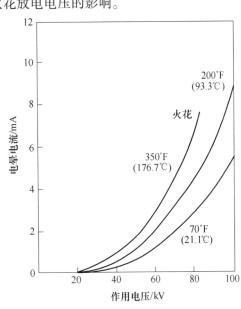

图 4-93 空气温度对火花放电电压和
伏安特性的影响

图 4-92 和图 4-93 中的数据是在管式电除尘器中负电晕空气中测得的。实际上若温度升高或压力降低，伏安特性曲线会向左偏移并有更陡的斜率，偏移是由于起始电晕电压降低，斜率更陡是由于离子的有效迁移率增大所致。图中的数据也表明火花放电电压也会因 ρ 减小而降低。

4.6.2.2 烟气成分的影响

烟气成分对电除尘器的伏安特性和火花放电电压也有很大的影响。不同的烟气成分和这些成分的亲和力对负电晕放电是重要的。不同的烟气成分会导致在电晕放电中电荷载体有不同的有效迁移率。通常电晕电流是由正负离子和自由电子移动形成的。自由电子的作用大小取决于气体分子捕获电子能力、烟气的温度和压力、收尘极的间距以及作用的电压等。在捕集燃煤烟尘的工业电除尘器中，一般认为自由电子只有与气体分子结合形成大量的负离子后才会对除尘效率起作用，而未被气体分子捕获的自由电子由于迁移速度非常快（约是离子的 1000 倍），在电场中不能形成稳定的空间电荷，所以对除尘效率不起多大作用。

煤燃烧后，进入电除尘器的烟气中含有一定浓度的具有很强的电子亲和力的电负性气体，其中 O_2：$2.0\% \sim 8.0\%$；CO_2：$11.0\% \sim 16.0\%$；H_2O：$5.0\% \sim 14.0\%$；SO_2：

0.015%~0.3%；SO_3：0~0.003%；NO_x：0.02%~0.08%。这些气体对电子的捕获能力的顺序为 SO_2、O_2、H_2O 和 CO_2。这些气体对电气条件产生影响的最小含量 SO_2 为 0.5%~1.0%；O_2 为 2.0%~3.0%，H_2O 约为 5%。CO_2 的影响一般不予考虑。

在电晕放电中，离子电荷载体的有效迁移率是确定电气条件最重要的参数，这在气体中可得到证实。这个参数取决于气体的温度、压力、成分以及气体成分的相对浓度。

4.6.2.3　烟气湿度的影响

由于燃料中含有一定的水分，燃料中的氢燃烧后也生成水蒸气，参与燃烧的空气中也含有水分，因此，一般工业生产排出的烟气中都含一定的水分。这对电除尘的运行是有利的，如水泥湿法窑的烟气含水分较高，所以采用电除尘器一般不存在什么困难。一般烟气中水分多，除尘器效率就高。

如果烟气中水分过大，虽然对电除尘的性能不会有不利的影响。但是，如果电除尘器的保温不好，烟气湿度达到露点，会引起绝缘子爬闪放电。也会给电除尘器的电极系统以及壳体造成腐蚀。如果烟气中含有 SO_3，其腐蚀程度就更为严重，如水泥厂烘干机和立窑的电除尘器一般都腐蚀比较严重。因此，含水分高的烟气如采用电除尘器，其腐蚀问题应引起设计者和使用者的重视。

4.6.2.4　烟气含尘浓度的影响

当含尘气体通过电除尘器的电场空间时，粉尘粒子与气体离子碰撞而荷电。于是，在电除尘器内便出现两种形式的电荷，离子电荷和粒子电荷。所以，电晕电流一方面是由于气体离子的运动而形成；另一方面是由于荷电尘粒运动而形成。但是，粉尘粒子大小和质量都比气体离子大得多，所以气体离子的运动速度为荷电尘粒的数百倍（气体离子平均速度为 60~100m/s，而粉尘粒子速度为 60cm/s 左右）。这样，由荷电尘粒所形成的电晕电流仅占总电晕电流的 1%~2%。随着烟气中含尘浓度的增加，荷电尘粒的数量也增多，以致由于荷电尘粒形成的电晕电流虽然不大，但形成的空间电荷却很大，严重抑制电晕电流的产生，使尘粒不能获得足够电荷，以致除尘效率下降。

设气体离子所形成的空间电荷为 q_1，荷电尘粒所形成的空间电荷为 q_2。则单位容积气体中的空间电荷为 $q = q_1 + q_2$。若单位容积气体中总的空间电荷不变，则当所形成的空间电荷 q_2 增大时，气体离子所形成的空间电荷 q_1 相应减少。由于荷电尘粒的迁移率极小，所以电流下降。若含尘浓度太大时，则由电晕区生成的离子都会吸附在粉尘上，此时离子迁移率达到极小值。尤其是当 $1\mu m$ 左右粉尘越多时，其影响就越大，最后电流可能趋近于零，除尘效果明显恶化，这种现象称为电晕闭塞。

当烟气速度增加时，则在每一单位时间内停留在电场中烟尘量增大，也将出现类同于烟气含尘浓度增加的效应，因而也在不同程度上会产生屏蔽电晕现象，其结果是电流逐渐下降，除尘效率也逐渐降低。要克服这种现象，可以升高电压使荷电尘粒的迁移率增大，但是由于粉尘及电极表面粉尘层的性质及火花放电的限制，很难获得预期效果。在工业应用中，对于含尘浓度高易发生电晕屏蔽的工况，多采用常规极距（$2b = 300mm$），以减少空间电荷量，并配置长芒刺线以增强电风。当烟气流速过高、浓度过大，且采用以上措施还不足以解决问题时，可采用预荷电和脉冲供电；必要时可采取增大电场截面积以减小电场风速和采用预级除尘等措施来消除屏蔽电晕现象。所以，现在电除尘器的进口允许含尘

浓度已由 $40g/m^3$ 提高到 $800g/m^3$，甚至更高。

采用常规极距、长芒刺线、预荷电、脉冲供电、减小电场风速和预级除尘等，均可有效减小烟气含尘浓度对电除尘器性能的影响。

4.6.3 本体结构参数及性能的影响

4.6.3.1 设定电场风速的影响

从降低电除尘器的造价和减少占地面积的观点出发，应该尽量提高电场风速，以缩小电除尘器的体积。特别对旧设备的改造，减少电除尘器的占地面积尤其重要。但是电场风速不能过高，否则会给电除尘器运行带来不利的影响。因为粉尘在电场中荷电后沉积到收尘极上需要有一定的时间，如果电场风速过高，荷电粉尘来不及沉降就会被气流带出。同时电场风速过高，也容易使已经沉积在收尘极的粉尘层产生二次飞扬，特别是在电极进行振打清灰时更容易产生二次扬尘。确定电场风速的大小除了与粉尘性质有关外，还与收尘极板的结构形式、粉尘对极板黏附力大小以及电晕极放电性能等因素有关，一般在 $0.4 \sim 1.5m/s$ 范围内。电场风速与电除尘性能的定量关系可由除尘效率公式 $\eta = 1 - e^{-\frac{A}{Q}w}$ 确定，从除尘效率公式来看，随着电场风速增高，除尘效率会相应降低。

4.6.3.2 本体几何参数的影响

电除尘器本体的几何参数包括电场长度 L、电场宽度 B、电场高度 H、电场截面积 F、总收尘面积 A、极板间距 $2b$、电晕线间距 $2c$、电晕线当量直径 $2r_a$、电场数 m 和通道数 n 等。显然，这些参数与电除尘器性能紧密相关，应根据粉尘特性和烟气性质，在进行总体设计时综合考虑。其中部分几何参数应按以下原则确定。

A 电场截面积 F

已知处理烟气量为 $Q(m^3/s)$，视粉尘特性等因素选取电场风速 $V = 0.4 \sim 1.5m/s$，则电场截面积为

$$F = HB = \frac{Q}{V} \tag{4-56}$$

电场截面积 F 确定后，电场高度 H 和电场宽度 B 可按式（4-57）和式（4-58）求得

$$H = \sqrt{\frac{F}{2}} \tag{4-57}$$

$$B = \frac{F}{H} \tag{4-58}$$

当处理烟气量 Q 一定时，若减小电场截面积，则电场风速必然增大，不仅使电场长度增长，加大占地面积，而且会引起较大的粉尘二次飞扬，降低除尘效率。反之，若增大电场截面积，必然使钢耗和投资增大，占用空间体积增大。因此，电场截面的大小必须进行经济技术比较后确定。

B 总收尘面积 A

根据用户对除尘效率 η 的要求，视粉尘特性和烟气性质等因素选取粉尘的驱进速度 $w = 0.04 \sim 0.2m/s$，则电除尘器所需要的总收尘面积为

$$A = \frac{-Q\ln(1 - \eta)}{w}K \tag{4-59}$$

式中，K 为储备系数，一般取 $1.1 \sim 1.3$。当用户要求除尘效率越高时，选取的 K 值应越大。显然，收尘面积 A 的大小也应进行经济技术比较后才能确定。

C　其他几何参数的确定

目前，在国内外生产的电除尘器中，极板间距 $2b$ 选取 400mm 的居多，而电晕线间距 $2c$ 视极配形式不同取值在 $150 \sim 500$mm 之间。电场数 m 可根据除尘效率的要求不同取 $3 \sim 5$ 个电场为宜。电除尘器的通道数 n 和单电场长度 L_a 由式（4-60）和式（4-61）确定：

$$n = \frac{B}{2b} \tag{4-60}$$

$$L_a = \frac{A}{2Hnm} \tag{4-61}$$

总之，对电除尘器本体的几何参数进行合理设计，是实现电除尘器高效运行的首要条件。

4.6.3.3　清灰方式的影响

清除电极表面积灰的方法有多种，其中机械振打清灰方法应用最广泛。选取合理的振打部位、振打强度和振打制度，是保证电极清洁、减少二次扬尘和提高除尘效率的重要手段。阴极振打装置的主要作用是清除阴极系统的积灰，保证电除尘器正常运行。阳极振打装置的作用是定期清除极板表面的积灰，防止或减少二次扬尘。影响清灰效果的因素除本体结构外，还与粉尘特性、烟气性质和供电控制方式等因素有关。减少振打系统的故障率、防止电晕线断线、防止收尘极板变形等也是提高清灰效果的重要因素。

防止或减少二次扬尘的主要措施包括：

（1）选择合理的振打强度和振打制度；

（2）降低电场风速，并使其分布均匀；

（3）在收尘极板上设置防风沟；

（4）防止本体漏风和窜气；

（5）在出气烟箱内设置槽形板；

（6）增加电场长度，降低电场高度；

（7）选择合理的高压供电方式，减小电风；

（8）对烟气进行调质，防止高比电阻粉尘产生的反电晕。

另外，电除尘器本体的机械强度、密封性能、保温性能、绝缘性能、卸灰方式等因素对电除尘器性能也会产生不同程度的影响。在对电除尘器进行设计、制造、安装和运行维护时均应给予足够的重视。采取有效措施，防止壳体漏风、防止壳体结露腐蚀、防止气流窜气、防止电晕线断线、防止收尘极板变形、防止电极积灰、防止振打系统故障和防止灰斗堵灰等，均是保障电除尘器长期安全、稳定、高效运行的重要手段。

4.6.4　供电控制质量的影响

4.6.4.1　供电质量与除尘效率的关系

从多依奇（Deutsch）除尘效率公式 $\eta = 1 - e^{-\frac{A}{Q}w}$ 中，似乎不能明显地看出除尘效率与供电质量之间的关系。但是，从粉尘驱进速度公式：$w = \dfrac{2}{3} \times \dfrac{\varepsilon_{0D}aE^2}{\mu}$ 中，可以明显看出 w 值与电场强度 E 的平方成正比，它是把电除尘器性能与电能联系起来的基本公式。要使电除尘器的效率提高，就要求 w 值尽可能大，也就是要求 E 的值尽可能大。由于 E 与电除尘器的电流和电压有关，所以，w 值对于电气操作条件的反应很敏感，对于有用电晕功率输入的反应也很敏感。即使电压和功率只有较小的增加，也会使电除尘器的效率有较大的提高。例如一台捕集飞灰电除尘器的效率，当电压仅增加 3kV 时，其除尘效率就从 92% 提高到 97% 以上。因此，不论从理论上，还是从实际现场经验上，都可以肯定供电质量对电除尘器的性能有决定性的影响。

虽然可以用不同的方法确定除尘效率与电能之间的定量关系，但其中对工程应用最有效的是使 w 和供给电除尘器的有效电晕功率相联系。根据怀特（White）的推导可以得到下列近似的公式：

$$w = \frac{k_p}{A} \times \frac{U_p + U_m}{2} I_a \tag{4-62}$$

式中，A 为收尘极的面积，m^2；U_p 为电压波的峰值，kV；U_m 为电压波的最小值，kV；I_a 为总的平均电流值，mA；k_p 为视气体、粉尘和电除尘器设计而定的参数。

因为电晕功率 P_d 可以近似地表示为

$$P_d = I_a \frac{U_p + U_m}{2} \tag{4-63}$$

所以式（4-62）可写成：

$$w = k_p \frac{P_d}{A} \tag{4-64}$$

上式表明 w 与单位收尘极面积 A 上的电晕功率成正比。将式（4-64）代入多依奇公式，可以得到以下更有用的关系式：

$$\eta = 1 - e^{-k_p \frac{P_d}{Q}} \tag{4-65}$$

式中，η 为电除尘器的除尘效率；P_d 为电晕功率，W；Q 为烟气流量，m^3/s。

虽然式（4-64）和式（4-65）都是近似的，但是它们都提供了对电除尘器的基本设计和性能分析很有用的方法。从理论上可以推导出参数 k_p 的数量级，但对工程应用来说，最好还是根据除尘效率的测定数据进行计算，这样就可以把气流分布不均匀和二次扬尘损失引起除尘效率下降的因素包括在内了，而这些因素在工业应用中往往是不可避免的。大量的试验结果表明，k_p 约为 0.006 左右。

式（4-65）明确指出了除尘效率与供电质量的关系。显然，改善供电质量、提高电晕功率是提高除尘效率的主要措施之一。

4.6.4.2　高压供电质量的影响

A　电压极性

大量实验表明：在相同的条件下，采用负高压供电比正高压供电具有起晕电压低、击穿电压高、电晕功率大、运行稳定等优点。因此，负高压供电在工业电除尘器中得到了广泛应用。

B　电压波形

图 4-94 所示为国内外电除尘器高压供电设备较常采用的具有一定峰值和平均值的脉动负直流电压波形。

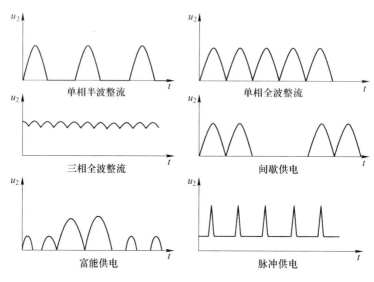

图 4-94　常见的高压供电电压波形

峰值电压有利于粉尘荷电,而平均电压有利于粉尘的捕集。因此,应根据粉尘的比电阻来选择合适的电压波形。对于低比电阻 (小于 $10^4 \Omega \cdot cm$) 粉尘,因其易于荷电而不易捕集,故应选择峰值电压低而平均电压高的电压波形 (如三相全波整流、经过滤波的单相全波整流等)。对于中比电阻 ($10^4 \sim 5 \times 10^{10} \Omega \cdot cm$) 粉尘,因这类粉尘既较容易荷电,又较容易捕集,故应选择峰值电压和平均电压均适中的电压波形 (如单相全波整流、富能供电等)。对于高比电阻 (大于 $5 \times 10^{10} \Omega \cdot cm$) 粉尘,因其不易于荷电而易于产生反电晕,故应选择峰值电压高而平均电压低的电压波形 (如半波整流、间歇供电和脉冲供电等)。

目前,我国大多数运行的电除尘器,都采用单相全波整流的供电方式。通常情况下,这种供电方式是适宜的。对于部分具有较高比电阻的粉尘,可通过调整变压器的抽头 (使可控硅的导通角 $\varphi \geqslant 60\%$)、改变控制方式 (如采用间歇供电) 和增大火花频率 (大于 30 次/min) 等方法,达到提高峰值电压和降低平均电压的目的,以利于粉尘的荷电和捕集。

C　匹配阻抗

当电除尘器的板线间距和运行工况确定后,提高电除尘器的上限电压 (即火花放电电压) 是困难的。但是,通过选择合适的匹配阻抗,达到改善供电系统的伏安特性和提高电晕电流的目的是可行的。图 4-95 所示为某台电除尘器在两组不同匹配阻抗下的伏安特性曲线。显然,通过阻抗调整,可使除尘效率明显提高。

电除尘器高压供电设备的阻抗与容量紧密相关,正确选择供电设备的容量,也就正确选择了供电设备的阻抗。供电设备的额定输出电压应按异极间距的大小选取 (3.0 ~

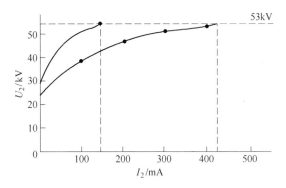

图 4-95　两组不同匹配阻抗下的伏安特性曲线

3.5kV/cm），然后圆整向上靠等级。对于烟气含尘浓度高（大于 $30g/m^3$）、粉尘比电阻偏低（小于 $10^6\Omega\cdot cm$）、同极间距宽（不低于 400mm）和电晕线芒刺较长（如 RS 线）的情况应靠近下限选择，反之应靠近上限选择。供电设备的额定输出电流应按单区收尘面积的大小在 $0.2\sim0.4mA/m^2$ 之间选取，然后圆整向上靠等级。对于高含尘浓度烟气、窄极距电极、高比电阻粉尘和短芒刺电晕线的情况应靠近下限选择，反之应靠近上限选择。

对于运行中的电除尘器高压供电设备，可通过调整变压器的初级抽头（一般设有 3~6 个），使可控硅的导通角在 60%~90% 范围内变化。调整电抗器抽头（一般也设有 3~6 个），使输出电流波形圆滑对称。做各种供电控制方式下的伏安特性曲线，从中选择最好的一种供电控制方式，也就达到了阻抗近似匹配之目的。

D　控制方式

近年来，由于集成电路和微机在电除尘器供电设备中的应用，使电除尘器的供电控制技术进入了多功能控制的新阶段。在电除尘器高压供电设备中应用的控制方式有：火花跟踪控制、火花强度控制、临界火花控制、浮动式火花控制、最高平均电压控制、间歇供电控制、富能供电控制和反电晕检测控制等。多种控制功能的并存和应用，增强了供电设备对电场烟尘条件变化的适应和跟踪能力；同时也要求运行人员提高业务素质，通过选择合理的控制方式，达到提高除尘效率之目的。对于烟气含尘浓度较低（小于 $20g/m^3$）、粉尘比电阻适中或运行稳定的工况，应选择临界火花控制、最高平均电压控制或浮动式火花控制方式，并适当降低电压上升率和火花频率（小于 20 次/min），也可取得好的除尘效果。对于含尘浓度高（>$30g/m^3$）、粉尘比电阻偏高或运行不稳定的工况，应选择富能供电控制、间歇供电控制或反电晕检测控制方式，并适当提高电压上升率和火花频率（大于 30 次/min），也可达到提高除尘效率的目的。另外，火花、电弧灵敏度的调整，闪络封锁宽度和深度的调整，间幅大小和占空比的调整，电流极限和临界火花电流值的调整等均对控制特性有重要影响。应通过实践加深对供电设备工作原理的理解，实时地将各参数调整到最佳位置，以获得综合性的最佳控制效果。

4.6.4.3　低压控制特性的影响

A　振打制度

振打清灰是电除尘的主要过程之一。其清灰效果不仅与振打力有关，而且与振打周期紧密相关。停振时间过长，会使板、线积灰严重；振打过于频繁，会产生二次扬尘，两者均会影响除尘效果。阳极振打周期应按式（4-66）确定：

$$T_a = T_{a1} + T_{a2} = \frac{N}{V} + \frac{D}{\delta_i} \tag{4-66}$$

式中，T_a 为阳极振打周期，min；T_{a1} 为阳极振打时间，min；T_{a2} 为阳极停振时间，min；N 为阳极板允许连续振打次数（一般取 1~3 次）；V 为阳极振打轴转速，r/min；D 为阳极板允许连续积尘最大厚度（一般取 5~10mm）；δ_i 为第 i（$i = 1$，2，3，…）电场阳极板单位时间内的实际积尘厚度，mm/min，可由式（4-67）求得

$$\delta_i = f_i \frac{QC_i\eta_i}{60\rho_b A_i} \tag{4-67}$$

式中，f_i 为积尘厚度不均系数（一般取 2~5）；Q 为处理烟气量，m³/h；C_i 为第 i 电场入口烟气含尘浓度，g/m³；η_i 为第 i 电场分级除尘效率；ρ_b 为粉尘堆积密度，kg/m³；A_i 为第 i 电场收尘面积，m²。

对于阴极振打，由于振打力较小、粉尘在极线上附着力较大、极线上积尘速度慢和振打时产生的二次扬尘不像阳极振打那么严重。因此，使阴极振打周期适当缩短，振打时间适当延长是必要的。阴极振打周期可按经验公式（4-68）确定：

$$T_k = T_{k1} + iT_{k2} \tag{4-68}$$

式中，T_k 为阴极振打周期，min；T_{k1} 为阴极振打时间（一般取 5~10min）；T_{k2} 为第一电场停振时间（一般取 5~10min）；i 为第 i 电场（$i = 1$，2，3，…）。

对于阴、阳极振打，除了选择合理的振打周期外，还应考虑同一电场的阴、阳极应交错振打，前后电场的阴极（或阳极）应交错振打。当上述交错振打制度无法满足时，应实现各通道之间交错振打，这样做既利于清灰又可提高除尘效率。另外，对于烟气黏度大，粉尘粒度细、黏附性强和比电阻高的情况，可适当减小 T_{a2} 和 T_{k2}，或采用振打时停高压，停振时投高压的联动控制方式，以防止板、线严重积灰和出现反电晕。

B 卸灰控制方式

电除尘器的卸灰控制方式主要包括：连续卸灰控制、周期卸灰控制和料位检测卸灰控制。对于连续卸灰，若无人工干涉，会出现灰斗排空、引起漏风、产生二次扬尘、造成能源浪费和使除尘效率降低的现象。因此，应采取每班定时卸灰一次的办法，确保灰斗不排空也不大量积灰。

对于料位检测卸灰，若料位计工作正常，应属较好的卸灰控制方式。但由于后级电场收集灰量少，灰位达到上料位需要的时间过长（10~30h），若遇灰斗加热保温不良，就会造成灰料结块蓬灰，料位计失灵。因此，对于料位检测卸灰控制，应对灰斗采取有效的加热保温措施，加强对料位计的维护，必要时对后级电场灰斗应降低上料位检测高度。这样做既可以防止漏风，又减少了卸灰不畅的故障，也就等于提高了除尘效率。

C 加热控制方式

对电除尘器的阴极支撑绝缘子和阴板振打瓷轴采取密封和加热保温措施，使该处的温度保持在烟气露点温度之上，是使电场运行电压能维持较高水平的重要手段。电除尘器的绝缘子加热控制方式有：连续加热控制、恒温加热控制和区间加热控制。对于连续加热，若无人工干涉，会出现保温箱温度过高，引起绝缘设备机械强度降低，加速老化，缩短使

用寿命，还会造成能源浪费。对于恒温加热控制，当采用有触点控制时，继电器和加热器工作过于频繁，会影响使用寿命。故应适当降低其温度检测的灵敏度，并正确选择恒温值高于露点温度。对于区间加热，应属于一种较好的加热控制方式，加热区间的下限应高于露点约20℃，上限高出下限约20℃为宜。这样做既可以防止绝缘子结露，使电场绝缘水平提高，又减少了继电器和加热器的故障概率，提高了设备的使用寿命，也提高了除尘效率。

4.6.4.4　集散控制方式的影响

采用由上位机（中央控制器）、下位机（高低压供电控制设备）和各种检测设备（烟气浊度仪、锅炉负荷传感器、温度、压力传感器、一氧化碳分析仪）等组成的集散型智能控制系统，可实现对高低压供电控制设备的闭环控制、控制参数的在线设定、运行数据的在线显示、修改和打印等多种功能。这不仅提高了电除尘器运行的自动化管理水平，而且能在保证除尘效率的前提下，通过对高低压供电控制设备实施智能控制，达到大幅度节省电能的目的。采用电除尘器集散型智能控制系统是现代化生产管理的需要，也是保障电除尘器长期安全、稳定、高效运行的重要措施之一。

总之，影响电除尘器性能的因素很多，除供电控制质量外，电除尘器的本体结构参数及性能、粉尘特性、烟气性质和运行维护人员的素质等均对电除尘器性能有重要影响。但对于运行中的电除尘器，从供电控制角度采取适当措施，是提高除尘效率最经济、最方便、最直接和最重要的手段。

4.6.5　运行因素的影响

4.6.5.1　气流分布

气流分布状况对电除尘器的性能有重要影响，甚至不亚于电场内作用于粉尘粒子的电场力对除尘效率的影响。气流形态决定着粒子回收的特性，被干扰的气流形态呈严重紊流、气喷、旋涡、脉动以及其他不平衡和不稳定状态，对除尘效率造成严重的影响。

A　气流分布不均匀的原因

在电除尘器中，造成气流分布不均匀的原因主要有：

（1）由锅炉进入除尘器连接管道的气流，由于和锅炉有关的各种原因而紊乱。

（2）在管道中由于摩擦而使近壁气流速度减慢并产生紊流。

（3）由于管道弯头的曲率半径很小，气流经过这种弯头后，在内侧的流动速度大大减小，甚至会逆转方向。在外侧的流动速度有相当大的增加。

（4）由于粉尘在管道中沉积过多，使气流严重紊乱。粉尘在管道中沉积可能是因为气流在管道中的速度低，也可能是因为水汽和硫酸冷凝在管道壁上引起粉尘依附。有些弯头的导流叶片也可能有粉尘沉积。

（5）在管道中的气流速度通常要比在电除尘器中高得多，因而管道与除尘器连接处需要有扩散段降低速度。如果扩散段的截面积增加太快，则气体将形成沿中心线速度高、靠近扩散段壁速度低的射流。逐渐扩大的扩散段虽然可以让气体均匀地慢下来，但将产生粉尘沉积问题。

（6）其他原因，例如：除尘器入口多孔板上的焊缝有缝隙（会出现高速气喷），除尘器本体漏风，从锅炉出来的气体温度不均匀，有的风机产生脉冲气流等。

B　气流分布不均匀对电除尘器性能的影响

气流分布不均匀对电除尘器性能的降低主要有以下几个方面：

（1）在气流速度不同的区域内所捕集的粉尘量不一样，即气流速度低的地方可能除尘效率高，捕集的粉尘量也会多；气流速度高的地方，除尘效率低，可能捕集的粉尘量就少。但因风速降低而增大粉尘捕集量并不能弥补由于风速过高而减少的粉尘捕集量。

（2）局部气流速度高的地方会出现冲刷现象，将已经沉积在收尘极板上和灰斗内的粉尘再次大量扬起。

（3）可能除尘器进口的烟尘浓度就不均匀，使除尘器内某些部位堆积过多的粉尘。如果在管道、弯头、导向板和分布板等处存积大量粉尘，会反过来又进一步破坏气流的均匀性。

（4）如果通道内气流显著紊乱，则振打清灰时粉尘容易被带走。

另外，在气流速度低的区域内，电晕线上可能积累过多的粉尘，抑制电晕，引起不均匀的电晕放电；如果温度显著不平衡，气体中尘粒分散得不好或形成气体射流，在电除尘器中造成气流紊乱，导致除尘效率下降。

C　改善气流质量的方法

气流分布均匀程度主要依靠正确选择管道断面积与除尘器断面积的均比（开口比），以及设置气流分布装置来达到。

a　气流分布板（多孔板）

电除尘器一般都在入口端设置气流分布板，这种分布板通常由在平面钢板上冲出许多直径 25～50mm 的小孔构成，小孔的总面积约为分布板总面积的 25%～50%（开孔率）。多孔板上也会有粉尘黏附，时间长了容易把小孔堵塞。因此，多孔板应有振打装置。多孔板的开孔形式在实际中常采用圆孔，通常在整个分布板上的圆孔大小都相同，但为了使气流分布均匀，通过模型试验，也可采用不等直径的圆孔，例如中部圆孔较小，而四周围孔应增大。有时设置一层分布板还达不到气流分布均匀的目的，则可以设置 2～3 层分布板。

b　导流叶片

在电除尘器管道系统设计中常采用的措施是安装导流叶片。因为当管道截面或方向突然改变时气流被严重地扰乱，会形成大的涡流。这种气流往往有沿管道内侧表面引起逆向流动的特性。当气体含尘时，这些涡流能达到高的含尘浓度，如果速度慢就会形成异常的粉尘沉积。安装导流叶片可以使这种情况有所改善。

c　模型试验

由于除尘系统的具体情况不同，电除尘器内的气流分布也会不同。如果没有现成的经验可循，往往需要进行模型试验来观察气流状况和研究如何使气流分布均匀，特别是大型的电除尘器更需如此，因为要对实际的电除尘器系统进行调整是不容易的，而理论计算又极其困难。用模型进行试验应当使模型中的气流分布与实际电除尘器中的相同才能取得有效的结果。要做到达一点，必须在模型试验时满足三种类型的相似，即几何相似、运动相似和动力相似。几何相似需要模型和实物的结构、形状一样，模型与实物相应的各部分尺寸都成同样比例；运动相似需要模型和实物两个流动系统处处都有同样的相对速度和加速度；动力相似必须在两个系统的相应点使两个无因次参数——雷诺数和欧拉数相同，其中雷诺数是首要的。

4.6.5.2 漏风

电除尘器一般是负压运行，如果壳体的连接处密闭不严，就会从外部漏入冷空气，使通过电除尘器的风速增大，从而使除尘性能下降。有的厂为了防止电除尘器被高温损坏，在入口管道处开设冷风门，这是很不合适的。掺入的冷风越多，除尘效果就更恶化。此外，电除尘器捕集的粉尘一般都比较细，如果从灰斗或排灰装置漏入空气，将会造成收尘极下的粉尘产生二次飞扬，也会使除尘效率降低，电除尘器出口端的灰斗漏风将更为严重。若从检查门、烟道、伸缩节、烟道闸门、绝缘套管等处漏入冷空气，不仅会增加电除尘器的烟气处理量，而且会由于温度下降出现冷凝水，引起电晕极结灰肥大、绝缘套管爬电和腐蚀等后果。鉴于这些原因，电除尘器设计时要保证有良好的密封性，壳体各连接处都要求连续焊接。

4.6.5.3 粉尘二次飞扬

A 产生粉尘二次飞扬的原因

在干式电除尘器中，沉积在收尘极上的粉尘如果黏附力不够，容易被通过电除尘器的气流带走，这就是通常说的粉尘二次飞扬。产生粉尘二次飞扬的原因与下列因素有关：

（1）粉尘沉积在收尘极板上时，如果粉尘的荷电是负电荷，就会由于感应作用而获得与收尘极板极性相同的正电荷，粉尘便受到离开收尘极的斥力。同时离子流又不断供给粉尘负电荷，粉尘又受到收尘极的吸力作用，所以粉尘所受的净电力是吸力斥力之差。如果斥力大于吸力，就会使粉尘产生二次飞扬。当粉尘比电阻很高时，粉尘和收尘极之间的电压降使沉积粉尘层局部击穿而产生反电晕时，也会使粉尘产生二次飞扬。

（2）当气流沿收尘极板表面向前流动的过程中，可以假定极板表面和气流之间的界面上的气流是静止的，随着气流和极板表面的距离的增加，气流速度迅速从零上升到其主气流中的数值。因为气流存在速度梯度，所以沉积在收尘极板表面上的粉尘层将受到使其离开极板的升力，速度梯度愈大，升力愈大。为减小升力，必须减小速度梯度，其主要措施之一就是降低气流速度，另一措施是把收尘极设计成能减小速度梯度的形式。

（3）电除尘器中的气流速度分布以及气流的紊流和涡流都能影响粉尘二次飞扬。在电除尘器中，气流分布常常是不均匀的，如果局部气流速度很高，就有引起紊流和涡流的可能性。而且烟道中的气体速度一般为 $10 \sim 15 \text{m/s}$，而气流进入电除尘器后突然降低到 1m/s 左右，这种气流突变的情况也很容易产生紊流和涡流。此外，强烈的电风也能使沉积的粉尘产生二次飞扬。

当振打电极清灰时，沉积在电极上的粉尘层由于本身质量和运动所产生的惯性力而脱离电极。若振打强度或频率过高，脱离电极的粉尘不能成为较大的片状或块状，而是成为分散的小片状或单个粒子，则很容易被气流重新带出电除尘器。

（4）当电除尘器有漏风或气流不经过电场而是通过灰斗出现旁路现象时，灰斗中的粉尘直接被气流卷走而产生二次飞扬。

总之，粉尘二次飞扬造成的损失主要取决于粉尘的特性、电除尘器的设计、供电方式、电除尘器内的气流状态和性质、振打装置的类型和操作以及收尘极的空气动力学屏蔽性能等。

B 防止粉尘二次飞扬的措施

为防止和克服粉尘二次飞扬的损失，可采取以下措施：

（1）使电除尘器内保持良好的气流分布；

（2）使设计出的收尘电极具有充分的空气动力学屏蔽性能；

（3）采用足够数量的高压分组电场，并将几个分组电场串联；

（4）对高压分组电场进行轮流均衡地振打；

（5）严格防止灰斗中的气流有环流现象和漏风。

4.6.5.4 气流旁路

气流旁路是指电除尘器内的气流不从收尘区板左右最外边与壳体内壁形成的通道中通过。

防止气流旁路的一般措施是采用常见的阻流板迫使旁路气流通过收尘区；将收尘区分成几个串联的电场；使进入电除尘器和从电除尘器出来的气流保持良好的状态等。如果不设置阻流板，即使所有其他因素都符合要求，则只要气流中有 5% 的气体旁路，除尘效率就不能大于 95%，对于要求高效的电除尘器来说，气流旁路是一个特别严重的问题，装设阻流板就能使旁路气流与部分主气流重新混合。气流旁路对除尘效率的影响取决于设有阻流板的区数和每个阻流区的旁路气流流量以及旁路气流重新混合的程度。气流旁路会使气流紊乱，并在灰斗内部和顶部产生涡流，其结果是使灰斗的大量集灰和振打时的粉尘重返气流。阻流板和灰斗的设计应使由于气流旁路所引起的粉尘二次飞扬最小。灰斗的设计必须考虑几种空气动力学的影响，其中包括伯努利原理、气流分离和涡流的形成。实际设计时，最好是通过模型试验和对现场除尘器的实际观察结果进行设计。为了使效率高，阻流区的数量至少应该是 4 个，气流旁路的百分率应该保持低值。若气流旁路的百分率高，即使有许多阻流也会使除尘效率大大下降。

4.6.5.5 电晕线肥大

电晕线越细，产生的电晕越强烈，但因在电晕极周围的离子区有少量的粉尘粒子获得正电荷，便向负极性的电晕极运动并沉积在电晕线上。如果粉尘的黏附性很强，不容易振打下来，于是电晕线上的粉尘越集越多，即电晕线变粗，从而大大地降低了电晕放电效果，这就是所谓的电晕线肥大。电晕线肥大的原因大致有以下几个方面：

（1）粉尘因静电荷作用而产生附着力。

（2）当锅炉低负荷或停止运行时，电除尘器的温度低于露点，水或硫酸凝结在尘粒之间以及尘粒与电极之间，并在其表面溶解，当锅炉再次正常运行时，溶解的物质凝固或结晶，从而产生较大的附着力。

（3）尘粒之间以及尘粒与电极之间有水或硫酸凝结，由于液体表面张力而黏附。

（4）由于粉尘的性质而黏附。

（5）由于分子力而黏附。

为了消除电晕线肥大现象，可适当增大电极的振打力，或定期对电极进行清扫，使电极保持清洁，或在大修期间对电除尘器内部进行水冲洗，但这都不是根本解决问题的措施。

4.6.5.6 阴、阳极热膨胀不均

A 阴、阳极板热膨胀不畅

为防止烟气经灰斗而不过电场直接排走，在灰斗内部设有灰斗挡风板。设计时已根据除尘器运行温度及极板长度确定了极板与灰斗挡风板之间的膨胀间隙。当安装过程疏忽而间隙量没有保证，在空载通电升压时，电场处于冷态，问题不会暴露。带负荷运行时电场处于热态，极板膨胀受阻而弯曲变形，阴、阳极之间放电距离变小，二次电压升不高或升高就跳闸。要避免这类缺陷，设计必须正确，安装间隙应绝对保证。

B 异极间距超差

异极间距超差的主要原因是：阴极小框架和阳极排组合时平面度没有调到标准要求，电场就位时又没有进行认真调整。而放电强度与放电间距及放电极结构有关。在相同结构的电场内部，电压将在最小间距处击穿。安装偏差越大，运行电压越低。安装过程精心组合校正才是消除缺陷的根本办法。

另外，电除尘器运行一段时间后，由于烟温变化和电场空间烟温不均等原因，也会引起阴、阳极膨胀不均，使异极间距超差，影响运行电压和电流，所以应及时进行维护和检修。

4.6.5.7 用 *V-I* 特性曲线判断电除尘器工作状况

运行状态下的电除尘器伏安特性受很多因素的影响，其中最重要的影响因素是烟气成分、温度、压力；粉尘成分、含尘浓度、粒度、比电阻；烟气速度；极板、极线的结构形式或匹配、极间距；电压波形等。

正在运行的电除尘器可以通过热态伏安特性的变化反映出运行工况的变化，运行人员可以借助热态伏安特性曲线的变化来判断电除尘器运行条件的改变，或借助它分析故障。

A 平移

在相同电压下电晕电流减小，是由于电晕线肥大造成的。

B 旋转

伏安特性曲线向右旋转，即在同一电压下，电流减小，这是由于烟气含尘浓度增加造成的，如果严重向右旋转，则易发生电晕封闭；*V-I* 特性曲线向左旋转，即在同一电压下，电流增加，这表明烟气含尘浓度减小。

C 过原点

V-I 特性曲线过原点，*V-I* 特性曲线有一直线段，这是电场内堵灰短路所致。

D 变短

击穿电压下降，这表明异极距变小或绝缘支柱、绝缘轴严重粘灰。

E 出现拐点

V-I 特性曲线出现拐点，这表明发生了反电晕现象。*V-I* 特性曲线升压和降压时，曲线不重合是严重反电晕。

4.6.5.8 除灰系统的影响

A 灰斗堵塞，排灰不畅

不少除尘器出现较严重的灰斗堵塞，排灰不畅。灰斗堵塞的原因是多种多样的，大致分为三种：第一种是由于锤头、砧块、放电极断线掉刺及安装遗留杂物掉落在灰斗，卡住

卸灰器引起的。第二种是由于灰斗加热保温不良，插板门漏风、水力冲灰箱潮气沿落灰管上升，使积灰吸潮结块引起的。第三种是由于卸灰器采用滑动轴承，不耐磨损，主轴下沉，叶轮与壳体摩擦卡涩，或压盖止推螺栓松动；叶轮端面与壳体顶死，扭矩加大，引起电动机发热，热偶继电器跳闸，又得不到及时修复而造成的。若热偶继电器失灵，则往往使卸灰器电动机过载而烧坏。

解决上述问题的措施归纳起来主要有：

（1）灰斗坡角不宜小于 55°～60°，内壁光滑，四角以圆弧形钢板焊接，以防积灰。目前，不少大型电除尘器每个电场设 2 个灰斗，灰斗连接处的底梁平面上往往积灰很多，无法清除，极易造成其上方通道的电场短路。

（2）及时清理安装遗留杂物，提高内部构件制造安装质量，减少放电极断线掉刺，防止振打锤、砧与灰斗阻流板脱落。尤其是灰斗阻流板的脱落，一般均属焊接质量问题，理当避免，但目前已有电厂发生这类事故，应当引起安装单位的警觉。

（3）改进灰斗的加热保温。燃煤电厂的电除尘器灰斗大多采用蒸汽加热保温，加热段仅在灰斗下部，每只灰斗加热量一般只有12000～16000kJ/h，加之疏水器不注意保养维护，运行不久即堵塞，如同虚设，结果蒸汽停留时间短，热量没充分利用，实际加热量还不到上述指标。个别电厂蒸汽加热盘管的接头焊接质量不良，焊缝跑汽漏水，无法投运。此外，保温层所用岩棉（矿渣棉），一般厚度仅为 100mm，内在质量各地相差也很大。这与不少国外电厂保温层厚达 300mm，每只灰斗加热量有 28000～56000kJ/h 相比，确有很大差距。其实在加热保温上多下些工夫，比起灰斗堵塞，电场短路，电除尘器被迫停运的损失，还是得大于失的。

（4）研制适用的灰斗料位计，实现卸灰自动监视与控制。目前灰斗料位计种类虽不少，但在生产中真正可以使用的却不多。

（5）灰斗内积灰搭拱如何破碎，也是众所关注的一个问题。以往曾在灰斗外壁设置仓壁振动器，但效果适得其反，若灰斗下口堵塞，越振积灰压得越紧。近年来，大多新电除尘器已不设仓壁振动器，但尚无更适合的装置替代。

（6）卸灰器下方的落水管若直径较细（一般为 276mm）或做成方形，均易加剧落灰管培灰，可改为直径为 400mm 左右的圆形落灰管。落灰管需加以保温。

（7）现普通使用的水力冲灰箱，长期以来未作大的改进，既费水，又不能避免热灰与水接触产生的潮气沿落灰管上升而堵塞灰斗。在国内还未能普遍采用气力输灰的情况下，研制新型的水力冲灰箱，不但可解决生产急需，而且有较大的经济效益，应当努力促成。此外，各电厂水力冲灰箱容积的设计应视排灰量而异，大小有别，对冲灰水的流量与压力要给以一定的保证。

（8）逐步推广干式除灰技术。水力冲灰不仅容易造成灰斗堵塞，而且不利于粉煤灰的综合利用。目前，全国燃煤电厂中干除灰量仅占灰渣总量的 5%左右。今后新建电除尘器应尽量采用干式除灰技术。

B　引风机调节的影响

引风机对除尘器分室内和分室之间的烟流分布也有影响。例如，由于风机挡板控制机构或指示仪表的缺陷，使两台风机流量不等。有时运行人员为了调整锅炉两侧过热器的温差，通过引风机控制挡板改变两侧流量分配，致使两侧烟气分配不均，从而影响了电除尘器的运行性能。

5 袋式除尘技术

5.1 概　　述

　　袋式除尘器是治理大气污染的高效除尘设备，是解决工业烟气细颗粒物超低排放的重要技术和装备。袋式除尘基于过滤的原理，净化效率高达99.99%以上，净化后颗粒物排放浓度可达10mg/m³以下，甚至达到5mg/m³，设备阻力低于1000Pa成为常态化。袋式除尘器可用于各种风量的含尘气体净化，也可用于气固分离和粉体回收，当烟气量、烟气温度、粉尘比电阻等烟尘工况变化和波动时，能够保持稳定的净化性能。脉冲喷吹类袋式除尘器作为主流设备，具有清灰能力强、过滤风速高、设备紧凑、钢耗少、占地少等优点，广泛应用于钢铁、水泥、有色冶炼、垃圾焚烧、医药和食品加工等各个工业领域，在电力行业也有一定比例的应用。

　　我国袋式除尘技术研究始于20世纪60年代，经历了国外技术引进、移植、消化、应用和再创新的过程，并实现了产品国产化。20世纪60年代中期开展了高压脉冲袋式除尘器引进、试验和研制工作，首次形成了MC型系列化产品。20世纪70年代重点开展了反吹风类袋式除尘器研究，回转反吹扁袋除尘器基本定型，并实现了系列化；同时，20世纪70年代末引进了长袋低压脉冲除尘器和环隙脉冲除尘器。20世纪80年代初，上海宝钢集团有限公司引进日本反吹风袋式除尘技术，移植开发了我国首套反吹风系列产品，在工业领域广泛使用，并实现了设备大型化，机械回转反吹除尘器也广泛采用，成为当时的主流产品，持续20余年。与此同时，1988年我国铝行业分别从法国引进菱形袋式除尘器、从日本消化移植旁插扁袋除尘器，建材行业从美国引进气箱脉冲除尘器等，极大地丰富了袋式除尘器品种。20世纪90年代是我国袋式除尘快速发展的重要时段，1995年宝钢集团150t电炉烟气净化工程引进法国反吹风袋式除尘器，过滤面积达28000m²，1997年上钢五厂100t电炉烟气工程成功采用我国自行设计的大型长袋低压脉冲除尘器，过滤面积为14100m²等，标志着我国袋式除尘真正步入大型化、产业化和大规模工业化应用。21世纪伊始，我国袋式除尘行业进入跨越式发展的新时期，创新驱动成为行业发展的主旋律，继2001年内蒙古丰泰电厂200MW机组成功引进德国回转喷吹袋式除尘技术和设备之后，2003年焦作电厂200MW机组采用863成果的长袋低压脉冲袋式除尘技术，成功实现了电厂锅炉烟气净化。21世纪初期，深圳开始了垃圾焚烧烟气袋式除尘技术和装备的消化移植，同时在工业上得到成功应用，净化效果达到欧盟标准，形成了典型工艺和系列化产品。21世纪以来，水泥行业通过创新开发了高效、低阻和长寿命袋式除尘技术和产品，袋式除尘应用比例超过85%，广泛用于5000~12000t/d规模水泥生产线，技术水平达到国际先进；钢铁行业袋式除尘应用比例达到90%~95%，特别是高炉煤气袋式除尘干法净化取得了重大成果，广泛应用于2500~5000m³高炉煤气净化，技术性能和水平国际先进；

以电解铝冶炼为代表的有色金属行业加快了除尘技术的创新和改造，加快了电改袋进程，在袋式除尘气流分布、精细滤料和烟气均布过滤等方面取得了显著进展，其成果应用于电解铝HF烟气净化，达到超低排放。在过滤材料方面，1974年我国首次成功研制出208工业涤纶绒布；1985年成功生产脉冲清灰用针刺毡滤料；1986年成功研制出729滤料；1994年研制成功覆膜滤料；1998年成功研制氟美斯复合滤料；2005年以来，我国袋式除尘高端滤料的研究取得了重大成就，相继自主研发了间位芳纶、芳砜纶、PPS、PTFE、PI、玄武岩纤维、超细玻纤、海岛纤维等特种纤维及滤料，并实现了规模化生产，大大提高了过滤效率和滤料强度；2010年开始引进了水刺滤料生产线，研制了超细面层梯度结构滤料产品，滤料的表面处理和后处理技术也得到明显提升，较好地满足了日益增长的市场需求，滤料的性能质量达到或接近国外水平，产品也销售到国外。在脉冲阀、喷吹装置、滤袋框架等配件方面，我国近10年来研制了大口径脉冲阀、无膜片脉冲阀、回转喷吹除尘器用脉冲阀、滤袋框架及有机硅喷涂生产线，产业能力快速提升。"十二五"期间，城市雾霾污染问题相对严重，电力行业开始实施超低排放，钢铁、水泥、有色金属、化工等行业开始执行新的排放标准，进一步推动了袋式除尘技术的创新进程。针对烟气PM$_{2.5}$细颗粒物高效控制和节能降耗问题，相继研发了预荷电袋滤器、嵌入式电袋复合除尘器、海岛纤维及其滤料、超细纤维面层水刺滤料等。同时，袋式除尘委员会编制了一大批工程技术规范、产品标准、排放标准、设计手册和培训教材等，为工业行业实现特殊排放及超低排放提供了设计、技术、装备和材料的支撑。可以预见，今后袋式除尘技术还将在工业烟气多污染物协同净化、细颗粒物深度净化、空气超净化等方面起到举足轻重的作用。

5.2　袋式除尘器的工作原理

袋式除尘是采用过滤技术从气体中分离固体颗粒物的过程。袋式除尘器（袋式收尘器）是采用过滤技术进行气固分离的设备，其利用棉、毛、合成纤维或人造纤维，以及金属或陶瓷等制成的袋状过滤元件，对含尘气体进行过滤。

当含尘气体通过洁净的滤袋时，由于滤料本身的孔隙较大（一般为20~50μm），所以除尘效率不高，大部分微细粉尘会随气流从滤袋的孔隙中穿过，粗大的尘粒靠惯性碰撞和拦截被阻留。随着滤袋上截留粉尘的增加，细小的颗粒靠扩散、静电等作用也被捕获，并在孔隙中产生"架桥"现象。含尘气体不断通过滤袋的纤维间隙，纤维间粉尘"架桥"现象相应加强，一段时间后，滤袋表面积聚成一层粉尘，称为"一次粉尘层"。在随后的除尘过程中，"一次粉尘层"便成为滤袋的主要过滤层，而滤料则主要起到支撑骨架的作用。

滤袋捕集粉尘的过程如图5-1所示。

随着滤袋上捕集的粉尘量不断增加，粉

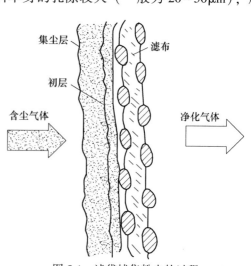

图 5-1　滤袋捕集粉尘的过程

尘层不断增厚，过滤效率随之提高，但除尘器的阻力也逐渐增加，通过滤袋的风量则逐渐减少，此时需要对滤袋进行清灰。清灰的目标是既要尽量均匀地除去滤袋上的积灰，又要避免过度清灰，保留"一次粉尘层"，保证工况稳定且高效运行。

袋式除尘器正是在不断过滤和清灰的过程中持续工作的。

5.2.1 过滤机理

袋式除尘器对含尘气体的过滤主要有纤维过滤、粉尘层过滤和薄膜过滤。其除尘机理是筛滤、惯性碰撞、钩附、扩散、重力沉降和静电等效应综合作用，其中以"筛滤效应"为主。

5.2.1.1 纤维过滤机理

纤维体捕集粉尘机理如图 5-2 所示。

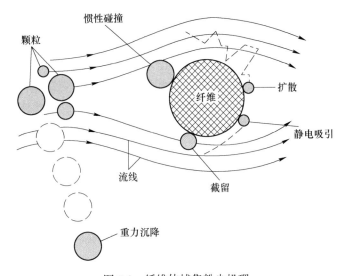

图 5-2 纤维体捕集粉尘机理

A 筛滤效应

当粉尘的颗粒直径较滤料纤维间的空隙或滤料上粉尘间的空隙大时，粉尘被阻留下来，称为筛滤效应。对织物滤料来说，这种效应很小，仅当织物上沉积大量的粉尘后，筛滤效应才充分显示。

B 碰撞效应（惯性沉降）

纤维大多垂直放置于气流方向上，当含尘气流接近纤维时，在纤维附近气流流线发生弯曲。但 1μm 以上的较大颗粒由于惯性作用，粒子将不随从流线的弯曲而偏离气流流线，仍保持原有的方向，撞击到纤维上而被捕集下来，称为碰撞效应。显然，随粒子直径的增大和气流速度的增加，惯性沉降作用也随之增大。

C 钩附效应（截留）

当含尘气流接近纤维附近时，细微的粉尘仍保留在流线内，这时流线比较紧密。如果粉尘颗粒的半径大于粉尘中心到纤维边缘的距离，粉尘即被捕获，称为钩附效应，也称为截留。

D　扩散效应

当粉尘颗粒极为细小（0.5μm 以下）时，会在气体分子的碰撞下偏离流线做不规则运动（也称布朗运动），这增加了粉尘与纤维接触而被捕获的机会。粉尘颗粒越小，运动越剧烈，与纤维接触的机会也越多。

碰撞、钩附及扩散效应均随纤维的直径减小而增加，随滤料的孔隙率增加而减少。因此，所采用滤料的纤维越细，纤维层越密实，滤料的除尘效率越高。

E　重力沉降

颗粒大、相对密度大的粉尘，因重力的作用而沉降下来。这与借助沉降室捕集粉尘的机理相同。

F　静电作用

气流冲刷纤维体时，摩擦作用可使纤维产生电荷。某些粉尘颗粒在运动中也会带上电荷。如果纤维经过树脂浸渍，电荷作用会加强。在外界不施加静电场时，由于捕集体的导电、离子化气体的经过、带电颗粒的沉降，以及放射性的照射作用，会使电荷慢慢减少。

当粉尘与滤料的荷电性质相反时，粉尘易于吸附在滤料上，从而提高除尘效率，但被吸附的粉尘难以被剥离。反之，当两者的荷电相同时，则粉尘受到滤料的排斥，效率会因此而降低，但粉尘容易从滤袋表面剥离。此外，如果颗粒荷电，捕集体为中性，就会在捕集体上产生诱导电荷，两者产生静电吸引力；如果捕集体荷电而颗粒为中性，两者也会相互吸引。

粒子在纤维上的沉降是几个捕获机理共同作用的结果，其中有一两个机理处于优势地位。

5.2.1.2　粉尘层与纤维层过滤机理

袋式除尘器的过滤效果主要依赖粉尘层，滤料的过滤效果是有限的，主要起到形成粉饼的作用。

织造滤料的孔隙主要存在于经、纬纱之间（纱线直径一般为 300~700μm，间隙为 100~200μm），其次存在于组成纱线的纤维之间，这部分孔隙占总量的 30%~50%。在滤尘的初期，粉尘大多从经、纬纱之间的孔隙通过，只有小部分粉尘进入纤维间的孔隙，粗颗粒尘便嵌进纤维间的孔隙内；非织造针刺毡（水刺毡）的纤维互相抱合，纤维之间呈三维空隙分布，孔隙率高，孔道弯曲，含尘气流通过时受筛分、惯性、滞留、扩散等综合作用，部分粉尘被分离，与纤维层共同形成过滤层。经长期过滤和清灰的过程，该过滤层逐渐形成"粉尘初层"。

随着滤尘的进行，滤料逐渐对粗、细粉尘颗粒都产生有效的过滤作用，形成"粉尘初层"（或称为"尘膜"），其厚度为 0.3~0.5mm，于是粉尘层表面出现以筛滤效应为主的捕集粉尘过程。此外，对粒径小于纤维直径的粉尘，碰撞、钩附、扩散等效应增加，除尘效率提高。滤料本身的除尘效率为 85%~90%，效率比较低，但当滤料表面形成粉尘初层后，除尘效率可达 99.5% 以上。滤袋清灰应适度，应尽量保留粉尘初层，以防止除尘效率下降。粉尘初层的形成与过滤风速有关。过滤风速较高时，粉尘初层形成较快；过滤风速较低时，粉尘初层形成较慢。

总体来说，纤维层过滤分两种过滤方式：内部过滤和表面过滤。内部过滤又称深层过滤，首先是含尘气体通过洁净滤料，这时，起过滤作用的主要是纤维，因而符合纤维过滤的机理；然后，阻留在滤料内部的粉尘将和纤维一起参与过滤过程。当纤维层达到一定的容量后，后续的尘粒将沉积在纤维表面，此时，在滤料表面所形成的粉层对含尘气流将起主要的过滤作用，这就是表面过滤。

过滤过程分三个阶段：洁净滤料的稳定过滤、含滤料的非稳态过滤和滤料表面有粉尘层时的表面非稳态过滤。传统的过滤理论主要考虑洁净滤料和含料过滤阶段。

从实际应用情况看，洁净滤料只有在新滤料开始使用的很短时间内出现，在以后的过滤过程中，洁净滤料将不复存在，非稳态过滤贯穿整个过程。

随着粒子不断沉积在滤料中，滤料的孔隙率逐渐变小，当滤料的孔隙率等于粒子层的孔隙率时，粒子开始在滤料的表面沉积形成很薄的粉尘层，随后沉积在滤料表面的粉尘层将参与过滤作用，效率进一步增加，即表面过滤开始。在纤维过滤过程中，最有意义的是表面过滤。

表面过滤属"尘滤尘"现象，要实现表面过滤，首先应在滤料表面形成粉尘初层，随过滤时间增加，所收集的粒子直接导致粉尘层增厚，效率提高。

5.2.1.3　薄膜过滤机理

薄膜过滤材料的典型代表是覆膜滤料，亦即表面覆以一层透气的微孔薄膜而制成的滤料。PTFE 薄膜是应用最多的膜材料，其孔隙率为 85% ~ 93%，孔径为 0.05 ~ 3μm。即使对 1μm 以下的微细粒子，PTFE 薄膜也有很高的捕集率。因此，覆膜滤料对粉尘的捕集主要依靠其表面薄膜的过滤作用，即表面过滤，较少依赖粉尘初层。

在膜过滤机理中，筛滤作用非常重要；另外，粒子与孔壁之间的相互作用有时较孔径大小显得更为重要，膜的各种截留作用如图 5-3 所示。

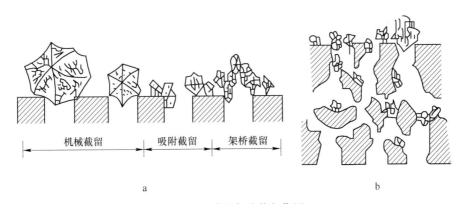

图 5-3　膜的各种截留作用

a—在膜的表面层截留；b—在膜内部的网络

微孔滤膜的过滤机理大致有以下几种：

（1）机械截留作用。机械截留作用是指膜具有截留大于或等于其孔径微粒的作用，即通常所说的筛滤作用。

（2）吸附及静电作用。在微孔内部会有粒子被捕集，普什（Pusch）认为这是由吸附和静电的作用所致。

（3）扩散作用。对于直径为 0.1μm 以下粒子，由于扩散作用被微孔壁捕获也被认为是机理之一。

（4）架桥作用。通过电镜可以观察到，在孔的入口处，微粒因为架桥作用而被截留。

5.2.1.4　超细面层过滤机理

研究表明，降低单纤维直径、增加滤料接尘面的致密度是提高滤料过滤效率的途径。因此，在普通滤料表面敷设一层超细纤维面层（如海岛纤维），形成表面过滤，超细纤维之间可形成更小、更致密的空隙，可以有效阻隔细颗粒物进入滤袋内部，防止其穿透、逃逸，从而提高其对细颗粒物的捕集效率，超细面层滤料结构如图 5-4 所示。

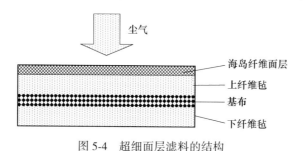

图 5-4　超细面层滤料的结构

5.2.2　清灰机理

堆积在粉尘初层上的粉尘称为"二次粉尘层"。随着过滤的进行，滤料表面的粉尘层越来越厚，设备阻力越来越大，处理风量也越来越小，此时必须进行清灰，清灰是使袋式除尘器能长期持续工作的决定性因素。清灰的对象是"二次粉尘层"，其基本要求是从滤袋上迅速而均匀地清除粉尘，同时保持粉尘初层，并且不损伤滤袋和消耗较少的动力。

清灰的原理是通过振动、逆气流或脉冲喷吹等外力作用，使黏附于滤袋表面的尘饼受冲击、振动、形变、剪切应力等作用而破碎、崩落。

清灰方式主要有机械振动清灰、脉冲喷吹清灰和反吹清灰等，也有袋式除尘器采用两种以上清灰方式联合清灰，例如反吹风和机械振动联合清灰，还有反吹风联合声波清灰等。

5.2.2.1　机械振动清灰

机械振动清灰是利用机械装置（电动、电磁或气动装置）使滤袋产生振动，致使滤袋表面的尘饼崩落。机械振动清灰机理主要有加速度、剪切、屈曲-拉伸、扭曲等协同作用。其中，加速度对清灰起主要作用，机械振动清灰方式如图 5-5 所示。机械振动包括水平方向振动和垂直方向振动，也可以利用偏心轮高频振动。

机械振动清灰时，需要停止过滤，在离线状态下清灰以增强清灰效果，且设计时应选择较低的过滤风速。

机械振动清灰装置构造简单，但清灰强度较弱，而且往往会损伤滤袋，因此使用得越来越少。

5.2.2.2　反吹清灰

反吹清灰也称逆气流清灰，是利用切换装置停止过滤气流，并借助除尘器本身的工作压力或外加动力形成反向气流，使滤袋产生胀、缩变形导致粉尘层脱落的一种清灰方式。

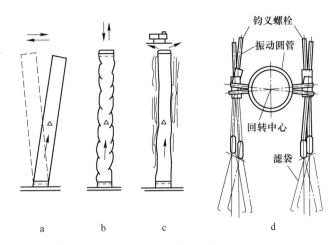

图 5-5　机械振动清灰

a—水平振动；b—垂直振动；c—快速振动；d—复合振动

反吹风清灰有分室反吹和回转反吹两种形式。

分室反吹类采取分室结构，反吹风清灰大多在离线状态下进行。利用阀门或回转机构逐室地切换气流，将大气或除尘后的洁净气体导入袋室进行清灰。反向气流可由系统主风机供给，也可由专设风机供给。反向气流在滤袋上分布均匀，振动不剧烈，对滤袋的损伤较小，滤袋寿命较长，但清灰作用较弱。因此，应选择较低的过滤风速，一般为 0.6～0.9m/min。

分室清灰工作制度有二状态与三状态之分：二状态由"过滤"和"反吹"两个环节组成，需要重复多次动作；三状态由"过滤""反吹"和"沉降"三个环节组成（见图5-6）。

反吹风清灰还包括机械回转反吹的方式，即除尘器在过滤状态下通过回转反吹装置对箱体内部分滤袋顺序清灰的一种在线清灰方式。除尘器结构不分室。

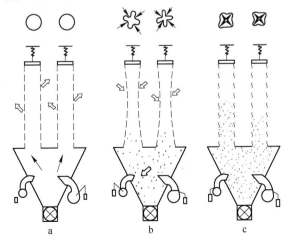

图 5-6　分室三状态反吹清灰过程

a—过滤；b—反吹；c—沉降

5.2.2.3 脉冲喷吹清灰

脉冲喷吹清灰以压缩气体（压力为 0.08~0.7MPa）为清灰介质，在很短的时间内（不超过 0.2s）将压缩气体快速释放，同时诱导数倍于压气流量的常压气体，形成高压气团喷入滤袋，使滤袋内的压力急速上升，由袋口至底部依次产生急剧的膨胀和冲击振动，造成附着在滤袋表面的粉尘层剥离和脱落（见图 5-7）。有研究表明喷吹时反向气流对粉尘的剥离作用非常小，粉尘从滤袋表面脱落主要是由于滤袋表面受到冲击和振动的结果，即滤袋的快速膨胀与收缩产生的变形。因此，滤袋与滤袋框架之间保持适度的间隙是必要的。由于脉冲喷吹是属于强力清灰，所以喷吹压力和喷吹频率与滤袋的寿命有直接的关系。

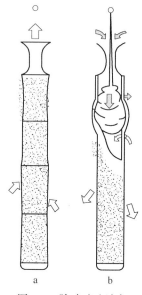

图 5-7　脉冲喷吹清灰
a—过滤；b—喷吹

喷吹时，虽然被清灰的滤袋不起过滤作用，但因喷吹时间很短，被清灰的滤袋占滤袋总数的比例很小，所以几乎可以将过滤作用看成是连续的。因此，除尘器通常不采取分室结构，称为在线清灰。但脉冲袋式除尘器也有采取分室结构的，在隔断过滤气流的条件下，对清灰仓室的滤袋进行脉冲喷吹，清灰逐室顺序进行。

在常见的清灰方式中，脉冲喷吹具有最强的清灰能力，清灰效果好，可允许较高的过滤风速，一般适用于粉尘粒径小、黏性大的炉窑粉尘清灰。在处理相同风量的情况下，脉冲喷吹清灰的滤袋面积少于机械振动和反吹风清灰方式。但脉冲喷吹需要充足的压缩空气，当压缩空气压力不能满足喷吹要求时，清灰效果将大大降低。

5.2.3　袋式除尘器的特点

5.2.3.1　主要优点

（1）除尘效率高。特别是对微细粉尘也有较高的效率，如果在设计和维护管理时给予充分注意，除尘效率不难达到 99.9% 以上。

（2）适应性强。可以捕集不同性质的粉尘，例如对于高比电阻粉尘，采用袋式除尘器就比电除尘器优越。此外，入口含尘浓度在一相当大的范围内变化时，对除尘器效率和阻力的影响都不大。

（3）使用灵活。处理风量为每小时数百立方米到每小时数十万立方米，甚至更大。可以做成直接设于室内、机床附近的小型机组，也可做成大型除尘器室，即所谓的"袋房"。

（4）结构简单。可以因地制宜采用简单的布袋除尘，在条件允许时也可采用效率更高的脉冲喷吹袋式除尘。

（5）工作稳定。便于回收干粉尘，没有污泥处理、腐蚀等问题，维护简单。

5.2.3.2　主要缺点

（1）袋式除尘器的应用范围主要受滤料的耐温、耐腐蚀性等性能的局限。特别是在耐高温方面，目前常用的滤料（如涤纶）适用于 120~130℃，而玻璃纤维等滤料可耐250℃左右。烟气温度更高时，要采用造价高的特殊滤料或者采取烟气降温措施，这会使系统复杂化，造价也高。

（2）不适宜于黏结性强及吸湿性强的粉尘。特别是烟气温度不能低于露点温度，否则会产生结露，致使滤袋堵塞。

（3）处理风量大时，占地面积大。袋式除尘器原来的一些缺点（如换袋困难、劳动条件差等）已随着技术的改进而得到一定程度的克服。

5.3 袋式除尘器的分类及结构形式

5.3.1 袋式除尘器的分类

5.3.1.1 按清灰方式分类

清灰是使袋式除尘器能长期持续工作的决定性要素。清灰方式的不同是袋式除尘器分类的主要依据，不同的清灰方式决定了不同的袋式除尘器结构。我国国家标准 GB/T 6719—2009《袋式除尘器技术要求》将袋式除尘器按清灰方式的不同分为四类：机械振打类、反吹风类、脉冲喷吹类、复合清灰类。

A 机械振打类袋式除尘器

利用机械装置（电动、电磁或气动装置）使滤袋产生振动而清灰的袋式除尘器有适合间歇工作的停风振打和适合连续工作的非停风振打两种构造形式。

停风振打袋式除尘器是指使用各种振动频率在停止过滤状态下进行振打清灰；非停风振打袋式除尘器是指使用各种振动频率在连续过滤状态下进行振打清灰。

机械振打类袋式除尘器利用机械装置振打或摇动悬吊滤袋的框架，使滤袋产生振动而清落积灰。它包括手动、气动、电动及电磁等机械装置，振动频率有低频、中频和高频。

水平方向振打清灰方式通常在上部振打，对滤袋的损害较轻。垂直方向振打清灰方式多使用凸轮机构，可产生低频垂直振动；或使用偏心轮旋转机构，可产生较高频率垂直振动。低频大振幅清灰效果较好，但易损害滤袋；高频振动虽不易损害滤袋，但清灰效果较差。

B 反吹风类袋式除尘器

该类装置是指切断过滤气流，在反吹气流作用下迫使滤袋缩瘪与鼓胀而清灰的袋式除尘器。

a 分室反吹类

除尘器采取分室结构，利用阀门或回转机构逐室切换气流，将大气或除尘系统后洁净循环烟气等反向气流引入袋室进行清灰。分室反吹多采用内滤式。

大气反吹风袋式除尘器，是指除尘器处于负压（或正压）状态下运行，将室外空气引入袋室进行清灰。

正压循环烟气反吹风袋式除尘器，是指除尘器处于正压状态下运行，将系统中净化后的烟气引入袋室进行清灰。

负压循环烟气反吹风袋式除尘器，是指除尘器处于负压状态下运行，将系统中净化后的烟气引入袋室进行清灰。

清灰分"二状态"和"三状态"两种清灰制度，见图 5-6。分室反吹清灰能力较弱，设计过滤风速较低，设备阻力较大。

b 喷嘴反吹类

该类装置是以高压风机或压气机提供反吹气流，通过移动或转动的喷嘴进行反吹，使滤袋变形抖动而清灰的袋式除尘器。这类除尘器均为外滤式，滤袋呈圆形或扁袋形状，结构上不分室，属于在线清灰方式。

机械回转反吹风袋式除尘器是该类产品的典型代表，其喷嘴为条口形或圆形，通过回转装置做圆周运动，依次与各个滤袋净气出口相对，进行反吹清灰。

此外，该类除尘器还有气环反吹、往复反吹、脉动反吹等形式，但现在已很少使用。

C 脉冲喷吹类袋式除尘器

该类装置是以压缩气体为清灰动力，利用脉冲喷吹机构在瞬间放出压缩空气，高速射入滤袋，使滤袋急剧鼓胀，依靠滤袋受冲击振动而清灰的袋式除尘器，如图 5-7 所示。该类除尘器均属于外滤式。

根据喷吹气源压强的不同可分为低压喷吹（低于 0.25MPa）、中压喷吹（0.25 ~ 0.5MPa）和高压喷吹（高于 0.5MPa）。

脉冲喷吹属于强力清灰，清灰效果好，过滤阻力低，可选用较高的过滤风速，多用于粉尘细和黏的烟气过滤清灰。

脉冲喷吹类袋式除尘器是目前最常用的一种类型，根据喷吹机构和喷吹形式的不同，可分为以下几种形式：

（1）行喷式脉冲袋式除尘器。以压缩气体通过固定式喷吹管对滤袋进行喷吹清灰的袋式除尘器。滤袋按照行和列方阵布置，喷吹时，对滤袋逐行进行清灰。

（2）回转式脉冲袋式除尘器。以同心圆方式布置滤袋，配置 1 个大型脉冲阀，喷吹装置做回转运动，1 根或数根喷吹管在回转状态下，对不同圆周上的滤袋进行清灰。

（3）气箱式脉冲袋式除尘器。除尘器为分室结构，清灰时将喷吹气流喷入单个箱室的净气箱，按程序逐室停风、喷吹清灰。

脉冲喷吹时间短，清灰的滤袋数量占比较少，因此可以采用在线清灰，除尘器的结构可以不分室；对于密度小、黏性大的细颗粒物场合，也可采用离线清灰，除尘器为分室结构。

D 复合式清灰类

采用两种以上清灰方式联合清灰的袋式除尘器，称为复合清灰袋式除尘器。例如机械振打与反吹风复合袋式除尘器、声波清灰与反吹风复合袋式除尘器、脉冲清灰与声波清灰复合袋式除尘器等。

5.3.1.2 根据袋式除尘器结构特点划分

A 按除尘器进风口位置划分

a 上进风

含尘气流入口位于箱体上部，气体自上而下流入袋区，气流与粉尘沉降方向一致。上进风可以有效减少粉尘的二次黏附，有利于除尘器的清灰。有的除尘器含尘气流入口设于箱体下部，但箱体内设有导流板，将含尘气流引到袋区上部再分散，应属上进风式。

　　b　下进风

含尘气流入口位于箱体下部或灰斗，气体自下而上流入袋区，气流与粉尘沉降方向相反。

　　c　侧向进风

含尘气流从袋室的侧面进入，气流沿水平方向接触滤袋。

　　B　按过滤元件形式划分

　　a　圆袋袋式除尘器

过滤元件为圆筒形滤袋，通常直径为 120~300mm，袋长为 2~10m。圆筒形滤袋受力均匀，支撑框架结构简单，容易获得较好的清灰效果，滤袋之间的间隙空间较大，不易被粉尘堵塞。

　　b　扁袋袋式除尘器

过滤元件为平板形（信封形）、梯形、菱形、人字形、楔形、椭圆形，以及非圆筒形的其他形式。扁袋的断面以扁圆形、菱形、楔形和平板形比较常见。与圆袋相比，在同体积箱体内扁袋可布置的过滤面积能增加 20%~40%，这有利于减少除尘器的占地面积和钢耗量；但是扁袋之间空间狭窄，容易被粉尘堵塞，影响清灰效果及增加阻力，滤袋支撑框架的制造及安装也较为复杂。

　　c　折叠滤筒袋式除尘器

过滤元件为褶皱式圆筒状。

　　C　除尘器工作压力划分

　　a　负压式袋式除尘器

除尘器设在风机的负压侧，即在负压下工作，含尘气体先经过除尘器，再进入风机。该类除尘器要求严密性高，尽量减少漏风。由于风机输送的是净化后的气体，不易出现叶轮被粉尘黏附或磨损等故障，所以在工程中被广泛采用，如图 5-8a 所示。

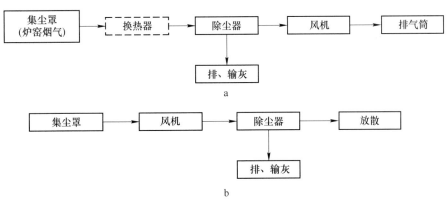

图 5-8　负压和正压袋式除尘
a—负压式袋式除尘工艺；b—正压式袋式除尘工艺

　　b　正压式袋式除尘器

除尘器设在风机的出口正压侧，即在正压下工作。含尘气体先经过风机，然后进入除尘器。由于风机在含尘气体中工作，所以对于粉尘黏附性、磨琢性较强或含尘浓度过高的烟气，不宜采用正压式袋式除尘器，如图 5-8b 所示。

在净化后的气体可以直接排入大气的条件下，正压式除尘器出口可以不设排风筒；对于有毒、有害和不宜直接排入大气的气体，则除尘器出口仍需要设置排气筒。

D　按容尘面方向划分

a　外滤式袋式除尘器

含尘气体由滤袋外侧向内侧流动，粉尘被阻留在滤袋外表面。滤袋可采用圆袋或扁袋，滤袋内需要设置支撑框架，以防滤袋被吸瘪。其清灰多采用脉冲喷吹或喷嘴反吹方式。

b　内滤式袋式除尘器

含尘气体由滤袋内侧向外侧流动，粉尘被阻留在滤袋内表面。滤袋多采用圆袋，一般不需要袋内支撑框架。其清灰多采用机械振动或分室反吹风方式。因滤袋外侧是清洁气体，所以当气体无毒且温度不高时，操作人员可以在不停机状况下进入袋室检修；另一方面，由于滤袋内是含尘气体，所以当其流速过高时会磨损滤袋，特别是袋口更容易磨损。清灰方式多采用机械振动和分室反吹。

5.3.2　脉冲喷吹类袋式除尘器

5.3.2.1　中心喷吹与低压喷吹脉冲袋式除尘器

中心喷吹脉冲袋式除尘器结构如图 5-9 所示，是我国第一代脉冲喷吹技术，其特征是采用直角式脉冲阀，高压喷吹，在滤袋口设有文丘里管，袋长较短，一般不超过 3m。因此，该类除尘器的处理风量较小，常做成单机形式。

该类除尘器主要由上箱体、中箱体、下箱体、喷吹装置等部分组成。

上箱体为净气室，喷吹装置也安装在上箱体中。中箱体为尘气箱，内装有滤袋，在上箱体和中箱体之间有花板分隔。花板有两个作用，一是分隔含尘气体与净化后气体，二是作为滤袋安装的生根部位。下箱体为灰斗，灰斗下方连有卸灰阀和输灰系统。

含尘气体由进气管道进入尘气箱，过滤后的气体经袋口汇集到净气箱后排出。粉尘附着于滤袋外表面。

除尘器上箱体内，在每排滤袋的上方均设一根喷吹管，管上有喷嘴（孔）正对每条滤袋中心。各喷吹管经由脉冲阀与气包相连。当控制仪输出信号开启脉冲阀时，气包内的压缩气体便被释放，并在 0.1~0.2s 的瞬间由喷嘴（孔）射向滤袋，同时诱导为自身 5~7 倍的周围气体一并进入袋内。滤袋壁受到强烈冲击而急剧鼓胀变形，积于滤袋表面的粉尘便被清落。一排滤袋清灰后间隔一定时间，下一排滤袋开始清灰，依次逐排进行。落入灰斗的灰尘由卸灰阀排出。

脉冲喷吹装置由气包、控制阀、脉冲阀、喷吹管等组成，早期控制阀有电动、气动和机控等多种形式。

清灰周期应随含尘浓度、过滤风速、粉尘性质、气体特性、除尘器结构等因素的不同而调节，以保持除尘器阻力在合理范围内。

脉冲喷吹清灰的程序控制包括定时控制和定压差控制两种方式，控制仪的驱动多为电控，也有少数为气控。

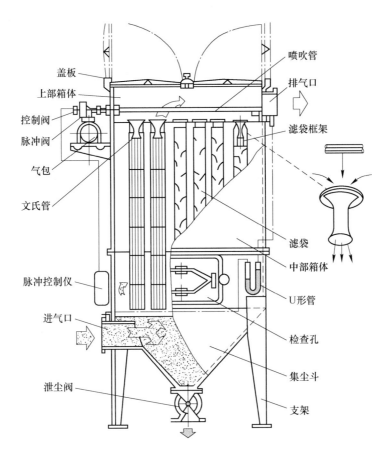

图 5-9　中心喷吹脉冲袋式除尘器

该类除尘器具有如下特点：

（1）过滤风速高，因而可减少过滤面积，使设备紧凑。

（2）设备阻力低，运行能耗少。

（3）除尘器内活动部件少，维修工作量小。

（4）高压（0.5~0.7MPa）喷吹型的清灰能耗高。

（5）滤袋长度仅为 2~2.6m，处理风量大时，会失去占地面积小的优点。

（6）脉冲阀数量过多，早期的脉冲阀膜片寿命较短，维修工作量大。

低压喷吹脉冲除尘器是对中心喷吹脉冲除尘器的改进，设备结构大致相同。低压喷吹的主要特征为：将原来的单膜片直角脉冲阀改为淹没式脉冲阀，喷吹压力降至 0.2~0.3MPa；以喷嘴取代传统的喷孔，喷吹管可以拆卸，滤袋更换方便；进风方式由原来的灰斗进风改为中箱体上部进风等。

5.3.2.2　环隙喷吹脉冲袋式除尘器

环隙喷吹脉冲袋式除尘器以其采用环隙引射器而命名。该类型除尘器的主要特点之一是脉冲阀更新。脉冲阀为双膜片形式，当电磁阀开启时，通过控制膜片的动作而带动主膜片开启。与传统直角式脉冲阀另一不同之处在于其淹没式结构，省去了原有的阀体，使脉冲阀结构大为简化，喷吹压力得以降低，过滤风速也得以提高。

与中心喷射的文丘里管不同，压缩空气由环隙引射器内壁的一圈缝隙喷出，而被引射的二次气流则由引射器的中心进入。这种除尘器没有喷吹管，而是由多段插接管将各引射器连接在一起，从而将脉冲阀释放的压缩气体输送到每条滤袋。滤袋靠缝在袋口的钢圈悬吊在花板上，不用绑扎。滤袋框架与环隙引射器嵌接，当滤袋在花板上就位后，将框架插入，引射器的翼缘便压住袋口，并以压条、螺栓压紧。换袋操作在开启顶盖后在花板上进行。滤袋框架连同引射器抽出后，含尘滤袋不向上抽出，而是由袋孔投入灰斗，再集中取出。

上盖不设压紧装置，靠负压和自重压紧保持密封。除尘器停止运行后，箱体内的负压卸除，上盖可以方便地开启。

环隙喷吹脉冲袋式除尘器喷吹结构较为复杂，目前工程上运用较少。

5.3.2.3　长袋低压脉冲袋式除尘器

长袋低压脉冲袋式除尘器是全面克服了中心喷吹脉冲袋式除尘设备的诸多缺点而发展出的新型脉冲袋式除尘设备，其技术进步表现在：将原有的直角脉冲阀改为淹没式脉冲阀；以喷嘴取代传统的喷孔，喷嘴直径扩大，从而降低喷吹压力；突破了滤袋长度的限制，袋长可达 6m 以上，其结构如图5-10 所示。目前该类除尘器是在工业领域应用最广、使用最多的主流设备。

该类除尘器由上箱体、中箱体、灰斗等部分组成，采用外滤式结构，滤袋内装有袋笼，含尘气体由中箱体下部引入，经挡板导向中箱体上部进入滤袋。净气由上箱体排出。

脉冲阀是长袋低压脉冲袋式除尘器的核心部件，是脉冲喷吹袋式除尘器清灰气流的发生装置。脉冲阀有多种结构形式和尺寸，其分类有多种形式，按先导控制方式分为电控脉冲阀和气控脉冲阀；按气流输入、输出端位置分为直角阀、淹没阀

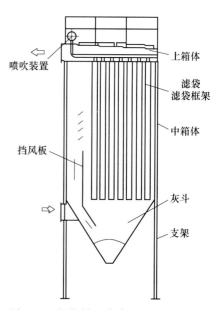

图 5-10　长袋低压脉冲袋式除尘器结构

和直通阀；按脉冲阀的接口形式分为内螺纹接口、外螺纹双闷头接口、法兰接口和嵌入式接口。

电磁脉冲阀有多种形式和结构，如图 5-11 所示。以淹没式脉冲阀为例，其工作原理是：膜片把脉冲阀分成前、后两个气室，当接通压缩气体时，压缩气体通过节流孔进入后气室，此时后气室的压力推动膜片向前紧贴阀的输出口，脉冲阀处于"关闭"状态；接通电信号，驱动电磁先导头衔铁移动，阀的后气室放气孔被打开，后气室迅速失压使膜片后移，压缩气体通过输出口喷吹，脉冲阀处于"开启"状态。电信号消失，电磁先导头衔铁复位，后气室放气孔被堵住，后气室的压力又使膜片向前紧贴阀的输出口，脉冲阀处于"关闭"状态。

用喷吹装置对滤袋进行清灰，控制系统发出指令，脉冲阀开启，气包内的压缩空气快

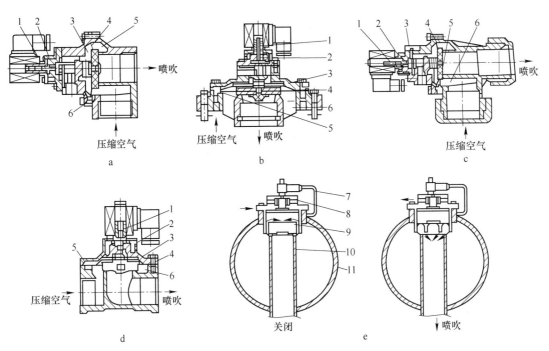

图 5-11　电磁脉冲阀的基本形式和结构

a—直角式 T 型接口；b—淹没式 MM 型座；c—直角式 DD 型接口；

d—直通式 T 型接口；e—活塞式 MM 型座

1—动铁芯；2—放气孔；3—后气室；4—膜片；5—节流孔；6—前气室；

7—电磁铁；8—阀体；9—活塞；10—输出管；11—气包

速释放，通过喷吹管对滤袋逐排清灰，使粉尘脱离滤袋落入灰斗。袋口不设引射器，喷吹气流通过袋口引射二次气流。脉冲阀与喷吹管的连接采用插接方式，喷吹管上设有孔径不等的喷嘴，对准每条滤袋的中心。该类除尘器对喷吹装置的加工和安装要求很高，不允许有偏差，否则会吹破滤袋。喷吹所用的压缩空气应做脱油脱水处理。

　　脉冲阀每次喷吹时间为 65~100ms，比之前的脉冲清灰方式短 50%，能产生更强的清灰能力。清灰一般采用定压差控制方式，也可采用定时控制。

　　滤袋的固定是依靠装在袋口的弹性胀圈和鞍形垫，将滤袋嵌入花板的袋孔内（见图5-12）。安装滤袋时，先将滤袋的底部和中部放入花板的袋孔，当袋口接近花板时，将袋口捏扁成"凹"字形，并将鞍形垫形成的凹槽贴紧花板袋孔的边缘，然后逐渐松手，袋口随之恢复成圆形，最后完全镶嵌在花板的袋孔中。换袋时，将袋口捏扁成"凹"字形，并将含尘滤袋由袋孔投入灰斗中，待所有含尘滤袋都投入灰斗后，由灰斗的检查门

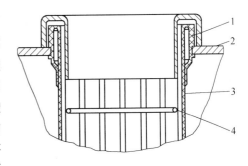

图 5-12　滤袋的固定方式

1—弹性胀圈；2—花板；3—滤袋；4—滤袋框架

集中取出。

滤袋框架直接支承于花板上。安装时，待干净滤袋就位固定后，再将框架插入滤袋中。长袋低压脉冲袋式除尘器有以下显著特点：

（1）喷吹装置自身阻力小，脉冲阀启闭迅速，因而喷吹压力低至 0.15~0.25MPa，喷吹时间短促。

（2）滤袋长度为 6~9m，占地面积小，处理风量大。

（3）可以在较高的过滤风速下运行，设备结构紧凑。

（4）设备压力损失低，且清灰能耗大幅度下降，因而运行能耗低于分室反吹袋式除尘器。

（5）滤袋拆换方便，人与含尘滤袋接触少，操作条件改善。

（6）同等条件下，脉冲阀数量只有传统脉冲袋式除尘器的 1/7，维修工作量小。

（7）滤料多采用针刺毡（水刺毡）。

根据处理风量的大小，长袋低压脉冲袋式除尘器有单机、单排分室结构、双排分室结构（见图 5-13）三种结构形式。随着工业生产规模的扩大，袋式除尘设备的规格也相应扩大，表 5-1 所示为 CD 系列长袋低压脉冲袋式除尘器的主要规格，其中最大处理风量为 $170 \times 10^4 \mathrm{m}^3/\mathrm{h}$，根据需要还可扩大规模。

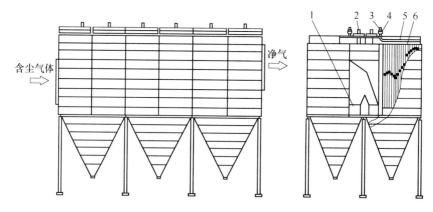

图 5-13　双排分室结构长袋低压脉冲袋式除尘器
1—进气阀；2—离线阀；3—脉冲阀；4—气包；5—喷吹管；6—滤袋

滤袋直径为 120~130mm，长度为 6m，根据需要，滤袋直径可扩大为 150~160mm，长度延长至 8~9m。

表 5-1　CD 系列长袋低压脉冲袋式除尘器的规格参数

型　号	滤袋数量 /条	过滤面积 /m²	脉冲阀数量 /个	压气耗量 /m³·min⁻¹	外形尺寸 L×B×H /mm×mm×mm
CDII-A-1	204	460	12	≤0.6	3050×3750×13550
CDII-A-2	408	920	24	≤0.9	6100×3750×13550
CDII-A-3	612	1380	36	≤1.2	9150×3750×13550
CDII-A-4	816	1840	48	≤1.5	12200×3750×13500

续表 5-1

型　号	滤袋数量 /条	过滤面积 /m²	脉冲阀数量 /个	压气耗量 /m³·min⁻¹	外形尺寸 L×B×H /mm×mm×mm
CDII-A-5	1020	2300	60	≤1.6	15250×3750×13550
CDII-A-6	1224	2760	72	≤1.8	18300×3750×13550
CDII-A-7	1428	3220	84	≤2.0	21350×3750×13550
CDII-B-2	408	920	24	≤0.9	6100×3750×13550
CDII-B-3	612	1380	36	≤1.2	9150×3750×13550
CDII-B-4	816	1840	48	≤1.5	12200×3750×13550
CDII-B-5	1020	2300	60	≤1.6	15250×3750×13550
CDII-B-6	1224	2760	72	≤1.8	18300×3750×13550
CDII-B-7	1428	3220	84	≤2.0	21350×3750×13550
CDII-C-6	1224	2760	72	≤1.8	9150×10300×13550
CDII-C-8	1632	3680	96	≤2.0	12200×10300×13550
CDII-C-10	2040	4600	120	≤2.5	15250×10300×13550
CDII-C-12	2448	5520	144	≤3.0	18300×10300×13550
CDII-C-14	2856	6440	168	≤3.5	21350×10300×13550
CDII-C-16	3264	7360	192	≤4.0	24400×10700×13550
CDII-C-18	3672	8280	216	≤4.5	27450×10700×13550
CDII-C-20	4080	9200	240	≤5.0	30500×10700×13550
CDII-D-40	8160	18400	480	≤10.0	30500×21400×13550
CDL-117	5184	11700	288	≤6.0	
CDL-159	7020	15865	432	≤9.0	
CDL-260	9000	25740	600	≤12.0	

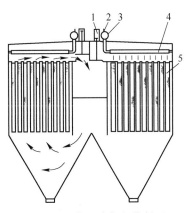

大型长袋低压脉冲除尘器属于分室结构，为满足用户离线检修或离线清灰的需要，在各仓室的进口设有切换阀门，在上箱体出口设有停风阀，其结构如图 5-14 所示。当某个仓室需要在线检修时，同时关闭进出口阀门即可；当某个仓室需要离线清灰时，关闭出口停风阀即可。

5.3.2.4　气箱脉冲袋式除尘器

气箱脉冲袋式除尘器主要由上箱体、袋室、灰斗、进出风口和气路系统等组成（见图 5-15）。上箱体分隔成若干小室，每室出口处有一个停风阀（提升阀），以实现停风清灰。

每个仓室根据需要配置 1~2 个脉冲阀。滤袋上方不设喷吹管和引射器，由脉冲阀喷出的清灰气流直接进

图 5-14　停风清灰长袋低压
大型脉冲袋式除尘器

1—停风阀；2—脉冲阀；

3—稳压气包；4—喷吹管；5—滤袋

入上箱体，造成仓室的上箱体和滤袋内部形成瞬时正压，从而清落滤袋上的粉尘。某室清灰时，该室的停风阀关闭，停止过滤；喷吹结束后，停风阀开启，恢复过滤；随后另一室的停风阀关闭并开始清灰。清灰控制方式有定时和定压差两种。

气箱脉冲袋式除尘器的喷吹方式有单点和多点之分，其中后者为改进型。单点喷吹型每个分室只有一个喷吹口（见图5-15），多点喷吹型每个分室可有多个喷吹口（见图5-16）。单点喷吹会产生上箱体内压力分布不均的现象，使得部分滤袋下部及箱体周边滤袋清灰不彻底，采用多点喷吹后情况有所改善。

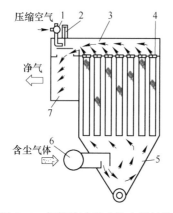

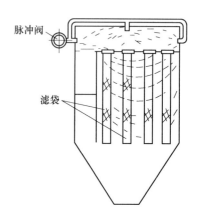

图5-15 气箱脉冲袋式除尘器结构

1—喷吹装置；2—停风阀；3—上箱体；
4—滤袋；5—灰斗；6—进风管；7—出风管

图5-16 多点喷吹装置

气箱脉冲袋式除尘器滤袋直径为130mm，长度多为2450mm，部分型号的袋长为3150mm。滤袋以缝在袋口的弹性涨圈嵌在花板的袋孔内，滤袋框架（袋笼）在滤袋就位后再插入袋内。滤袋的检查和更换都是开启上盖板后在花板上操作。

气箱脉冲袋式除尘器主要有以下特点：

（1）清灰装置不设喷吹管和引射器，结构较简单，便于换袋。

（2）脉冲阀数量较少，维修工作量小。

（3）喷吹所需的气源压力高（0.5~0.7MPa）。

（4）仓室内各滤袋之间清灰强度分布不均。

（5）设备阻力较高。

（6）滤袋长度短，占地面积较大，不宜用于处理风量大的场合。

气箱式脉冲袋式除尘器有一种高浓度的形式，其入口含尘浓度最高可达 $1300g/m^3$，主要用于水泥磨的物料回收和尾气净化；也有配置防爆措施的类型，用于煤磨系统的物料回收和尾气净化。

由于气箱式脉冲袋式除尘器的结构上存在不足，目前使用量逐渐减少，多用管式喷吹脉冲除尘器替代。

5.3.2.5 扁袋脉冲除尘器

扁袋脉冲除尘器如图5-17所示，其滤袋的形状为扁平信封状。滤袋套在支撑框架上，框架由边框和拉伸于边框上的弹簧组成。弹簧起到防止滤袋被气流吸瘪的作用，而在滤袋清灰时弹簧抖动，有助于增加清灰效果。

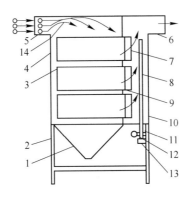

图 5-17　扁袋脉冲除尘器

1—灰斗；2—支架；3—滤袋；4—尘气室；5—进风口；6—排风口；7—文氏管；8—喷吹管；
9—隔板；10—净气室；11—脉冲阀；12—气包；13—气动阀；14—导流板

扁袋脉冲除尘器的扁袋开口端与同样扁长形的文氏管相接，净化后的气体经文氏管进入净气箱后由排气管排出。滤袋沿除尘器箱体垂直方向多层排列，位于同一垂直线的数条滤袋共用一根喷吹管。清灰时，压缩空气由喷吹管喷出，经扁长形文氏管引射周围气体一同射向滤袋，使滤袋得以清灰。

扁袋脉冲除尘器具有以下特点：

（1）采用扁袋结构能充分利用箱体的空间，在同样尺寸的箱体内，扁袋的总过滤面积大于圆袋，因而占地面积较小。

（2）箱体内含尘气流的方向自上而下，有利于粉尘沉降。

（3）滤袋由侧面抽出，可在除尘器外更换滤袋，在车间层高受限时使用。

（4）滤袋之间距离过小，清灰时粉尘不易落入灰斗，相邻两滤袋之间容易贴合，导致清灰不畅、粉尘堵塞。

5.3.2.6　回转喷吹脉冲袋式除尘器

回转喷吹脉冲袋式除尘器是近年来引进的新技术，主要用于发电厂除尘。回转喷吹脉冲袋式除尘器结构如图 5-18 所示，采用扁圆型滤袋，并按同心圆方式布置成滤袋束。每个滤袋束最多可布置上千条滤袋，每个滤袋束的总过滤面积可达数千平方米。滤袋长度为 8m，其扁圆形断面等效圆直径为 127mm。采用弹性圈和密封垫与花板固定。滤袋内部以扁圆型框架支撑。为便于安装，框架分为三节，以降低所需的安装高度。除尘器采取模块化设计，整机可设计成单室、双室和多室，每

图 5-18　回转喷吹脉冲袋式除尘器

1—净气室；2—出风烟道；3—进风烟道；
4—进口风门；5—花板；6—滤袋；
7—检修平台；8—灰斗；9—吹扫装置；
10—清灰臂；11—检修门

室可设一个或多个滤袋束。

回转脉冲喷吹装置由气包、脉冲阀、垂直导风管和喷吹管组成，每个袋束配置一套喷吹装置。按照袋束的大小，喷吹管可设 2~4 根不等，其最大回转直径可达 7m。喷吹管上有一定数量的喷嘴，对应按同心圆布置的滤袋，每个袋束由一个脉冲阀供气。视袋束大小，脉冲阀口径可为 150~350mm，喷吹压力为 0.08MPa。清灰时，旋转机构带动喷吹管连续转动，脉冲阀则按照设定的间隔进行喷吹，在一个周期内使全部滤袋都得到清灰。喷吹气源由罗茨风机提供，供气系统不需设除水等装置。

该类除尘器上箱体高度为 3~4m，高于许多其他类型的除尘器。虽然增加了结构质量，但检查和更换滤袋可在净气室内完成。整个净气室仅需一个检修门，有利于降低除尘器漏风率。同时，上箱体内净气流速较低，有利于滤袋束的气流分布和降低设备阻力。上箱体侧壁设计了配备照明的密封观察窗，便于在运行过程中观察除尘器的工作状况。除尘器清灰有定压差和定时两种控制方式，旋转机构的转速可以调整，脉冲阀的喷吹时间也可以进行调整。

回转喷吹脉冲袋式除尘器的特点有：

（1）脉冲阀数量少，维护工作量小。

（2）脉冲阀口径大，喷吹气量大，喷吹压力低，通常小于或等于 0.09MPa。

（3）不需要压缩空气，采用罗茨风机即可。

（4）袋长可达 8m，扁圆形截面，节省占地。

（5）存在旋转机构部件，有一定的维护工作量。

（6）清灰强度中等，适用于粉尘粒径较粗、黏性小的场合，如燃煤电厂。

5.3.2.7　直通均流式脉冲袋式除尘器

直通均流式脉冲袋式除尘器是对传统袋式除尘器结构改进而研制的新型袋式除尘器。其结构如图 5-19 所示，由上箱体、喷吹装置、中箱体、灰斗和支架、自控系统组成。

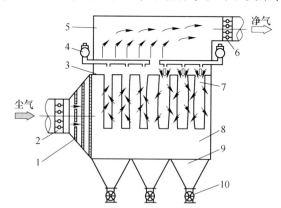

图 5-19　直通均流脉冲袋式除尘器结构

1—气流分布装置；2—进口烟道阀；3—花板；4—喷吹装置；5—上箱体；
6—出口烟道阀；7—滤袋及框架；8—中箱体；9—灰斗；10—卸灰装置

上箱体包括花板、净化烟气出口和阀门等，带有喷吹管的喷吹装置安装在上箱体内。中箱体包括烟气进口喇叭、气流分布装置等，滤袋和滤袋框架吊挂在中箱体内。灰斗设有料位计、振动器等。与常规的袋式除尘器不同，直通均流式脉冲袋式除尘器不设含尘烟气总管和支管，气体的输送是通过进口喇叭内的气流分布装置，将含尘气流从正面、侧面和下面输送到不同位置的滤袋，既避免含尘气流对滤袋的冲刷，也减缓含尘气流自下而上的流动，从而减少粉尘的再次附着。

该除尘器从侧面进风，过滤后的烟气汇集到进气室，从前向后水平流动，侧面出风，构成"直进直出"的流动模式，显著地降低了除尘器的结构阻力，相当于电除尘器的阻力（小于或等于300Pa）。在脉冲喷吹清灰条件下，滤袋的阻力不会超过900Pa，因而设备阻力很容易控制在1200Pa以下。

由于结构上的变化，避免了传统袋式除尘器局部阻力大的缺点，同时省去了弯头、入口阀门、出口提升阀等部件，结构更为简化，降低成本。

上箱体可以做成小屋结构，空间高度为4~4.5m，滤袋安装和检修均可在小屋内进行，滤袋框架制作成两节。由于小屋整体密封，所以漏风率小。上箱体设有人孔门和通风窗，便于检查和维护。

直通均流式脉冲袋式除尘器的气流分布尤为重要，应遵循以下技术要点：

（1）设置导流板和流动通道，组织气流向滤袋均匀输送和分配。

（2）气流顺畅、平缓。

（3）流程短，局部阻力小。

（4）促进含尘气体在袋束内自上而下地流动，利于粉尘沉降。

（5）严格避免含尘气流对滤袋的直接冲刷。

（6）降低各部位的气流速度，包括通道内和滤袋区下部空间的流速、滤袋之间的水平流速、滤袋之间的上升流速。

（7）尽量保持各灰斗存灰量均匀，避免灰斗空间产生涡流，消除粉尘二次飞扬。

该除尘器清灰依靠低压脉冲喷吹装置，采用固定式喷吹管在线清灰。在清灰程序的设计中，采取"跳跃"加"离散"的编排，从而避免清灰时相邻两滤袋互相干扰，并使除尘器各区域的流量趋于均匀，有助于降低设备阻力。

5.3.2.8　高炉煤气袋式除尘器

高炉煤气含有大量的粉尘，煤气压力为0.2MPa，高效除尘是高炉煤气的回收和能源利用的前提。

高炉煤气袋式除尘器是以长袋低压脉冲除尘技术为基础而拓展的特殊设备，属于压力容器，其结构设计成圆筒形，具有耐压和防爆功能。该类除尘器属于正压运行，因此对设备的严密性要求很高，如图5-20所示。

由荒煤气主管来的荒煤气（260℃）经支管进入袋式除尘器的下部箱体，进行机械分离之后，煤气向上经过滤，微细粉尘附着在滤袋表面，净煤气通过滤袋汇集到上箱体，经净煤气支管排出。清灰时一个筒体出口支管气动碟阀和上球阀自动关闭，脉冲阀开启，滤袋外表面的粉尘落入下部锥形灰斗，直到最后一个脉冲阀喷吹结束，此时除尘器继续保持静止状态，使筒体内较细的粉尘有一个静止沉降的过程。该过程结束，出口支管气动蝶阀和上球阀开启，除尘器进入正常过滤状态。

清灰方式为低压脉冲，清灰压力比煤气工作压力高0.15~0.2MPa，清灰气源通常为氮气；筒体的上部设有防爆阀，整体设备应静电接地；除尘器箱体内应消除平台和死角，

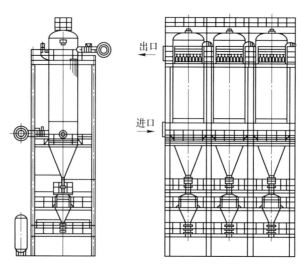

图 5-20　高炉煤气袋式除尘器

防止积灰；滤料选用消静电的过滤材料，如 P84 与超细玻纤复合针刺毡等，袋长一般为
6~8m，滤袋框架可制作为 2~3 节；煤气净化的效率要求很高，通常要求小于 10mg/m³，
特殊时小于 5mg/m³；过滤风速取值较低，可在 0.6m/min 左右。

随着高炉的大型化，煤气脉冲袋式除尘器的筒体直径也将增大，最大可达 6m，由于
单个筒体处理煤气量有限，工程中通常将多个筒体并联使用，有单排和双排两种布置形
式。每个筒体的进口和出口均设有蝶阀和眼镜阀，任何一个筒体均可离线检修，并可离线
清灰。

由于煤气带有压力，卸灰时不能直接与大气连通，多采用中间仓隔离的卸灰方式，防
止煤气泄漏；也可采用发送罐气力输灰的方式。

高炉煤气袋式除尘器具有以下特点：

（1）净化效率高，净煤气含尘浓度为 5~10mg/m³。

（2）运行稳定，长期可靠。

（3）多筒体并联可实现离线检修，不影响生产。

（4）干法净化，不产生废水和污泥。

5.3.3　反吹风类袋式除尘器

5.3.3.1　分室反吹风袋式除尘器

分室反吹风袋式除尘器的滤袋室通常划分为若干仓室，各仓室都由过滤室、灰斗、进
气管、排气管、反吹风管、切换阀门组成，如图 5-21 所示。

该类除尘器的滤袋长度可达 10~12m，直径小于或等于 300mm。采用内滤式，滤袋下
端开口并固定在位于灰斗上方的花板上，封闭的上端则悬吊于箱体顶部。安装时需对滤袋
施加一定的张力，使其张紧，以免滤袋破损和清灰不良。为防止滤袋在清灰时过分收缩，
通常沿滤袋长度方向每隔 1m 设一个防缩环。

含尘气体从灰斗进入，经挡板改变流动方向，并分离出部分粗粒粉尘后，由花板进入
滤袋。干净气体穿出滤袋向上流动，粉尘被阻留在滤袋的内表面。

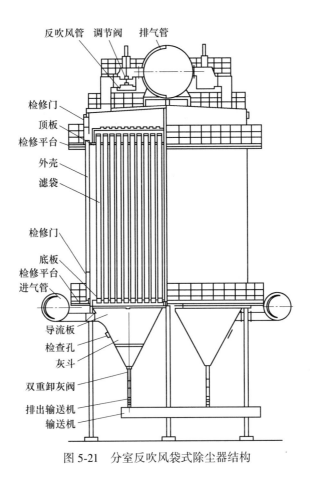

图 5-21　分室反吹风袋式除尘器结构

　　分室反吹形式和机构决定了分室反吹除尘器的类型，从而派生出多种分室反吹袋式除尘器形式。

　　分室反吹风袋式除尘器有负压和正压两种类型。无论哪种形式，均是各仓室轮流清灰。每个仓室都设有烟气阀门和反吹阀门，负压式的阀门位于仓室出口，而正压式则位于仓室进口。某仓室清灰时，该室的烟气阀关闭，而反吹阀开启，反吹气体便由外向内通过滤袋，使滤袋缩瘪，积附于滤袋内表面的粉尘受挤压而剥落。当一个仓室清灰时，其他仓室仍进行正常过滤。

　　A　正压分室反吹袋式除尘器

　　正压分室反吹袋式除尘器在风机的出口工作，含尘气体先经过风机再进入除尘器，该除尘器（见图 5-22）不设净气管道，净化后的气体经袋室上部百叶窗排入大气。该除尘器每个仓室的进风阀和反吹阀设在仓室的入口，当某袋室清灰时，其进风阀关闭，而与引风机负压段相通的反吹阀门开启，该室灰斗便处于负压状态；又由于箱体设有隔板，顶部空气得以进入该室，并使其滤袋缩瘪而清灰。脱离滤袋的粉尘多数落入灰斗，部分粉尘随清灰气流经过反吹阀门到达引风机的负压段，与含尘气流混合并进入其他仓室净化后排放。也有仓室间不设隔板的，利用系统内的烟气循环反吹，没有冷风进入，可避免结露。

　　正压分室反吹袋式除尘器每个仓室进口处的进气阀和反吹阀可以设计成一体，即三通

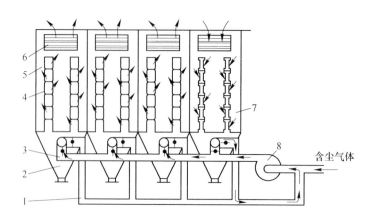

图 5-22　正压循环烟气反吹清灰袋式除尘器

1—反吹风管；2—灰斗；3—含尘气体管道；4—滤袋；5—过滤状态的袋室；
6—百叶窗；7—清灰状态的袋室；8—主风机

切换阀，如图 5-23 所示。该机构是一个圆筒形的阀体，内设含尘气流通道、反吹风通道和可移动的盘式阀板，并设两个阀座，由气缸带动盘式阀板上下移动。当阀板关闭上阀座时，含尘气流进入除尘器仓室，除尘器处于过滤状态，如图 5-23a 所示；当阀板关闭下阀座时，含尘气流被隔断，反吹气流从除尘器仓室经反吹气流通道流出，如图 5-23b 所示。

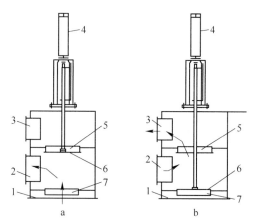

图 5-23　用于正压反吹的三通切换阀结构和原理

a—关闭上阀座；b—关闭下阀座

1—含尘气流通道（来自尘气总管）；2—含尘气流通道（通向仓室）；
3—反吹气流通道；4—气缸；5—上阀座；6—阀盘；7—下阀座

该设备的缺点在于：含尘气体经过风机，不能用于含尘浓度高、粉尘颗粒粗而硬度大的场合，也不适用于黏性粉尘，否则风机易受磨损，或者风机叶轮因粉尘黏附而失衡。正压反吹袋式除尘器应用较少。

B　负压式分室反吹袋式除尘器

负压式分室反吹袋式除尘器结构与正压式分室反吹袋式除尘器结构大致相同，区别在于负压式反吹除尘器布置在风机的入口段，工作压力为负压，除尘器各仓室之间完全分隔，出气阀和反吹阀设置在除尘器的出口，如图 5-24 所示。

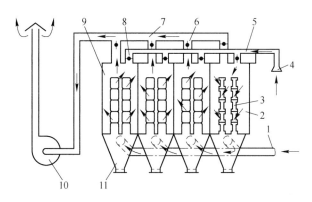

图 5-24　负压大气反吹清灰方式

1—含尘气体管道；2—清灰状态的袋室；3—滤袋；4—反吹风吸入口；5—反吹风管；
6—净气出口阀；7—净气排气管；8—反吹阀；9—过滤状态的袋室；10—引风机；11—灰斗

　　含尘气体从各室的进风管道进入灰斗，分离粗粒粉尘后，经滤袋下端的袋口进入袋内，通过滤袋净化后粉尘被阻留于滤袋内表面。当某一袋室清灰时，设于仓室出口的阀门关闭，含尘气流不进入箱体，同时反吹阀开启，使该仓室与大气相通，外部空气经反吹风管流入该室，并由滤袋外侧穿过滤袋进入袋内，此时滤袋由膨胀转为缩瘪而得以清灰。清落的粉尘大部分落入灰斗，其余粉尘随清灰气流，经进气管道流入其他仓室过滤。负压分室反吹除尘器的出口处设出气阀和反吹阀，两者可以设计为一体，也就是三通切换阀，如图 5-25 所示。该阀有三个通道，即仓室通道、净气通道和反吹通道。仓室通道与除尘器的箱体相连，反吹通道与反吹管道相连，净气通道与引风机的入口管道相连。除尘器工作时净气通道开启，反吹通道关闭，如图 5-25a 所示；清灰时，反吹通道开启，净气通道关闭，反吹气体在除尘器负压作用下进入除尘器的箱体，如图 5-25b 所示，完成清灰过程。

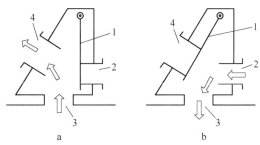

图 5-25　三通切换结构示意图

a—反吹通道关闭；b—反吹通道开启
1—阀板；2—反吹通道；3—仓室通道；4—净气通道

　　负压反吹风袋式除尘器应用较为普遍，但在室外空气温度低、烟气含湿量较高的场合不宜采用大气反吹，否则容易导致除尘器内结露。

　　为避免大气反吹造成的结露问题，反吹风源可以利用净化后的烟气循环，即将引风机出口管道中净化后的烟气引入袋室进行反吹清灰。由于循环烟气温度较高，可有效防止烟气结露，同时减少气体排放，如图 5-26 所示。当引风机的压头不足时，可在循环管路上增设反吹风机。

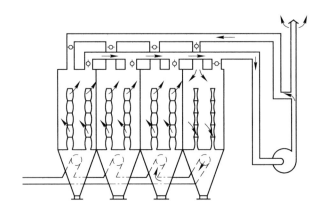

图 5-26　负压循环烟气反吹清灰方式

分室反吹袋式除尘器的滤袋直径一般为 0.18~0.3m，袋长为 10m，长径比为 25~40。袋口风速一般控制在 1~1.5m/s。为避免袋口磨损，应选择较低的过滤风速。

C　反吹清灰制度

反吹清灰制度有二状态（过滤—清灰）或三状态（过滤—清灰—沉降）之分。

二状态清灰是使滤袋交替地缩瘪和鼓胀的过程（见图 5-27），通常进行两个缩瘪和鼓胀过程。缩瘪时间和鼓胀时间各为 10~20s。

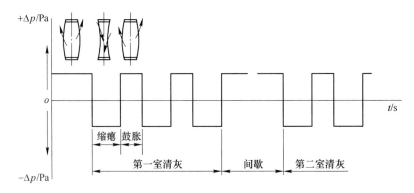

图 5-27　二状态清灰制度

三状态清灰的提出，主要考虑长为 5~10m 的滤袋清灰时，粉尘尚未全部落入灰斗便恢复过滤，部分粉尘再次被吸附于滤袋表面，削弱清灰效果。滤袋越长，这种现象越明显。于是在二状态清灰的基础上增加一个"沉降"状态，此时烟气阀门和反吹阀门都被关闭，滤袋处于静止状态，使清离滤袋的粉尘有较多的机会沉降到灰斗内。

三状态清灰制度又有集中沉降和分散沉降两种。集中沉降是在完成数个二状态清灰后，集中一段时间，使粉尘沉降（见图 5-28），持续时间一般为 60~90s。分散沉降是在每次胀、缩后，安排一段静止时间，使粉尘沉降（见图 5-29），其持续时间一般为 30~60s。

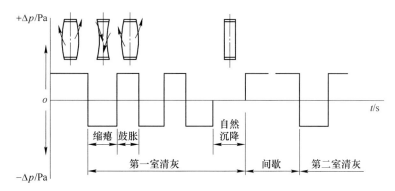

图 5-28 集中沉降的三状态清灰制度

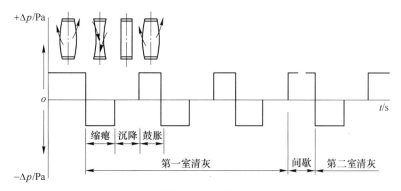

图 5-29 分散沉降的三状态清灰制度

除尘器的反吹清灰由程序控制器进行控制。传统的控制方式为定时控制，现在已出现分室定压差控制方式，即每一室装设一个微差变送器。控制器巡回检测各袋室的压差，当某个袋室的压差达到限定值时，控制器便发出信号，使该室的阀门切换而开始清灰，直到清灰结束，恢复过滤状态。

D 分室反吹袋式除尘器的主要特点

(1) 滤袋过滤和清灰时不受强烈的摩擦和皱折，不易破损。

(2) 分室结构可以实现不停机下某个仓室离线检修。

(3) 过滤风速低，设备庞大，造价高。

(4) 清灰强度弱，过滤阻力高。

(5) 滤袋更换需在箱体内部进行，粉尘大，操作麻烦。

5.3.3.2 分室回转反吹袋式除尘器

分室回转反吹袋式除尘器是针对分室反吹类袋式除尘器切换阀门多、故障率高、运行不可靠而开发的。它用一阀代替多阀，实现分室切换定位反吹清灰。回转切换阀具有结构简单、布置紧凑、控制方便、运行可靠等优点。

该类除尘器的核心机构是回转切换阀，内部分隔成若干个小室，分别连接到袋式除尘器的各个仓室。除尘器正常工作时，回转反吹管不与任何一个小室相接，各仓室过滤后的干净气流经回转切换阀汇集并流向净气总管（见图 5-30a）；清灰时，回转反吹管转动到与某一小室出口相接的位置，并在此停留一定时间，与该小室连接的仓室被阻断，反吹气流从回转反吹管流向该仓室而实现清灰（见图5-30b）；该仓室清灰结束后，回转反吹管转动到下一小室的出口位置，使下一仓室清灰。该过程持续到全部仓室都实现清灰为止。

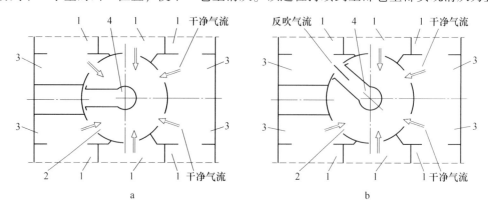

图 5-30　分室回转定位反吹装置（回转阀切换型）

a—除尘器正常工作；b—清灰时

1—仓室；2—回转切换阀；3—净化通道；4—回转反吹管

分室回转切换定位反吹风袋式除尘器还有另外一种形式，该装置采用多单元组合结构，一台除尘器可以有若干个独立的仓室，各仓室的入口和出口设有烟气阀门，入口还设有导流装置。每个仓室有一定数量的过滤单元，每个单元分隔成若干个滤袋室，滤袋室的顶部有净气出口，如图5-31所示。

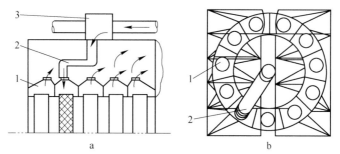

图 5-31　分室回转定位反吹装置（回转臂切换型）

a—立面图；b—平面图

1—袋式净气出口；2—回转反吹管；3—回转机构

滤袋为矩形断面、外滤式。清灰依靠分室定位反吹机构来实现，每一个过滤单元设有一套反吹机构，10个滤袋室的净气出口布置在一个圆周上，反吹风管制作成弯管型，带有反吹风口。清灰时，控制系统发出指令，反吹风管旋转，并使反吹风口对准1个滤袋的出口，持续时间为13~15s，该袋室便在停止过滤的状态下实现清灰。各袋室的清灰逐个依次进行。反吹风动力是除尘系统主风机出口的压力，必要时增设反吹风机。

该类型除尘器属于弱清灰，主要用于燃煤锅炉烟气除尘，滤袋寿命较长。早期因清灰装置机械故障率高，维修频繁，现做了一些技术上的改进，可靠性显著提高。

5.3.3.3　旁插扁袋除尘器

旁插扁袋除尘器由若干个独立的仓室组成，滤袋呈扁平状，从箱体的侧面插入安装，滤袋内装有框架，属于外滤式。传统的阀门切换型旁插扁袋除尘器主要由滤袋室、净气室、灰斗、切换阀等组成，如图5-32所示。

含尘气体由箱体上部进入，经滤袋过滤后流入侧部净气室，再通过反吹风控制阀进入下部排气总管。旁插扁袋除尘器清灰逐室进行，清灰时关闭某一个室的净气出口阀，同时打开反吹阀，借助箱体的负压导入空气，使滤袋鼓胀，附着在滤袋外表面的粉尘抖落，反吹气流进入其他滤袋箱室进行过滤，如此反复2~3次，完成清灰过程。

在净气室设有密封门，供滤袋拆装之用。扁袋的滤袋尺寸一般为1450mm×1450mm×26mm，过滤面积为3.86m^2，袋内用扁平框架支撑，安装时滤袋连同框架横向插入位于侧面的花板，再用扁杆压紧，换袋操作在除尘器外部进行。

切换阀可由气缸或链条机构控制。通常将整个除尘器分隔为若干个仓室，逐室轮流清灰，清灰风量为每室过滤风量的0.5~1.0倍。

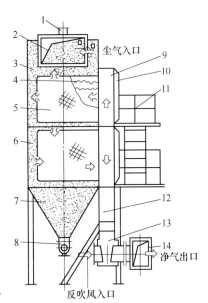

图5-32　旁插扁袋除尘器结构
1—观察门；2—进气口；3—上箱体；
4—框架；5—滤袋；6—滤袋室；7—下箱体；
8—卸灰阀；9—净气室；10—检修门；
11—梯子平台；12—反吹、排气接管；
13—切换阀；14—排气孔

阀门切换型旁插扁袋除尘器具有以下特点：

（1）滤袋及框架从侧面装入和取出，可用于空间高度受限或室内场合。

（2）采用扁袋，在相同箱体容积内，比圆形滤袋可布置更多的过滤面积，占地面积小。

（3）由于采用相同的过滤单元结构，可以根据处理风量的不同，组成单层、双层和多层不同规格的组合形式，便于设计选型及运输安装。

（4）采用上进风、下排风方式，含尘气体自上而下流动，有利于粉尘沉降。

（5）更换滤袋可在滤袋室外的侧面进行，改善了劳动条件，减少了换袋工人接触粉尘的危害。

（6）滤袋之间距离较小，清灰时滤袋膨胀导致与邻近滤袋表面相贴，阻碍了粉尘的剥离和沉降，从而削弱清灰效果，并容易出现粉尘堵塞现象。

（7）切换装置阀板启闭不到位，阀门密封性差，容易漏气，反吹清灰效果差，运行阻力高；链条机构容易卡塞，故障率高。

（8）检查门过多，漏风率高。

在工程应用中，因清灰不力和粉尘堵塞等缺陷，阀门切换型旁插扁袋除尘器整体失效的实例较多。针对这些缺点，技术人员对清灰的形式和装置进行了改进，研制了回转切换定位反吹旁插扁袋除尘器，如图5-33所示。

回转切换反吹旁插扁袋除尘器采用的是回转切换定位反吹脉动清灰装置，它包括电动

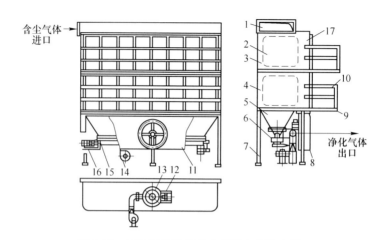

图 5-33   回转切换定位反吹旁插扁袋除尘器

1—进气口；2—滤袋；3—上箱体；4—中箱体；5—灰斗；6—卸灰阀；7—支架；
8—排气口；9—平台；10—扶手；11—切换阀总成；12—减速器；13—回转切换阀；
14—反吹风机；15—螺旋输送机；16—减速器；17—净气室

回转切换阀和放射型气流分布箱，形成不同的清灰机构，实现多种清灰制度；采用排气侧循环气体实现两个状态定位反吹；在回转切换阀的反吹风入口管路上设置三通脉动阀，实现了三状态定位脉动反吹。采用特殊加工的密封材料，解决了仓室和净气室之间的漏风问题，该材料具有软密封、耐老化、耐高温和自锁功能。在相邻滤袋之间增设了隔离弹簧，可以防止清灰时滤袋间的贴附，保障了清灰效果。

5.3.3.4   菱形扁袋除尘器

菱形扁袋除尘器采用外滤形式。滤袋为菱形，沿扁长形滤袋的垂直方向缝成多个通道，并以叉形框架撑开，其断面形成一个个相连的菱形。每条滤袋的过滤面积达 $11m^2$，比其他形状的滤袋面积大得多，可充分利用箱体空间。滤袋借助密封条、压板固定在花板上。

滤袋清灰采用风机反吹方式。清灰装置由脉动反吹阀、电磁三通阀、反吹风机和反吹箱体组成。清灰时，反吹气流从袋口向下进入滤袋，并通过脉动反吹阀的作用使滤袋产生振动。当除尘器在高温条件下运行时，通常将反吹风机进口与主风机出口管道相连接，以实现热风反吹，防止结露。

滤袋清灰逐室进行，因而除尘器设计成分室结构。

该产品有 LBL 和 LPL 两种形式。其中，前者为防爆型，设有泄爆阀，采用消静电滤料，箱体内设吹扫管，并采取静电接地等措施。

菱形扁袋除尘器的主要特点如下：

（1）滤袋断面为菱形，占地面积小，设备紧凑。

（2）每条滤袋的过滤面积很大，滤袋数量较少。

（3）采用脉动反吹清灰，以反吹风机驱动。

（4）清灰能力弱。主要用于铝电解烟气净化，氧化铝流动性好，可弥补其清灰能力不足的缺陷。LBL 型除尘器的外形如图 5-34 所示。

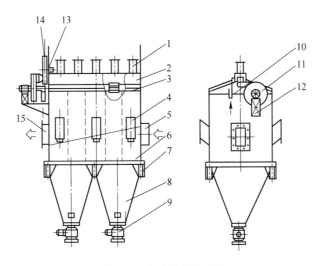

图 5-34　菱形扁袋除尘器

1—停风阀；2—反吹风箱体；3—上箱体；4—防爆阀；5—进风口；6—中箱体；7—支架；

8—灰斗；9—卸灰阀；10—压气管路；11—反吹风机；12—风机平台；

13—脉动阀电动机；14—脉动阀；15—排风口

5.3.4　喷嘴反吹类袋式除尘器

喷嘴反吹类袋式除尘器的典型代表是机械回转反吹袋式除尘器，其结构如图 5-35 所示。该种除尘器由圆筒形箱体和圆锥灰斗两大部分组成，圆筒形箱体又被花板分成两部分，上部为净气室，其中设有清灰装置，下部为装有滤袋的过滤室。

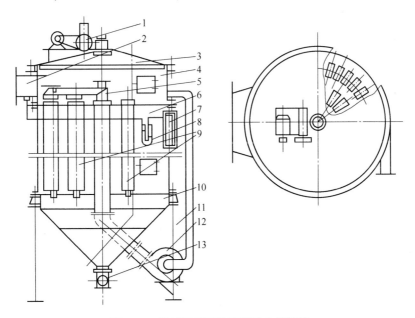

图 5-35　机械回转反吹扁袋除尘器结构

1—减速机构；2—出风口；3—上盖；4—上箱体；5—反吹回转臂；6—中箱体；7—进风口；

8—压差计；9—滤袋；10—灰斗；11—支架；12—反吹风机；13—排灰装置

　　在圆形花板上沿着同心圆周布置若干排滤袋，滤袋断面为梯形，滤袋边长为320mm，上下底边分别为40mm和80mm，滤袋长度为3～5m，滤袋内以同样断面的框架做支撑，此外，滤袋也有圆形和椭圆形。

　　含尘气体沿切线方向进入滤室，在离心力的作用下，部分粗粒粉尘被分离，其余粉尘被阻留在滤袋的外表面。净气在滤袋内向上经袋口到达净气室，然后排出。

　　滤袋以袋口嵌入花板袋孔的方式固定，用密封压圈压紧或直接以框架压紧。换袋时将滤袋上口的密封压圈卸掉，向上抽出框架和滤袋。

　　换袋操作在花板上进行。目前有三种操作方式：一种是靠专用机械将上盖揭起并移开；另一种是顶盖可以做360°旋转，使顶盖上的人孔可以对准任何需拆换的滤袋；第三种是将框架做成分段结构，并增加净气室的高度，直接在净气室内换袋操作。

　　机械回转反吹袋式除尘器的清灰过程为：除尘器清灰时，清灰气流通过中心管送至反吹回转臂，回转臂设有与滤袋圈数相同的反吹风嘴，回转臂围绕中心管回转运动，同时将反吹气流连续依次送入各条滤袋，从而清除滤袋表面的粉尘。

　　大多数回转反吹袋式除尘器采用循环气反吹，即风机吸入口与净气室相通，反吹系统自成回路，消除了漏气现象和结露的危险。

　　反吹机构的设计出现了多种改进：（1）反吹风机设在顶盖上，由顶盖转动使反吹臂向各排滤袋送入反吹气流。（2）取消除尘器中心的反吹风管，在反吹风管上加脉动阀，形成脉动反吹，增加清灰效果。（3）反吹风嘴设有橡胶条，减少反吹风量的漏损，改善清灰效果。

　　回转反吹清灰多采用定压差控制方式。在除尘器上设一差压传感器，当阻力达到设定值时，控制器发出信号，反吹风机和回转臂同时启动，进行清灰。

　　回转反吹的一项改进技术称为步进定位反吹。清灰时，回转臂定位于某一组滤袋上方并持续一段时间，完成反吹后再转到下一组滤袋，以此类推。它借助槽轮而拨动定位机构，定位时间根据外圈滤袋数量确定为3～5s。定位反吹有助于克服内、外圈滤袋清灰不均的缺点。

　　此外，有的反吹装置采用脉动阀使反吹气流产生扰动，意在加强清灰效果。

　　机械回转反吹袋式除尘器主要有以下特点：

　　（1）采用扁袋可充分利用筒体断面，占地面积较小。

　　（2）自身配备反吹风机，不需另配清灰动力，便于使用。

　　（3）每一时刻只有1～2条滤袋处于清灰状态，不影响总体的过滤功能。

　　（4）筒体为圆筒形，抗爆性能好。

　　（5）由于不同直径的同心圆上滤袋数量不等，所以不同位置滤袋的清灰机会相差较多，靠近外围的滤袋往往清灰效果欠佳。一种缓解办法是增加回转臂的数量。

　　（6）受回转半径的限制，单体的处理风量比较小。

　　（7）清灰能力较弱，一般适合于原料除尘和大颗粒除尘。

5.3.5　机械振动清灰类袋式除尘器

　　机械振动清灰类袋式除尘器是指采用机械振打装置，周期性地振打或振动滤袋进行清灰的袋式除尘器。按照清灰方式可分为7类：低频振动、中频振动、高频振动、分室振动、手动振动、电磁振动和气动振动。

低频振打是指以凸轮机构传动的振打清灰方式，振打频率不超过 60 次/min；中频振打是指以偏心机械传动的摇动式清灰方式，摇动频率一般为 100 次/min；高频振打是用电动振动器传动的微振幅清灰方式，频率一般在 700 次/min 以上。

5.3.5.1　凸轮机械振打装置

依靠机械力振打滤袋，将黏附在滤袋上的粉尘层抖落下来，使滤袋恢复过滤能力。该方式对小型滤袋效果较好，对大型滤袋效果较差。其参数一般为；振打时间为 1~2min；振打冲程为 30~50mm；振打频率为 20~30 次/min。

凸轮机械振打装置如图 5-36 所示。

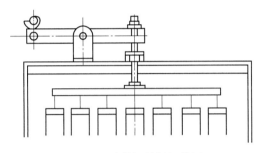

图 5-36　凸轮机械振打装置

5.3.5.2　压缩空气振打装置

以空气为动力，采用活塞上、下运动来振打滤袋，以抖落粉尘。其冲程较小而频率很高，振打结构如图 5-37 所示。

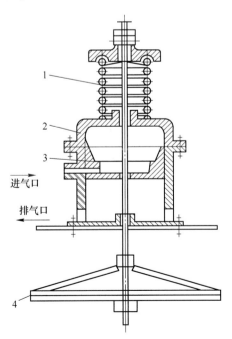

图 5-37　压缩空气振打装置

1—弹簧；2—气缸；3—活塞；4—滤袋吊架

5.3.5.3　电动机偏心轮振打装置

以电动机偏心轮作为振动器，振动滤袋框架，以抖落滤袋上的粉尘。由于无冲程，所以常与反吹风联合使用，适用于小型滤袋，其结构如图 5-38 所示。

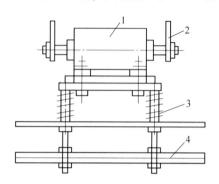

图 5-38　电动机偏心轮振打装置
1—电动机；2—偏心轮；3—弹簧；4—滤袋吊架

5.3.5.4　横向振打装置

依靠电动机、曲柄和连杆推动滤袋框架横向振动。该方式可以在安装滤袋时适当拉紧，不致因滤袋松弛而使滤袋下部受积尘冲刷磨损，其结构如图 5-39 所示。

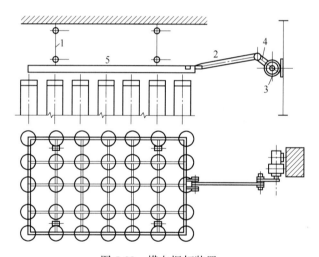

图 5-39　横向振打装置
1—吊杆；2—连杆；3—电动机；4—曲柄；5—框架

5.3.5.5　振动器振打装置

振动器振打清灰是常用的振打方式（见图 5-40）。这种方式装置简单，传动效率高。根据滤袋的大小和数量，只要调整振动器的激振力大小就可以满足机械振动清灰的要求。

机械振打方式决定了机械振打袋式除尘器的结构。图 5-41 所示为机械振打类袋式除尘器的工作原理，是通过凸轮振打机构进行清灰的。含尘气体进入除尘器后，通过并列安装的滤袋，粉尘被阻留在滤袋的内表面，净化后的气体从除尘器上部出口排出。随着粉尘在滤袋上的积聚，含尘气体通过滤袋的阻力也会相应增加。当阻力达到一定数值时，要及

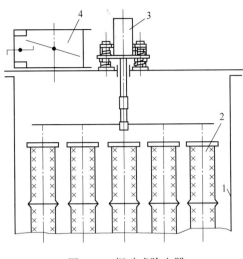

图 5-40　振动式除尘器

1—壳体；2—滤袋；3—振动器；4—配气阀

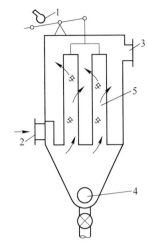

图 5-41　袋式除尘器结构简图

1—凸轮振打机构；

2—含尘气体进口；

3—净化气体出口；

4—排灰装置；5—滤袋

时清灰，以免阻力过高，造成风量减少。

为改善清灰效果，机械清灰时要求在停止过滤状况下进行振动。但对小型除尘器往往不能停止过滤，除尘器也不分室。因此常常需要将整个除尘器分隔成若干袋组或袋室，顺次逐室清灰，以保持除尘器的连续运转。

机械清灰原理是靠滤袋抖动产生弹力使黏附于滤袋上的粉尘及粉尘团离开滤袋降落下来的，抖动力的大小与驱动装置和框架有关。驱动装置力大，框架传递能量损失小，即机械清灰效果好。

根据机械振打清灰的部位，常见的除尘器形式有顶部振打袋式除尘器、中部振打袋式除尘器和整体框架振打式扁袋除尘器。

机械清灰方式的特点是构造简单、运转可靠，但清灰强度较弱，因此只能允许较低的过滤风速，例如一般取 $0.5 \sim 0.8\,\text{m/min}$。振动强度过大会对滤袋有一定的损伤，增加维修和换袋的工作量。这正是机械清灰方式逐渐被其他清灰方式所代替的原因。

5.3.6　复合式除尘器

袋式除尘器可以与其他类除尘器进行复合，形成一体化装置，如重力除尘+袋式除尘、电除尘+袋式除尘、预荷电+袋式除尘、电凝并+袋式除尘等。

5.3.6.1　预荷电袋滤器

将粉尘预荷电和袋式除尘两种技术结合起来，形成复合式袋滤器。对预荷电袋滤器的研究始于 20 世纪 70 年代，在袋式除尘器前面加一个预荷电装置，使粉尘粒子通过荷电发生凝并作用，然后由滤袋捕集，从而改善对微细粒子的捕集效果。试验研究还发现，粒子荷电后附着在滤袋表面形成的粉尘层质地疏松，阻力变小，从而降低了除尘器的阻力。

图 5-42 所示为基于这种理念的预荷电袋滤器，主要由预荷电器、上箱体、中箱体、灰斗及反吹风装置组成。

上箱体为净气室，内部分隔为若干个小室，其顶部装有反吹装置，下部为花板。中箱体为尘气室，不分室，内有滤袋，在侧面进风口处装有预荷电装置。预荷电装置由专用的高压电源供电。为使粉尘充分荷电，含尘气体在预荷电装置中停留的时间不小于 0.1s。

滤袋上端开口固定在花板上，下端固定在活动框架上，并靠框架自重拉紧。滤袋在一定间隔上装有防瘪环，袋内不设支撑框架。

上箱体顶盖可以揭开，便于将滤袋向上抽出，换袋操作在除尘器外进行。

含尘气体由中箱体侧面进入，在预荷电装置中粉尘荷电后，由外向内穿过滤袋，粉尘被阻留在袋外，净气在袋内向上流动，经袋口到达上箱体，再经塔式回转阀的出口排出。清灰时，电控仪启动反吹风机，清灰气流经塔式回转阀的反吹风箱进入，同时启动回转阀将反吹风口对准上箱体某个小室的出口并定位，该小室对应的一组滤袋即停止过滤，反吹气流令其处于膨胀状态，附着于滤袋外表面的粉尘被清离而落入灰斗。该小室清灰结束后，回转阀将反吹风口移至下一

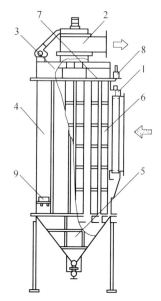

图 5-42　预荷电袋滤器

1—预荷电装置；2—塔式回转阀；
3—上箱体；4—中箱体；5—灰斗；
6—滤袋；7—滤袋紧固装置；
8—高压电源；9—控制器

小室的出口并定位，按此顺序对上箱体各个小室进行清灰。灰斗集合的粉尘由螺旋卸灰器卸出。

目前预荷电袋滤器在技术上有了新的突破。首先在清灰方式上，用脉冲喷吹清灰替代了过去的反吹风清灰；其次在除尘器结构上，用直通均流式袋式除尘器结构替代了过去的圆筒体结构；除尘器的处理风量由过去的 $10^5 \mathrm{m}^3/\mathrm{h}$ 提高到 $10^6 \mathrm{m}^3/\mathrm{h}$。

5.3.6.2　电袋复合除尘器

电袋复合除尘器是将电除尘和袋式除尘复合为一体的装置，如图 5-43 所示。其前部为静电除尘器的电场，称为"电区"；后部为袋式除尘器，称为"袋区"。

含尘气体从进口喇叭进入，经气流分布板到达电除尘区。电除尘器可采用双芒刺电晕线，有利于避免电晕闭塞现象的发生，提高粉尘荷电及收尘效果。极板可采用 C 型板。设计者要求电除尘区捕集 80% 以上的粉尘，未被捕集的粉尘随气流运动到袋式收尘器区由滤袋捕集，净化后的气体由除尘器尾部排出。

电袋复合除尘器的主要特点如下：

（1）在电区除去大部分粉尘，使进入袋区的粉尘浓度降低，加上粉尘荷电的作用，滤袋的清灰周期显著延长，有利于延长滤袋寿命，提高除尘器的运行可靠性。

（2）粉尘粒子的荷电，有助于提高除尘效率、降低设备阻力。

（3）除尘效果不受粉尘比电阻影响。

（4）主要用于高浓度的烟气净化，如燃煤电厂锅炉烟气净化。

（5）适合电除尘器的提效改造。

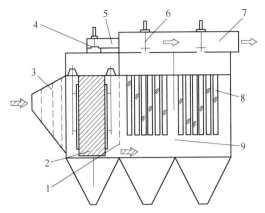

图 5-43 分区组合型电袋复合除尘器

1—袋区气流分布板；2—电区；3—电区气流分布板；4—旁路阀；

5—旁路；6—出口提升阀；7—上箱体；8—滤袋；9—袋区

5.3.6.3 嵌入式电袋复合除尘器

嵌入式电袋复合除尘器如图 5-44 所示。与通常的电袋复合除尘器不同，这种除尘器将电除尘器的极板、极线与袋式除尘器的滤袋紧密地融合在一起。极板做成多孔形式，每一排滤袋两侧都有极板和极线组成的电场。含尘气体首先经过电场，约 90% 的粉尘被静电

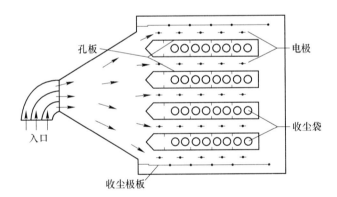

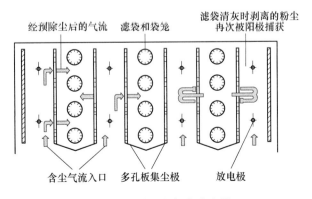

图 5-44 嵌入式电袋复合除尘器

场捕集，其余的粉尘随气流穿过极板上的孔洞到达滤袋。滤袋常用玻纤覆膜滤料制作，采用外滤结构，粉尘被阻留在滤袋外表面，干净气体进入滤袋内部并从净气室排出。清灰采用在线脉冲喷吹方式。清灰时，大部分粉尘落入灰斗，未落入灰斗的粉尘因清灰的惯性而进入电场，被极板捕获。

这种除尘器对细颗粒物捕集效率高，可采用较高的过滤风速，可达 3.7m/min，设备阻力为 1500~1900Pa。

这种除尘器的缺点是结构比较复杂，拆换滤袋和维护检修工作量大，在电力行业燃煤锅炉和水泥行业有应用。

5.3.7　其他特殊用途袋式除尘器

5.3.7.1　防爆、节能、高浓度煤粉脉冲袋式收集器

传统的煤磨系统，原煤在磨煤机中一边烘干，一边磨细，成品煤粉由气体带出磨煤机，并以气固分离设备收集。磨煤机尾气含尘浓度（标准状态）最高可达 $1400g/m^3$，传统的收尘工艺设有三级（或两级）收尘设备，收尘流程复杂，普遍存在污染严重、安全性差、能耗高、故障多、运转率低等缺点。"防爆、节能、高浓度煤粉袋式收集器"将煤粉收集和气体净化两项功能集于一身，能够直接处理从磨粉机排出的高含尘浓度气体，从而以一级设备取代原有的三级设备，是典型的清洁生产技术工艺。

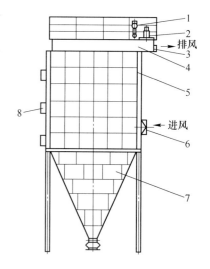

"防爆、节能、高浓度煤粉袋式收集器"以长袋低压脉冲袋式除尘器的核心技术为基础，强化了过滤能力、清灰能力和安全防爆功能，其结构如图 5-45 所示。含尘气体由中箱体下部进入收集器，经缓冲区的作用使气流趋于均匀，然后由外向内进入滤袋，煤粉被阻留在袋外。进入袋内的净气由上部的袋口汇入上箱体，进而通过气动停风阀排出。

一台收集器通常分隔成若干个仓室，与一般的袋式除尘器相比，每个仓室设置的滤袋数量较少（随处理风量的不同而变化），以便收集器有足够多的仓室。由于其集生产设备和环保设备于一身，所以当某一局部出现故障而生产又不允许停止运行时，可以关闭部分仓室而不影响生产。

图 5-45　高浓度煤粉脉冲袋式收集器
1—喷吹装置；2—停风阀；3—排风口；
4—上箱体；5—中箱体；6—进风口；
7—灰斗；8—泄爆阀

高浓度袋式收集器可直接处理浓度为 $1400g/m^3$ 的含尘气体，并达标排放；同时具有强劲的清灰能力，从而保持较低的设备阻力（小于或等于 1400Pa）；此外，为提高设备的防爆能力，除尘器设计成框架结构；滤料选用抗静电的针刺毡；在每一仓室的中箱体设泄爆阀，保障收尘设备和系统安全运行；除尘器的内部光滑，防止煤粉堆积；采用连续输灰，降低爆炸概率。

5.3.7.2　垃圾焚烧烟气袋式除尘器

按照国家技术标准要求，垃圾焚烧烟气净化必须采用袋式除尘器。垃圾焚烧烟气具有

以下特点，也是袋式除尘器选用和运行的难点：

（1）烟尘危害性强，烟气和粉尘中含有二噁英等物质，因而污染控制标准十分严格，往往要求颗粒物排放浓度小于或等于 $5mg/m^3$。

（2）烟气含湿量高达 30%，且含 HC1、SO_2 等酸性气体，因此酸露点往往高于 140℃，容易酸结露。

（3）烟气温度波动范围大，高温大于或等于 230℃，低温小于或等于 140℃。

（4）粉尘主要成分为 $CaCl_2$、$CaSO_3$ 等，吸湿性和黏性很强。

（5）烟尘颗粒细，密度小。

（6）烟气腐蚀性强。

为在上述条件下能够正常运行并获得良好效果，垃圾焚烧烟气净化用袋式除尘器应符合以下要求：

（1）该除尘器基于长袋低压脉冲袋式除尘的核心技术，采用脉冲强力清灰方式，以便在易结露、易糊袋的条件下得到良好的清灰效果，保证除尘器正常持续运行。

（2）除尘器整机分隔成若干独立的仓室，每个仓室的进口和出口皆设阀门，在运行过程中可以单独对某个仓室进行离线检修和换袋操作。

（3）滤袋材质可选 PTFE 针刺毡覆膜滤料、玻纤布覆膜滤料、P84/PTFE 面层的针刺毡等。为保证净化效率，应选用较低的过滤风速。除滤料选择之外，实现低浓度排放的其他途径是严格保证除尘器加工和安装质量，并在整机和滤袋安装完成后，以荧光粉检漏。

（4）滤袋框架可选用不锈钢丝、碳钢有机硅涂层制作，以适应垃圾焚烧烟气腐蚀性强的特点。

（5）设有热风循环系统。在除尘系统启动前，该系统先行工作，通过加热器和热风循环风机使各仓室加热，至露点温度以上时，烟气方可进入各仓室。在运行过程中若遇烟气温度过低，热风循环系统也将启动，以避免结露。在除尘器正常运行中，为防止烟气渗入处于关闭状态的热风系统，该系统所设的辅助加热器和辅助阀开始工作，引入适量的空气并加热。

（6）除尘器整体以矿棉保温；各仓室之间的隔板加以矿棉保温层，用于离线检修时防止结露和保护操作人员不致烫伤。

（7）对于除尘器箱体和结构可能产生的"冷点"，采取隔绝措施，防止该处结露。

（8）垃圾焚烧烟气净化后的粉尘具有很强的黏性，容易在箱体和灰斗内附着，并随着时间的推移而硬结和形成堵塞。为避免这种情况，应采取相应措施，如箱体和灰斗夹角圆弧化、灰斗的锥度为 65°~70°、连续输灰、灰斗保温、灰斗设仓壁振动器、除尘系统启动前进行预喷涂等。

5.3.7.3 滤筒式除尘器

滤筒式除尘器的最大特点是以滤筒代替滤袋作为过滤元件，即将滤料预制成筒状褶皱结构，在其内外设有金属保护网，形成刚性过滤元件。其特点是大幅度增加了过滤面积。

滤筒式除尘器的结构是由进风管、排风管、箱体、灰斗、清灰装置、导流装置、气流分流分布板、滤筒及电控装置组成。滤筒既可以垂直安装，也可以水平安装或倾斜安装。从清灰效果看，垂直布置较为合理。花板下部为过滤室，上部为脉冲室。在除尘器入口处装有气流分布板，滤筒多采用覆膜滤料，长度一般不超过 2m，如图 5-46 所示。

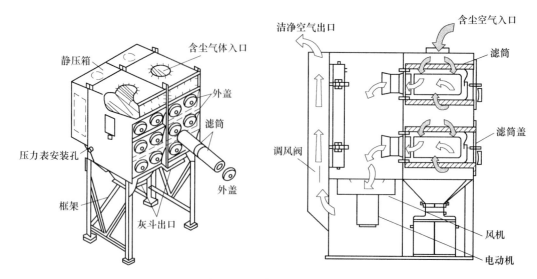

图 5-46　滤筒式除尘器结构

含尘气体进入除尘器箱体后，由于气流断面突然扩大及气流分布板作用，部分粗大颗粒在重力和惯性力作用下沉降在灰斗中，粒度细、密度小的尘粒通过布朗扩散和筛滤等组合效应沉积在滤料表面上，净化后的气体进入净气室由排气管经风机排出。阻力达到某一规定值时进行脉冲清灰。

滤筒式除尘器的过滤风速为 0.3~0.75m/min；起始的设备阻力为 250~400Pa，终阻力可达 1250~1500Pa。

滤筒除尘器具有以下特点：

（1）由于滤料折褶成筒状使用，所以滤料布置密度大，除尘器结构紧凑，体积小。

（2）同体积除尘器过滤面积相对较大，过滤风速较小，阻力不大。

（3）滤筒按标准尺寸制作，采用快速拼装连接，使滤筒的安装、更换大为简化，相应减轻了劳动强度，改善了操作条件。

（4）滤筒式除尘器适用于浓度低的含尘气体过滤。

（5）处理风量小，除尘器多安装在车间内。

滤筒式除尘器存在以下主要缺点：

（1）进入滤筒褶皱中的粉尘不易被清除，从而损失了部分过滤面积。

（2）一些横向放置、多层叠加的滤筒式除尘器清灰不彻底，上层滤筒清离的粉尘落在下层滤筒的表面，相当于损失了过滤面积。

5.3.7.4　陶瓷滤管除尘器

陶瓷滤管除尘器采用耐高温、耐腐蚀的微孔陶瓷作为过滤材料，这种材料已在发达国家的高温烟气净化方面得到应用，我国也已成功研制和应用，

由于微孔陶瓷管是刚性滤料，所以在除尘器的结构、密封、安装和制造等方面均与一般袋式除尘器有所不同。为了耐高温，壳体和结构件均用耐热钢制成，关键部件用不锈钢制作，密封件为陶瓷纤维制品。

该除尘器的工作原理与袋式除尘器基本相同。

为了避免粉尘堵塞滤管上的微孔，滤管迎尘面表层的孔隙直径很小，深层的孔径则较大，使得进入微孔的粉尘可以顺利排出。在温度不超过 260℃ 的条件下，还可以在迎尘面黏附 PTFE 微孔薄膜，既可避免粉尘堵塞滤管，又可提高除尘效率。

该除尘器具有耐高温、耐腐蚀、耐磨损、除尘效率高、使用寿命长、运行和维护简单等优点。其主要技术参数如下：

（1）过滤风速为 1~1.5m/min。

（2）压力损失为 2800~4700Pa。

（3）起始含尘浓度小于 20g/m³。

（4）耐温范围：小于 550℃。

5.3.7.5 塑烧板除尘器

塑烧板除尘器的过滤元件是塑烧波纹过滤板。塑烧板有若干不同的规格，可以组成不同规格的除尘器。清灰采用高压脉冲喷吹方式，喷吹压力为 0.5~0.6MPa。

塑烧板除尘器的外形和结构与一般的袋式除尘器大致相同（见图 5-9）。

5.4 滤料的种类及特性

滤料是袋式除尘器重要部件滤袋的缝制材料。袋式除尘器的性能在很大程度上取决于滤料的性能，如过滤效率、设备阻力等，这些都与滤料材质、结构和后处理有关。根据袋式除尘器的除尘原理和粉尘特性，对滤料提出了如下要求：

（1）清灰后能保留一定的永久性容尘，以保持较高的过滤效率；

（2）在均匀容尘状态下透气好，压力损失小；

（3）抗皱折、耐磨、机械强度高；

（4）耐温、耐腐蚀性好；

（5）吸湿性小，易清灰；

（6）使用寿命长，成本低。

这些要求有些取决于纤维的理化性质，有些取决于滤料的结构和后处理。一般滤料很难同时满足上述全部要求，要根据具体条件来选择合适的滤料，正确地选择滤料对设计和应用袋式除尘器有着重要的意义。

5.4.1 滤料的特性

由于要求净化的工业烟气及粉尘具有不同的性质，因而对滤料也提出各方面的要求，滤料具有的特性应尽可能满足所提出的要求，与过滤粉尘有关的滤料特性有以下几项。

5.4.1.1 过滤效率

如上所述，滤料的过滤效率（%）一方面与滤料结构有关，另一方面也取决于在滤料上所形成的粉尘层。从滤料结构看，短纤维的过滤效率比长纤维高，毛毡滤料比织物滤料高。从粉尘层的形成来看，对于薄滤料，清灰后，粉尘层被破坏，效率降低很多，而厚滤料清灰后还可保留一部分粉尘在滤料中，避免过度清灰。一般说来，在滤料不破裂的情况下，均可达到很高的效率（99.9%以上）。

5.4.1.2　容尘量

容尘量（kg/m²）指达到给定阻力值时单位面积滤料上积存的粉尘量。滤料的容尘量影响滤料的阻力和清灰周期。为了避免频繁地清灰、延长滤料寿命，要求滤料的容尘量大。容尘量与滤料的孔隙率、透气率有关，毛毡滤料比织物滤料的容尘量大。

5.4.1.3　透气率及阻力

透气率是指在一定的压差下，通过单位面积滤料上的气体量。滤料的阻力直接与透气率有关。作为标定透气量的定压差值，各国取值不同，日本、美国取 127Pa，瑞典取 100Pa，德国取 200Pa。因此选取透气率的大小时要考虑试验时所取的压差，透气率取决于纤维细度、纤维的种类和编织方法等。按瑞典的资料，长丝纤维滤料的透气率为 200~800m³/(m²·h)，短纤维滤料为 300~1000m³/(m²·h)，毛毡为 400~800m³/(m²·h)。透气率越高，单位面积上允许的风量（比负荷）也愈大。

透气率一般指清洁滤料的透气率。当滤布上积有粉尘后，透气率要降低，根据粉尘的性质不同，一般透气率仅为起始透气率（干净滤料时的透气率）的 40%~60%，而对微细粉尘甚至只有 10%~20%。透气率降低，除尘效率提高，但阻力却大为增加。

5.4.1.4　耐温性

工业烟气的温度有时很高，为了适应高温烟气的净化，滤料需具有耐高温的性能，以尽可能避免对烟气的冷却。采用高温滤料（特别是在 180℃以上）的优点是：

（1）避免结露，特别是当高温烟气中含有 SO_2 时，酸露点较高，大多数在 170~180℃，若低于此温度，酸液凝出，引起粉尘黏结，堵塞滤料。

（2）减少掺冷风进行降温所增加的处理烟气量，从而减少设备动力消耗。

（3）简化降温设备。

耐温性是选择滤料的重要因素。除了考虑长期工作温度外，还要考虑发生短期高温的可能性。在考虑耐温时，还要注意到有的滤料（如玻璃纤维）能耐干热，但对湿热的抵抗很差，耐温滤料的造价较高，因此需同时对降温方式进行技术经济比较，以确定取舍。

滤料的允许温度是指在正常工作条件下的耐温性。如果纤维或滤料经过处理，耐温性可能提高。但如果滤料的工作条件不利，则耐温性要降低。例如，烟气中含有化学腐蚀性物质（酸性物质、碱性物质、一氧化碳等），对于某些合成滤料，烟气中含有较多的水分也会降低滤料的耐温性。

5.4.1.5　尺寸稳定性

尺寸稳定性是指滤料经纬向的胀缩率。常用的纤维中，玻璃纤维的胀缩率最小，其他各种天然纤维和合成纤维都有一定的胀缩率（一般不应超过 1%）。滤袋要求滤料的胀缩率越小越好，因为胀缩率高时将改变纤维与纤维间的孔隙率，直接影响除尘效率和阻力，也影响到除尘器的运行。例如，如果拉伸太大，相邻两个滤袋会相互碰撞摩擦。一般滤布织好后，都要进行热定形处理使其预收缩，考虑到滤袋投入运行一个阶段后，由于吊挂、灰重、温度、清灰等的影响，在安装时应有适当的张力，以后还要进行调整。例如，玻璃纤维滤袋的安装张力，对直径为 252~292mm，长度为 4200~9150mm 的大型滤袋为 350N，而直径为 127~140mm，长度为 3000~3200mm 的滤袋为 150N。

此外还要考虑滤料在高温及吸湿以后的尺寸稳定性。

5.4.1.6 静电性能

因粉尘和滤料纤维都可能带有电荷。在粉尘接近滤料时，由于两者的电荷极性不同，可能引起相吸或相斥，从而影响过滤效率。由于粉尘堆积于滤布表面上，达到一定厚度时，静电压增高，会产生火花，甚至引起爆炸。对于某些爆炸性强的粉尘更应注意采用金属纤维滤料可以消除静电压的增加，也可以在通常的滤料中编入导电纤维，以改善滤料的导电性能。

5.4.1.7 吸湿性

纤维吸湿性也是评价滤料性能的指标之一。当处理的烟气中含有一定量的蒸汽时，如果滤料的吸湿性高，会造成粉尘黏结，滤料堵塞，阻力上升，恶化除尘性能。

5.4.1.8 耐化学侵蚀性

许多烟气中含有不同的化学物质，因而要求滤料具有耐化学侵蚀性，其中包括耐酸、耐碱、耐氧化、还原性等。同一种滤料（聚四氟乙烯外）有时不能同时耐酸、碱，因而要根据具体情况进行选择。

5.4.1.9 力学性能

滤料的力学性能主要指抗拉强度、抗弯折强度及耐磨性。抗拉强度是因滤袋吊挂时要承受滤料自重及灰重，同时还要经受清灰时的振动。滤袋越长，要求的抗拉强度也越高，但当滤袋内部有支撑架时，对抗拉强度的要求就不很突出。

耐磨性是评价滤料的重要指标，许多滤袋的破裂都是由磨损造成的。耐磨性包括粉尘与滤料之间或纤维之间或滤料与支撑骨架之间的磨损。同一种纤维织法不同，纤维之间的磨损性差别就很大，滤料与尘粒之间的摩擦可以用紧密编织的方法来解决，而纤维之间或滤料与骨架之间的摩擦可用浸泡织物的方法来减轻。

由于频繁的清灰，造成滤袋的反复曲折，抗弯折性差的滤料会很快断裂，耐弯折性最差的是玻璃纤维，因此为了延长这种纤维的寿命，往往要经过特殊处理。

5.4.1.10 粉尘的剥落性

积累在滤料上的粉尘当其达到一定厚度时需要清灰，这时希望尘块能够比较容易地剥落下来，一般来说表面光滑的滤料粉尘剥落性较好，一些毛毡滤料要经过表面烧毛处理，以增加表面的光滑程度，使其便于清灰。

5.4.1.11 耐燃性

纤维的燃烧包括高聚合物熔蚀、氧化、裂解等几个过程。近年来，耐燃性评估除了应用氧指数仪外，普遍采用热分析法（TGA 或 DTA）。把纤维分成四类，见表 5-2。

表 5-2 各种纤维燃烧难易程度分类

易 燃	可 燃	难 燃	不 燃
醋酸纤维、棉腈纶、黏胶	锦纶丝、丝、毛丙纶、涤纶	腈氯纶、氯纶、维氯纶难燃棉、芳砜纶、诺梅克司	碳纤维、玻璃纤维

5.4.1.12 造价

造价是选择滤料的重要因素，但不能孤立考虑滤料的造价，而要同时考虑滤料的使用温度及寿命等因素。例如，有的滤料虽然造价高，但因寿命长，对于整个袋式除尘器的运行和维护费用（包括换袋和因换袋造成的停工损失）来说，也可能是经济的。

纤维的造价还与细度有关，愈细的纤维，造价愈高。运行费用与滤料阻力（透气率）有关。

5.4.2　滤料的结构

滤料的原丝形状可分为短纤维丝（一定长度的纤维），长纤维丝（多丝）和单丝。使用这些原丝做成的滤料，各有其特征，但也可以利用各自原丝的特点，混合做成各种滤料。

（1）单丝。即一根粗丝（长度大于100mm），用这种丝织成的滤料，处理风量大，粉尘剥落性好，但阻尘率低，特别不适用于细尘的过滤。

（2）多丝。多丝是用多根细长纤维搓在一起的原丝，用这种原丝织成的滤料机械强度好，粉尘的剥落性好，在有些情况下可以拉绒，以提高其净化效率和容尘量

（3）短丝(长度小于40mm)。用这种细短的纤维纺织成原丝，再织成布，也可直接做成毛毡，净化效率高，粉尘层的剥落性较差。

从编织方法来分，滤料有织布、无纺布、针刺毡、特殊滤布等。

（1）织布。到目前为止，在工业中广泛采用的滤料是织布，它由经线和纬线交织而成，分平纹、斜纹和缎纹三种。

1）平纹。每根经纬线交错织成，纱织交结点距离很近，纱绒互相压紧，织成的滤布致密。受力时不易产生变形和伸长。平纹滤布净化效率高，但透气性差，阻力大，难清灰，易堵塞。

2）斜纹。经线和纬线有两根以上连续交错织成（例如2×2，3×1，1×3等）。织布中的纱线具有较大的迁移性，弹性大。机械强度略低于平纹织布，受力后比较容易错位。斜滤布表面不光滑，耐磨性好，净化效率和清灰效果都较好，滤布堵塞少，处理风量高，是布中最常采用的一种。

3）缎纹。一根纬线有五根以上的经线通过而织成。锻纹滤布透气性好，弹性好，平坦，同时由于纱线具有迁移性，易于清灰，粉尘层的剥落性好，很少堵塞。但缎纹滤布的强度较平纹、斜纹都低，净化效率低。

织布可以通过"起绒机"扯裂表层纤维面造成绒毛，称为绒布，一般多采用单面起绒。未经起绒的织布称为素布，绒布的透气性好，处理风量大，容尘量比素布高，能够形成多孔的粉尘层，因而净化效率高。起绒的纤维末端会聚积电荷，而吸引粉尘形成粉尘球，使清灰困难。在过滤风速高时（5cm/s），会造成"吹漏"而引起过滤效率降低，随粉尖负荷增加，效率降低得更多，而绒布则相反，粉负荷增加，效率升高。对于单面绒布，捕尘效率还与气流方向有关，当含尘气流由不起绒侧流入时，效率要比从起绒侧流入时高。

（2）针刺毡。针刺毡是无纺布的一种，由于制作工艺不同，毡布较致密，阻力较大，容尘量较小。但易于清灰，因而适用于工业除尘，可经清灰再用。国外针刺毡发展得非常迅速，因而用得相当普遍。在某些领域内有逐步取代一般滤料的趋势。

针刺毡的制法是在一幅平纹的基布上铺上一层短纤维，用带刺的针垂直在布面上下移动，用针将纤维扎到基布纱绒缝中去，基布两面都铺两道以上纤维层，反复针刺成型，再

经各种处理成两面带绒的毡布。

（3）特殊滤布。这类滤布有电气植毛滤布等。

5.4.3　滤料的种类

用作滤料的纤维很多。下面根据常用的纤维介绍各种滤料的性能及其使用范围。

5.4.3.1　棉、毛滤料

棉是一种纤维素质纤维，纤维素是天然聚合物，与其他天然纤维一样，它是不耐高温的，工作温度为 75~85℃，棉布耐酸很差，特别是在高于 60℃ 和稀酸中易于遭到破坏，棉布耐碱性能较好，棉纤维是非弹性的，因此可以认为其尺寸是比较稳定的。在正常温度下，棉布吸湿率较高达 24%~27%，耐磨性为中等。

棉布滤料的过滤性能好，造价最低，质量约为 $30g/m^2$，有平纹、斜纹或缎纹，也可做成绒布。

由于棉布滤料抗化学侵蚀性差、耐温性差、吸湿性强及具有可燃性等，其使用受到局限。

毛织滤料（呢料）通常用羊毛制成。毛纤维比棉要细，织成的滤布较厚，质量约 $500g/m^2$。透气性好，阻力小，容尘量大，过滤效率高，易于清灰。在有色冶金企业中，毛料的使用寿命为 9~12 个月，耐热性较棉布高，可在 80~90℃ 下工作，长期在高温下工作纤维会变脆，毛料的耐酸性比棉布高，但对硫酸及硫酸雾的抵抗性能差。毛料的造价高于棉布和合成纤维，因而其使用范围也越来越有限。袋式除尘器的滤料也越来越多地用合成纤维来代替天然纤维。

5.4.3.2　无机纤维滤料

为了使滤袋能耐高温，近年来无机纤维滤料有很大发展。玻璃纤维滤料用于高温过滤已有多年历史，由于不断改进，目前应用仍比较广泛。近年来，有的国家开始采用金属纤维滤料。此外，还有碳素纤维、矿渣纤维、硅酸盐纤维、陶瓷纤维、碳化硼、碳化硅纤维等用作滤料的研究也正在进行。下面着重介绍玻璃纤维滤料和金属纤维滤料。

A　玻璃纤维滤料

玻璃纤维是由铝硼硅酸盐玻璃为原料制成，具有耐高温（230~280℃）、吸湿性小（在 20℃ 时的吸湿率为 0.3%）、抗拉强度大（14.5~15.8MPa）、伸长率小（断裂伸长率为 3%）、耐酸性好、价格低等特点，但玻璃纤维不耐磨、不耐折、不耐碱，特别是抗折性差是其致命弱点。

玻璃纤维有无碱、中碱和高碱三种。无碱玻璃纤维在室温下对于水、湿空气和弱碱溶液具有高度的稳定性，但对高温酸、碱的侵蚀则完全不能抵抗。中碱玻璃纤维有较好的耐水耐酸性，是较好的滤料，中碱 5 号玻纤圆筒广泛地用于水泥、冶炼、炭黑、农药等工业中气体的除尘。高碱玻纤具有良好的耐碱性，但对水及湿空气不稳定，不能用作湿空气的过滤材料，在实际中采用不多。

玻纤布的破损一般都是由纬线折断造成的，为了增加纬向强度和耐磨性，可以采用三纬二重组织的滤布，这是由一个系统的经纱和两个系统的纬纱交织而成的。表纬与经纱构成织物的表组织，里纬与经纱构成织物的里组织。由于纬纱是分两层排列的，增加了纬密，但仍可保持不大的阻力。不影响滤布的透气性，具有良好的过滤性能，同时又提高了耐磨性和纬向强度，但造价要比单层结构高很多。

为了提高玻纤滤料的耐温、耐磨蚀和抗折等性能，玻纤滤料需要进行处理，处理的方式有两种：浸袋和浸纱工艺。浸袋工艺是先织造成玻纤圆筒过滤袋，然后进行浸渍处理；浸纱工艺是先将玻纱进行浸渍处理，然后织成圆筒过滤袋。浸渍液的主要成分为硅油、石墨和聚四氟乙烯。

浸袋处理的强度较浸纱处理低，一般来说，浸纱工艺在浸纱线时，浸渍液能顺间隙渗到合股纱的各股中，涂覆是均匀的。浸袋工艺处理的布袋，在织物的交织点处浸不透，里边纤维没有涂复层保护，成为薄弱环节，使用时首先破坏，强度迅速下降，然而浸纱工艺的滤袋要比浸袋工艺的滤袋造价高。

除玻纤滤布外，近来还发展了玻纤针毡以提高捕尘效率，玻纤针毡是由玻纤织物作为基层，然后在其上做成针刺毡，由于玻纤脆需化学处理，使其能耐各种有机和无机酸、碱水蒸气的水解（HF 除外）。这种针刺毡可以用于脉冲喷吹的袋式除尘器中，允许的过滤风速较高。

　　B　金属纤维滤料

金属纤维（主要是不锈钢纤维）用于高温烟气的过滤，耐温性能可达 500~600℃，同时有良好的抗化学侵蚀性。用金属纤维可以做成滤布，也可以做成毡。

采用金属纤维可达到与通常织物滤料相同的过滤性能，阻力小，清灰较容易。能够用于高粉尘负荷和较高的过滤速度，在常温下金属纤维毡与聚酯毡相比，所需的过滤面积可减少一半，此外金属纤维滤料还有防静电、抗放射辐射的性能，寿命也较一般纤维长，但金属纤维滤布的造价异常高，只能在特殊情况下采用。

5.4.3.3　合成纤维滤料

近年来，由于化学工业的迅速发展，合成纤维滤料已广泛地使用于袋式除尘器中。由于合成纤维的种类很多，其性能也各不相同。下面介绍几种常用的合成纤维滤料：

（1）聚酯纤维（涤纶等）。这是一种应用最普遍的滤料，可在温度为 130℃下长期工作，强度高，耐磨性仅次于聚酰胺纤维。耐稀碱而不耐浓碱，对氧化剂及有机酸的稳定性较高，但浓度高的硫酸会使纤维遭到破坏。聚酯纤维可以做成素布，拉绒或针毡。

（2）聚酰胺纤维（尼龙、耐纶、锦纶）。耐温较低，长期使用温度为 75~85℃，耐磨性好，比棉、羊毛高 10~20 倍，耐碱但不耐酸，可用于破碎、粉磨等设备的气体净化。

（3）聚间苯二甲酰间苯二胺纤维（诺梅克斯等）。这是 20 世纪 50 年代研制成的一种耐热尼龙纤维，在 210℃高温下，物理性能保持不变，反复出现的高峰温度可达 260℃。诺梅克斯的尺寸稳定，在 215℃下胀缩率不大于 1%，这种纤维可以织成布，也可以制成针毡。诺梅克斯滤料的机械强度比玻纤高，为采用脉冲喷吹清灰创造了条件，因此过滤风速可由原来的 0.6m/min 提高到 2.4m/min 或更高。虽然诺梅克斯纤维的造价比玻纤高，但考虑到过滤风速的提高以及使用寿命较玻纤高，仍然显示出它的优越性。

诺梅克斯纤维具有良好的过滤性能及比涤纶高的耐温性，近年来发展非常迅速，应用程度普遍。

（4）聚乙烯醇纤维（维尼纶）。这种纤维强度高，耐热性差，仅能在低于 100℃下工作，耐碱性强，耐酸性也不差，在一般有机酸中不能溶解。但其主要弱点是吸湿性强，类似棉布。为了增加其过滤效率也可拉绒。

（5）聚噁二唑纤维。这是目前国内已经开始用于工业的一种耐高温纤维，用这种纤维可以做成斜纹，平面绒布厚度为 1.1mm，单位面积质量大于 $400g/m^2$，透气率为 $13.8m^3/(m^2 \cdot min)$，纵向拉伸断裂强度为 1250N/50mm，横向拉伸断裂强度为 868N/50mm，可耐各种油类及其他有机溶剂，100℃下在 10%硫酸或 10%氢氧化钠水溶液中浸放 24h，强度保持 50%，在 300℃空气中放 100h 强度保持 85%，200℃空气中放半年强度保持 70%，因此可以在 170~230℃高温下长期工作。由于造价不断降低，是一种较好的耐高温纤维滤料。

（6）聚丙烯纤维（奥纶等）。耐热性好，可在 110~130℃下长期工作，短期温度可达 150℃，耐酸，对氧化剂和有机溶剂很稳定，但不耐碱，可用于化学及水泥工业的气体净化。

（7）聚（苯）砜酰胺纤维（芳砜纶）。这是一种在高分子主链上含有砜基（$—SO_2—$）的芳香族聚砜酰胺纤维，类似于诺梅克斯。这种纤维具有良好的抗化学侵蚀性，除了几种极性很强的二甲基甲酰胺（DMF）、二甲基乙酰胺（DMAC）、二甲基亚酰（DMSO）等有机溶剂和浓硫酸外，一般在常温下，对各种化学物质均能保持良好的稳定性。

芳砜纶纤维可在 200~230℃的高温中长期工作，这种纤维的热收缩性小，在 300℃热空气中加热 2h，收缩率小于 2%，在 100~270℃的温度范围内，能保持尺寸的稳定性。

（8）聚四氟乙烯纤维。聚四氟乙烯纤维是性能最为良好的一种化学合成纤维，在各种 pH 值下抗化学侵蚀性能良好，连续耐温可达 220~260℃，短期达 280℃。机械强度、抗弯折、耐磨等性能也均优于其他合成纤维。但是聚四氟乙烯纤维的造价高（比棉布要高 30 倍），因而使用范围受到局限。

考虑到玻纤滤袋大多是因其下部弯折磨损而破坏，可以采用混合滤袋，即下部采用聚四氟乙烯纤维，而上部仍然为玻纤，从而可以大大延长滤袋的寿命，而造价却比全部采用聚四氟乙烯滤料要低得多。

（9）混合滤料。为了充分利用各种滤料的特性，可以将合成纤维与天然纤维混合织成滤料。

5.5　影响袋式除尘器除尘效率的因素

袋式除尘器的除尘效率主要受粉尘特性、滤料特性、滤袋表面粉尘堆积负荷、过滤风速等因素的影响。

（1）粉尘特性的影响。袋式除尘器的除尘效率与粉尘粒径的大小及分布、密度、静电效应等特性有直接关系。

粉尘粒径直接影响袋式除尘器的除尘效率。对于 $1\mu m$ 以上的尘粒，除尘效率一般可达到 99.9%。小于 $1\mu m$ 的尘粒中，以 $0.2~0.4\mu m$ 尘粒的除尘效率最低，无论对清洁滤料或积尘滤料都有类似情况。这是因为对这一粒径范围内的尘粒而言，各种捕集粉尘方式的效应都处于低值区域。

尘粒的静电效应越明显，除尘效率越高。利用这一特性，可以预先使粉尘荷电，从而提高对微细粉尘的捕集效率。

（2）滤料特性的影响。滤料的结构类型和表面处理的状况对袋式除尘器的除尘效率有显著影响。在一般情况下，机织滤料的除尘效率较低，特别当滤料表面粉尘层尚未建立或遭到破坏的条件下更是如此；针刺毡滤料有较高的除尘效率；而最新出现的各种表面过滤材料和水刺毡滤料，则可以获得接近"零排放"的理想效果。

（3）滤袋表面堆积粉尘负荷的影响。滤料表面堆积粉尘负荷的影响在使用机织滤料的条件下最为显著，此时，滤料更多地起到支撑结构的作用，而起主要滤尘作用的则是滤料表面的粉尘层。在换用新滤袋和清灰之后的某段时间内，由于滤料表面堆积粉尘负荷低，除尘效率都较低。但对于针刺毡滤料，这一影响则较小。对表面过滤材料而言，这种影响不显著。

（4）过滤风速的影响。过滤风速太高会加剧过滤层的"穿透"效应，从而降低过滤效率。过滤风速对除尘效率的影响更多表现在使用机织滤料的情况下，此时较低的过滤风速有助于建立孔径小而孔隙率高的粉尘层，从而提高除尘效率。即使如此，当使用表面起绒的机织滤料时，也可使过滤风速的影响变得不显著。当使用针刺毡滤料或表面过滤材料时，过滤风速的影响主要表现在除尘器的压力损失而非除尘效率方面。试验表明，对于绒布和毡料滤料，过滤风速增加，对除尘效率影响不大；但对于玻璃纤维和平绸滤料，其除尘效率随过滤风速的增加而显著下降。

（5）清灰的影响。滤袋清灰对除尘效率也有一定的影响。清灰可能破坏滤袋表面的粉尘初层，从而导致粉尘穿透、排放浓度增加。

目前，"适度"清灰的概念受到关注，滤袋清灰并非越彻底越好，而应在实现除尘器低阻力的前提下，把清灰强度控制在合理的限度，减少对除尘效率的影响。

6 湿式除尘技术

在工业烟气净化中，湿式除尘器应用极为普遍。湿式除尘器又称洗涤器，它既能捕集 $0.1\sim20\mu m$ 的固态和液态粒子，同时也能脱除气态污染物。

6.1　湿式除尘器的原理、分类与性能

6.1.1　湿式除尘器的工作原理

在湿式除尘器中，气体中的粉尘粒子是在气液两相接触过程中被捕集的。湿式除尘器的除尘机理与纤维过滤的除尘机理相同，主要有重力、拦截、惯性碰撞、扩散和静电效应。目前常用的各种洗涤器主要利用尘粒与液滴、液膜的惯性碰撞进行除尘。湿式除尘器中气、液、固三相接触面的形式及大小，对除尘效率有着重要的影响。水与尘粒的接触大致可以有三种形式：

（1）水滴。由于机械喷雾或其他方式使水形成大小不同的水滴，分散于气流中成为捕尘体，例如喷淋塔、文式管洗涤器等，此时水滴为捕尘体。

（2）水膜。这是在粉尘表面形成永膜，气流中的粉尘由于惯性、离心力等作用而撞击到水膜中，例如旋风水膜除尘器。其分离的原理与干式旋风除尘器相同，然而由于水膜的存在，增加了捕尘的几率，有效地防止了二次扬尘，因而可以大大提高除尘效率。

（3）气泡。水与气体以气泡的形式接触，它主要产生于泡沫除尘器中，由于气体穿过水层，根据气流的速度、水的表面张力等因素的不同，产生不同大小的气泡。粉尘在气泡中的沉降，主要是由于惯性、重力和扩散等机理的作用。

粒径为 $1\sim5\mu m$ 的粉尘主要利用惯性碰撞，粒径在 $1\mu m$ 以下的粉尘主要利用扩散凝并作用。如果使液滴和粉尘带电，静电效应将有明显的增效作用。虽然湿式除尘器的净化机理是明确的，但从理论上建立湿式除尘器的除尘效率表达式是困难的。

6.1.2　湿式除尘器的分类

目前，湿式除尘器通常按除尘设备阻力的高低分为低能耗、中能耗和高能耗三类。低能耗湿式除尘器的压力损失为 $200\sim1500Pa$，如喷淋塔、水膜除尘器等，其对 $10\mu m$ 以上粉尘的净化效率可达 $90\%\sim95\%$。压力损失为 $1500\sim3000Pa$ 的除尘器属于中能耗湿式除尘器，这类除尘器有筛板塔、填料塔、冲击水浴除尘器。高能耗湿式除尘器的压力损失为 $3000\sim9000Pa$，净化效率可达 99.5% 以上，如文丘里除尘器等。关于湿式除尘器的压力损失计算应视湿式除尘器的具体工况而定，如流速、气液接触形式、本体结构等。所以，关于湿式除尘器的压力损失要针对具体除尘器讨论。

6.1.3　湿式除尘器的性能

湿式除尘器运行与其他除尘器相比，其优点是：

（1）由于气体和液体接触过程中同时发生传质和传热的过程，因此这类除尘器既具有除尘作用，又具有烟气降温和吸收有害气体的作用。

（2）适用于处理高温、高湿、易燃易爆和有害气体。

（3）运行正常时，净化效率高。可以有效地捕集 $0.1\sim10\mu m$ 的粉尘颗粒。

（4）湿式除尘器结构简单、占地面积小、耗用钢材少、投资低。

（5）运行安全、操作及维修方便。

其主要缺点是：

（1）存在水污染和水处理问题。

（2）湿式除尘过程不利于副产品的回收。

（3）净化有腐蚀性含尘气体时，存在设备和管道的腐蚀或堵塞问题。

（4）不适用于憎水性粉尘和水硬性粉尘的分离。

（5）排气温度低，不利于烟气的抬升和扩散。

（6）在寒冷地区要注意设备的防冻问题。

根据不同的除尘要求，可以选择不同类型的除尘器。主要湿式除尘装置的性能和操作条件见表 6-1。

表 6-1　主要湿式除尘装置的性能和操作条件

装置名称	气体流速/m·s⁻¹	液气比/L·m⁻³	压力损失/Pa	分割直径/μm
喷淋塔	$0.1\sim2$	$2\sim3$	$100\sim500$	3.0
填料塔	$0.5\sim1$	$2\sim3$	$1000\sim2500$	1.0
旋风水膜除尘器	$15\sim45$	$0.5\sim1.5$	$1200\sim1500$	1.0
转筒除尘器	$300\sim750$	$0.7\sim2$	$500\sim1500$	0.2
冲击式除尘器	$10\sim20$	$10\sim50$	$0\sim150$	0.2
文丘里除尘器	$60\sim90$	$0.3\sim1.5$	$3000\sim8000$	0.1

6.2　湿式除尘器介绍

6.2.1　喷淋塔

喷淋塔也称喷雾塔洗涤器，是湿式除尘器中最简单的一种，如图 6-1 所示。

6.2.1.1　喷淋塔的工作原理

以图 6-2 所示的逆流喷淋除尘器为例，含尘气流向上运动，液滴由喷嘴喷出向下运动，粉尘颗粒与液滴之间通过惯性碰撞、接触阻留、粉尘因加湿而凝聚等作用机制，使较大的尘粒被液滴捕集。当气体流速较小时，夹带了颗粒的液滴因重力作用而沉于塔底。净化后的气体通过脱水器去除夹带的细小液滴由顶部排出。

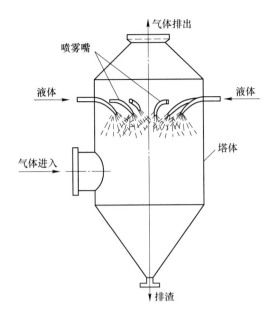

图 6-1 喷雾塔洗涤器示意图

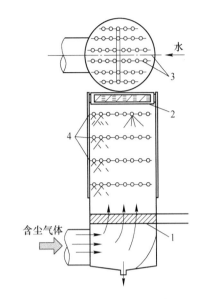

图 6-2 逆流喷淋除尘器示意图
1—气流分布格栅；2—挡水板；3—水管；4—喷嘴

6.2.1.2 喷雾塔洗涤器的基本构造

根据喷淋除尘器内截面的形状，可分为圆形和方形两种；按其内的气液流动方向不同，可分为逆流、顺流和错流三种形式。

在逆流式喷雾塔中，含尘气体从喷淋除尘器底部进入，通过气流分布格栅而均匀地向上运动；液滴由喷嘴喷出从上向下喷淋，喷嘴可以设在一个截面上，也可以分几层设在几个截面上。因颗粒和液滴之间的惯性碰撞、拦截和凝聚等作用，使较大的粒子被液滴捕集。净化后的气体经过塔上部的防雾挡水板，除去携带的水雾排出。

顺流形式的喷雾塔，液体和含尘气流在塔内按同一方向流动，一般是从顶部淋下来，对于液滴从气流中分离有利，缺点是惯性碰撞效果差，主要用于使气体降温和加湿等过程。

而错流形式的喷雾塔，即液体出塔的顶部淋下来，而含尘气流水平通过喷雾塔。

喷雾塔洗涤器下部一般设有集液管槽，并附设有沉淀池，使液体能循环利用。

6.2.1.3 喷雾塔洗涤器的特点与使用场合

喷雾塔洗涤器的主要特点是结构简单、压力损失小（一般为 $250\sim500Pa$）、操作方便、运行稳定。其主要缺点是耗水量及占地面积大、净化效率低、对粒径小于 $10\mu m$ 的尘粒捕集效率较低。

喷雾塔洗涤器适用于捕集粒径较大的颗粒，当气体需要除尘、降温或除尘兼有去除其他有害气体时，往往与高效除尘器（如文丘里除尘器）串联使用。

空塔气速一般取液滴沉降速度的 50%，液滴直径在 $0.5\sim1.0mm$ 范围内，空塔气速为 $0.6\sim1.2m/s$，液气比取 $0.4\sim1.35L/m^3$。严格控制喷雾过程，保证液滴大小均匀及空间均匀分布是很重要的。

6.2.2　水浴除尘器

6.2.2.1　水浴除尘器的工作原理

水浴除尘器是一种使含尘气体在水中进行充分水浴作用的除尘器，它是冲击式除尘器的一种，结构简单、造价较低、可现场砌筑、耗水少（0.1~0.3L/m³），但对细小粉尘的净化效率不高，其泥浆难以清理，由于水面剧烈波动，净化效率很不稳定。其结构示意如图 6-3 所示，主要由水箱（水池）、进气管、排气管和喷头组成。

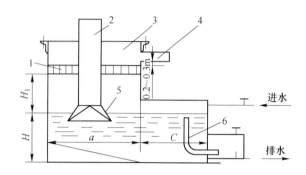

图 6-3　水浴除尘器结构示意图

1—挡水板；2—进气管；3—盖板；4—排气管；5—喷头；6—溢水管

当具有一定进口速度的含尘气体经进气管后，在喷头处以较高速度喷出，对水层产生冲击作用后，改变了气体的运动方向，而尘粒由于惯性则继续按原来方向运动，其中大部分尘粒与水黏附后便留在水中，称为冲击水浴阶段。在冲击水浴作用后，有一部分尘粒仍随气体运动，与大量的冲击水滴和泡沫混合在一起，在池内形成一个抛物线形的水滴和泡沫区域，含尘气体在此区域内进一步净化，称为淋水浴阶段。此时，含尘气体中的尘粒便被水所捕集，净化气体经挡水板从排气管排走。

6.2.2.2　喷头的埋入深度与冲击速度

除尘效率及压力损失与喷头距水面的相对位置有关，也与其对水面的冲击速度有关。水浴除尘器可根据粉尘性质选择喷头的插入深度和喷头的出口速度，在一般情况下，其取值见表 6-2。

表 6-2　水浴除尘器喷头的插入深度和冲击速度的取值

粉尘性质	插入深度/mm	出口速度/m·s⁻¹
密度大、颗粒粗	0~+50	10~14
	−30~0	14~40
密度小、颗粒细	−30~−50	8~10
	−50~−100	5~8

注：“+”表示水面上的高度，“−”表示插入水层深度。

6.2.2.3　主要结构尺寸和性能参数

除尘器的构造尺寸如图 6-4 所示，性能、尺寸见表 6-3 和表 6-4。

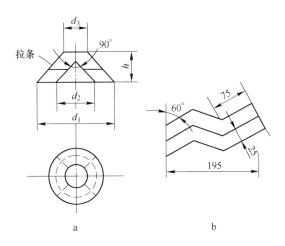

图 6-4　水浴除尘器几何尺寸

a—喷头；b—挡水板

表 6-3　水浴除尘器性能参数

喷口速度 /m·s	压力损失 /Pa	型号风量/m³									
		1	2	3	4	5	6	7	8	9	10
8	400~500	1000	2000	3000	4000	5000	6400	8000	10000	12800	16000
10	480~580	1200	2500	3700	5000	6200	8000	10000	12500	16000	20000
12	600~700	1500	3000	4500	6000	7500	9600	12000	15000	19200	24000

表 6-4　水浴除尘器尺寸

型号	喷头几何尺寸/mm				水池尺寸/mm				
	d_1	d_2	h	d_3	$q \times b$	c	L	K	G
1	270	170	85	170	430×430	800	800	1000	300
2	490	390	195	270	680×680	800	800	1000	300
3	720	620	310	340	900×900	800	800	1000	300
4	732	90	295	400	980×980	800	800	1000	300
5	860	720	630	440	1130×1130	800	800	1000	300
6	900	732	365	480	1300×1300	1000	1000	1500	300
7	1070	890	445	540	1410×1410	1200	1200	1500	300
8	1120	900	450	620	1540×1540	1200	1200	1500	400
9	1400	1180	590	720	1790×1790	1200	1200	1500	400
10	1490	1230	615	780	2100×2100	1200	1200	1500	400

6.2.3　筛板塔

筛板塔又称泡沫塔，该除尘器具有结构简单、维护工作量小、净化效率高、耗水量大、防腐蚀性能好等特点，常用于气体污染物的吸收，对颗粒污染物也具有很好的捕集效果。它适用于净化亲水性不强的粉尘，如硅石、黏土等，但不能用于石灰、白云石、熟料等水硬性粉尘的净化，以免堵塞筛孔。除尘器流速应控制在 2~3m/s 内，风速过大易产生带水现象，影响除尘效率。泡沫除尘器的除尘效率为 90%~93%，在泡沫板上加塑料球或卵石等物质后，可进一步提高净化效率，但设备阻力增加。

6.2.3.1　工作原理

筛板塔结构示意图如图 6-5 所示，它主要由布满筛孔的筛板、淋水管、挡水板（又称除沫器）、水封排污阀及进出口所组成。含尘烟气由侧下部进入筒体，气流急剧向上拐弯，并降低沉速，较粗的粉尘在惯性力的作用下被甩出，并与多孔筛板上落下的水滴相碰撞，被水黏附带入水中排走，较细的粉尘随气流上升，通过多孔筛板时，将筛板上的水层吹起成紊流剧烈、沸腾状的泡沫层，增加了气体与水滴的接触面积，因此，绝大部分粉尘被水洗下来。粉尘随污水从底部锥体经水封排至沉淀池。净化后的烟气经上部挡水板排出。

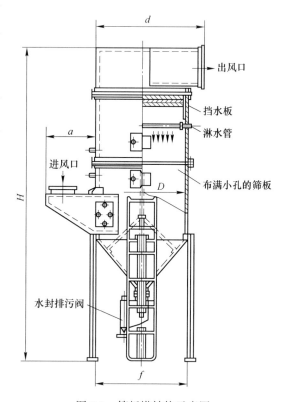

图 6-5　筛板塔结构示意图

6.2.3.2　几何参数与运行参数

筛板塔的几何参数主要有筛孔、溢流堰高度 h 与液层厚度 h_L、筛板间距和塔内风速。

筛孔直径 d_0 通常为 3~8mm，筛孔过小易堵塞，筛孔太大则漏液严重，无法形成稳定的泡沫层，甚至出现干板，故推荐取 $d_0 = 4~6mm$。开孔率推荐取 $s = 10%~25%$。

在漏液量很小的情况下，溢流堰高度 h 决定了筛板上液层的厚度 h_L。当无漏液或漏液较少时，$h = h_L$，一般 $h = 30~100mm$。

在液层中气液错流接触，在气速不是很大、漏液量很小的情况下，所形成的泡沫层可分为 3 个区：

（1）鼓泡区。紧靠塔板的清液，存在单个气泡，大部分是液体，扰动性小。

（2）泡沫区。清液上液层内气流和气泡激烈地搅动液体。

（3）雾沫区。气流冲出液面的夹带和气泡的破裂所致。

气速大时，鼓泡区消失，泡沫区与雾沫区增厚，气速进一步增大，泡沫区消失，雾沫夹带严重而发生液泛（淹塔），筛板塔无法正常工作。因此，气速大时，筛板间距较大。在正常情况下，当塔径 $D<1.5m$，板间距 $H>0.5m$；当塔径 $D<0.8m$，板间距 $H<0.45m$。

筛孔风速存在一下限速度 v_{min}，当筛孔风速 $v_0 < v_{min}$，液体从筛孔泄漏时称为漏液点。操作要求筛孔风速与下限速度之比 $v_0/v_{min} \geqslant 1$，筛孔风速 v_0 是一个重要的设计参数，实验表明筛孔风速 $v_0 = 10m/s$ 左右为宜。

气流通过空塔速度一般为 $v = 1 \sim 2.5m/s$。于是，根据处理烟气流量可计算出塔径 D。

6.2.3.3　除尘效率

根据泡沫除尘器除尘的一般原理以及气体与液体的物理化学性质和粉尘性质对泡沫除尘的影响，可以知道影响泡沫除尘效率的因素是很多的，它不仅与系统的物理化学性质有关，而且更主要的是取决于操作时的流体力学状况。此外，设备的结构也有一定的影响。综合考虑这些因素，可得板除尘效率的计算公式如下：

对亲水性粉尘：

$$\eta = 89 Z^{0.005} S_{tk}^{0.04} \tag{6-1}$$

式中，η 为板除尘效率，%；Z 为与流体力学性质有关的常数，无量纲，可用式（6-2）计算：

$$Z = \frac{vi}{g(h_c - h_d)^2} \tag{6-2}$$

式中，v 为气体空塔流速，m/s，一般取值范围为 $1.3 \sim 2.5m/s$；i 为液流强度，它是指在单位时间内通过单位长度挡板宽度时液体的体积，$m^3/(m \cdot s)$；g 为重力加速度，$g = 9.81m/s^2$；h_c 为溢流孔高度，m；h_d 为挡板高度，m；S_{tk} 为斯托克斯准数，无量纲，可用式（6-3）计算：

$$S_{tk} = \frac{\rho_p d_p^2 v}{g \mu d_0} \tag{6-3}$$

式中，ρ_p 为粉尘的密度，kg/m^3；d_p 为粉尘的粒径，m；v 为气体空塔流速，m/s；μ 为气体的动力黏度，$Pa \cdot s$；d_0 为筛孔直径，m；g 为重力加速度。

对憎水性粉尘：

$$\eta = 89 Z^{0.005} S_{tk}^{0.235} \tag{6-4}$$

虽然增加筛板数可以提高除尘效率，但是由于在气体中所含粉尘的分散度越来越高，若筛板数目超过 3 块以上，再增加筛板已无意义。相反地，筛板数目的增加使气流通过除尘器的阻力增大很多。

6.2.3.4　压力损失

泡沫除尘器的压力损失 Δp 包括筛板压力损失 Δp_s（即干筛板和泡沫层压力损失）、除雾器压力损失 Δp_3（若除雾器是安装在设备内部时）、泡沫除尘器的气体进口压力损失 Δp_i 和出口压力损失 Δp_o 等，即

$$\Delta p = \Delta p_s + \Delta p_3 + \Delta p_i + \Delta p_o \tag{6-5}$$

筛板压力损失包括干筛板压力损失 Δp_1 和泡沫层压力损失 Δp_2，即

$$\Delta p_s = \Delta p_1 + \Delta p_2 \tag{6-6}$$

干筛板的压力损失 Δp_1 可用式（6-7）来计算：

$$\Delta p_1 = \zeta \frac{\rho_g v_0^2}{2} \tag{6-7}$$

式中，Δp_1 为干筛板的压力损失，Pa，一般取值范围为 $25\sim130$ Pa；ζ 为干筛板的压力损失系数，无因次，它与干筛板的厚度 δ 有关，其取值见表 6-5；ρ_g 为气体的密度，kg/m³；v_0 通过筛孔的气体流速，m/s，当 $d_0 = 4\sim6$ mm 时，v_0 可取 $6\sim13$ m/s。

表 6-5　干筛板的厚度 δ 与干筛板的压力损失系数 ζ 的关系

δ/mm	1	3	5	7.5	10	15	20
ζ	1.81	1.60	1.45	1.67	1.89	2.18	2.47

泡沫层压力损失 Δp_2 可用式（6-8）计算：

$$\Delta p_2 = 325H - 23v + 43.5 \qquad (6\text{-}8)$$

式中，Δp_2 为泡沫层的压力损失，Pa，一般取值范围为 $25\sim130$ Pa；H 为泡沫高度，m；v 为气体空塔流速，m/s。

当泡沫除尘器中安置有除雾装置时，则除尘器的压力损失就应包括除雾器的压力损失在内。除雾器的压力损失大小与它本身的形式、结构和气体流速的大小有关，一般在 $40\sim100$ Pa 之间。

泡沫除尘器的气体进口压力损失 Δp_i 和出口压力损失 Δp_o 与结构有关，一般这两项压力损失总和为 $30\sim100$ Pa 之间。

综上所述，对于一块筛板的泡沫除尘器来讲，其总的压力损失在 $300\sim400$ Pa 之间。数值大小与设备本身的结构和操作情况有着密切关系。若除尘器中筛板数目不止一块时，则它的压力损失应比上面所指出的数值要大一些。

6.2.3.5　性能与外形尺寸

常用泡沫除尘器的性能与外形尺寸见表 6-6。

表 6-6　常用泡沫除尘器的性能与外形尺寸

直径 D /mm	风量范围 /m³·h⁻¹	设备阻力/Pa	耗水量 /m³·h⁻¹	质量/kg	外形尺寸/mm			
					H	f	d	a
500	1000~2500	600~800	0.25~0.6		3011	612	700	350
600	2000~4500	600~800	0.5~1.1		3091	712	800	400
800	4000~6500	600~800	1.0~1.6	317	3261	912	1000	450
900	6000~8500	600~800	1.5~2.1	368	3361	1012	1100	500
1000	8000~11000	600~800	2.0~2.7	416	3461	1112	1200	550
1100	10000~14000	600~800	2.5~3.5	465	3551	1212	1300	600

6.2.4　水膜除尘器

6.2.4.1　CLS 型水膜除尘器

CLS 型水膜除尘器如图 6-6 所示，其主要性能和尺寸分别见表 6-7 和表 6-8。CLS 型水膜除尘器有 XN、XS、YN、YS 四种组合形式，其识别方法同旋风除尘器。

CLS 型水膜除尘器的结构简单、耗金属量少、耗水量小；其缺点为高度较高，且安置困难。除尘器的供水压力为 $0.03\sim0.05$ MPa，水压过高会产生带水现象；为保持水压稳定，宜设恒水箱。CLS 型水膜除尘器与入口风速相对应的局部阻力系数为：CLS-X 型，

$\zeta = 2.8$；CLS-Y 型，$\zeta = 2.5$。

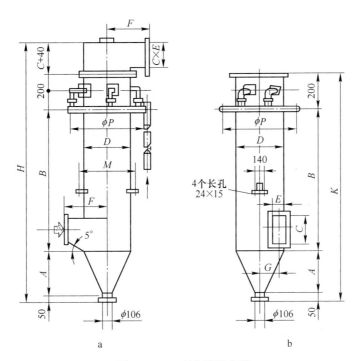

图 6-6　CLS 型水膜除尘器

a—X 型；b—Y 型

表 6-7　CLS 型水膜除尘器主要性能

型　号	入口风速 /m·s⁻¹	风量 /m³·h⁻¹	用水量 /L·h⁻¹	喷嘴数/个	压力损失/Pa		质量/kg	
CLS-D135	18	1600	0.14	3	550	500	83	70
	21	1900			760	680		
CLS-D443	18	3200	0.20	4	550	500	110	90
	21	3700			760	680		
CLS-D570	18	4500	0.24	5	550	500	190	158
	21	5250			760	680		
CLS-D634	18	5800	0.27	5	550	500	227	192
	21	6800			760	680		
CLS-D730	18	7500	0.30	6	550	500	288	245
	21	8750			760	680		
CLS-D793	18	9000	0.33	6	550	500	337	296
	21	10400			760	680		

续表 6-7

型　号	入口风速 /m·s⁻¹	风量 /m³·h⁻¹	用水量 /L·h⁻¹	喷嘴数/个	压力损失/Pa		质量/kg	
CLS-D888	18	11300	0.36	6	550	500	398	337
	21	13200			760	680		

表 6-8　CLS 型水膜除尘器尺寸　　　　　　　　　　（mm）

型　号	D	C	E	F	A	B	G	H	K	P	M
CLS-D135	315	204	122	260	224	1075	96.5	1993	1749	512	441
CLS-D443	443	295	165	370	314	1585	140	2684	2349	704	569
CLS-D570	570	352	202	450	405	2080	184	3327	2935	754	696
CLS-D634	634	392	228	490	450	2340	203	3627	3240	754	760
CLS-D730	730	452	258	610	520	2725	236	4187	3695	840	856
CLS-D793	793	492	282	670	560	3080	255.5	4622	4090	894	919
CLS-D888	888	552	318	742	630	3335	385	5007	4415	980	1014

6.2.4.2　CLS/A 型水膜除尘器

CLS/A 型水膜除尘器如图 6-7 所示，主要性能及尺寸分别见表 6-9 和表 6-10。

CLS/A 型水膜除尘器的构造与 CLS 型水膜除尘器相似，只有喷嘴不同，且带有挡水圈，以减少带水现象。

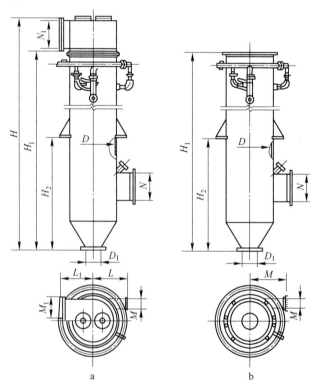

图 6-7　CLS/A 型水膜除尘器

a—X 型；b—Y 型

表 6-9　CLS/A 型水膜除尘器主要性能

型　号	风量/m³·h⁻¹	用水量/L·h⁻¹	喷嘴数/个	压力损失/Pa	质量/kg	
					Y 型	X 型
CLS/A-3	1250	0.15	3	580	70	82
CLS/A-4	2250	0.17	3	580	110	128
CLS/A-5	3500	0.20	4	580	227	249
CLS/A-6	5400	0.22	4	600	328	358
CLS/A-7	7000	0.30	5	600	429	467
CLS/A-8	9000	0.33	5	580	635	683
CLS/A-9	11500	0.39	6	580	745	804
CLS/A-10	14000	0.45	7	580	1053	1123

表 6-10　CLS/A 型水膜除尘器尺寸　　　　　　　　（mm）

型　号	D	D_1	H	H_1	H_2	L	L_1	M	M_1	N	N_1
CLS/A-3	300		2242	1938	1260	375	250	75	135	240	230
CLS/A-4	400		2888	2514	1640	500	300	100	175	320	300
CLS/A-5	500		3545	3091	2010	625	350	125	210	400	380
CLS/A-6	600		4197	3668	2380	750	400	150	260	480	450
CLS/A-7	700	114	4880	4244	3726	875	450	175	300	560	550
CLS/A-8	800		5517	4821	3130	1000	500	200	350	640	600
CLS/A-9	900		6194	5398	3500	1125	550	225	380	720	700
CLS/A-10	1000		6820	5974	3900	1250	600	250	434	800	750

6.2.4.3　卧式旋风水膜除尘器

卧式旋风水膜除尘器是国内常用的一种旋风水膜除尘器，其优点是构造简单、操作和维护方便、耗水量小、磨损小；与立式旋风水膜除尘器相比，它可以用在风量波动范围较大（±20%）的场合，除尘效率稍高，除尘器高度较低。其缺点是占地面积与金属耗量较大。

卧式旋风水膜除尘器的结构如图 6-8 所示，它由截面为倒犁形的横置圆筒外壳、类似外壳形状的内筒、在外壳与内筒之间的螺旋导流片、角锥形泥浆斗、挡水板及水位调整机构等组成。

含尘烟气以较高的流速从除尘器的一端沿切线方向进入，并沿外壳与内筒间的螺旋导流片做旋转运动前进，其中部分大颗粒粉尘在烟气多次冲击水面后，由于惯性力的作用而被沉留在水中。而细颗粒烟尘，被烟气多次冲击水面时溅起的水泡、水珠所润湿、凝聚，并随烟气做螺旋运动时，由于离心力的作用加速向外壳作内壁运动，最后被水膜黏附。被捕获的尘粒靠自重沉淀，并通过灰浆阀排出。净化后的烟气通过檐板或旋风脱水后排出。

卧式旋风水膜除尘器（旋风脱水）如图 6-9 所示。

卧式旋风水膜除尘器适用于捕集非黏结性及非纤维性粉尘，其结构适用于常温和非腐

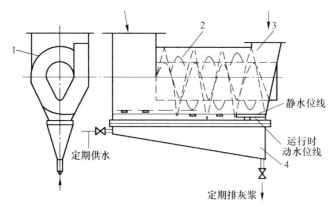

图 6-8　卧式旋风水膜除尘器

1—外壳；2—螺旋导流片；3—内芯；4—灰浆斗

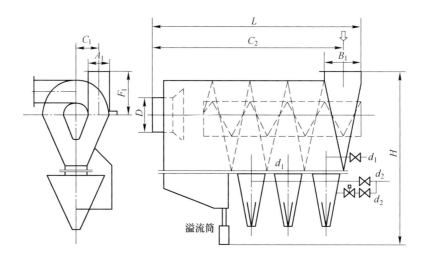

图 6-9　卧式旋风水膜除尘器（旋风脱水）

蚀气体。一般可净化粒径在 10μm 以上的粉尘。该除尘器的除尘效率一般不大于 95%，除尘器风量变化在 20% 以内，除尘效率几乎不变。该除尘器进口风速取 11~16m/s，不能大于 16m/s，否则会造成阻力骤增，带水严重；檐板脱水要求檐板间流速为 4m/s，为避免净化后烟气带水，一般控制出口烟气流速以 3m/s 为宜，旋风脱水要求中心插入管深度与脱水段长度比为 0.6~0.7 时，效果最佳；水位高度（指筒底水位之高）在 80~150mm 之间，螺旋通道内断面烟气流速以 11~16m/s 为宜。这种除尘器的压力损失为 300~1000Pa，额定风量按风速 14m/s 计算。其主要性能和尺寸见表 6-11 和表 6-12。

表 6-11　卧式旋风除尘器（旋风脱水）的主要性能

风量/m³·h⁻¹		压力损失/Pa	耗水量/t·h⁻¹		除尘器质量/kg
额定风量	风量范围		定期换水	连续供水	
11000	8500~12000	<1050	1.10	0.36	893

风量/m³·h⁻¹		压力损失/Pa	耗水量/t·h⁻¹		除尘器质量/kg
额定风量	风量范围		定期换水	连续供水	
15000	12000~16500	<1100	1.50	0.45	1125
20000	16500~21000	<1150	2.34	0.56	1504
25000	21000~26000	<1200	2.85	0.64	2264
30000	25000~33000	<1250	3.77	0.70	2636

表6-12　卧式旋风除尘器（旋风脱水）的尺寸

A_1	B_1	C_1	C_2	F_1	H	L	D
406	520	400	2890	703	2920	3150	600
456	640	450	3500	778	3113	3820	670
556	700	550	3885	928	2598	3150	850
608	800	600	4360	1004	3790	3820	900
658	880	650	1760	1079	4083	5200	1000

6.2.4.4　麻石水膜除尘器

麻石水膜除尘器又称花岗岩旋风水膜除尘器。当用一般钢制湿式除尘器处理某些工业含尘气体时，这些含尘气体不仅含有粉尘粒子，而且还含有如 SO_2、NO_x 等有腐蚀性的气体，这些腐蚀性气体往往会使钢制湿式除尘器遭受腐蚀，使其使用寿命缩短。为了解决钢制湿式除尘器的化学腐蚀问题，常常采用在钢制湿式除尘器内涂装衬里，但在施工安装时较为麻烦。而采用厚度为200~300mm的麻石（花岗岩）砌成的麻石水膜除尘器则从根本上解决了除尘防腐的问题。用它处理含有 SO_2 的锅炉烟气，寿命长达几十年，实际上可以认为是永久性的，该除尘器在锅炉烟气的净化中适用范围较广。

麻石水膜除尘器除了具有结构简单、耐酸、耐磨、阻力小、除尘效率高、运行稳定和维修方便等优点外，除尘效率也较高，一般可达90%左右。由于麻石旋风水膜除尘器的主体材料为花岗岩，钢材用量少，在麻石产区建麻石旋风水膜除尘器就能就地取材，因而造价便宜。麻石旋风水膜除尘器存在的问题有：安装环形喷嘴形成筒壁水膜，喷嘴易被烟尘堵塞；采用内水槽溢流供水，使得器壁上形成的水膜受供水量的多少影响而不稳定；耗水量大，废水含有的酸需处理后才能排放；不适宜急冷急热变化的除尘过程；处理烟气温度以不超过100℃为宜。它应用在电站锅炉、工业锅炉上。它有不带文丘里管的 MC 型和带有文丘里管的 WMC 型两种形式。

麻石水膜除尘器是一种立式旋风水膜除尘器，它由圆柱形筒体（用花岗岩砌筑）、溢流水槽、环形喷嘴、水封、沉淀池等组成，其结构如图6-10所示。

麻石水膜除尘器属机械离心式湿式除尘装置，在中空的圆筒内壁有一层分布均匀的水膜自上而下流动，含尘烟气从圆筒下部的蜗壳进气装置引入圆筒，然后螺旋上升，由圆筒

188

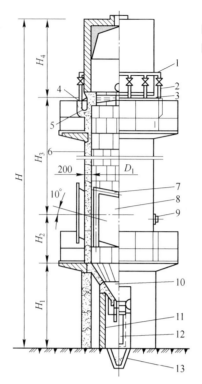

图 6-10　麻石旋风水膜除尘器的结构图

1—环形集水管；2—扩散管；3—挡水檐；
4—水越入区；5—溢水槽；6—筒体内壁；
7—烟道进口；8—挡水槽；9—通灰孔；10—锥形灰斗；
11—水封池；12—插板门；13—灰沟

顶部排出。在整个流动过程中，尘粒受离心力的作用而向筒壁移动，被水膜黏附并带到圆筒底部经过排灰口排出，达到烟气除尘的目的。

文丘里管麻石水膜除尘器工作时烟气在进入捕滴器前，首先通过文丘里管，在收缩管内逐渐加速，到达喉部处烟气流速最高；烟气呈强烈的紊流运动，在喉管前喷入的压力水呈雾状布满整个喉部，烟气中高速运动着的尘粒冲破水珠周围的气膜被吸附在水珠上，凝聚成大颗粒的灰水滴（称碰撞凝聚）随烟气一起进入捕滴器进行分离。

麻石旋风水膜除尘器的主要技术数据如下：入口风速为 15~20m/s；筒体断面流速为 3.5~5m/s；耗水量为 0.1~0.3kg/m³；除尘效率较高，阻力不高，约在 400~784Pa 之间，它往往和文丘里洗涤器配套使用，可以使除尘效率达到 95% 以上。

麻石旋风水膜除尘器的主要结构尺寸和性能参数见表 6-13 和表 6-14。

表 6-13　麻石旋风水膜除尘器的主要结构尺寸　　　　　　　　　　（mm）

型　号	烟气进口尺寸 $b \times h$	内径 D_1	总高 H	H_1	H_2	H_3	H_4
MCLS-1.30	430×900	1300	10030	2650			
MCLS-1.60	420×1200	1600	11500	2650			
MCLS-1.75	420×1300	1750	12780	2500	1375	7475	1307

型 号	烟气进口尺寸 $b \times h$	内径 D_1	总高 H	H_1	H_2	H_3	H_4
MCLS-1. 85	420×1500	1850	11647	2650	1517	7430	2458
MCLS-2. 50	700×2000	2500	8083	3200	2000		
MCLS-3. 10	1000×1921	3100	10450	2650	1900	5850	
MCLS-4. 00	800×2500	4000	32200	9000	2475	15486	5240

表 6-14　麻石旋风水膜除尘器的性能参数

型 号	性 能	进口烟气速度/m·s^{-1}				质量/kg
		15	18	20	22	
MCLS-1. 30	烟气量/m³·h^{-1}	23200	27800	30900	34000	33326
MCLS-1. 60		27200	32600	36300	39500	41500
MCLS-1. 75		29500	34500	39400	43400	
MCLS-1. 85		37800	45300	50400	55600	47300
MCLS-2. 50		75600	91000	101000	11100	
MCLS-3. 10		104000	125000	138700		
MCLS-4. 00		108000	126000	144000	158000	243700
以上所有型号	压力损失/Pa	579	844	1030	1246	

6.2.5　填料塔

6.2.5.1　工作原理

填料塔是最常用的吸收塔之一，对颗粒污染物也有很好的捕集效果。其优点是结构简单、气液接触效果好、压力损失小。逆流式填料塔的结构如图 6-11 所示。在填料塔中，填料的表面积很大，洗涤液将填料表面润湿，在填料中有液滴对尘粒的捕尘作用，但主要是通过填料所形成的液网、液膜对尘粒进行捕集，因此对液滴雾化效果无过高要求。同时，对气液比、过滤风速等运行条件有较宽的操作弹性。

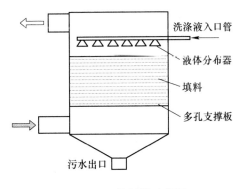

洗涤液入口管

液体分布器

填料

多孔支撑板

污水出口

图 6-11　填料塔示意图

填料塔所用填料的种类很多，常用的有拉西环、鞍形环、鲍尔环、泰勒环、陶瓷环、十字分隔环、勒辛环，材质通常为陶瓷、塑料或金属 3 种。对气体污染物的吸收，需要单位体积填料的表面积愈大愈好。但对颗粒污染物的净化，除了具有较大的表面积，还要考虑防止填料的堵塞，这就要求填料有足够大的空腔。因此，形状简单、制作方便并有较高强度的拉西环、勒辛环可作为除尘用填料塔优先选用的填料，如图 6-12 所示。根据工程实践应用结果表明，除尘用拉西环的直径取 30~60mm，高取 40~60mm，勒辛环直径取 50~80mm，高取 50~80mm。当填料厚度较大时，若采用陶瓷材料，本体质量

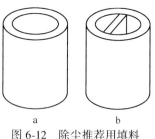

图 6-12 除尘推荐用填料
a—拉西环；b—勒辛环

会很大，可将塑料管（如壁厚为 2mm 左右的 PVC 塑料管）锯断成拉西环，这种塑料有较好的防腐蚀性能，而且质量小、成本低。由于存在洗涤液的冷却作用，故填料塔适用于较高温度烟气的净化。

6.2.5.2 主要性能

在处理同样烟气量时，除尘用填料塔的填料厚度远小于吸收用填料塔的填料厚度。这是因为在填料塔中气体污染物的净化是化学过程，气液两相的传质过程通常较缓慢，有时用理论计算的填料层厚度需几十米甚至上百米，这对除尘来说是不可思议的。而用填料塔净化颗粒污染物时，有惯性碰撞、拦截、扩散、壁效应（泳力）和分子力或称范德华力等，这些物理过程进行得较迅速，因此厚度较小。然而由于填料的差异、液气比的不同和净化机理较复杂，到目前为止，在除尘方面还没有非常严格的填料厚度计算公式。

液体向下流过填料层时，有向塔壁汇集的倾向，中心的填料不能充分加湿。为避免操作时出现干料，力求液体喷洒均匀，液体喷淋密度在 $10m^3/hm^2$ 以上，由此可确定液气比。对于拉西环或勒辛环填料，塔径 D 与填料尺寸 d 的比值 $D/d > 20$。

填料塔断面气流速度一般为 $v = 0.3 \sim 1.5m/s$。推荐气流速度 $v = 0.5 \sim 1.0m/s$。于是，塔径 D 可由连续性方程计算。

填料塔的压力损失常用阻力系数法计算：

$$\Delta p = \zeta h \frac{\rho v^2}{2} \tag{6-9}$$

式中，h 为填料层厚，m；ζ 为阻力系数，由实验确定。

对于拉西环，当风速 v 为 $0.5 \sim 1.0m/s$ 时，压力损失 Δp 为每米厚度填料 $250 \sim 600Pa$。

填料塔的分级效率可以用式（6-10）近似计算：

$$\eta = 1 - \exp\left(-9\frac{S_{tk}}{\varepsilon d}h\right) \tag{6-10}$$

$$S_{tk} = \frac{d_a^2}{9\mu} \times \frac{v_0}{d} \tag{6-11}$$

式中，h 为填料层厚，m；ε 为孔隙率；d 为填料直径，m；v_0 为填料塔断面风速，m/s。

式（6-10）可用于填料层厚度的设计计算。如给出要求的总除尘效率，然后根据总除尘效率和分级效率的关系式，便可估算填料层厚度 h。

在湿式洗涤器中，填料塔结构简单、运行可靠、阻力较低且除尘效率很高。通过合理的设计，填料塔的除尘效率可以超过文丘里洗涤器，且压损远低于文丘里洗涤器，甚至低

于筛板塔。对于适用于湿式净化的烟尘，应对填料塔给予高度重视。

6.2.6 文丘里除尘器

文丘里洗涤除尘器是湿式除尘器中效率最高的一种除尘器。它的优点是除尘效率高，可达99%，结构简单、造价低廉、维护管理简单。它不仅可用作除尘（包括净化含有微米和亚微米粉尘粒子），还能用于除雾、降温和吸收有毒有害气体、蒸发等。它的缺点是动力消耗和水量消耗都比较大。

6.2.6.1 工作原理

文丘里洗涤除尘器是一种具有高除尘效率的湿式除尘器。实际应用的文丘里洗涤除尘器是一套系统设备，由文丘里洗涤器、除雾器（或气液分离器）、沉淀池和加压循环水泵等多种装置所组成，其装置系统如图6-13所示。

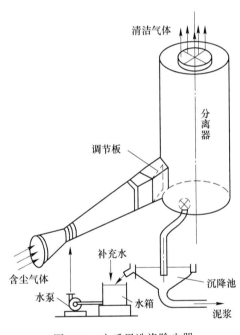

图 6-13 文丘里洗涤除尘器

文丘里洗涤器就其断面形状来看，有圆形和矩形两种，但无论哪一种形式的文丘里管洗涤器都是由收缩管、喉管和扩张管以及在喉管处注入洗涤水的喷雾器所组成的。

文丘里洗涤除尘器对粉尘的捕集主要是靠惯性碰撞机理起作用，扩散沉降机理对小于0.1μm的细小粉尘有明显的作用。当含尘烟气进入收缩管之后，气流的速度随着截面的缩小而骤增，气流的压力能逐渐转变为动能，在喉管入口处，气速达到最大，一般为50~180m/s，静压降到最低值。文丘里洗涤器的除尘包括三个过程：

（1）含尘气流由收缩管进入喉管流速急剧增大，洗涤液（一般为水）通过沿喉管周边均匀分布的喷嘴喷入，液滴被高速气流冲击进一步地雾化成更细小的水滴，此过程称为雾化过程。

（2）在喉管中气液两相得到充分混合，粉尘粒子与水滴碰撞沉降效率很高。进入扩张管后，气流降低，静压逐渐增大，水滴与粉尘颗粒凝聚成较大的含尘水滴，这一过程称为凝聚过程。

（3）经文丘里洗涤器预处理后的烟气以切向速度进入除雾器，在离心力的作用下，除雾器将烟尘和水流抛向除雾器的器壁，烟尘被壁面上流下的水膜所黏附，随含尘废水经下部灰斗（或水封）排至沉淀池，净化后烟气从除尘器上部排出，达到除尘目的，这一过程称为分离除尘过程。

雾化过程和凝聚过程是在文丘里洗涤器内进行的，分离除尘是在除雾器或其他分离装置中完成的。

根据设计要求的效率，文丘里洗涤除尘器的阻力通常在 4000~10000Pa 之间，液气比在 0.5~2.0L/m³ 之间，它可以用于高炉和转炉煤气的净化与回收，在一般烟气和粉尘的治理中多采用低阻或中阻形式。

6.2.6.2　文丘里管的设计计算

文丘里管的截面可以是圆形的，也可以是矩形的，下面以圆截面为例进行。

文丘里管结构尺寸如图 6-14 所示，收缩管、喉管以及扩散管的直径和长度、收缩管和扩散管的张开角度等是文丘里洗涤器设计时的主要几何尺寸。

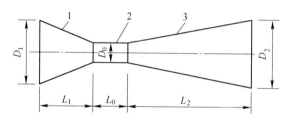

图 6-14　文丘里管结构尺寸
1—渐缩管；2—喉管；3—渐扩管

（1）喉管直径：

$$D_0 = 0.0188 \sqrt{\frac{Q_t}{v_i}} \tag{6-12}$$

式中，D_0 为喉管直径，m；Q_t 为温度为 t 时，进口气体流量，m³/h；v_i 为喉管中气体流速，一般为 50~120m/s。

（2）喉管长度：

$$L_0 \approx D_0 \tag{6-13}$$

式中，L_0 为喉管长度，m，一般取 0.2~0.8m。

（3）渐缩管进口直径：

$$D_1 \approx 2D_0 \tag{6-14}$$

式中，D_1 为渐缩管进口直径，m。

（4）渐缩管长度：

$$L_1 = \frac{D_0}{2}\cot\alpha_1 \tag{6-15}$$

式中，L_1 为渐缩管长度，m；α_1 为渐缩管的半收缩角，一般取 10°~13°。

（5）渐扩管进口直径：

$$D_2 \approx D_1 \tag{6-16}$$

式中，D_2 为渐扩管进口直径，m。

（6）渐扩管长度：

$$L_2 = \frac{D_2 - D_0}{2} \cot\alpha_2 \tag{6-17}$$

式中，L_2 为渐扩管长度，m；α_2 为渐扩管的半张开角，一般取 3°~4°。

6.2.6.3 文丘里管的阻力

估计文丘里管的阻力是一个比较复杂的问题，国内外虽有很多经验式，但都有一定的局限性，有时同实际情况有较大出入。下面介绍海思开斯（Hesketh）经验公式，即

$$\Delta p = \frac{v_i^2 \rho_g A_T^{0.133} L_G^{0.78}}{1.16} \tag{6-18}$$

式中，Δp 为文丘里管的阻力，Pa；v_i 为喉管中气体流速，m/s；ρ_g 为气体的密度，kg/m³；A_T 为喉管的截面积，m²；L_G 为液气比，L/m³。

6.2.6.4 文丘里管的除尘效率

文丘里管对 5μm 以下的尘粒的去除效率可按海思开斯（Hesketh）经验公式估算：

$$\eta = (1 - 4525.3\Delta p^{-1.3}) \times 100\% \tag{6-19}$$

式中，Δp 为文丘里管的阻力，Pa。

6.2.6.5 主要性能

下面以 WCG 型低压文丘里除尘器为例介绍，WCG 型低压文丘里除尘器由两个主要部件组成，即装有文丘里管和旋风筒的上箱体和设有沉淀箱、卸灰装置的下箱体。表 6-15 中为 WCG 型低压文丘里除尘器的性能参数，其入口含尘浓度最高可达 35g/m³，供水水压要求大于 1000Pa。

表 6-15 WCG 型低压文丘里除尘器的性能参数及外形尺寸

型 号	额定风量 /m³·h⁻¹	阻力 /Pa	除尘效率 /%	入口气体 温度/℃	外形尺寸（长× 宽×高）/mm	入口尺寸 /mm	出口尺寸 /mm
WCG-0.5	5000	1270	>98	<160	1064×860×2600	300×860	φ500
WCG-1.0	10000	1270	>98	<160	2100×860×3700	580×860	φ850
WCG-1.5	15000	1270	>98	<160	2100×1240×3700	580×1240	φ1100
WCG-2.0	20000	1270	>98	<160	2100×1620×3700	580×1620	φ1100
WCG-2.5	25000	1270	>98	<160	2100×2000×3700	580×2000	φ1100
WCG-3.0	30000	1270	>98	<160	2100×2300×3700	580×2360	φ1100
WCG-4.0	40000	1270	>98	<160	2100×3140×4000	580×3140	φ1390
WCG-5.0	50000	1270	>98	<160	2100×3900×4000	580×3900	φ1390
WCG-6.0	60000	1270	>98	<160	2100×4660×4000	580×4660	φ1390

注：1. 允许风量波动 20%；

2. 自流运行耗水量为 5m³/10000m³ 风量，为节省水量可循环运行；

3. 经适当处理，风量可达 12000~240000m³/h 或更大。

6.3 脱 水 方 法

脱水装置又称为气液分离装置或除雾器。当用湿法治理烟气和其他有害气体时，从处理设备排出的气体常常夹带有尘和其他有害物质的液滴。为了防止含有尘或其他有害物质的液滴进入大气，在洗涤器后面一般都装有脱水装置，把液滴从气流中分离出来。洗涤器带出的液滴直径一般为 50~500μm，其量约为循环液的 1%。由于液滴的直径比较大，因此去除比较容易。脱水方式主要有三种。

6.3.1 重力沉降法

重力沉降法是最简单的一种方法，即在洗涤器后设一空间，气体进入这一空间后因流速降低，使液滴依靠重力而下降的速度大于气流的上升速度。只要有足够的高度，液滴就可以从气体中沉降下来而被去除。其设计计算方法可以参照重力沉降室的设计。

6.3.2 离心法

离心法是依靠离心力把液滴甩向器壁的一种脱水方法，其装置主要有两种。

6.3.2.1 圆柱型旋风脱水装置

这种旋风筒可以除去较小的液滴，常设在文氏管的后面，其形式如图 6-15 所示。气流进入旋风筒的切向进口流速一般为 20~22m/s，气体在筒横截面的上升速度一般不超过 4.5m/s，气体在筒体截面的流速与筒高的关系可参考表 6-16。

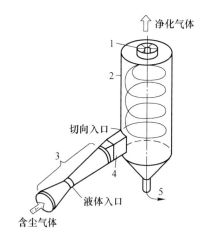

图 6-15 文丘里洗涤器

1—消旋器；2—离心分离器；3—文氏管；4—旋转气流调节器；5—排液口

表 6-16 气体在筒体截面的流速与筒高的关系

气体在筒体截面的流速/m·s^{-1}	2.5~3.0	3.0~3.5	3.5~4.5	4.5~5.5
筒体高度	2.5D	2.8D	3.8D	4.6D

注：D 为筒体直径。

一般锥底顶角为 100°，旋风筒的阻力为 490~1470Pa（50~150mmH$_2$O），可去除的最小液滴直径为 5μm 左右。

6.3.2.2　旋流板除雾器

旋流板用于脱水、除雾，效果很好，一般效率为 90%~99%。旋流板可用塑料或金属材料制造。塔板形状如固定的风车叶片，其构造如图 6-16 所示。气体从筒的下部进入，通过旋流板利用气流旋转将液滴抛向塔壁，从而聚集落下，气体从上部排出。

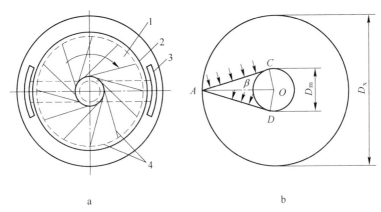

图 6-16　旋流板结构
1—旋流板片；2—罩筒；3—溢流箱；4—开缝线

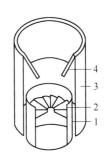

旋流板可以直接装在洗涤器的顶部或管道内。由于不占地、效率高、阻力低，在用湿法治理烟尘和有害气体时常用它作为洗涤器后的脱水、除雾装置。另有一种旋流板除雾装置如图 6-17 所示，它由内、外套管，旋流板片和圆锥体组成。旋流板的叶片与轴成 60° 角，被离心力甩至内管壁上的液滴，形成旋转的薄膜，和气流一起向上运动。当到达内管上缘时，液体被抛到外管壁上，速度降低，在重力作用下下落，并通过水封排出。去除液滴后的气体通过扩散圆锥体排出。

图 6-17　旋流板除雾装置
1—内管；2—旋流板片；
3—外管；4—圆锥体

6.3.3　过滤法

用过滤网格去除液滴，效率比较高，可以去除粒径为 1μm 左右的液滴。网格可用尼龙丝或金属丝编结，也可以用塑料窗纱。孔眼一般为 3~6mm，使用时将若干层网格交错堆叠到 6~15cm 高即可。过滤网格一般用于去除酸雾。当气流速度为 2~3m/s，网格孔眼为 3mm×6mm，除酸雾效率可达 98%~99%，阻力为 177~392Pa（18~40mmH$_2$O）。但含尘液滴通过网格时，尘粒常常会堵塞网孔，因此，很少在洗涤式除尘器后装过滤网格。

7 新型高效除尘技术

高效除尘技术是控制燃煤烟气中细颗粒物的重要手段。目前，为了提高除尘装置对细颗粒物的捕集性能，所采用的高效除尘技术可分为两个方向：一是改进传统除尘器的结构以提高其对细颗粒物的脱除性能，如低低温静电除尘器、湿式静电除尘器（WESP）、滤筒除尘器等；另一个方向是复合除尘器，利用不同除尘机理有机结合进而提高对细颗粒物的捕集效果，通常是采用静电强化技术，如电袋复合除尘器、静电增强水雾除尘技术等，其理论和应用研究对推动细颗粒物高效控制技术的发展具有重要意义。

7.1 低低温电除尘技术

低低温电除尘技术是实现燃煤电厂节能减排的有效技术之一，进一步扩大了电除尘器的适用范围，实现高效除尘和稳定排放，满足最新环保标准要求，并可去除烟气中大部分的 SO_3，该技术在国外得到了工程实践的考验，国内已有 600MW、1000MW 等一批大型机组的成功应用案例。

7.1.1 低低温电除尘技术工作原理及组成

7.1.1.1 工作原理

通过热回收器（又称烟气冷却器）或烟气换热系统（包括热回收器和再加热器）降低电除尘器入口烟气温度至酸露点以下，一般在 90℃ 左右，使烟气中的大部分 SO_3 在热回收器中冷凝成硫酸雾并黏附在粉尘表面，使粉尘性质发生了很大变化，降低粉尘比电阻，避免反电晕现象；同时，烟气温度的降低使烟气流量减小并有效提高电场运行时的击穿电压，从而大幅提高除尘效率，并去除大部分 SO_3。

7.1.1.2 组成

低低温电除尘器主要由机械本体和电气控制两大部分组成。

A 机械本体

机械本体部分包括：阴、阳极系统及清灰装置，外壳结构件，进出口封头，气流分布置等，根据需要可配置旋转电极电场或离线振打装置等。

B 电气控制

电气控制部分包括：高压电源、低压控制装置、集控系统、自适应控制系统等。其中，烟气温度调节与电除自适应 IPC 智能控制系统能够与高压电源、低压控制装置、热回收器或烟气换热系统的电气系统进行通信，并实现监视、控制功能。能够实现自动获取系统负荷、浊度、烟气温度、烟气量等信号，自动获取电场伏安特性曲线（族）等现场工况变化信息，将获取的信息引入控制系统进行分析处理，与预先设定的基准数据等作出对比，根据对比结果可实现自动调节烟气换热总量，调整换热后的烟气温度，并自动选择和调整高压设备等运行方式和运行参数，使电除尘器工作在最佳状态，实现电除尘器保效节能。

7.1.2 低低温电除尘技术特点

7.1.2.1 除尘效率高

A 粉尘比电阻下降

通过热回收器或烟气换热系统将烟气温度降至酸露点以下，烟气中大部分 SO_3 冷凝成硫酸雾，并吸附在粉尘表面，使粉尘性质发生了很大变化。根据烟气温度与粉尘比电阻的关系，在低温区，表面比电阻占主导地位，并随着温度的降低而降低。低低温电除尘器入口烟气温度降至酸露点以下，使粉尘比电阻处在电除尘器高效收尘的区域。粉尘性质的变化和烟气温度的降低均促使了粉尘比电阻大幅下降，避免了反电晕现象，从而提高除尘效率。

B 击穿电压上升

进入电除尘器的烟气温度降低，使电场击穿电压上升，从而提高除尘效率。实际工程案例表明，排烟温度每降低 10℃，电场击穿电压将上升 3% 左右。在低低温条件下，由于有效避免了反电晕，击穿电压的上升幅度将更大。

C 烟气流量减小

由于进入电除尘器的烟气温度降低，烟气流量下降，增加了粉尘在电场的停留时间，同时比集尘面积增大，从而提高除尘效率。

7.1.2.2 去除烟气中大部分 SO_3

烟气温度降至酸露点以下，气态的 SO_3 将冷凝成液态的硫酸雾。因烟气含尘浓度高，粉尘总表面积大，这为硫酸雾的凝结附着提供了良好的条件。国外有关研究表明，低低温电除尘系统对于 SO_3 去除率一般在 80% 以上，最高可达 95%，是目前 SO_3 去除率最高的烟气处理设备。

三菱重工的低低温电除尘系统中，热回收器进口的 SO_3 设计质量浓度为 0.001%（约 35.7 mg/m^3），灰硫比大于 100，低低温电除尘器出口的 SO_3 设计质量浓度小于 0.0001%（3.57 mg/m^3），去除率可达到 90% 以上。

国外有关研究表明，热回收器中 SO_3 浓度随烟气温度变化，烟气温度在 100℃ 以下，几乎所有的 SO_3 在热回收器中转化为液态的硫酸雾并黏附在粉尘上。

7.1.2.3 提高湿法脱硫系统协同除尘效果

国外有关研究对低温电除尘器与低低温电除尘器出口粉尘粒径、电除尘器出口烟尘浓度与脱硫出口烟尘浓度关系进行了探讨，低温电除尘器出口烟尘平均粒径一般为 1～2.5μm，低低温电除尘器出口粉尘平均粒径一般可大于 3μm，低低温电除尘器出口粉尘平均粒径明显高于低温电除尘器；当采用低低温电除尘器时，脱硫出口烟尘浓度明显降低，可有效提高湿法脱硫系统协同除尘效果。国内脱硫厂家也认为，电除尘器出口粉尘平均粒径增大可有效提高湿法脱硫系统协同除尘效果。

7.1.2.4 节能效果明显

研究表明，当仅采用热回收器时，对于1台1000MW机组，烟气温度降低30℃，可回收热量$1.50×10^8$kJ/h（相当于5.3t标准煤/h）。当采用烟气换热系统时，回收的热量主要传送至再加热器，提高烟囱烟气温度，以此来提升外排污染物的扩散性。由于烟气温度的降低，上述两种形式均可节约湿法脱硫系统水耗量，可使风机的电耗和脱硫系统用电率减小。

7.1.2.5 二次扬尘有所增加

粉尘比电阻的降低会削弱捕集到阳极板上的粉尘的静电黏附力，从而导致二次扬尘现象比低温电除尘器适当增加，但在采取相应措施后，二次扬尘现象能得到很好的控制。

7.1.2.6 更优越的经济性

由于烟气温度降至酸露点以下，粉尘性质发生了很大的变化，比电阻大幅下降，因此，达到相同除尘效率前提下，低低温电除尘器的电场数量可减少，流通面积可减小，且其运行功耗也有所降低。低低温电除尘系统采用热回收器时可回收热量，兼具节能效果。热回收器的投资成本一般可在3~5年内回收。

7.1.3 酸露点及灰硫比

7.1.3.1 酸露点

A 定义

锅炉用的煤、石油以及天然气等都含有一定量的硫分，因此燃料燃烧产生的烟气中不仅含有一定量的水蒸气，而且含有一定量的SO_3，当烟气温度降到某一临界温度时，SO_3与烟气中的水蒸气凝结生成硫酸雾，此临界温度即为烟气酸露点。

烟气酸露点受多因素影响，如锅炉炉型、脱硝催化剂、燃料含硫量、燃料含灰量、燃料含水量以及过量空气系数等。

B 酸露点测试方法

烟气酸露点测量方法主要有光学法、电气法和酸沉积数量法等，但迄今为止，国内在含尘烟气酸露点直接测定技术方面尚存在一定问题，且实施难度较大，因此，目前酸露点直接测试方法在实际工程中并不常用。

C 酸露点估算方法

目前，工程设计中主要还是按照经验公式方法来估算烟气酸露点，可简单归纳为两种方法：（1）借助苏联文献（主要是1973年版锅炉热力计算标准）中的经验公式；（2）借助相关文献中关于酸露点与烟气成分中SO_3、H_2O含量关系的经验公式。

方法（1）可按煤质资料进行直接计算。方法需测定或设定一个SO_3转化率，在理论上可以通过间接测定法使计算值更有所依据，但从现有测试资料来看，在同等条件下所测得的SO_3值及转化率可因测试仪器或测试方法等原因相差达一个数量级以上，很难确认取值的可信度，而且可供选用的经验公式或经验图表有几十种之多，实际操作上难以进行遴选。且有研究表明，方法（1）即苏联公式，更接近实验测试结果。

根据上述分析，推荐采用苏联公式估算烟气酸露点温度，计算式为

$$t_{sld} = t_{ld} + \frac{\beta S_{ZS}^{\frac{1}{3}}}{1.05^{\alpha_{fh}A_{ZS}}} \tag{7-1}$$

$$t_{ld} = -1.1202 + 8.406\Phi_{H_2O} - 0.4749(\Phi_{H_2O})^2 + 0.01042(\Phi_{H_2O})^3 \tag{7-2}$$

式中，t_{sld} 为烟气露点温度，℃；t_{ld} 为纯水蒸气露点温度，℃，可查表或按照公式计算；β 为与炉膛出口的过量空气系数有关的系数，即 $\alpha = 1.2$ 时，$\beta = 121$；$\alpha = 1.4 \sim 1.5$ 时，$\beta = 129$；标准一般取 125；S_{ZS} 为燃料折算硫分，%；α_{fh} 为飞灰份额，煤粉炉一般取 $0.8 \sim 0.9$；A_{ZS} 为燃料折算灰分，%；Φ_{H_2O} 为烟气中水蒸气体积分数，%。

$$S_{ZS} = 4180 \times \frac{S_{ar}}{Q_{net,ar}} \tag{7-3}$$

$$A_{ZS} = 4180 \times \frac{A_{ar}}{Q_{net,ar}} \tag{7-4}$$

式中，S_{ar} 为燃料收到基硫分，%；A_{ar} 为燃料收到基灰分，%；$Q_{net,ar}$ 为燃料收到基低位发热量，kJ/kg。

7.1.3.2 灰硫比

A 灰硫比定义

灰硫比 (D/S)，即粉尘浓度 (mg/m³) 与 SO_3 浓度之比。

B 灰硫比估算公式

根据硫元素在锅炉、脱硝等系统中的转化规律、物料平衡法和元素守恒定律，推导了燃煤电厂烟气灰硫比估算公式，即

$$C_{D/S} = \frac{c_D}{c_{SO_3}} \tag{7-5}$$

$$c_{SO_3} = \frac{\eta_1 \eta_2 M S_{ar}(1-q) \times 80 \times 10^9}{32Q} \tag{7-6}$$

式中，$C_{D/S}$ 为灰硫比值；c_D 为热回收器入口粉尘浓度，mg/m³；c_{SO_3} 为热回收器入口 SO_3 浓度，mg/m³；η_1 为燃煤中收到基硫转化为 SO_2 的转化率（煤粉炉一般取 90%）；η_2 为 SO_2 向 SO_3 的转化率（$0.8\% \sim 3.5\%$，一般取 $1.8\% \sim 2.2\%$）；M 为锅炉燃煤量，t/h；S_{ar} 为煤中收到基含硫量，%；q 为锅炉机械中燃料未完全燃烧的热损失（在灰硫比估算时可取 0%）；Q 为烟气流量，m³/h；32 为硫的相对原子质量；80 为 SO_3 的相对分子质量。

烟气中的 SO_3 浓度数据宜由锅炉制造厂、脱硝制造厂提供或测试得到，当缺乏制造厂提供的数据且没有测试数据时，SO_3 浓度可按式 (7-6) 进行估算。

SO_3 浓度计算公式中，根据 H/T 179—2005《火电厂烟气脱硫工程技术规范 石灰石/石灰-石膏法》，燃煤中收到基硫转化为 SO_2 的转化率为 η_1，煤粉炉一般取 90%。SO_2 向 SO_3 的转化一般由锅炉中燃烧进一步氧化和 SCR 脱硝催化两部分组成，根据相关实测数据，一般在燃煤锅炉中，SO_2 向 SO_3 转化率为 $0.5\% \sim 2.5\%$，对于含硫量越低的煤种，其转化率越高。国内某些研究机构的测试人员经过在上海、四川等地电厂进行测试认为：SO_2 向 SO_3 转化率在 $1.8\% \sim 2.0\%$ 之间，建议对含硫量为 $1\% \sim 3.4\%$ 的中高硫煤取 $1.8\% \sim 1.9\%$，硫分低时取下限值；对含硫量为 $0.4\% \sim 1\%$ 的低硫煤取 $1.8\% \sim 2\%$，硫分低时取上

限值。另外，根据日立的调查，在日本投运的燃煤电厂锅炉中，SO_2 向 SO_3 的转化率小于 1%，脱硝系统中小于 1%。根据国内电除尘器改造项目中测试的 SO_3 浓度，倒推计算得出的 SO_2 向 SO_3 的转化率在 2% 左右。

综上，SO_2 向 SO_3 的转化率 η_2 取 1.8% ~ 2.2%，对于低硫煤（含硫量小于 1%）可取 2.2%，对于中高硫煤可取 1.8%。

7.1.4 核心问题及应对措施

7.1.4.1 低温腐蚀及应对措施

低低温电除尘器不允许产生低温腐蚀。由于烟气温度降至酸露点以下，SO_3 在热回收器中冷凝，形成具有腐蚀性的硫酸雾，并被吸附在烟尘表面上。对于部分含硫量高、灰分较低的煤种，灰硫比不大于 100 时，硫酸雾可能未被完全吸附，则应考虑低温腐蚀的风险。

热回收器的腐蚀程度可用烟气的灰硫比（D/S）评判。

A 灰硫比与腐蚀的关系

灰硫比是评价烟气腐蚀性的重要参数。日本学者的研究结果显示，合适的灰硫比可保证 SO_3 凝聚在粉尘表面，不会发生设备腐蚀。三菱重工的试验研究表明，当灰硫比大于 10 时，腐蚀率几乎为零。美国南方电力公司也通过灰硫比来评价腐蚀程度，其试验结果显示，当含硫量为 2.5% 时，灰硫比在 50 ~ 100 可避免腐蚀。

B 低温腐蚀风险的应对措施

对于实际工程应用，对低温腐蚀风险进行了充分考虑，建议采取以下应对措施：

（1）保证灰硫比大于 100。对于部分含硫量高、灰分较低的煤种，如灰硫比不大于 100 时，硫酸雾可能未被完全吸附，则应考虑低温腐蚀的风险，可采取燃用混煤的方式提高灰硫比。

（2）防止灰斗腐蚀。因烟气温度较低，且具有腐蚀性的硫酸雾黏附在飞灰表面，飞灰流动性降低，且飞灰在灰斗内有一定的储存时间，因此灰斗板材宜采用 ND 钢或内衬不锈钢板以避免腐蚀风险。

（3）防止人孔门及其周围区域的腐蚀。因烟气温度较低且人孔门周围不可避免地存在一定量的漏风，人孔门及其周围也是容易发生腐蚀的区域之一，因此双层人孔门与接触烟气的内门宜采用 ND 钢或内衬不锈钢板，在每个人孔门周围约 1m 范围内的壳体钢板宜采用 ND 钢或内衬不锈钢板。

7.1.4.2 提效幅度问题

A 除尘效率与烟气温度的关系

三菱重工得出的关于烟气温度与除尘效率的关系如图 7-1 所示，其研究表明，低低温电除尘器不但大幅提高了除尘效率，并扩大了电除尘器对煤种的适应性。

B 不同煤种比电阻与烟气温度的关系

除尘效果与粉尘比电阻有直接关系，研究表明，不同煤种粉尘比电阻与烟气温度的关系如图 7-2 所示。

三菱重工研究表明，电除尘器要达到高效率需避免高比电阻粉尘引起的反电晕现象，

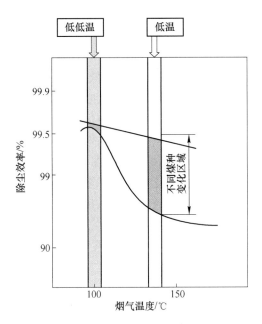

图 7-1　烟气温度与除尘效率的关系

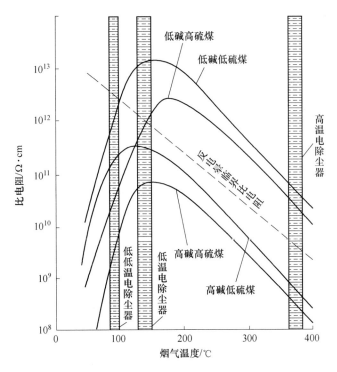

图 7-2　不同煤种粉尘比电阻与烟气温度的关系

低低温电除尘器在90℃左右的烟气温度下运行，这种条件下粉尘的比电阻明显下降，能够消除反电晕现象。这样一来，原来那些因为收尘特性较为恶劣而被排除在燃煤范围之外的煤种也可以保证正常的荷电状态，从而大幅提升除尘效率。

不同煤种在不同温度下的比电阻对电除尘效率有不同程度的影响：

（1）低碱低硫煤。对于低碱低硫煤，低温区域（120～150℃）和高温区域（300～400℃）的比电阻都明显超过其反电晕临界值，而低低温区域（90℃左右）在反电晕临界值以下。低低温电除尘器的工作稳定，除尘效率大幅上升。

低低温电除尘器使得原来收尘性能比较差、在烟气排放方面因不适合燃烧而被排除在外的煤种也可以维持正常的工作状态，从而实现高效除尘。

（2）低碱高硫煤。对于低碱高硫煤，比电阻在低温和高温区域中，一般会超过或接近反电晕临界值，而在低低温区域，其比电阻值降至反电晕临界值以下，除尘效率可大幅上升。值得注意的是，由于煤种含硫量较高，其采用低低温电除尘技术时需考虑灰硫比，以避免腐蚀风险。

（3）高碱低硫煤。对于高碱低硫煤，比电阻在低低温、低温、高温区域中，均小于其反电晕临界值，但低低温区域与低温区域相比，其比电阻降低了约半个数量级，其值约为 $10^{11}\Omega \cdot cm$，除尘效率的提效幅度可能有限，但对 SO_3 的去除率可大幅提高。

（4）高碱高硫煤。对于高碱高硫煤，比电阻在低低温、低温、高温区域中，均小于反电晕临界值，虽然低低温区域与低温区域相比，可以使粉尘比电阻降低 1 个数量级以上，其值约为 $10^9\Omega \cdot cm$，但两个区域对应的比电阻值均远小于反电晕临界值，值得注意的是，低温电除尘器本身的除尘效率就较高，因此采用低低温电除尘技术时需注意其提效幅度，另外，还需考虑灰硫比值，以避免腐蚀风险。

综上所述，烟气温度在低低温条件下粉尘比电阻均在反电晕临界值以下，能够有效消除反电晕现象，且不同的煤种比电阻下降幅度不同。

C 灰硫比与提效幅度的关系

住友重机研究表明，若灰硫比过大，粉尘性质因 SO_3 冷凝而改善的幅度将会不明显，低低温电除尘器的高除尘性能优势将不能充分体现，另外，日本常陆那珂电厂的专家认为可以通过燃用混煤等方式使烟气特性最佳。因此，设计低低温电除尘器时需要考虑不同含硫量煤种灰硫比的合理性。对于部分低硫高灰煤，当灰硫比较大时，烟尘性质改善幅度减小，对低低温电除尘器提效幅度有一定影响，可采取燃用混煤、烟气调质等方式加以调整。

烟气调质方法一般是在低低温电除尘器入口烟道内或进口封头靠近入口烟道的位置注入 SO_3 气体，由于入口烟道下游部分的烟气温度在酸露点以下，气态 SO_3 会结露变成雾状 SO_3，绝大部分的雾状 SO_3 会完全被吸附或附着在烟气中的粉尘上，从而改善粉尘性质，有效提高低低温电除尘器的除尘效率。

7.1.4.3 二次扬尘及应对措施

A 二次扬尘

粉尘比电阻的降低会削弱捕集到阳极板上的粉尘的静电黏附力，从而导致二次扬尘现象有所加重，影响除尘性能的高效发挥。

三菱重工对电除尘器出口烟尘浓度的构成进行了研究，如图 7-3 所示。需要注意的是，图中仅为定性的描述，而非实际比例关系。其试验研究表明：（1）虽然在低低温电除尘器中消除了反电晕现象，但是二次扬尘现象增加。通过采取适当的二次扬尘控制措施，收尘效率得到了显著提高。（2）在从低温电除尘器逃逸的粉尘中，以一次粒子未捕集部分为主，而低低温电除尘器中则是二次扬尘为主。因此应通过采取适当的措施减少二次扬尘。

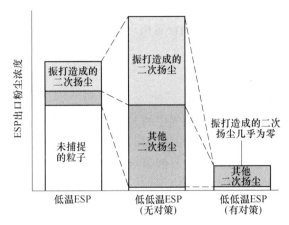

图 7-3　电除尘器出口烟尘浓度的构成

国外通过低低温电除尘器与低温电除尘器离线振打对比试验得出，在离线振打措施控制二次扬尘情况下低低温电除尘的除尘效率明显高于无措施情况，并且明显高于低温电除尘器。相比之下，离线振打对于低温电除尘器并无太大效果，可能是因离线振打技术可以降低低比电阻粉尘的二次扬尘，从而有效防止二次扬尘的逃逸，但对于未捕集的粉尘并无太大提效作用。

B　防止振打二次扬尘的措施

烟气温度降低，烟尘比电阻下降，烟尘黏附力有所降低，二次扬尘会有所加重，为防止二次扬尘，可采取下述两种措施之一：

（1）适当增加电除尘器容量，即通过加大流通面积、降低烟气流速来控制二次扬尘。

（2）可采用旋转电极式电除尘技术或离线振打技术。

旋转电极式电除尘器是一种高效电除尘设备，其收尘机理与低温电除尘器相同，由前级常规电场和后级旋转电极电场组成旋转电极电场，采用回转的阳极板和旋转的清灰刷。附着于回转阳极板上的烟尘在尚未达到形成反电晕的厚度时，就被布置在非收尘区的旋转清灰刷彻底清除，因此不会产生反电晕现象，旋转清灰刷布置在非电场区，清除的灰直接进入灰斗从而可最大程度地减少二次扬尘。

离线振打式电除尘器在电除尘器若干个烟气通道对应的出口或进口、出口相关位置设置烟气挡板，通过关闭需要振打烟气通道的挡板，且对该烟气通道内的电场停止供电或通过风量调整装置防止相邻通道烟气流量大幅增加而导致的流场恶化，从而避免了振打引起的二次扬尘。

在采取上述两种措施之一的同时，还可采用下述措施：

（1）设置合理的振打周期。只要末电场二次电压、二次电流无明显变化时无需振打。一般当阳极板积灰厚度达 1～2mm 时振打一次，末电场振打一次的时间一般可为 12h

以上。

（2）设置合理的振打制度。末电场各室不同时振打；最后 2 个电场不同时振打；末电场阴、阳极不同时振打；降低振打电机转速，避免多锤振打重合，导致二次扬尘叠加。

（3）设置合理的振打区域。采取较小的电场长度或划分较小的振打区域，提高振打加速度及其均匀性。

（4）其他辅助方法。如出口封头内设置槽形板，将二次扬尘再次捕集。

7.1.4.4　其他问题应对措施

A　入口烟气温度

a　至酸露点以下

只有烟气温度降至酸露点以下，烟气中的大部分 SO_3 才能在热回收器中转化为硫酸雾并黏附在粉尘表面，提高除尘效率的同时去除烟气中的大部分 SO_3。实际运行过程中锅炉燃煤的酸露点随燃煤不同也会发生变，且酸露点的理论计算也是一个估算值。所以一般情况下，为保证低低温电除尘器在酸露点以下运行，烟气温度宜低于酸露点温度理论计算值 5～10℃（国内大部分煤种的烟气酸露点在 90～110℃ 之间）。当烟气温度裕量过小，即低低温电除尘器入口烟气温度过于接近酸露点温度时，可能发生 SO_3 在热回收器中未冷凝而逃逸到电除尘器中冷凝的现象，使电除尘器或其下游设备存在腐蚀风险。

b　不宜低于85℃

当烟气温度低于85℃时，灰的流动性一般会变得很差，特别是当保温措施不好或出现局部漏风时，易产生灰斗堵灰情况，灰斗下部的气力输灰系统也同时会存在问题；当烟气温度低于85℃时，由于换热器端差小，热回收器的投资幅度会加大，经济性变差。因此，低低温电除尘器烟气温度不宜低于85℃。

c　入口烟气温度一般为90℃左右

综上所述，考虑到电除尘器温降 3～5℃，并结合日立公司的运行经验，在国内大部分煤种情况下，低低温电除尘器入口烟气温度一般应为90℃左右。

B　防止灰斗堵灰

由于收集下来的灰的流动性变差，可适当增大灰斗卸灰角，宜不小于 65°；灰斗需有更大面积的加热系统以保证灰的流动性及更好的防腐性，加热方式应可靠，加热均匀，且加热高度宜超过灰斗高度的 2/3，另外灰斗也需要有更有效的保温措施。

灰斗加热对于低低温电除尘器非常重要。低温电除尘器灰斗加热所需功率相对较低，一般可选择电加热，而低低温电除尘器灰斗加热所需功率较高，推荐采用蒸汽加热。

C　防止绝缘子室结露

为防止绝缘子结露爬电，宜采用热风吹扫措施或防露型绝缘子。与热风吹扫相比，防露型绝缘子可节约电耗，具有较好的经济性，在燃煤电厂已得到了成功应用，证明其在技术上是成熟的。

D　严格控制漏风

低低温电除尘器运行处于烟气酸露点以下，为防止因漏风引起的低温腐蚀，应严格控制漏风，所有人孔门可采用中空硅橡胶密封条，阴极振打器密封圈考虑采用中空硅橡胶材料。一般 600MW 及以上机组低低温电除尘器本体要求其漏风率不超过 2%，优于常规电除尘器的漏风率不超过 2.5% 的指标。

E　采用离线振打技术时需控制烟气流速

采用离线振打技术时，烟气流速不宜过大。采用离线振打技术时，阻断烟气通道后，电场中的烟气流速不宜大于 1.2m/s。

F　采用先进的气流分布技术

气流分布的均匀性对除尘效率影响很大，气流分布不均匀时，在流速低处所提高的除尘效率远不足以弥补流速高引起除尘效率的降低，因而使除尘总效率降低。除尘器设计效率越高，气流分布对除尘效率的影响越大。低低温电除尘器合理的气流分布能有效减少二次扬尘。气流分布对热回收器的换热效果也有重要影响，热回收器入口气流分布越均匀，换热效果越好。气流分布数值模拟技术的涌现，能细致研究低低温电除尘系统内温度、密度、流速、压力等的变化规律及分布情况，从而为进口、出口烟道结构设计，导流板布置形式，气流分布元件设计及针对性研究气流分布原因引起的二次扬尘问题提供科学依据。

G　需配置节能优化控制系统

应配置节能优化控制系统，与高压电源、低压控制装置、热回收器或烟气换热系统的电气系统进行通信，并实现监视、控制功能，实现电除尘器的保效节能。

由于受锅炉燃烧工艺波动以及燃煤煤种波动的影响，烟气酸露点、排烟温度往往呈动态变化，这些变化对烟气换热系统的正常运行造成影响，对电除尘器稳定高效收尘也会产生影响。为此，需要配置一套将烟气换热系统与电除尘相适应的节能优化控制系统，该系统引入烟温变化、电除尘电场运行参数、烟尘浊度变化等数据进行分析处理，实现自动调节烟气换热总量和实现电除尘电场高压运行，达到有效降低能耗和提高除尘效率的综合效果，从而实现烟气余热利用和低低温电除尘器一体化运行的优化运行控制。

7.2　湿式电除尘技术

湿式电除尘器（WESP）对粉尘的捕集原理与干式 ESP 基本相同，都是采用电晕放电的方法，使气体发生电离，产生正离子和自由电子，在放电极和集尘极间形成稳定的电晕，使该区域的粉尘颗粒荷电，最终被集尘极捕集。但在捕集粉尘的清灰方式上，WESP 采用冲刷液冲洗集尘极，使粉尘呈泥浆状后被清除，也可通过冷却集尘极板促使烟气中水汽在集尘极表面凝结形成一层液膜，进而清除捕集的粉尘颗粒。因此，WESP 基本不需要考虑二次扬尘问题，而需要考虑的主要问题是使集尘极表面的水膜水均匀稳定，不产生断流和干区，以避免尘粒在断流区堆积而产生火花放电。

WESP 的运行环境也与干式 ESP 存在较大差异。电厂 WESP 一般安装在湿法烟气脱硫或洗涤装置后，烟气温度低于相应的干式 ESP，且烟气湿度一般接近 100%，而干式 ESP 中烟气温度通常在 150℃ 左右，烟气湿度一般低于 10%。正常设计的 WESP 的功率密度要比干式 ESP 大得多；WESP 中烟气速度可达 3.0m/s 以上，停留时间根据要求的除尘效率设计为 1~5s；粒子的比电阻对于绝大多数的 WESP 来说没有影响。

电力行业主要用湿式电除尘器（WESP）来除去脱硫塔后湿气体中的粉尘、酸雾等有害物质，是治理火电厂大气污染物排放的精处理环保装备。WESP 根据阳极类型的不同可分为三大类：金属极板 WESP、导电玻璃钢 WESP 和柔性极板 WESP。目前国内已掌握上述三种不同类型 WESP 的核心技术，且均有投运业绩，并积累了一定的运行经验。随着部分燃煤电厂超低排放的实施，WESP 已得到大规模的推广应用。其中，金属极板 WESP 为国外燃煤机组应用的主流技术，已有近 30 年的应用实践，技术成熟度高。

7.2.1 金属极板湿式电除尘技术

7.2.1.1 工作原理

放电极在直流高电压的作用下，电晕线周围产生电晕层，电晕层中的空气发生雪崩式电离，从而产生大量的负离子，负离子与粉尘或雾滴粒子发生碰撞并附着在其表面荷电，荷电粒子在高压静电场力的作用下向集尘极运动，到达集尘极后，将其所带的电荷释放掉，尘（雾）粒子就被集尘极所收集。水流从集尘板顶端流下形成一层均匀稳定的水膜，进而通过水冲刷的方式将其清除，如图 7-4 所示。同时，喷到通道中的水雾也能捕获一些微小烟尘。从除尘原理上看，金属极板 WESP 与干式电除尘器都经历了电离、荷电、收集和清灰四个阶段。与干式电除尘器不同的是，金属极板 WESP 采用液体冲洗集尘极表面来进行清灰，而干式电除尘器采用振打或钢刷清灰。

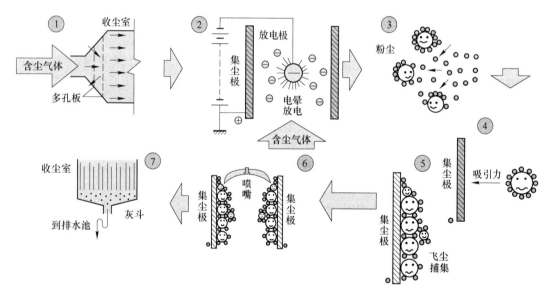

图 7-4　金属极板湿式电除尘工作原理示意图

7.2.1.2 技术特点

金属极板 WESP 具有以下技术特点：

（1）能提供几倍于干式电除尘器的电晕功率。

（2）不受粉尘比电阻影响，可有效捕集其他烟气治理设备捕集效率较低的污染物（如 $PM_{2.5}$ 等）。

（3）可捕集湿法脱硫系统产生的衍生物，消除石膏雨。

（4）可达到其他除尘设备难以达到的极低的排放指标：颗粒物排放浓度可不超过 $3mg/m^3$，同时对 SO_3、重金属汞等具有脱除作用。

（5）阳极板采用耐腐蚀的不锈钢、高端合金等材料，极板机械强度大、刚性好。

（6）运行电压高、稳定性好，运行电流大，性能更高效、稳定。

7.2.1.3　主要结构与系统组成

A　主要组成部件

金属极板 WESP 主要由本体、阴阳极系统、喷淋系统、水循环系统、电控系统等组成。卧式金属极板 WESP 本体结构与干式电除尘器基本相同，包括：进出口封头、壳体、放电极及框架、集尘极、绝缘子、喷嘴、管道以及灰斗等，如图 7-5 所示。

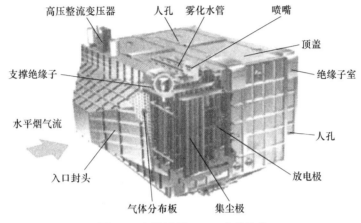

图 7-5　金属极板 WESP 本体结构

B　工艺水系统

结构合理、运行稳定的工艺水系统是 WESP 保持设备稳定性的关键因素之一。目前国内 WESP 厂家的工艺水系统都不尽相同，差别很大。采用连续喷水方案的 WESP，其工艺水系统如图 7-6 所示，WESP 通过供水箱提供原水供后端喷淋装置进行喷淋，通过循环水箱提供循环水供前端喷淋装置进行喷淋，使极板形成稳定均匀的水膜，并将吸附在极板

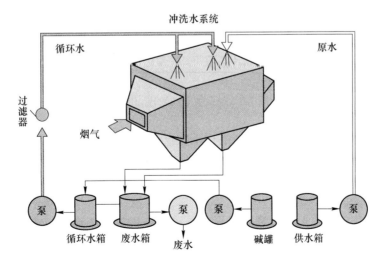

图 7-6　金属极板 WESP 工艺水系统

上的粉尘冲走。WESP 顶端喷淋装置的喷淋水在完成内部清洗后回到废水箱，分成两路水进行循环利用：废水箱中的大部分水进入循环水箱，循环水箱中的水加入 NaOH 中和后，通过循环水泵抽送，被用于前端喷淋装置冲洗电极，输水管路上安装有过滤器以清除杂质防止喷嘴堵塞，喷淋水在完成 WESP 内部清洗后再次回到废水箱，如此循环使用；而废水箱的一小部分水外排到脱硫系统，以将工艺水系统中的悬浮物维持在一定的水平外排。水的水质能达到湿法脱硫系统补充用水的水质要求，这样可形成 "WESP-WFGD" 大系统的水平衡，从而使 WESP 的废水量降为零。

7.2.1.4　布置方式及适用场合

A　布置方式

金属极板 WESP 布置方式可分为立式独立布置和卧式独立布置，如图 7-7 和图 7-8 所示。此外，立式 WESP 也可布置在脱硫塔顶部。

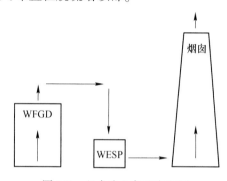

图 7-7　立式独立布置流程图

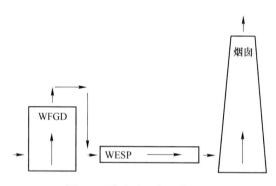

图 7-8　卧式独立布置流程图

相比立式独立布置，卧式独立布置有以下特点：

（1）沿气流方向可布置多个电场，可根据不同电场的烟气特性变化进行结构优化设计。

（2）安装更为简便。

（3）占地面积较大，但通过紧凑式设计，可适当增加电场高度，或采用双层复式结构，从而大大降低其占地面积。而立式布置时因建筑不宜太高不能随意设计电场高度。

因此，金属极板 WESP 布置原则是：在场地极其受限时，采用立式独立布置；一般情况优先选用卧式独立布置。

B 适用场合

金属极板 WESP 一般与干式电除尘器和湿法脱硫系统配合使用，不受煤种条件限制，可应用于新建工程和改造工程。在除尘改造提效工程中，可按照现场场地条件进行精心设计，能够满足改造工程场地狭小的要求。WESP 适宜应用在下列特殊场合：

（1）WESP 进口烟气需为饱和烟气。

（2）对于新建工程，当烟尘排放浓度限值不大于 5mg/m³ 时。

（3）对于改造工程，当除尘设备及湿法脱硫设备改造难度大或费用很高、烟尘排放达不到标准要求，尤其是烟尘排放限值为 10mg/m³ 或更低，且场地允许时。

（4）对燃用中、高硫煤的机组。

7.2.1.5 参数的选择

合理的参数选型是保证 WESP 设备除尘性能的前提条件。WESP 和干式电除尘器，其除尘效率都可通过 Deutsch-Anderson 方程来计算。影响除尘效率的主要参数是驱进速度与比集尘面积。驱进速度与 WESP 的结构形式、粉尘的粒径大小、入口浓度等因素密切相关，粉尘在 WESP 电场中的驱进速度远高于干式电除尘器。WESP 的比集尘面积多选择在 $7 \sim 16 m^2/(m^3/s)$ 之间，除尘效率一般可达 70% 以上。

烟气流速也会影响 WESP 除尘效率。在 WESP 的流通面积确定后，处理烟气量增加，则 WESP 的除尘效率相应降低。金属板式 WESP 选用的烟气流速一般保持在 3.0m/s 以下，最高不大于 3.5m/s，流速太高会影响去除效率。

7.2.1.6 防腐工艺

为保证 WESP 长期高效地运行，需要进行结构防腐的考虑和设计。WESP 位于湿法脱硫设备下游，其内部工作在高湿、含酸的腐蚀环境中，而水循环系统的水在冲洗电极后与捕集到电极上的酸雾混合而呈酸性，腐蚀性强，对其内部件、水系统管道防腐要求都极高。

A 壳体

WESP 壳体是密封烟气、支承全部内件质量及外部附加载荷的结构件，要求有足够的刚度、强度及气密性。从结构上讲，壳体仅内部接触酸腐蚀烟气，因此，WESP 壳体材料通常采用普通碳钢，内表面需涂有满足防腐标准厚度的玻璃鳞片衬里，安装时需严格检查壳体内表面的易腐蚀点，如焊缝、构件连接处及盖板等。壳体（顶棚除外）安装结束后，为防止腐蚀，在其内表面敷设玻璃鳞片内衬。焊接部分不平整容易积聚空气，导致在开始运行时衬里浮起，因此，为了使焊接部分尽可能平整，需要对其进行处理，可用打磨机将焊接部分的表面处理平整。

B 集尘极和放电极等内构件

由于 WESP 采用液体冲洗集尘极表面的方式进行清灰，材料必须能够耐烟气中酸雾及腐蚀性气体的腐蚀，各种耐腐蚀的不锈钢、高端合金等材料都可供选择。需指出的是，为了在恶劣工况下仍能保护设备，材料的选用必须基于"最坏情况"分析而确定。集尘极材料的选取与放电极相同，一般选用 316L 或性能更优的不锈钢材质。用加碱中和后的循环水在合理的喷淋冲洗系统配备下，保证不锈钢阴阳极得到有效地冲洗保护，从而长期稳定运行。

不锈钢的焊接需要用氩弧焊进行彻底的作业。同时应将易产生腐蚀的连接点减至最少，因为极板一旦发生故障不仅会扰乱电场，而且会产生火花，引起除尘性能的下降。即使用了不锈钢，部件的接合部分有"空隙"的话，就会有 SO_3 等"酸"进入而发生腐蚀，因此从 WESP 结构设计上应尽可能减少这种"空隙"。

C　其他配套件

当净化气体中有腐蚀性气体时，腐蚀性物质会转移到水中，因此水系统箱罐要用防腐材料保护。选择水系统箱罐内衬材料的基本要求是耐磨、耐腐蚀、便于施工以及性价比高。此外，WESP 喷淋系统中管道、阀门以及内部配管和喷嘴的选择也应充分考虑接触介质的性质和防腐性能。凡直接接触酸性液体的管道及阀门均采用不锈钢材质；水箱采用碳钢涂覆玻璃鳞片层进行防腐。

由于绝缘装置与含尘烟气直接接触，会造成积灰，降低绝缘性能，因此，需采取相应措施以隔绝含尘烟气与绝缘瓷套接触，如在绝缘装置上设置电加热装置。

7.2.1.7　气流分布技术

WESP 为烟气的精处理设备，气流分布均匀对其实现超低排放具有重要影响。气流分布不均将导致局部气流流速高，从而影响除尘效率。

由于粉尘特性及保证设备压力降要求，WESP 进口气流分布板开孔率往往设计较大。因此，没有可靠的气流分布技术，难以实现 WESP 内良好的气流分布。可以通过以下措施解决气流分配问题：（1）对 WESP 系统进行气流分布数值模拟，解决理论设计问题；（2）物理模型实验，修正理论偏差；（3）现场调整，实现气流分配与分布达到设计指标要求，有效保证 WESP 性能。

7.2.1.8　注意事项

我国金属极板 WESP 虽已在燃煤电厂取得成功应用，但尚处于通往成熟技术的路上，实际应用中出现些问题和故障是难免的，这些问题的解决正是促使技术成熟的关键。金属极板 WESP 的设计应根据工程经验进行优化，注意以下几个问题：

（1）设计时，应根据入口粉尘浓度、入口 SO_3 浓度等参数进行合理的选型，才能保证 WESP 的排放浓度，当烟尘排放限值为 $5mg/m^3$ 时，建议其入口浓度不超过 $20mg/m^3$。

（2）WESP 冲洗水采用闭式循环，但因水中含尘量增加，需不断补入原水，排出废水量加大。电厂提供的原水水质应满足要求，悬浮物浓度可控制在 0.01%（即 $100mg/L$）以下，不能使用工业废水，这样可以保证水系统的可靠运行。废水量与烟气中含尘量呈线性关系。外排水一般进入脱硫系统，此时需考虑脱硫系统水平衡；若外排水不能进入脱硫系统，需考虑这部分水的处理。

（3）WESP 位于湿法脱硫下游，除尘器内部工作在高湿、含酸的腐蚀环境中，其防腐问题一直是该技术的核心问题之一，设计时，应该选用合适的防腐材料，结构设计时应该考虑防腐施工，尽量避免结构死角，防腐施工应采用施工经验丰富的施工队来保证防腐质量。

（4）金属极板 WESP 能够有效地脱除烟气中的石膏颗粒，但由于喷淋系统的影响，烟气会携带部分喷淋的液滴，为了降低出口水雾浓度，出口喇叭或烟道上需设置除雾装置。

7.2.2 导电玻璃钢湿式电除尘技术

7.2.2.1 工作原理

该技术采用导电玻璃钢材质作为收尘极，放电极采用金属合金材质，每个放电极均置于收尘极的中心。导电玻璃钢 WESP 工作时，通过高压直流电源产生的强电场使气体电离，产生电晕放电，使湿烟气中的粉尘和雾滴荷电，在电场力的作用下迁移，将荷电粉尘及雾滴收集在导电玻璃钢收尘极上，雾滴被收集后在收尘极表面形成自流连续水膜，实现收尘极表面清灰。

导电玻璃钢 WESP 与金属极板 WESP 主要差别在于，导电玻璃钢 WESP 采用液膜自流并辅以间断喷淋实现阳极和阴极部件清灰，金属极板 WESP 需要连续喷淋形成水膜。

7.2.2.2 技术特点

导电玻璃钢 WESP 具备如下技术特点：

(1) 阳极模块采用特殊导电玻璃钢，具有极强的抗酸和氯离子腐蚀性能，强度高、硬度高、耐腐蚀性强。

(2) 导电玻璃钢 WESP 为节水节能型深度烟气净化设备。无需连续喷淋，采用定期间断清洗方式，水耗小。

(3) 阳极模块组件可采用工厂成型，可实现整体模块化安装，有利于保证制作安装质量，安装简便，施工工期短。

(4) 布置方式灵活，可采用立式或卧式方式布置在脱硫塔外，也可布置在脱硫塔顶，节省场地空间，特别适用于场地有限的改造项目。

(5) 收尘极管为蜂窝状结构，空间利用率高，可有效增大比集尘面积。

(6) 常规导电玻璃钢为有机高分子材料，耐高温性能不如金属材质，通常烟气温度要求小于90℃。

7.2.2.3 主要结构与系统组成

导电玻璃钢 WESP 主要由壳体、收尘极、放电极、工艺水系统、热风加热系统和电气热控系统等部分组成，如图7-9所示。

A 壳体

壳体是支撑电除尘器的核心部件，是阴极系统和阳极系统的承力结构，由型钢和钢板焊接而成，有足够的强度和稳定性；壳体作为 WESP 的工作室，需严密无泄漏。

除尘器壳体受力构件采用金属结构，阳极模块的支撑结构选用矩形钢，材质不低于Q235B，采用玻璃鳞片防腐。导电玻璃钢 WESP 的阳极模块具有密封性，因此阳极模块部分可不设壁板，可以采用彩钢板等一般材料进行外部密封。阳极模块以外部分壁板一般采用普通碳钢，并且内表面需涂有薄层防腐材料（玻璃钢、玻璃鳞片、衬胶等），也可采用全玻璃钢结构。

B 收尘极

收尘极即阳极，由六边形蜂窝状导电玻璃钢材料组合而成。导电玻璃钢主要由树脂、玻璃纤维和碳纤维等组成，具有密度小、强度高、导电性好和极强耐腐蚀性。长度一般设计为4.5~6m，内切圆直径为300~400mm。

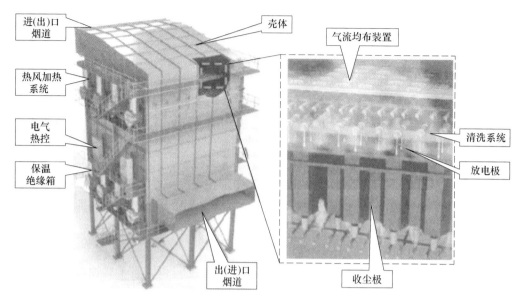

图 7-9　导电玻璃钢 WESP

C　放电极

放电极即阴极，其作用是和阳极一起构成电场，产生电晕，形成电晕电流。包括放电线、悬吊装置、框架及固定装置。

放电极选用起晕电压低、放电均匀、易于清洗、安装方便的放电线。放电线的材质主要有铅合金、钛合金以及双相不锈钢 2205 等材料，这些材料均为耐腐蚀材料，适用于湿式除尘器应用工况。铅材料放电线比较软，可成型螺旋多齿放电线，钛合金和双相不锈钢 2205 材料放电线为带状多刺放电线。

D　工艺水系统

导电玻璃钢 WESP 的工艺水系统比较简单，供水系统为清洗装置提供冲洗水，水源一般来自电厂脱硫工艺水或厂工业用水。喷淋系统喷嘴的规格、排列要保证集尘极表面能充分润湿和冲洗。导电玻璃钢 WESP 收集的废水较少，300MW 机组满负荷运行时为每小时 1~2t，收集废液可以通过排水系统直接引至脱硫地坑或制浆池，不需要额外设置废水处理和水循环系统。排水管道材料选用玻璃管或衬胶管。

清洗系统的设计与除尘器的供电区相匹配，通常一个供电区设置一套清洗系统，清洗系统与高压供电装置连锁控制，清洗过程中能自动降低和提高运行电压，避免电场闪络击穿。

清洗喷嘴材料采用非金属防腐材料或 2205 双相不锈钢或同等耐腐蚀性能的金属材料，除尘器内部的清洗管道采用与收尘极同等级的耐腐蚀材料，法兰连接螺栓采用 2205 双相不锈钢或同等耐腐蚀性能的材料。

E　热风加热系统

WESP 处理的是湿饱和烟气且烟气压力为正压，含尘烟气直接与绝缘装置接触，绝缘瓷瓶上会凝结液滴，产生爬电现象，影响电源系统的稳定运行。因此需采取相应措施防止绝缘瓷瓶上结露，一般采用热风加热系统。

7.2.2.4　布置方式及适用场合

导电玻璃钢 WESP 一般采用立式布置方式，也可实现卧式布置方式。根据工程特点，设备本体可根据现场具体情况选择吸收塔塔顶整体布置、塔外（顺流和逆流）布置。

导电玻璃钢 WESP 在新建和改建项目中都具有很好的适用性，适合布置于湿法脱硫之后，用于脱硫后湿烟气的深度净化处理。

7.2.2.5　参数的选择

WESP 应用于收集湿饱和烟气中的水雾滴与微细颗粒混合物。由于湿饱和烟气中的水雾滴存在，改变了粉尘颗粒物表面特性且提高了颗粒物表面荷电特性，从而促进粉尘颗粒物在电晕场内的定向移动，易被荷电和收集。

A　电场风速

根据不同入口烟尘浓度和出口烟尘排放浓度，选用经济合理的电场风速范围，达到最佳除尘效果。WESP 电场风速是干式电除尘器电场风速的 3 倍左右。WESP 在烟尘排放浓度小于 $10mg/m^3$ 时，电场风速不宜大于 $3m/s$，烟气停留时间不宜小于 $2s$。WESP 在烟尘排放浓度小于 $5mg/m^3$ 时，电场风速不宜大于 $2.5m/s$。

B　比集尘面积

根据不同入口烟尘浓度和出口烟尘排放浓度，需选取合理的比集尘面积，以达到最佳排放效果。比集尘面积越大，烟尘排放浓度越小；但超过一定范围后，增加比集尘面积对降低粉尘排放浓度的作用不显著，一般选择在 $20\sim25m^2/(m^3/s)$ 之间。WESP 设计时选用一个电场较经济合理。

7.2.2.6　防腐工艺

导电玻璃钢 WESP 阳极模块采用玻璃钢材质，具有很好的防腐蚀性能，无需额外防腐。与湿烟气接触的进出口烟道与壳体一般采用玻璃鳞片防腐或采用全玻璃钢材质。考虑到玻璃鳞片可能存在脱落导致阳极模块短路，阳极模块上方的壳体可采用碳钢+衬预硫化丁基橡胶防腐。

阴极大梁、支撑梁等相对容易防腐的大型部件采用衬胶或玻璃鳞片防腐。放电线可采用铅锑合金、2205 双相不锈钢、钛合金等不同材质，提高放电线的耐腐蚀性。绝缘子为陶瓷材质，收集液管道采用 FRP 管或衬胶管。

7.2.2.7　气流分布技术

气流分布对 WESP 的性能有显著的影响。首先，良好的气流分布可以保证除尘效果，由于电场的收尘效果受电场风速的影响较大，若气流分布不均，电场风速过高将降低收尘效率，电场风速过低又会使所携带的烟尘不足，导致收尘效率无法达到设计指标。其次，良好的气流分布可以降低设备阻力。若气流分布不均，很容易产生涡流和局部高流速区域。因此，气流分布是 WESP 设计中十分重要的一环。

一般来说，烟气从吸收塔进入湿法电除尘装置前需进行初次气流分配，使其相对均匀地进入装置入口喇叭；烟气进入喇叭后再次进行气流分布，使其均匀进入除尘通道。出口烟箱对流场分布也有影响，在设计时要引起足够的重视。

7.2.2.8 注意事项

（1）导电玻璃钢 WESP 以立式布置为主，根据具体布置形式要充分考虑到液滴夹带的问题，降低烟气出口流速或者采用其他防夹带装置。

（2）导电玻璃钢 WESP 的烟气流速不宜过高，应控制在 3m/s 以内。充分考虑到进出口烟箱和内部件对流场的影响，流场分布必须满足设计要求。

（3）导电玻璃钢 WESP 进口的梁柱以及其他存在冲刷的防腐部位，应增加耐磨层，提高防腐的可靠性。

（4）喷淋系统需要覆盖整个收尘极，保证收尘极得到充分的冲洗。冲洗时，冲洗电区需要降低电压或停电。开机时，应先冲洗收尘极，保证收尘极处湿润状态。

（5）导电玻璃钢 WESP 阳极模块适宜采用较大极间距。考虑到运输和安装的需要，模块不宜设计太大。阳极模块的长度应综合考虑除尘效率、加工、安装和维护的需要，太长太短都不适宜。

（6）需要衬玻璃鳞片或衬胶时，要严格控制材料质量和安装工艺，防止防腐层脱落。

（7）导电玻璃钢 WESP 运行对烟气参数要求较高，因此要保证脱硫除雾器正常运行，尽量减少脱硫石膏浆液的携带，否则大量的石膏浆液携带可能会造成湿式除尘器负荷加大，使其运行不稳定。

7.2.3 柔性极板湿式电除尘技术

7.2.3.1 工作原理

柔性极板 WESP 属于湿式膜电除尘器的一种，工作原理如图 7-10 所示。用作阳极材料的柔性绝缘疏水纤维滤料经喷淋系统水冲洗以后，水流通过纤维毛细作用，在阳极表面形成一层均匀水膜，水膜及被浸湿的"布"作为收尘极。尘粒在水膜的作用下靠重力自流向下而与烟气分离；极小部分的尘（雾）粒子本身则附着在阴极线上形成小液滴靠重力自流向下。收集物落入集液槽，经管道外排至指定地点。

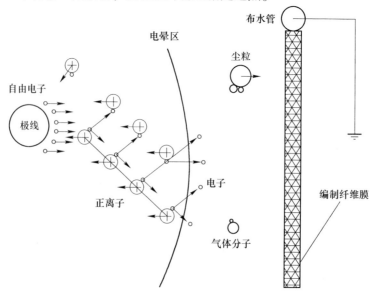

图 7-10 柔性极板 WESP 工作原理示意图

7.2.3.2 技术特点

柔性极板 WESP 具备以下技术特点：

（1）柔性绝缘疏水纤维滤料用作阳极材料，具有质量轻的特点，其本身不导电，在吸水后，毛细纤维中的水膜及被浸湿的"布"作为收尘极，"布"作为导电体水膜的载体。

（2）柔性极耐酸碱腐蚀性优良，材料结构特性利于表面形成均匀水膜，不需要连续冲洗，冲洗水量很少。

（3）高速气流促使柔性放电极、收尘极自振，结合表面均匀水膜冲洗，具备自清灰特性，以保持阴、阳极表面高度清洁。

（4）实现对 SO_3、浆液滴、微细粉尘气溶胶、重金属的联合高效脱除，大幅缓解烟囱腐蚀压力，并可满足更高的环保要求。

（5）阴、阳极可单独更换，维护方便，附属系统简单。

7.2.3.3 主要结构与系统组成

柔性极板 WESP 根据阳极布置形式分立式和卧式两种。主要由本体、收尘极、放电极、布水系统、排水系统等机务部分和供电电源、高低压控制系统等电气部分组成。

本体部分包括进气、出气系统，集液槽，保温箱及附属楼梯栏杆平台等；收尘极包括阳极上下固定模块，阳极布，阳极布固定支柱等；放电极包括阴极上下固定梁、阴极线、高压悬吊、高压引线等；布水系统包括阳极喷淋、阴极喷淋等；收集液一般直接排入脱硫地坑；供电电源优选智能高效低耗的电源。

7.2.3.4 布置方式及适用场合

A 布置方式

根据工程场地特点，设备可以灵活选择布置方式及位置。

（1）柔性极板 WESP 作为一个独立装置，布置于吸收塔出口净烟道处，与吸收塔相互独立，可以水平（卧式）布置，也可以竖直（立式）布置。

（2）根据工程特点，吸收塔内保留一级或二级机械除雾器，柔性极板 WESP 可选择吸收塔塔顶整体布置方式。

（3）采用模块化设计。

B 适用场合

柔性极板 WESP 适用于电力、冶金等湿法脱硫后烟气需要超低排放的领域，可使粉尘排放浓度小于 $5mg/m^3$。

7.2.3.5 参数的选择

（1）烟气流速：$2 \sim 3m/s$，要求超低排放时选较小值。

（2）停留时间：$2 \sim 3s$，要求超低排放时选较大值。

（3）比集尘面积：$18 \sim 30m^2/(m^3/s)$，要求超低排放时选较大值。

（4）电场数：$1 \sim 2$ 个，室数：$1 \sim 8$ 个。

（5）设计除尘效率：不低于 85%。

（6）出口液滴含量：低于 $20mg/m^3$。

（7）出口粉尘排放浓度：低于 $5mg/m^3$。

216

7.2.3.6 防腐工艺

内部件主要为非金属耐腐蚀材料和 2205 双相不锈钢结构件。碳钢壳体接触烟气部分主要采用玻璃鳞片防腐涂敷或镶片，防腐要求及等级不低于吸收塔内壁防腐的要求。上出气封头或顶板可采用整体玻璃钢结构。

7.2.3.7 气流分布技术

气流流场的均匀性对干式及湿式电除尘器同样重要。除尘器必须精确设置导流及整流装置，必须进行数值模拟，必要时还需要进行实物模拟及现场测试调整，以保证工作段水平截面气流流速偏差值应小于 25%（相对标准偏差率），这是性能保证的一个重要条件。

进气、出气方式可以灵活设置，进气、出气方式不限，为有效降低液滴浓度，出气方式优先选用上出气方式。

7.2.3.8 注意事项

（1）必须严格按照玻璃鳞片施工工艺要求进行施工。

（2）投入高压前必须对阳极布进行喷淋，使其充分润湿。

（3）施工期间必须严格控制火种。

7.2.4 三种形式湿式电除尘技术的对比

金属极板、导电玻璃钢、柔性极板三种形式的湿式电除尘技术各具特色，这三种形式的湿式电除尘器简要对比见表 7-1。

表 7-1 金属极板、导电玻璃钢、柔性极板三种形式 WESP 技术对比

项目	金属极板 WESP	导电玻璃钢 WESP	柔性极板 WESP
技术来源	在美国、日本有电厂应用案例，为国外主流的电厂 WESP 技术，美国巴威、西门子、日本三菱、日立等公司都采用金属极板 WESP。现国内有多个制造厂家引进了日本三菱、日立技术。目前国内已制定行业标准 JB/T 11638—2012、《湿式电除尘器》、《顶置湿式电除尘器》（报批稿）、《燃煤烟气湿法脱硫后湿式电除尘器》（报批稿）	在化工行业、冶金行业应用较多。世界第一台电除雾器于 1907 年投入运行，用于制硫酸工艺中 SO_3 酸雾的去除。目前国内已制定行业标准 HJ/T 323—2006《电除雾器》	国外应用较少。最早由美国俄亥俄大学于 1998 年提出，后将该技术转让给美国南方环保有限公司。经过几年的发展，到目前只有 Smurfit-Stone Container Corp 电厂燃油锅炉 1 个应用案例
布置方式	一般采用卧式，也可实现立式	一般采用立式，也可实现卧式	可灵活选择布置方式，卧式、立式均可
结构差异	阳极板采用平行悬挂的金属极板，极板材质为 SUS316L 不锈钢、2205 双相不锈钢材料。配置水喷淋清灰系统，可采用连续或间断喷淋方式，喷淋水可循环使用	阳极采用导电玻璃钢材料，玻璃钢材料内添加有碳纤维毡、石墨粉等导电材料，自身可以导电。阴极线材料采用钛合金、超级双相不锈钢等材质。配置水喷淋清灰系统，每个模块采用间断冲洗，无水循环系统	阳极采用非金属柔性织物材料，通过润湿使其导电，布置成方形孔道，烟气沿孔道流过。柔性阳极四周配有金属框架和张紧装置，框架材质采用 2205、2507 双相不锈钢材料。阴极位于每个方形孔道 4 个阳极面的中间，可采用双相不锈钢、钛合金、铅锑合金等材质。配置间断运行喷淋系统，无需水循环系统

续表7-1

项目	金属极板 WESP	导电玻璃钢 WESP	柔性极板 WESP
性能对比	(1) 金属极板不易变形，极间距有保证，电场稳定性好，运行电压高； (2) 烟气流速较低，有效控制气流带出，PM$_{2.5}$、SO$_3$等脱除效率高； (3) 水膜清灰，分布均匀，清灰效果好，除尘效率高； (4) 水耗、碱耗较大，对喷嘴性能要求较高； (5) 收集的酸液稀释，加碱液中和，中和后的水一小部分进入脱硫补水，系统对其他设备影响较小； (6) 设备阻力小于300Pa	(1) 极板机械强度较高，介于金属极板和柔性极板之间，极间距易保证，电场稳定性好，运行电压高，稳定性好； (2) PM$_{2.5}$、SO$_3$等脱除效率较高； (3) 间歇冲洗，水耗较小； (4) 设备阻力小于300Pa	(1) 柔性极板机械强度弱，易变形摆动，极间距不易保证，电场稳定性较差，运行电压低； (2) 烟气流速较高，产生气流带出，并易使柔性电极摆动，影响除尘性能； (3) 无水膜冲洗清灰，利用从烟气中收集的酸液带灰； (4) 在启动前、停运后对极板喷水，水耗较小； (5) 设备阻力小于300Pa
可靠性对比	(1) 阳极板具有一定的耐腐蚀性，并且有中性喷淋水膜保护，抗腐蚀性较好，据介绍，产品使用寿命达15年以上； (2) 耐高温，脱硫系统故障时，可以在较高的烟气温度下运行； (3) 有喷淋水循环系统，能够长期保证极板干净，确保设备高效安全运行； (4) 框架和内部支撑构件采用不锈钢	(1) 导电玻璃钢使用寿命为10~15年左右，与产品质量以及制作产品所用的树脂等原材料性能有关； (2) 不耐高温，烟气温度较高时对阳极寿命有影响，严重时可能烧蚀； (3) 无连续喷淋水系统； (4) 导电玻璃钢框架材质为2205、2507双相不锈钢，其他支撑构件采用碳钢加玻璃鳞片	(1) 柔性阳极使用寿命为6年左右，据介绍，一个大修周期内换布率不超过20%； (2) 不耐高温，烟气温度较高时对阳极寿命有影响，严重时可能烧蚀； (3) 无连续喷淋水系统，清灰性能保证相对较差； (4) 柔性极板框架材质为2205、2507双相不锈钢，其他支撑构件采用碳钢加玻璃鳞片
投资费用	经估算，一个电场300MW级机组、600MW级机组、1000MW级机组分别为1000万~1200万元、2000万~2500万元、3000万~3500万元；两个电场300MW级机组、600MW级机组、1000MW级机组分别为2000万~2100万元、3200万~3800万元、4300万~4800万元	经估算，300MW级机组、600MW级机组、1000MW级机组分别为1300万~1700万元、2200万~2600万元、3400万~3800万元	经估算，300MW级机组、600MW级机组、1000MW级机组分别为1400万~1900万元、2000万~2800万元、3000万~4200万元
年运行维护费	耗电量高，耗水量大，通常需要加化学药剂。经估算，一个电场300MW级机组、600MW级机组、1000MW级机组分别约为155万元、252万元、371万元；两个电场300MW级机组、600MW级机组、1000MW级机组分别约为198万元、325万元、488万元	耗电量小；无水循环系统，系统耗水量低；无须加化学药剂。经估算，300MW级机组、600MW级机组、1000MW级机组分别为74.8万元、136.3万元、213万元	耗电量小；无水循环系统，系统耗水量低；无须加化学药剂。经估算，300MW级机组、600MW级机组、1000MW级机组分别为50万~80万元、100万~150万元、200万~250万元

7.3 移动电极技术

移动电极式电除尘器顾名思义就是电极是移动的，这里移动电极是指收尘极，而通常放电极是固定的。对于固定电极电除尘器来说，它的收尘和清灰过程处在同一区域内，这样在清灰过程中就明显地存在两个问题，一是那些黏性大和颗粒小的粉尘其黏附性很大，还有那些比电阻高的粉尘其静电吸附力非常大，采用常规的清灰方式很难将其从收尘极板上清除掉，致使收尘极板上始终存有一定厚度的粉尘，当收尘极板上的粉尘层达到一定厚度时，运行电流就会减小，严重时还会在粉尘中产生反电晕，造成极大的二次扬尘，降低除尘效率，甚至完全破坏收尘过程，使电除尘器失去作用；二是对于那些好清除的粉尘，在振打清灰过程中也不可避免地会产生二次扬尘，使原本已经收集到收尘极板上的粉尘又重新返回烟气中。

理论上讲，如果将电除尘器设计得足够大和无限长，其除尘效率完全可以做到接近100%，足够大和无限长在工程上是根本实现不了的，在适合的尺寸和有限长度下，尽可能地提高除尘效率，才是工程应用研究的首要任务。在工程实际应用范围内，逃逸出电除尘器的粉尘主要由两部分组成。一是难以收集的特殊粉尘。这些粉尘通过电场时可能由于荷电量不足或者在荷电过程中又被异性电荷中和，粉尘在未获得足够的电荷之前就已经逃逸出电除尘器。从理论分析得知，当粉尘进入电场后在 0.1~0.01s 内能获得极限电荷的90%，而在 1s 内能获得极限电荷量的99%，粉尘进入电场后，在极短的时间内就已经完成了饱和荷电，但毕竟还有极其少量的特殊粉尘未能充分荷电而未被收集。二是虽然粉尘已经被收集到收尘极板上，却因烟气流动的冲刷而再次进入烟气中，或因振打瞬间产生的扬尘，或经振打粉尘剥离收尘极板后在下落过程中产生的再次飞扬，或反电晕等其他原因引起的二次扬尘，使本该收集到的粉尘逃逸出电除尘器。

通过大量的研究分析，逃逸出电除尘器的粉尘主要源于二次扬尘，因其他原因逃逸出电除尘器的粉尘占极小部分，因此，减少或避免产生二次扬尘就成了工程技术人员竞相研究的主要课题之一。基于这种考虑，日本研究开发了移动电极式电除尘器，这种构思的基本想法是将收尘和清灰分开完成。将收尘极板做成移动式的，在驱动装置的带动下，沿高度方向作移动，并在下部设置清灰室，适当控制移动速度，当转动到清灰室后，用旋转钢丝刷清除收尘极板上的积灰，基本避免了因清灰而引起的二次扬尘，从而可以提高电除尘器的效率，降低烟尘排放浓度，移动电极式电除尘器如图7-11 所示。

由于移动式电除尘器结构较复杂，内部设有转动部件和清灰装置，制造和运行成本较高，维护工作量较大，因此很少单独使用，往往与固定式电除尘器串联布置使用。通常的布置方式是沿烟气流动方向上游的电场采用固定

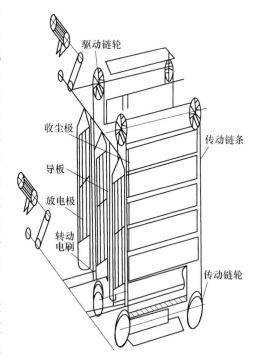

图 7-11　移动电极式电除尘器布置示意图

电极，而在烟气流动方向下游的电场采用移动电极。这样布置方式的目的是充分发挥移动电极的作用，控制二次扬尘量，减少粉尘逃逸量。

从图7-11中可见，移动式电除尘器的主要特点是将收尘极板平行于烟气流动方向布置，而固定电极的收尘极板通常是垂直于烟气流动方向布置的，移动电极由若干块分离开的极板组成并柔性固定，两端与链条相连，由驱动链轮带动链条，使收尘极板移动。为防止运行中传动链条松动和移动平稳，下部被动链轮处设有张紧装置。

在灰斗上部设置清灰滚刷。由于这里没有烟气流动，属于净烟区，在此处，收尘极板被一组旋转的圆柱形钢丝刷紧密挟持，圆柱形钢丝刷与收尘极板做反方向运动，收尘极板上的粉尘被圆柱形旋转钢丝刷清除，达到清洁收尘极板的目的。

移动电极电除尘器的放电极与固定电极的放电极布置形式相同，都布置在收尘极板之间。移动电极的移动速度取决于粉尘浓度和性质，通常小于1.5m/s。由于移动电极的清灰多是采用剥离式，清灰装置设置在无烟气流动的灰斗内，所以产生的二次扬尘显著减小，可以显著提高除尘效率。

7.4　滤筒除尘器

滤筒除尘器是过滤式除尘器的一种。过滤式除尘器是用多孔过滤介质将气固两相流体中的粉尘颗粒捕集分离下来的一种高效除尘设备（简称过滤器）。

袋式除尘器是利用多孔纤维材料制成的滤袋（或滤筒）将含尘气流中的粉尘捕集下来的一种干式高效除尘装置。由于其具有除尘效率高，尤其是对微米或亚微米级粉尘颗粒具有较高的捕集效率，且不受粉尘比电阻的影响；运行稳定，对气体流量及含尘浓度适应性强；处理流量大，性能可靠等优点，因此广泛应用于工业含尘废气净化工程。但目前存在的主要问题是：普通滤料不耐高温，若采用特殊滤料，则成本过高；另外不适宜净化黏性及吸湿性强的含尘气体，否则气体温度低于露点温度时，会产生糊袋现象，使除尘器不能正常工作。

滤筒除尘器是在袋式除尘器的基础上发展起来的，与袋式除尘器最主要的区别在于其过滤方式采用的是滤筒而不是滤袋。滤筒除尘器早在20世纪70年代就已在日本和欧美一些国家出现。由于具有体积小、效率高、投资省、易维护等特点，应用亦较广泛，尤其在烟草、粮食、焊接等行业使用较多。20世纪80年代美国唐纳森（Donaldson）公司采用其生产的新型滤料制备了一种新型滤筒，其具有效率高（99.9%以上）、阻力低、维护管理简单、体积小等优点。目前在国内多家工厂应用，取得了很好的社会效益和经济效益。国产的滤筒除尘器是在消化国外技术的基础上开发出来的。

与市场上现有的各种袋式和电除尘器相比，滤筒除尘器具有效过滤面积大、设备体积小、除尘效率高、阻力损失低、使用寿命长等特点。

滤筒除尘器的主要特点如下：

（1）除尘效率高。可过滤微细粉尘，对粒径大于1μm的粉尘，除尘效率达99.99%，排放浓度小于15mg/m³。

（2）良好的水洗性能。滤筒使用一定时间后可取下来用水多次冲洗，干燥后重新安装使用。

（3）操作简便、维修方便、使用寿命长、不使用工具就可更换滤筒。

（4）结构简单、外形尺寸小、钢材耗量少（约为传统袋式除尘器的1/4）。

（5）阻力损失低。除尘器阻力小于 1kPa。

（6）控制技术先进。具有定时、定压差清灰功能，并具有人工手动控制方式。

（7）适用范围广。进口含尘浓度可达 250g/m³。

近年来，随着新材料、新技术的不断研发和使用，滤筒除尘器的生产和使用已经有了长足的发展和进步，目前已可制成过滤面积大于 2000m²，处理风量达到几十万立方米/h 的大型除尘器，广泛应用于建材、冶金、电力、食品、化工等工业领域，已逐步呈现出部分取代袋式除尘器和电除尘器的趋势。

7.4.1　滤筒除尘器的粉尘捕集及清灰机理

滤筒除尘器是干式除尘器的一种，其除尘过程可分为进气过程、捕集过程、清灰过程、排尘过程及排气过程等步骤。其中最重要的是粉尘的捕集和清灰过程。

7.4.1.1　滤筒除尘器的工作原理

图 7-12 为滤筒除尘器的结构示意图，主要由箱体、滤筒和喷吹系统等组成。含尘气体进入除尘器后，由于气流断面突然扩大及气流分布板作用，气流中一部分粗大的尘粒在重力和惯性力作用下沉降在灰斗，粒度细、密度小的尘粒进入滤尘室后，通过布朗扩散和筛滤等综合效应，使粉尘沉积在滤料表面上，净化后的气体进入净气室由排气管经风机排出。滤筒除尘器的阻力随滤料表面粉尘层厚度的增加而增大。阻力达到某一规定值时要进行清灰。此时首先将过滤气流截断，然后开启电磁脉冲阀，将压缩空气通入滤筒，使滤筒膨胀变形产生振动，并在逆向气流冲刷的作用下，附着在滤袋外表面上的粉尘被剥离落入灰斗内，通过卸灰阀排出。

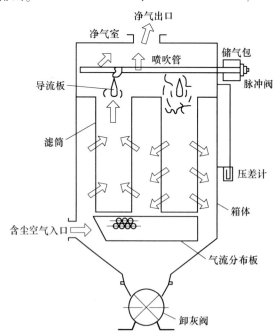

图 7-12　滤筒除尘器的结构示意图

滤筒的过滤机理与袋式除尘器相同，取决于滤料和粉尘层的多种过滤效应。含尘气流通过滤料时，气流中的尘粒被滤料分离出来，有两个步骤：一是滤料纤维层对尘粒的捕集；二是粉尘层对尘粒的捕集。

7.4.1.2 滤筒清灰方式

滤筒除尘器可采用脉冲、振动或逆气流清灰，也有人提出吸嘴吸气清灰和声波清灰。但从实验研究结果来看，单独用声波清灰和吸嘴吸气清灰，其清灰效果不好。目前工程上应用的清灰方式主要是脉冲喷吹清灰，其清灰效果好，可轻易使滤筒再生。

滤筒除尘器的脉冲喷吹清灰过程如图 7-13 所示，含尘气流经过滤筒过滤，粉尘则被捕集在滤筒外表面，清洁空气则经过滤筒中心进入清洁空气室，再经出口排出。当除尘器阻力达到设定值时，由压差控制仪控制相应的电磁阀，打开处于闭合状态的脉冲阀，压缩空气直接喷入滤筒中心，把捕集在滤筒表面上的粉尘吹落，粉尘逆主气流趋向，在重力作用下向下落入集尘斗中。当脉冲阀开启时，气包内的压缩空气通过脉冲阀经喷吹管上的小孔，喷射出一股高压的引射气流，同时吸引一股相当于引射气流体积 1~2 倍的诱导气流，一同进入滤筒内，使滤筒内出现瞬间正压并产生膨胀和振动，沉积在滤料上的粉尘脱落，掉入灰斗内。灰斗内收集的粉尘通过卸灰阀，连续排出。

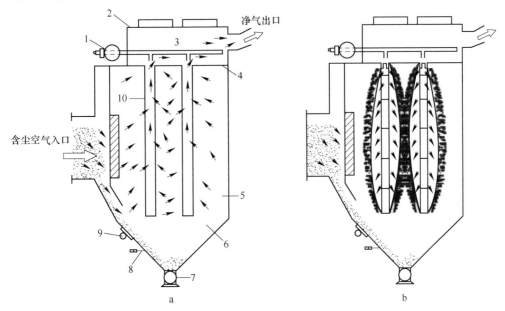

图 7-13　脉冲喷吹清灰过程
a—过滤状态；b—清灰状态
1—脉冲阀；2—净气室；3—喷吹管；4—花板；5—箱体；6—灰斗；
7—卸灰阀；8—料位计；9—振打器；10—滤筒

这种脉冲喷吹清灰方式是按滤筒顺序清灰的。脉冲阀开闭一次产生一个脉冲动作，所需的时间为 0.1~0.2s；脉冲阀相邻两次开闭的时间间隔为 1~2min；全部滤筒完成一次清灰循环所需的时间为 10~30min。由于设备为调压脉冲清灰，所以根据设备阻力情况，应对喷吹压力、喷吹间隔和喷吹周期进行调节。

滤筒除尘器特别适合安装在室内生产线中，或者作为移动式除尘器应用。由于需要特殊加工，折叠式滤筒每平方的滤料面积相对比滤袋大，而且滤筒的清灰系统要求比较高，风速一般在 0.8m/min 以下，比滤袋低，所以滤筒除尘器的造价也就比袋式除尘器稍高。

灰尘堆积在滤筒的折叠缝中将使清灰比较困难。所以折叠面积大的滤筒（每个滤筒的过滤面积达到 20~22m²），一般只适合应用于较低入口浓度的情况。

7.4.2 滤筒除尘器的基本结构及其类型

滤筒除尘器，就是利用滤筒作为过滤元件，在脉冲袋式除尘器的应用基础上，为实现空气除尘和工业粉（烟）尘除尘而研制的新产品。其高处理风量（不小于 10^4 m³/h）、高效率（不小于 99.5%）、低压（0.2~0.6MPa）、低阻损（800~1000Pa）的较佳运行参数，受到用户的青睐，具有技术先进、结构紧凑、排放达标、占地少、投资省和运行费低等显著特点。

脉冲滤筒除尘器适用于高炉鼓风机进气除尘、制氧机进气除尘、空气压缩机进气除尘、主控室进气除尘、洁净车间进气除尘、公共建筑的空调进气除尘和中低浓度的烟气除尘。随着滤筒材料和清灰技术的不断发展，其应用领域逐步扩展，现已广泛应用于建材、冶金、电力、食品、化工等工业领域，有部分取代袋式除尘器和电除尘器的趋势。

2002 年 7 月，中国正式发布了机械行业标准：JB/T 10341—2002《滤筒式除尘器》，为滤筒除尘器的应用与发展确立了法律地位。

7.4.2.1 滤筒除尘器的基本结构

滤筒除尘器主要由三大部分组成：滤筒、箱体和清灰机构。

（1）滤筒由外层、内层和中间层构成。内层和外层均为金属网（或硬质塑料网），中间层为褶型的滤料。滤筒用滤料的特点是：把一层亚微米级的超薄纤维黏附在一般滤料上，该黏附层上的纤维间排列非常紧密，其间隙为 0.12~0.6μm，由于采用密集型折叠，其过滤面积大为增加，而具有较大的过滤面积是滤筒的突出特点。

（2）箱体是整个除尘器的外壳，包括气箱和灰斗。气箱主要提供所需的除尘空间，利于流场的合理分布，灰斗则用于收集过滤下来的物料。

（3）清灰机构主要包括喷吹管、脉冲阀、气包等。当滤筒表面积灰达到一定的厚度时，就要进行清灰。含尘气流经过滤筒过滤，然后排出，当除尘器阻力达到压差设定值或者时间设定值时，由压差控制仪或者时间控制仪控制相应的电磁阀，打开处于闭合状态的脉冲阀，压缩空气直接喷入滤筒中心，对其进行脉冲清灰。

图 7-14 为 MLT 型脉冲喷吹滤筒除尘器的基本结构图。

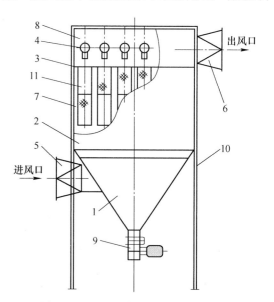

图 7-14 MLT 型脉冲喷吹滤筒除尘器

1—灰斗；2—箱体；3—花板；
4—脉冲清灰装置；5—进口装置；
6—出口装置；7—尘气室；8—净气室；
9—卸灰装置；10—设备支架；11—滤袋

7.4.2.2　滤筒除尘器的分类

滤筒除尘器根据滤筒的摆放方式不同，可分为水平式滤筒除尘器和垂直式滤筒除尘器。

按过滤方式可分为内滤式和外滤式滤筒除尘器。脉冲喷吹滤筒除尘器为外滤式袋式除尘器，在同样的体积内布置的过滤面积比内滤式的大，从而可减少设备体积。

按进风方式可分为下进风、上进风和侧向进风三种。含尘气流从滤筒室底部或灰斗上部进入除尘器，由上部排出的称为下进风滤筒除尘器。这种除尘器结构较为简单，但含尘气体自下而上的流动方向与粉尘沉降方向相反，容易使粉尘重返滤筒表面，影响清灰效果，并增加设备阻力。含尘气流从滤筒室上部进入除尘器称为上进风滤筒除尘器，这种除尘器结构较为复杂，但含尘气体中粉尘的沉降方向与气体的运动方向相同，有利于粉尘沉降，因而在向下流动的过程中，无论尘粒的粒度如何，均有不被滤袋捕捉而落入灰斗的概率。但粉尘颗粒（尤其大颗粒）下行过程中会造成滤筒的磨损。侧向进风介于两者之间，适用于外滤式滤筒除尘器。

按安装方式可以分为斜插式、侧装式、吊装式、上装式。

按滤筒材料可以分为长纤维聚酯滤筒除尘器、复合纤维滤筒除尘器、防静电滤筒除尘器、阻燃滤筒除尘器、覆膜滤筒除尘器、纳米滤筒除尘器等。

按喷吹压力可分为高压脉冲喷吹滤筒除尘器和低压脉冲喷吹滤筒除尘器。在脉冲清灰时如果采用直角脉冲阀，这时压缩空气压力应为 0.5~0.7MPa，这种除尘器称为高压脉冲喷吹滤筒除尘器；当采用直通式（或淹没式）脉冲阀时，所采用压缩空气压力应为 0.2~0.35MPa，此种除尘器称为低压脉冲喷吹滤筒除尘器，它可以在较低的压力下工作，可避免因压缩空气压力不足造成清灰效果不佳的现象，所以得到广泛应用。淹没式脉冲阀如果在较高压力下工作，清灰效果会很好，但是压缩空气的消耗量要有很大提高。

A　水平与垂直式滤筒除尘器

按其过滤元件的安装形式，滤筒除尘器可以分为水平式滤筒除尘器和垂直式滤筒除尘器（见图 7-15）。

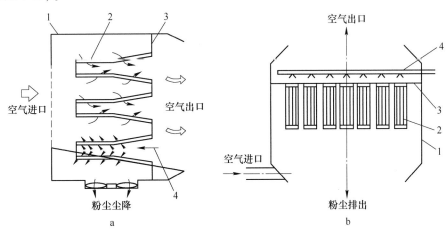

图 7-15　脉冲滤筒除尘器

a—水平式；b—垂直式

1—箱体；2—滤筒；3—花板；4—脉冲清灰装置

a　水平式滤筒除尘器

水平式滤筒除尘器主要利用其单个滤筒过滤量大、结构尺寸小的特点，分室将单元滤筒并联起来，形成组合单元体，为实现大容量空气过滤提供排列组合单元，构建任意规格的脉冲滤筒除尘器。具有技术先进、结构合理、多方位进气、空间利用好、钢耗低、造型新颖等特点。

b　垂直式滤筒除尘器

垂直式滤筒除尘器的滤筒垂直安装在花板上，依靠脉冲喷吹清除滤筒外侧集尘，清除下来的尘饼直接落下、回收。垂直（顶装）式滤筒除尘器适用于 $15g/m^3$ 以下的空气过滤或除尘工程。

B　上进风、下进风、侧向进风滤筒除尘器

按其进风口位置，可将滤筒除尘器分为上进风、下进风、侧向进风滤筒除尘器。

a　上进风滤筒除尘器

上进风滤筒除尘器是含尘气体由除尘器上部进入（见图 7-16）。粉尘沉降与气流方向一致，有利于粉尘沉降。向下的气流中的粒子，不管粒度如何，均有不被滤筒捕集而直接落入灰斗的可能性。因此，根据粒子粒度分布情况，选择向上或向下流动，会减少灰尘层的平均质量。对于较小的灰尘，采取向下流动的方式，滤筒上形成的灰尘层质量可能要稍微轻些。气体在滤筒内向下流动时，大小粒子都会更均匀地分布在整条滤筒上。这比向上流动可以更均匀地利用全部过滤表面。

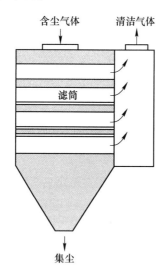

图 7-16　上进风滤筒除尘器

b　下进风滤筒除尘器

下进风滤筒除尘器是含尘气体由除尘器下部进入（见图 7-17）。气流自下而上流动，含尘空气进入滤筒后，粒度较大的粉尘直接沉降到灰斗中，从而减少滤筒磨损和延长清灰的间隔时间。但由于气流方向与粉尘下落方向相反，降低了清灰效果，增加了阻力。脉冲清灰后脱离滤筒的灰尘随着过滤气流而重新沉降在滤筒上的数量会增加，因为在袋室内剩余的向上气流降低了由于脉冲清灰而脱离滤筒的灰尘向灰斗沉降的有效速度，这对过滤器的性能有不良影响。尽管如此，由于下进风滤筒除尘器结构简单，成本较低，应用较广。

　　c　侧向进风滤筒除尘器

　　侧向进风滤筒除尘器是指含尘气流从滤筒侧面进入（见图7-18），它是为了解决滤筒在不改变放置方向（即将滤筒由垂直放置改为水平放置），从而浪费许多过滤介质的条件下，越过滤筒间隙向上的气流。它采取高入口进气，使气体进入除尘器的高度与滤筒本身的高度平齐。气体首先通过一系列错开的通道隔板（导流板），使气流分散，并且还可看作一个筛分器，在气流接触滤筒之前，将大颗粒粉尘分离出来，直接掉入灰斗。粉尘中的火花经过导流板这个曲折的通道后，改变运动方向，从而不能直接抵达滤筒，降低了火灾发生的危险性。

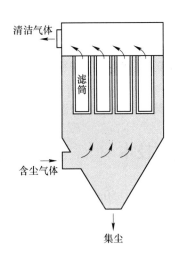

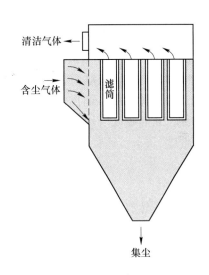

<table>
<tr><td>图 7-17　下进风滤筒除尘器</td><td>图 7-18　侧向进风滤筒除尘器</td></tr>
</table>

　　另外，这种横向流动的效果减少了气流在滤筒间隙向上的速度。因为气体从与滤筒同高的位置进入除尘器，所以不再有向上流进滤筒的气流。这种除尘器具备了沉流式气流流型的优点，不必将滤筒水平放置而浪费大量的过滤面积。

　　C　高压和低压脉冲喷吹滤筒除尘器

　　根据压缩空气喷吹压力大小，习惯将其分为高压和低压脉冲喷吹滤筒除尘器。

　　a　高压脉冲喷吹滤筒除尘器

　　高压脉冲喷吹滤筒除尘器是指除尘器分气包工作压力超过0.5MPa时所用的清灰压力，高压喷吹的工作压力通常在0.6~0.7MPa。高压喷吹的特点是用较小的气量达到较好的清灰效果，特别是在处理高温烟气时，这一效果更为明显。高压喷吹所用的分气包体积小，喷吹管细，它的另一个特点是多采用直角阀喷吹。

　　b　低压脉冲喷吹滤筒除尘器

　　低压脉冲喷吹滤筒除尘器是指除尘器分气包工作压力低于0.5MPa时所用的清灰压力。低压喷吹时，达到同样的清灰效果需要更多的气体量。低压喷吹的优点在于压缩空气管网压力低时，仍能正常进行清灰作业。

应当指出，国际规定低压喷吹的分气包工作压力低于0.25MPa，国内与国外所指的低压脉冲喷吹滤筒除尘器的压力相差甚远。

D 在线和离线脉冲喷吹滤筒除尘器

根据喷吹方式的不同，可以将其分为在线喷吹和离线喷吹。

a 在线脉冲喷吹滤筒除尘器

在线喷吹是将滤筒除尘器内的所有滤筒安置在一个箱体内，排成数排，清灰时滤筒逐排喷吹，此时滤筒除尘器内的其余各排滤筒仍在过滤状态下．为此也称为在线清灰。在线喷吹时，虽然被清灰的滤筒不起过滤作用，但因喷吹时间短，而且滤筒依次逐排清灰，几乎可以将过滤作用看作连续不间断的，因此可以不采取分室结构。

b 离线脉冲喷吹滤筒除尘器

离线喷吹是将滤筒除尘器分成若干个分室，然后逐室进行喷吹清灰，清灰时该室停止过滤，故又称停风清灰。

在线喷吹时，与被清灰滤筒相邻的滤筒尚处于过滤状态，清下的粉尘易被相邻滤筒再吸附，致使清灰不够彻底；而离线喷吹是在停止过滤状态下进行喷吹清灰，因而清灰彻底。同时离线清灰时喷吹所用压缩空气压力在达到同样清灰效果的情况下比在线喷吹低。

7.5 电袋复合除尘技术

布袋除尘器虽然有高的收尘效率，一般排放浓度可小于$50mg/m^3$，但也存在阻力大、滤袋寿命短的缺点，随之带来电耗大、运行费用高、更换滤袋时维修费用大的问题。电袋复合除尘器作为电除尘器和布袋除尘器的有机结合，充分发挥了两种除尘器各自的优势。

7.5.1 电袋复合除尘器的基本原理

电袋复合除尘器是在一个箱体内紧凑地安装电场区和滤袋区，有机结合电除尘和袋式除尘两种机理的一种新型除尘器。其基本工作原理是利用前级电场区收集大部分的粉尘和使烟尘荷电，后级滤袋区过滤拦截剩余的粉尘，实现烟气的净化，基本结构图如图7-19所示。

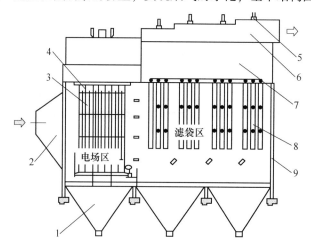

图7-19 电袋复合除尘器的基本结构图

1—灰斗；2—进气烟箱；3—阴极系统；4—阳极系统；5—提升阀；6—出气烟箱；7—净气室；8—滤袋袋笼；9—壳体

电袋复合除尘器工作过程如下：高速含尘烟气从烟道经进口喇叭扩散、缓冲、整流，水平进入电场区。烟气中部分粗颗粒粉尘在扩散、缓冲过程中沉降落入灰斗，大部分粉尘（80%以上）在电场区的高压静电作用下在阳极板捕集，剩余部分粉尘随气流进入滤袋区被滤袋过滤净化后，烟气从袋口流出，经净气室、提升阀、出口烟箱、烟囱排放，从而完成净化过程。

电袋复合除尘器详细的工作原理如下。

7.5.1.1 尘粒的荷电

对电袋复合除尘器来说，其前级电场区具有电除尘的工作原理，最重要的作用是对粉尘颗粒进行收尘和荷电，相比之下，在除尘效率方面不需求太高，可由后级袋除尘保证。

尘粒荷电是电除尘最基本的功能，在除尘器的电场中，尘粒的荷电量与尘粒的粒径、电场强度和停留时间等因素有关。尘粒荷电有两种基本形式：一种是电场中的离子在电场力的作用下与尘粒发生碰撞使其荷电，这种荷电机理通常称为电场荷电或碰撞荷电；另一种是离子由于扩散现象做不规则热运动而与尘粒发生碰撞使其荷电，这种荷电机理通常称为扩散荷电。

（1）电场荷电。将一非绝缘球形尘粒置于电场中，这一尘粒到其他尘粒的距离比尘粒的半径要大得多，并且尘粒附近各点的离子密度和电场强度均匀相等。因为尘粒的相对介电常数大于1，所以尘粒周围的电力线发生变化，与球体表面相交。沿电力线运动的离子与尘粒碰撞将电荷传给尘粒，尘粒荷电后，就会对后来的离子产生斥力。因此，随着荷电量的增加，尘粒的荷电速度逐渐下降，最终荷电尘粒本身产生的电场与外加电场平衡时，荷电便停止，这时尘粒的荷电达到饱和状态。这种荷电过程就是电场荷电。

（2）扩散荷电。尘粒的扩散荷电是由于离子无规则的热运动造成的。离子的热运动使得离子通过气体而扩散，并与气体中所含的尘粒相碰撞，离子在电磁力的作用下吸附在尘粒上。在扩散荷电过程中，离子的运动并不沿着电力线，而是任意的、不规则的热运动，因此扩散荷电不存在饱和的问题。粒子的扩散荷电取决于离子的热能、尘粒的大小和尘粒在电场中停留的时间等。

7.5.1.2 荷电粉尘的过滤机理及特性

含尘烟气经过电场时，在高压电场的作用下气体发生电离，粉尘颗粒被荷电或极化凝并，荷电粉尘在静电力的作用下被收尘极捕集。未被捕集的粉尘在流向滤袋区的过程中，再次因静电力的作用而凝并，粉尘粒径增大而不容易穿透滤料；同时荷电粉尘在向滤袋表面沉积的过程中受库仑力、极化力和电场力的协同作用，使得微细尘粒凝并、吸附、有序排列，实现对烟气中粉尘的高效脱除。

粉尘凝并的方式有如下几种：

（1）粉尘在电场中的凝并。含尘烟气中气溶胶粒子相互碰撞聚合发生凝并，形成较大的尘粒。小于 $1\mu m$ 的粒子凝并是由不规则热力运动所致，若粒子直径比气体平均自由程大得多，则碰撞将受扩散效应的制约。不同粒径的粒子容易发生凝并，并且凝并速率随着粒径差别的增加而增大。

荷电尘粒在电场力的作用下向收尘极运动，因粉尘荷电极性的不同、荷电量的不同以及粉尘质量的不同，在电场中产生相对运动，受库仑力和速度差的作用，荷电尘粒发生碰撞而凝并。

（2）荷电粉尘在到达滤袋表面前的凝并。未被电场区捕集的粉尘流向后级的过渡区，带不同电荷的尘粒，如正负电荷尘粒之间、正电荷尘粒与中性尘粒之间、中性尘粒与负电荷尘粒之间，受库仑力的作用而再次发生凝并，形成较大粒径的粉尘。

对于带同种电荷的尘粒，原则上由于粒子之间存在斥力而不利于凝并，但这种分析的前提条件是粒子呈球形单分散系，且粒子比气体的平均自由程大得多。而实际的气溶胶粒子都属于高分散系，且形状不一，同时在几乎相同的荷电条件下由于尘粒自身特性的差异，粒子的荷电量也有区别，即使荷电量相同的粒子其电荷在表面的分布也不一定均匀。因此，当带同种电荷的粒子紧密接近时，也会感应出相反的电荷，使得其引力大于斥力而凝并。

（3）粉尘在滤袋表面的凝并与沉积。无论粉尘是否带电，未被电场区捕集的粉尘必须通过电袋复合除尘器的后级袋区过滤，这些粉尘受到烟气流压差的作用向滤袋表面驱进，并吸附在滤袋表面。

A　荷电粉尘与中性捕集体的吸附和凝并

通过对荷电粉尘的纤维过滤特性研究表明，与普通粉尘相比，荷电粉尘具有不同的过滤效应。滤料纤维在开始工作时是不带电的中性纤维捕集体，荷电粉尘受库仑力的作用向中性纤维驱进，均匀吸附在纤维表面。这一现象已被试验验证，不加电场时，纤维的背风面几乎没有粉尘沉积，只有加电场时，纤维背风面才有积尘。因此，与不荷电粉尘相比，洁净滤料对荷电粉尘的捕集效率更高。

电袋复合除尘器投运初期，新滤袋安装完后应立即进行预涂灰工作，以保护滤袋免受锅炉点炉时油烟的影响。这些预涂灰粉本身由不同粒径的粉尘组成，滤袋经过预涂灰后在滤袋表面形成一次粉尘层。在滤袋开始投入运行时，这层粉尘层阻挡微细粉尘进入滤袋纤维内部，达到高的捕集效率。因此在实际除尘过程中，洁净滤料在预涂灰后直到使用寿命终结就不再是洁净滤料了。同时为防止过度清灰时粉尘层被清除而导致过滤效率下降，需要控制清灰的压力和时间频度，使滤袋表面总是保持一次粉尘层，基本上实现表面过滤。

B　荷电粉尘层的凝并和沉积

当荷电粉尘堆积在滤袋表面后，在滤袋表面形成一层带负电的粉尘层。随着过滤过程的进行，荷电粉尘在滤袋表面不断沉积，由于堆积的荷电粉尘数量不断增大，这些带电粉尘聚集在滤袋表面，成为携带大量负粒子的粉尘堆，形成二次微电场，产生一定的电场强度。

含尘烟气中不带电和带正电的粉尘，在沉积于滤料表面的过程中会被带负电的粉尘吸附，使其不易穿过粉尘层表面渗入滤料内部。根据尘粒的荷电理论，能够穿过电场的难于荷电的粉尘，大部分为粒径小、比电阻高的细颗粒粉尘，因此荷电粉尘层在一定程度上提高了细微粉尘的捕集效率。

新沉积在荷电粉尘层的带负电尘粒，一方面受到负电粉尘层的排斥作用，加上荷电粉尘层不断释放静电，形成与气流流动方向相反的阻力，产生粉尘在滤袋表面的阻尼振荡，减弱了粒子穿越表面粉尘层的能力，提高捕集率；另一方面由于相同极性粉尘的相互排斥，滤料表面的粉尘层呈棉絮状堆积，形成更为有序、疏松的结构，粉尘层阻力小，清灰后易剥离，有利于提高清灰效果，降低运行阻力。这样，由于粉尘的荷电作用，优化了滤袋表面一次粉尘层结构,强化面过滤作用。

即使荷电粉尘没有被滤袋表面带负电的粉尘层捕集,在穿越粉尘层后,荷电粉尘粒子也会与中性纤维相互吸引,不会直接穿透。

不断沉积在滤袋表面的荷电粉尘所携带的电量,一部分随粉尘清灰而落入除尘器的灰斗,通过灰斗的金属壁板释放;另一部分通过粉尘层本身传递到悬挂滤袋的花板释放。由于粉尘本身的导电性有限,加上清灰的间歇性动作,使得滤袋表面带电粉尘的数量和带电量也在发生周期性的变化。只要前级电场一直在工作,荷电粉尘的来源就不会间断,滤袋表面带电粉尘层的作用也就不会消失。

C 荷电粉尘对滤料过滤性能的影响

在电袋复合除尘器的运行过程中,滤料过滤的是荷电粉尘。为了更加深入了解荷电粉尘对电袋复合除尘器净化过程的影响,国内的企业与高校合作开展了"荷电粉尘对滤料过滤过程的影响"的研究。结果表明,在不荷电情况下,过滤压降增长率随过滤风速的增大而增大,且浓度越大变化越突出,在荷电条件下上述变化的斜率变小。另外在相同试验条件下对不同电厂的粉尘进行试验对比,其过滤压降增长率有明显差异。

研究电袋复合除尘技术的关键在于深入研究并掌握电袋复合结构下的除尘机理及合理匹配,特别是滤袋区,因经过电除尘后的来流颗粒带电电荷,其除尘机理发生了重要变化。电袋复合除尘对颗粒物的脱除不是简单的静电除尘加上袋式除尘,其除尘过程存在相互影响及补偿机制:后级袋区的结构牵涉电区的流场分布,从而影响电区的除尘效率;前级电区的结构决定进入袋区的颗粒物浓度和粒径分布;来自电区的颗粒荷电影响袋区的粉尘层结构、过滤和清灰特性;两区协同清灰有助于抑制清灰期间的颗粒物逃逸。研究并掌握粉尘荷电过滤及极化聚并的内在规律,开发增强粉尘荷电和极化聚并技术,强化电、袋两个除尘区的耦合作用,实现复合除尘技术的最优分级和最佳参数匹配,有助于最大限度地发挥除尘设备的最佳功能,提高除尘净化效率及设备运行的稳定性和可靠性,获取高效、低阻、长寿命的综合高性能。

7.5.2 电袋复合除尘器的主要结构形式

目前常用的电袋复合除尘器主要有分区复合式和嵌入式两种结构形式。

7.5.2.1 分区复合式电袋除尘器

分区复合式电袋除尘器是把电场区和滤袋区有机结合在同一箱体的结构形式。根据气流走向可前后分区(见图 7-20 和图 7-21)或上下分区(见图 7-22)。

前后分区复合结构具有结构简单、设备成本低、维护检修方便、综合性能良好、易于大型化等优点而得到广泛推广,最大规格已成功应用在燃煤电厂 1000MW 机组。为提高末端滤袋区粉尘的荷电量,电场区、滤袋区可多重布置,这样又形成了多重分区复合结构形式,但结构相当复杂,性价比并不合理。

上下分区复合结构具有结构紧凑、占地小等特点,适合用于场地小、布置受限的小型化工程。

7.5.2.2 嵌入式复合结构

美国北达科他州大学能源与环境研究中心(EERC)在粉尘荷电与粉尘过滤的试验研

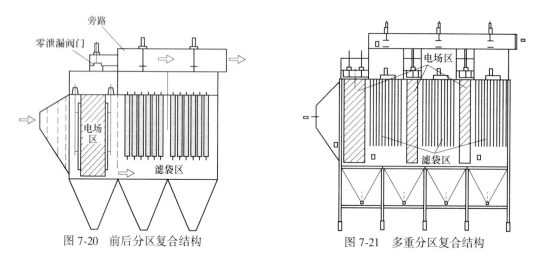

图 7-20 前后分区复合结构   图 7-21 多重分区复合结构

究中发现：粉尘荷电后，随运动时间或距离的延长，荷电量存在衰减现象。为了缩短粉尘荷电后的运动时间或距离，在 20 世纪 90 年代开发了嵌入式电袋复合除尘器（AHPC），如图 7-23 所示。该结构形式将电场阴阳极与滤袋相间交错布置，大幅度缩短了电袋之间的距离以及荷电粉尘到达滤袋的时间，突显了荷电粉尘的过滤优势。2010 年我国企业独家引进美国 EERC 的嵌入式电袋专利技术，并吸取国外工程应用的经验与不足，结合我国自主创新的电袋技术与工程实践，优化选型设计参数，通过二次开发后形成了新的嵌入式电袋复合除尘技术。首台 5 万千瓦机组嵌入式电袋复合除尘器示范工程在河北某钢铁厂自备燃煤锅炉上成功投入运行，烟尘排放浓度小于 5mg/m³。但嵌入式电袋复合除尘器占地面积较大，结构较为复杂，在产品技术经济性、大型化结构设计方面还有一定的工作要做。

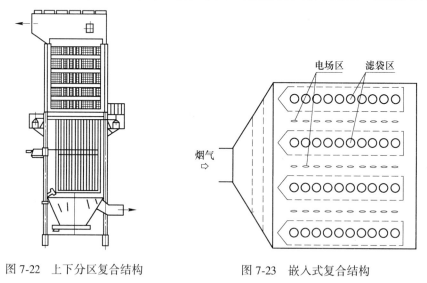

图 7-22 上下分区复合结构   图 7-23 嵌入式复合结构

7.5.3 电袋复合除尘器的主要技术特点

电袋复合除尘器具有如下技术特点：

（1）除尘性能不受烟灰特性等因素影响，长期稳定超低排放。电袋复合除尘器的除尘过程由电场区和滤袋区协同完成，出口排放浓度最终由滤袋区掌控，对粉尘成分、比电阻等特性不敏感。因此适应工况条件更为宽广，出口排放浓度值可控制在 $30mg/m^3$ 以下，甚至达到 $5mg/m^3$ 以下，并长期稳定运行。

（2）捕集细颗粒物（$PM_{2.5}$）效率高。电袋复合除尘器的电场区使微细颗粒尘发生电凝并，滤袋表面粉尘的链状尘饼结构对 $PM_{2.5}$ 具有良好的捕集效果。经 5 个正常运行的燃煤电厂电袋复合除尘器实测表明，$PM_{2.5}$ 的脱除效率可达 98.1%~99.89%。

（3）电袋协同脱汞，提高气态汞脱除率。电袋协同脱汞技术是以改性活性炭等作为活性吸附剂脱除汞及其化合物的前沿技术。其主要工作原理是在电场区和滤袋区之间设置活性吸附剂吸附装置，活性吸附剂与浓度较低的粉尘在混合、过滤、沉积过程中吸附气态汞，效率高达 90%以上。为提高吸收剂利用率，滤袋区的粉尘和吸附剂混合物经灰斗循环系统多次利用，直至吸收剂达到饱和状态时被排出。

（4）在相同工况和运行条件下，运行阻力明显低于纯袋式除尘器。由于电袋复合除尘器在电场区的除尘与荷电作用，进入滤袋区的粉尘量为总量的 20%，滤袋单位面积处理的粉尘负荷量减少；荷电粉尘粉饼结构疏松，透气性好，容易清灰。在相同的工况条件和清灰制度下，与纯袋式除尘器相比，电袋复合除尘器运行阻力上升速度更为平缓，平均运行阻力更低。

（5）降低滤袋破损率，延长滤袋使用寿命。在工程应用中探明，袋式除尘器滤袋破损主要有两种原因：第一是物理性破损，由粉尘的冲刷、滤袋之间相互摩擦、磕碰及其他外力所致，造成滤袋局部性异常破损；第二是化学性破损，由烟气中化学成分对滤袋产生的腐蚀、氧化、水解作用，造成滤袋区域性异常破损。电袋复合除尘器由于自身的优势，前"电"为后"袋"起了缓冲保护作用，进入滤袋区的粉尘浓度较低、粗颗粒尘很少，并且清灰频率降低，从而有效减缓了滤料的物理性及化学性破损，延长了使用寿命。

（6）运行稳定、能耗低。电袋复合除尘器由于其独特结构，充分利用前级 1~2 个电场高效去除约 80%的粉尘，大大降低进入袋区的粉尘浓度，且电场区高压能耗低；同时，前级电场作用使进入袋区的粉尘荷电，在滤袋表面形成疏松的粉饼层，剥离性好，通过设置合理的清灰制度，可大大降低平均运行阻力，且清灰能耗低。因此，电袋复合除尘器具有除尘效率高、运行稳定、设备能耗低等优点。

（7）操作便捷、维护方便。电袋复合除尘器与电除尘器相比，对入口粉尘特性的波动具有很好的适应性，且保持稳定的低排放，不必像电除尘那样，需频繁进行工作点的调整，所以操作维护相比电除尘更加便捷与方便。与袋式除尘器相比，电袋复合除尘器的平均运行阻力更低，滤袋破损率更小，从而减少了换袋及维修工作量。实践证明，电袋复合除尘器通过两种除尘方式的优势互补，实现了安全、可靠、稳定运行，维护工作量小的目标。

7.5.4 影响电袋复合除尘器性能的因素

影响电袋复合除尘器性能的因素与袋式除尘器基本相似，可大致归纳为工况条件、粉尘特性、结构参数、操作因素等四大类，主要是确保滤料和烟气粉尘的匹配性。

7.5.4.1　工况条件的影响

工况条件主要指烟气特性，包括烟气温度、湿度、成分和含尘浓度等。

A　烟气的温度

烟气的温度是影响电袋复合除尘器滤袋使用寿命的重要因素，同时引起工况烟气量的波动，并影响电场区起晕电压。

（1）对滤料物理性能的影响。通常滤袋材质大多为化学纤维，各种化学纤维均有其规定的耐温性能，当使用温度超过滤材耐温时，纤维将发生软化、熔化或气化分解甚至燃烧，使滤料瞬间毁坏。常用高温滤材如 PTFE、PI、无碱玻纤的耐温小于或等于 260℃，所以电袋复合除尘器适宜使用温度应在 260℃ 以下，当高于 260℃ 时要采取可靠有效的降温设施，把烟温降低到使用温度范围。在选用电袋复合除尘器时，必须根据烟气温度选择滤材，在运行维护过程中要防止发生烟气超温的现象。

（2）对滤料化学性能的影响。化学纤维滤袋在使用过程中会逐渐老化、破损，因此需周期性换袋。老化速度反映了滤袋使用寿命的长短，其实质为滤料纤维与烟气某些成分化学反应发生的过程，反应的速率与烟气的化学成分、浓度和温度有关，即浓度和温度越高，速率越快。一般化学反应规律为：在恒定的化学成分条件下，温度每上升 10℃，PPS 纤维的反应速度加快一倍。因此，除尘器的运行温度将直接影响滤袋寿命。运行温度越低，老化速度越慢，使用寿命则越长。当然，温度下限值也并非越低越好，以高于烟气酸露点 5~20℃ 为宜。

（3）其他影响。烟气的温度变化将引起工况烟气量的波动，同时会影响电场区电起晕电压、起晕电极表面温度、附近的空间电荷密度和分子、离子的有效迁移率等。这对电场区除尘效果有较大影响，但对滤袋区除尘性能的影响不那么严重，除非超过允许限值。

B　烟气的湿度

烟气湿度表示气体中水蒸气的含量，一般有两种表示方法。

（1）绝对湿度。绝对湿度是指单位质量或单位体积湿气体中所含水蒸气的质量（单位为 kg/kg 或 kg/m^3）。当湿气体中水蒸气的含量达到在该温度、气压下所能容纳的最大值时的气体状态，称为饱和状态。

（2）相对湿度。相对湿度是指单位体积中气体所含水蒸气的质量与同温同压下饱和状态时所含水蒸气的质量之比。相对湿度在 30%~80% 之间为一般状态，超过上限时称为高湿度，超过下限时为异常干燥状态。

通常把烟气中除了水蒸气以外的部分称为干烟气，把包括水蒸气在内的烟气称为湿烟气。

湿烟气一旦发生结露，会使电场、滤袋表面沉积粉尘润湿黏结，尤其是对吸水性、潮解性粉尘，将导致清灰困难、电场电晕功率下降、滤袋压损增大。缩聚型纤维，如聚酯 PE、偏芳族聚酰胺 MX、聚酰亚胺 PI 等，在高湿、高温并含有酸碱气体的条件下易发生水解作用，大分子裂解，很快失去强度。当烟气含有 SO_3 等酸性气体时，酸结露会引起强烈的酸性腐蚀。

所以在高温烟气工况条件下，滤料可通过使用硅油、碳氟树脂、PTFE 乳液等浸渍处理，或 PTFE 覆膜等增强滤袋抗水黏附性能。运行温度应控制在高于露点 10~20℃，同时要做好除尘器保温和降低漏风率。运行值班人员必须严加监护。

C　烟气的成分

烟气中，如含有 SO_x、NO_x、HCl、HF 等酸性气体成分，当某一气体浓度或几种气体叠加浓度超过适用范围，并在低温条件下时，则易引起酸性腐蚀，导致异常的化学性破袋。燃煤锅炉烟气中，对 PPS 滤袋具有危害性的烟气成分有 SO_x、NO_x、O_2 等。

SO_x 呈气态时具有氧化性，与水化合成液态时具有腐蚀性。SO_3 的氧化性和腐蚀性高于 SO_2。浓度越高，烟气的氧化性和腐蚀性越强烈。燃煤锅炉烟气中，进入除尘器的 SO_x 浓度大小取决于煤质的含硫量、入炉煤量以及前端是否设有脱硫装置。

NO_x 的化学性质与 SO_x 基本相似，在高温下，对 PPS、PI 等易氧化纤维分子具有破坏作用。燃煤锅炉烟气中，进入除尘器的 NO_x 浓度大小取决于煤质、锅炉类型、燃烧方式以及是否采取脱硝装置。

O_2 在常温空气中的氧化作用十分微弱，但在高温条件下对某些纤维的氧化分解作用急速加剧。PPS 属于在高温下易氧化的纤维，温度越高，PPS 的抗氧化性越差，也是滤料选型的考虑因素。

D　烟气的含尘浓度

烟气的含尘浓度会影响电场区的效率和滤袋阻力损失，但对电袋除尘器出口浓度影响较小。一般电场区电晕电流随浓度的增加而急剧减小，当达到一定程度时易发生电晕封闭现象，伏安特性曲线发生变化。设计时应选用尖端的针刺芒刺极配和供电方式，运行时缩短振打清灰周期。滤袋区阻力上升速度随含尘浓度增加而加快，为维持一定的运行阻力，采用定压清灰方式，根据入口含尘浓度调节滤袋清灰频率。

7.5.4.2　粉尘特性的影响

粉尘特性主要包括粉尘的密度、粒径分布、黏附性、比电阻等。

A　粉尘的密度

单位体积粉尘所具有的质量称为粉尘的密度，分为真密度和堆积密度。真密度是指除去粉尘中空隙体积后单位体积粉尘所具有的质量，与粉尘的沉降、分级、输送密切相关；堆积密度是指在自然堆积状态下单位体积粉尘所具有的质量，也称容积密度或假密度，是设计粉尘储存、运输设备的重要参数。真密度对一定的物质而言是一定的，而堆积密度则与空隙率有关。

就电袋复合除尘器而言，真密度主要影响电场区的振打清灰和滤袋区的脉冲清灰性能，真密度越大，粉尘分级、剥离、沉降效果越好，不易引起二次扬尘；而堆积密度影响卸灰输灰性能，是设计灰斗及防拱器、卸灰阀和输灰装置的重要参数。工程中也有用粉尘真密度和堆积密度的比值作为衡量粉尘活性的指标，当比值达到 10 左右时，属于活性粉尘，容易飞扬，而由于烟气的偏流或漏风等原因易引起的二次扬尘，在设备密封、流场设计、除尘器运行时应予以特别重视。

B　粉尘的粒径分布

粉尘的粒径是表明单个尘粒大小的尺度。粉尘的粒径分布是指粉尘中各种粒径尘粒所占的百分数，也称颗粒的分散度，在除尘技术中一般使用质量粒径分布。

对电袋复合除尘器，在电场区先捕集粒径相对大些的粉尘，因此对粒径分布并不敏感。在滤袋区粉尘负荷降低、粒径减小，因而减弱了对滤袋的冲刷磨损，同时由于荷电粉尘在滤袋表面的链状沉积结构，减少了微细粉尘的穿透现象，并且滤袋粉尘层的透气性能和清灰性能均得到提升。所以从根本上讲，电袋复合除尘器较好地解决了粉尘的粒径分布对静电除尘器和袋式除尘器单体除尘性能产生影响的问题。

C　粉尘的黏附性

尘粒黏附于固体表面或尘粒之间互相凝聚的现象称为黏附。前者易使除尘设备和管道升阻甚至堵塞，后者则有利于除尘效率的提高。

对电袋复合除尘器，在电场区中若粉尘的黏附性强，粉尘就会黏附在电极上，不容易振落，引起电晕线肥大和收尘极板粉尘堆积，使电晕电流和工作电压升高，易出现反电晕现象，致使除尘效率降低。同样在滤袋区中，若粉尘的黏附性强，则滤袋表面粉尘层清灰剥离困难，滤袋阻力损失增加而加大除尘器运行阻力。在灰斗内粉尘易搭桥棚积，影响卸灰输灰。

硫酸氢铵（NH_3HSO_4）具有较强的黏附性，由除尘器前端的烟气脱硝装置中的 NH_3、SO_2、H_2O 化合产生。脱硝装置运行不当时，氨量过喷或氨逃逸量大，产生硫酸氢铵占比较高，烟尘的黏性极大。因此，过量的硫酸氢铵进入电袋复合除尘器时，会造成清灰困难，电场区的效率下降，滤袋透气性降低，运行阻力增加，运行值班人员必须严加监控。

D　粉尘的比电阻

粉尘的比电阻是衡量粉尘导电性能的指标。

粉尘的比电阻被看成具有两种独立的导电机理：一种是通过粉尘层内部，称为体积导电；另一种是沿粉尘粒子的表面，与吸附在粉尘表面的气体和冷凝水有关，称为表面导电。

对于工业粉尘，其体积导电主要与成分和温度有关。如 SiO_2、Al_2O_3 的导电性差，体积比电阻极高，可作为电气的绝缘材料。温度能明显地改变粉尘的体积比电阻，其关系一般呈单峰或多峰抛物线，峰值前后随温度的变化趋势完全相反。

表面导电需在粉尘表面建立一个吸附层。如果烟气中含有冷凝物质（水或硫酸），并且温度足够低，便能在粉尘表面形成吸附层，由吸收的水分或化学成分在低温下所形成的低电阻通道实现表面导电，降低比电阻。

对电除尘器而言，比电阻是影响除尘效率的重要参数，而电袋复合除尘器的除尘效果最终是由滤袋区保证的，比电阻的影响因素大为削弱。

7.5.4.3　结构参数的影响

结构因素主要包括电场区结构参数、滤袋区结构参数、气流分布等。

A　电场区结构形式与参数的影响

电袋复合除尘器电场区具有入口粉尘浓度高、配置级数少的特点。电场及分区数、极配形式、振打结构形式在一定程度上会影响电场区的效率，影响整机压损、滤袋清灰能耗和安全可靠性。

首先，极配形式宜选用尖端型的针刺或芒刺电极，这种极配的起晕电压低、放电强烈、电流密度大，适宜于烟尘浓度较高时，确保电场区较高的荷电效率，并对进入滤袋区的粉尘起良好的荷电分级作用。

其次，电场数量越多，除尘效率越高，对整机性能保证与提高越有利，但设备经济性下降，所以电场数以设置 1~2 个较为合理。当采用 1 级电场区时，一旦电场区发生断线、短路等故障而退出工作，滤袋区粉尘浓度迅速上升，设备的安全可靠性得不到保证。为此，把 1 个电场分为 2 个前后完全独立的小分区，一旦发生故障，仍有 1/2 级电场维持工作，电场区的安全可靠性提高 50%，能够最大限度地降低因电场区故障对滤袋区过滤性能带来的影响。

电场区振打结构有阴阳极顶打、侧打、混合型振打等形式。由于电场区工作的粉尘粒径较大，沉积于阴阳极的粉尘较容易剥落，对振打力、振打加速度的要求相对较低，所以振打结构形式对电场区振打效率影响较小。但不同的振打结构，其振打力传递到阴极线的方向不同：一般侧部振打对阴极线直径方向会产生剪切分力；而顶部振打传递的力与阴极线长度方向相同。

电场风速是电除尘器的重要参数之一。一般电场风速越小，则越有利于细尘粒的捕集。而电袋复合除尘器并不要求电场区捕集所有烟尘，因此，电场风速大小对电袋复合除尘器最终的除尘效率几乎没有影响。

比集尘面积是电除尘器的另一个重要参数，按出口浓度值控制要求选取。在相同烟气工况条件下，比集尘面积越大，除尘效率越高，性能越优，但经济性越差。但对电袋复合除尘器而言，电场区的功能以荷电、分级为主，注重总体技术，经济性能优良。

B 滤袋区结构形式与参数的影响

滤袋区结构形式以中压型脉冲喷吹为主，也有个别选用低压旋转脉冲喷吹的。中压型脉冲喷吹结构的滤袋成行列式规则布置，无转动机构。清灰均匀有效，对气流分布、出口排放、运行阻力、滤袋寿命等都起到积极的作用。

对于大型电袋复合除尘器，横向分成多个通道，设调节阀门调节横向均匀性。纵向设多个袋室，成阶梯型布置，清洁室出口设调节阀门调节纵向均匀性。

过滤风速（或气布比）是滤袋过滤面积与流通烟气量的比值，是电袋复合除尘器选型设计的重要参数。而实际流通面积因受滤料纤维与沉积粉尘占比的影响而发生变化，透气性不断下降。过滤风速大小对除尘器出口排放浓度、运行阻力、滤袋使用寿命和设备投资具有较大影响。通常，用于燃煤电厂的袋式除尘器过滤风速取值较低，一般在 0.9~1.1m/min 范围内。而对电袋复合除尘器的滤袋区，具有过滤荷电粉尘的特殊机理，可适当提高过滤风速。工程实践表明，一般取 1.0~1.4m/min，仍可保证低阻平稳运行。

C 气流分布均匀性的影响

电袋复合除尘器气流分布均匀性影响电场区效率，这与电除尘技术相同。同时还影响滤袋过滤精度、压差均匀性和滤袋使用寿命。若气流分布不均，则滤袋之间的过滤风速发生差异，过滤风速高的滤袋过滤精度下降，将影响整体出口排放浓度。同时滤袋的压损较大和外围流速较高，容易引起该区滤袋物理性破损。

7.5.4.4 操作因素的影响

操作因素主要包括电场区伏安特性、电场振打、滤袋清灰等。

A 电场区运行电压与电流的影响

电场区的二次电压、电流越高则除尘效果越好，电袋复合除尘器整机性能也越好。因

236

此在各种烟气工况条件下，电场区应具有良好的伏安特性，充分开放其二次电压、电流上限值。一些运行操作人员因受"电场区臭氧腐蚀滤袋区滤袋"的片面认识的误导，人为降低电场区二次电压、电流，抑制电场区除尘性能的发挥，导致滤袋区粉尘浓度上升，清灰频率加大，压缩空气耗量增加，这是一种不正确的运行操作方法。

B　电场区振打清灰周期的影响

振打清灰周期越短，越有利于二次电流的提高。但振打频率增加，阴阳极粉尘堆积厚度下降，粉尘因离散状剥离而产生二次扬尘，反而不利于滤袋区粉尘浓度的下降，也影响振打机构的使用寿命。因此，电场区的振打周期设定要合理、适当，既要让阳极沉积一定厚度的粉尘，又不造成二次电流下降。

C　滤袋区清灰制度的影响

滤袋区清灰制度直接影响滤袋的清灰效果、滤袋区的压损和压缩空气耗量，以及滤袋的使用寿命。清灰制度包括清灰参数的设定和控制方式的选择。

清灰参数有喷吹压力、脉冲宽度、脉冲间隔、清灰周期等。一般认为：喷吹压力越高、脉冲宽度越宽、清灰周期越短，则清灰能力越强，清灰效果越好，这是强力清灰的理念。但大量工程实践证明这种认识是十分片面的，应回归到适度清灰的理念，讲究"适度与均匀"，在运行过程中注意调控修正清灰参数。对中压脉冲清灰方式，喷吹压力在0.2~0.3MPa时，滤袋尘饼呈片状剥落，二次扬尘较小；当喷吹压力大于0.4MPa时，滤袋粉饼呈粉状崩落，二次扬尘较大，所以喷吹压力不宜太高。除尘器的运行阻力适宜控制在800~1200Pa，过高的阻力会降低系统风量，增加风机运行能耗；过低的阻力说明滤袋尚未建立稳定的"一次粉尘层"，不能实现高效过滤。因此，喷吹压力、脉冲间隔及清灰周期等参数应视除尘器阻力高低随时调整：在投运初期，运用阻力较低，则设定喷吹压力在低限、脉冲间隔较大、清灰周期较长；随时间延续，运用阻力逐渐升高，则适当调高喷吹压力、调小脉冲间隔、缩短清灰周期。清灰脉冲宽度宜设定在80~100ms，该值过高对清灰不利，反而会增加压缩空气耗量。

控制方式有定时清灰和定压清灰或称定阻力清灰。定时清灰控制方式的系统简单、运用稳定，适宜用于工况单一、系统较小、负荷稳定的场合；定压清灰控制方式可根据除尘器运用阻力设定值自动调节清灰周期，能较好地适应于工况复杂、系统较大、负荷波动的场合。也可采用定时清灰与定压清灰相结合的控制方式，有利于降低清灰能耗，延长滤袋寿命。

D　压缩空气品质的影响

压缩空气品质直接影响滤袋的工作压损。当压缩空气中的油水杂质含量较高时，一方面，清灰过程中这些物质容易在滤袋表面冷凝，降低滤袋透气性而增加压损；另一方面，压缩空气中的油水杂质含量较高时，会影响脉冲阀的正常工作，造成脉冲阀动作后不能正常闭合，气源压力下降，滤袋表面粉尘清不下来，降低滤袋的透气性而增加压损。电袋复合除尘器的清灰气源要定期检修，适时更换压缩空气除油脱水装置。

E　预涂灰的影响

预涂灰是电袋复合除尘器点炉之前必须完成的运行操作事项。启炉前让滤袋表面沉积一定厚度的飞灰，可吸附启炉过程中低温烟气产生的冷凝油污、水汽，避免袋身直接黏附液态物质而降低滤袋透气性。

  F 启停炉次数的影响

  电袋复合除尘器在启停炉过程中，内部温度经受高低变化，烟气中残余酸性物质以及水汽易在滤袋表面结露。同时在停炉过程中受环境空气湿度影响，滤袋残留粉尘中有些成分易潮解，引起糊袋、板结等，致使滤袋透气性下降、pH 值降低。停炉次数越多，电袋复合除尘器压损上升速度越快，滤袋使用寿命越短。

7.6 静电增强水雾除尘技术

  静电增强水雾除尘通常称为荷电水雾除尘，它被认为是净化微尘的最有效技术之一。荷电水雾净化技术不仅可以高效除去微粒，同时可脱除有毒有害气体。荷电水雾净化技术应用于烟气脱硫，可显著地改进湿法和半干法烟气脱硫工艺的性能，如减少耗液量、提高吸收剂利用率、加快吸收速度、增加脱硫率、减少污水处理量、降低运行费用等。荷电水雾净化技术可广泛用于很多工业领域的烟尘净化，如冶炼、电力、矿业、垃圾焚烧、工业锅炉等，也非常适合净化含有生物化学药剂的气体、采暖通风循环气流中对人体有害的微小生物颗粒、电子产品制造车间内的空气。

7.6.1 静电增强水雾除尘技术基本原理

  荷电水雾的捕尘过程分 3 步：（1）雾化；（2）荷电；（3）捕尘。水雾除尘机理与纤维过滤除尘机理相同，主要是惯性碰撞、拦截、扩散和静电引力等效应的综合。如果水雾的荷电接近饱和荷电量，其捕尘效果将显著提高。显然，水雾的荷电是静电增强水雾除尘的技术关键。

  电晕荷电是目前水雾荷电普遍采用的方法，其捕尘原理如图 7-24 所示。

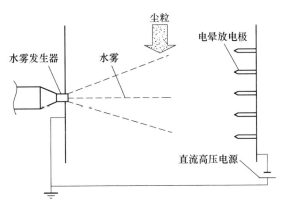

图 7-24 水雾荷电原理

  评价液滴荷电效果的重要指标是荷质比。实践表明，采用电晕荷电方法形成的荷电水雾的荷质比较低，远未达到给定液滴的饱和荷电量。于是，提高荷电水雾荷质比成为荷电水雾除尘的核心研究课题。

7.6.2　荷电水雾捕尘机理

讨论荷电水雾捕尘机理就是讨论荷电液滴对气溶胶粒子的捕集效率。

7.6.2.1　静电捕集效率

带电液滴与粉尘之间的电力有库仑力、感应力和外加电场力。

当气溶胶粒径为 d_p，带电 q，球形液滴直径为 d_w，带电 Q，其库仑力捕集效率为

$$\eta_{E_c} = -4K_c \tag{7-7}$$

如果气溶胶粒子和球形液滴带异极性电荷，K_c 为负，其表达式为

$$K_c = \frac{C_u Q q}{3\pi^2 \varepsilon_0 \mu d_p d_w^2 v_0} \tag{7-8}$$

当气溶胶粒子为中性，球形液滴带电 Q，静电感应力效率为

$$\eta_{E_I} = \left(\frac{15\pi}{8} \times \frac{\varepsilon_p - 1}{\varepsilon_p + 2} \times \frac{2C_u d_p^2 Q^2}{3\pi\mu d_w v_0 \varepsilon_0} \right)^{0.4} \tag{7-9}$$

有外加电场 E_0，气溶胶粒子带电 q 时，静电捕集效率为

$$\eta_{E_0} = \frac{K_E}{1 + K_E} \left(1 + 2\frac{\varepsilon_w - 1}{\varepsilon_w + 2} \right) \tag{7-10}$$

$$K_E = \frac{C_u q E_0}{3\pi^2 \mu d_p v_0} \tag{7-11}$$

以上各式中，ε_0、ε_p、ε_w 分别为真空介电常数、气溶胶粒子相对介电常数和水滴的相对介电常数。对于多种电力同时存在时，捕集效率的确定较困难，通常静电感应捕集效率较小，有时可忽略。

7.6.2.2　惯性碰撞效率

理论与实验分析发现，斯托克斯数 S_{tk} 是表征碰撞效率的重要参数，其定义为

$$S_{tk} = \tau \frac{2v_0}{D_c} = \frac{\rho_p d_p^2 v_0}{9\mu d_w} \tag{7-12}$$

惯性碰撞效率很难给出分析解，在实际应用中，常给出数值解或经验表达式。Herne 对势流提出的计算式为

当 $S_{tk} > 0.3$ 时：

$$\eta_I = \frac{S_{tk}^2}{(S_{tk} + 0.25)^2} \tag{7-13}$$

由式（7-12）和式（7-13）可以看出，惯性碰撞效率随着尘粒直径的增大和水雾粒径的减小而提高，因此惯性碰撞机理对较大尘粒的捕尘作用较大。

7.6.2.3　拦截捕集效率

势流下，Ranz 给出拦截捕集效率的计算公式：

$$\eta_R = \left(1 + \frac{d_p}{d_w} \right)^2 - \frac{d_w}{d_w - d_p} \tag{7-14}$$

7.6.2.4　扩散捕集效率

很细小的尘粒，特别是直径小于 $0.1\mu m$ 的粉尘，在气流中受到气体分子的撞击后，

并不均衡地跟随流线，而是在气体中作布朗运动，由于这种不规则的热运动，在紧靠雾滴附近，微细尘粒可能与雾滴相碰撞而被捕集，称为扩散效应。随着粉尘颗粒减小，流速减慢，温度的增加，尘粒的热运动加速，从而与雾滴的碰撞概率也就增加，扩散效用增强。

扩散效率通常是气流绕液滴流动的雷诺数（Re_D）和粒子皮克列特数（Pe）的函数。Crawford 给出：

$$\eta_D = 4.18 Re_D^{1/6} Pe^{-2/3} \tag{7-15}$$

在荷电水雾捕尘中，经常是几种机理同时存在，各效应同时作用下的综合效率近似为

$$\eta_S = 1 - (1 - \eta_E)(1 - \eta_I)(1 - \eta_R)(1 - \eta_D) \tag{7-16}$$

7.6.3　水雾的荷电

水滴的荷电方法有摩擦荷电、电晕荷电和感应荷电 3 种。

摩擦荷电主要是利用液体的导电特性通过水与水管及喷嘴的摩擦使水雾荷电，液滴上的带电量极低，水雾荷质比量级通常不超过 10^{-7} C/kg，所以工业应用不采用摩擦荷电方法。

电晕荷电是通过高压电极尖端电晕放电产生离子而使液滴荷电，其荷电方式与电除尘器完全相同。目前，电晕荷电仍普遍采用水雾荷电方法。

感应荷电是当具有一定导电率的液滴与加有电压的电极靠近或接触时，液滴表面将产生具有与电极极性相反的电荷，液滴感应荷电所用电压远低于电晕荷电电压。应用液滴感应荷电方式，液滴在离开带电体（电极）时，液滴上的电荷随即消失，因此，液滴带电量极低。因此，液滴感应荷电方法在气溶胶粒子捕集中极少应用。

然而，科学总能创造奇迹。当对液体施加高压静电时，会出现因高压导致的液丝或细射流破裂，这一现象称为液体破裂荷电和射流体破裂荷电，其结果会产生高荷电量的水雾。

人们很早就观察到在静电场中液体破裂荷电现象。1745 年，Bose 在他的自然哲学文稿中记载了液体破裂成荷电液滴的现象。1917 年，Zeleny 将几千伏直流高压分别加在从玻璃细管流出的酒精、甘油上，观测液体分裂现象，当施加电压达到临界值 V_c 时，液体前端的液丝开始分裂成许多微粒，再加大电压则发生雾化现象。临界电压 V_c 与液滴半径 r 及液体表面张力 γ 之间有如下的关系式：

$$V_c - h_I \gamma \tag{7-17}$$

式中，k 为比例系数。

对液体破裂荷电和射流破裂荷电研究做出突出贡献者当属瑞利（Rayleigh）。Rayleigh 在前人的实验基础上，建立了较系统全面的理论体系，提出了带电液滴表面场强稳定条件：

$$E^2 \leqslant (n + 2)\gamma / \varepsilon_0 r \tag{7-18}$$

式中，n 为大于 2 的整数；ε_0 为真空介电常数，$C^2/(N \cdot m^2)$。

对于半径为 r 的液滴，当表面场强 E 满足条件式（7-18）时，呈稳定状态，此式称为 Rayleigh 电场稳定极限，超过这个极限液滴就会破裂。研究发现：液滴带电会导致其表面张力降低和内外压力差增加，有利于液体雾化。增加液滴带电量可以加速这一过程。式（7-18）具有重要的物理意义和应用价值，通过式（7-18）可反求半径为 r 液滴的带电量。

如果液滴自带电量所形成的电场接近其周围空气的击穿场强时，液滴就会破裂。即将式 (7-18) 中场强用空气击穿场强 E_a（常温、常压下 $E_a \approx 35\text{kV/cm}$）代替，所得电量为 Rayleigh 电荷极限值。Rayleigh 的另一项重要贡献是对液体射流破裂所成的液滴大小作了预测："在静止空气中，当射流破裂成等径链状珠时，所形成液滴的直径是射流直径的 1.79 倍。"Rayleigh 理论至今仍是静电雾化现象的研究基础。

射流破裂感应荷电的原理如图 7-25 所示。在紧靠喷嘴端部设置一高压金属环，射流细丝穿过圆环，射流体接地，在射流体和金属环之间形成高压电场，此时射流体有感应电荷分布，如果射流体不破裂，射流体总体呈中性，或感应电量极低。如果射流体破裂，液体中的负电荷沿射流体流入接地极，而带正电荷的液体形成荷电水雾。

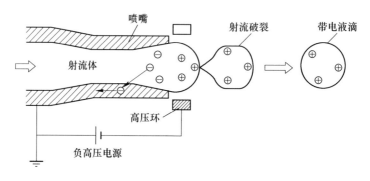

图 7-25　射流破裂感应荷电原理示意图

射流破裂的最大荷电量为 Rayleigh 电量极限值，随液滴直径减小，荷电液滴表面场强增大，当该场强达到空气击穿场强，液滴炸裂，变成直径更小的雾滴。研究证实，电晕饱和荷电量仅为 Rayleigh 电量极限值的百分之几。

图 7-26 为不同荷电方式液滴带电量示意图。需要指出的是，Rayleigh 区中的液滴带电量与射流速度的关系并不一定是连续的曲线，有可能是非连续的突变。

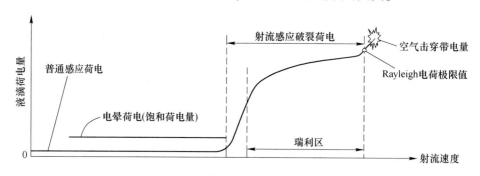

图 7-26　不同荷电方式液滴带电量示意图

由图 7-26 可以看出，液滴的 Rayleigh 电量极限值对电晕荷电来说是"超饱和"，这一结果令众多雾滴荷电研究者兴奋不已。

Cross，Fowler 和 Xiao 对液体在感应荷电和电晕荷电两种情形下液体荷质比和单个液滴的荷电量进行了实验比较，其中一个重要的比较条件是所施加的电压。感应荷电情况下，所施加的电压为 1000～1500V，而电晕荷电时，所加电压超过万伏。选择适当的气液两相射流，发现感应荷电的液滴荷质比远高于电晕荷电。这一重要结果使人们看到了射流破裂感应荷电的潜在工业应用前景。

7.6.4 荷电水雾喷嘴

要实现静电增强水雾除尘，其技术关键是研发产生荷电液滴的喷嘴，称荷电水雾喷嘴，又称静电喷嘴。

7.6.4.1 电晕荷电喷嘴

产生荷电水雾的常用方法是电晕荷电。图 7-27 是静电喷头工作原理示意图，在喷孔下端有一电晕放电极，因电晕极处于潮湿环境，如果施加高压会很不安全，于是电晕极采取接地连接，而筒体施加高压。如果施加的是负高压，则电晕线为正电晕放电（反电晕原理），水雾荷正电荷。实际上，液滴的荷电量远低于饱和荷电量。

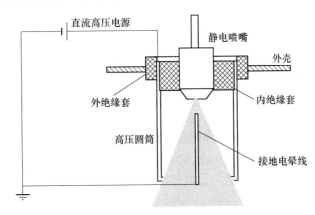

图 7-27　电晕荷电静电喷头工作原理示意图

静电喷嘴用于烟尘净化示意图如图 7-28 所示，图 7-28 是单纯的荷电水雾捕尘，如果想进一步提高净化效果，可使烟尘预荷电（采取负电晕放电使烟尘带负电荷），然后进入喷雾区。如果在喷雾区设置放电极和收集极板，图 7-28 就变为湿式静电除尘器，水雾在经过线-板电极之间时就能够被电晕荷电，所以采用普通喷嘴就可以了，使用静电喷头意义不大。

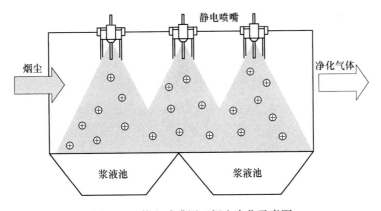

图 7-28　静电喷嘴用于烟尘净化示意图

7.6.4.2 射流破裂感应荷电喷嘴

静电学理论告诉我们：用一个带电体靠近另一个中性物体的时候，这个中性物体会产生感应电荷，这是一种极化现象，所表现出的电性极弱。带电体移开，感应电荷消失。实际上，无论带电体多么靠近中性体，其净带电量总为零。若此时把净带电量为零但有电荷分布的中性体从中断开，将产生两个极性相反的带电体，如图7-29所示。

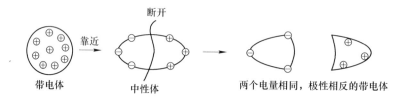

图7-29　感应荷电产生新带电体示意图

现在的问题是如何把有电荷分布的中性体断开。水体是可以分开的，但难度较大，而把水流断开就比较容易。把有电荷分布的细水流加压后，从喷孔喷出形成射流，通过气液相互作用使水流变为水滴就更容易，这就是射流破裂感应荷电。

如前所述，气液两相喷嘴有助于射流破裂。图7-30是气液两相射流破裂感应荷电喷嘴工作原理示意图，在靠近喷孔处装一金属圆环，金属圆环半径一般小于20mm，圆环上施加直流高压（1~5kV），金属喷管和液体接地。如果施加负高压，雾滴带正电荷，反之，如果施正高压，雾滴带负电荷。若施负高压，在喷孔处的液流感应产生正电荷密集区，同时产生等量的负电荷。其感应荷电速度远高于射流速度，以万倍计。因此，不必担心带负电荷的液滴也被喷出。

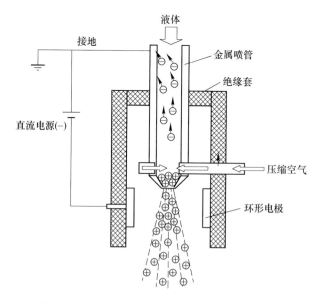

图7-30　射流破裂感应荷电喷嘴工作原理示意图

射流破裂感应荷电喷嘴与电晕荷电喷嘴在结构上的最大区别是：射流破裂感应荷电喷嘴没有电晕放电极线。其次，射流破裂感应荷电喷嘴所施加的电压（一般为2kV）远小于电晕荷电喷嘴的电压（一般为 20kV）。另外，静电感应所产生的电荷，理论上全部用于液滴荷电，耗能低，电晕荷电只有极少部分用于液滴荷电，耗能较高。再有，对于有可燃易爆的气体和液体，静电感应没有火花，相对安全。而电晕放电有火花，通常不能使用。

射流破裂感应荷电是一个既古老又崭新的课题，说它古老，是因为早在 1745 年，Bose 就在他的自然哲学文稿中记载了液体破裂成荷电液滴的现象。说它崭新，是因为在最近几年，射流破裂感应荷电成为液体雾化技术的一个研究热点，并开始走向实际应用。研究表明，射流破裂感应荷电（Rayleigh 极限）比电晕饱和荷电量高几十倍！但实践中还没有得到有力的支持，这很大程度上可能是因为射流破裂感应荷电喷嘴的结构和工艺条件达不到理论上的要求。要在应用上取得根本性突破，尚需在理论研究与科学实验方面上的努力。

7.7　燃煤烟气超低排放技术路线

烟气污染物协同治理系统是在充分考虑燃煤电厂现有烟气污染物脱除设备性能（或进行适当的升级和改造）的基础上，引入"协同治理"的理念建立的，具体表现为综合考虑脱硝系统、除尘系统和脱硫装置之间的协同关系，在每个装置脱除其主要目标污染物的同时能协同脱除其他污染物，或为其他设备脱除污染物创造条件。

烟气超低排放协同治理典型技术路线包括：以低低温电除尘技术为核心的烟气协同治理技术路线和以湿式电除尘技术为核心的烟气协同治理技术路线。

7.7.1　以低低温电除尘技术为核心的烟气协同治理技术路线

7.7.1.1　以低低温电除尘技术为核心的烟气协同治理技术路线介绍

以低低温电除尘技术为核心的烟气协同治理典型技术路线为：脱硝装置（SCR）→热回收器（WHR）→低低温电除尘器（低低温 ESP）→石灰石-石膏湿法烟气脱硫装置（WF-GD）→湿式电除尘器（WESP，可选择安装）→再加热器（FGR，可选择安装）。

当燃煤电厂污染物需达到超低排放的要求时，可采用以低低温电除尘技术为核心的烟气协同治理技术路线。

当烟尘排放限值为 $5mg/m^3$，且不设置 WESP 时，低低温电除尘器出口烟尘浓度宜小于 $20mg/m^3$，湿法脱硫装置的除尘效率应不低于 70%。

当烟尘排放限值为 $10mg/m^3$，且不设置 WESP 时，低低温电除尘器出口烟尘浓度宜小于 $30mg/m^3$，湿法脱硫装置的除尘效率应不低于 70%。

A　关键设备主要功能

a　脱硝装置（SCR）

脱硝装置的主要功能是实现 NO_x 的高效脱除，若在脱硝系统中加装高效汞氧化催化剂，可提高元素态汞的氧化效率，有利于在其后的除尘设备和脱硫设备中对汞进行脱除。

b　热回收器（WHR）

热回收器的主要功能是使烟气温度降低至酸露点以下，一般为 90℃左右。此时，绝大部分 SO_3 在烟气降温过程中凝结。由于烟气尚未进入电除尘器，所以烟尘浓度高，比表面积大，冷凝的 SO_3 可以得到充分的吸附，下游设备一般不会发生低温腐蚀现象，同时实现余热利用或加热烟囱前的净烟气。

c　低低温电除尘器（低低温 ESP）

低低温电除尘器的主要功能是实现烟尘的高效脱除，同时实现 SO_3 的协同脱除。当烟气经过热回收器时，烟气温度降低至酸露点以下，SO_3 冷凝成硫酸雾，并吸附在粉尘表面，使粉尘性质发生了很大变化，不仅使粉尘比电阻降低，而且提升了击穿电压、降低烟气流量，从而提高除尘效率。

低低温电除尘器在高效除尘的基础上对 SO_3 的脱除率一般不小于 80%，最高可达 95% 而且低低温电除尘器的出口粉尘粒径会增大，可大幅提高湿法脱硫装置协同除尘效果。

d　湿法烟气脱硫装置（WFGD）

湿法烟气脱硫装置的主要功能是实现 SO_2 的高效脱除，同时实现烟尘、SO_3 等的协同脱除。

采用单塔或组合式分区吸收技术，改变气液传质平衡条件，优化浆液 pH 值、浆液雾化粒径、钙硫比、液气比等参数，优化塔内烟气流场，改善喷淋层设计，提高除雾器性能等提高脱硫效率。

低低温电除尘器的出口粉尘粒径增大，WFGD 出口的液滴中含有石膏等固体颗粒，要达到颗粒物的超低排放，WFGD 的除尘效率可不低于 70%，提高其协同除尘效率的措施有：

（1）较好的气流分布；

（2）采用合适的吸收塔流速；

（3）优化喷淋层设计；

（4）采用高性能的除雾器，除雾器出口液滴浓度为 $20\sim40mg/m^3$；

（5）采用合适的液气比。

e　湿式电除尘器（WESP，可选）

湿式电除尘器可有效捕集其他烟气治理设备捕集效率较低的污染物（如 $PM_{2.5}$ 等），消除"石膏雨"，可达到其他污染物控制设备难以达到的极低的排放限值，如颗粒物排放浓度不超过 $3mg/m^3$。一般情况下，其对 SO_3 的脱除率可达 60% 左右。具体工程可根据烟囱出口污染物排放浓度的要求选择性安装。

f　烟气再热器（FGR）

烟气再热器的主要功能是将 50℃ 左右的烟气加热至 80℃ 左右，改善烟囱运行条件，同时还可避免烟囱冒白烟的现象，并提高外排污染物的扩散性，具体工程可根据环境影响评价文件或经济性比较后选择性安装。

B　污染物协同脱除

脱硝、除尘和脱硫设施在脱除其自身污染物的同时，对其他污染物均有一定的协同脱除作用。各个设备处理的污染物协同脱除情况见表 7-2，典型污染物治理技术间的协同脱除作用见表 7-3。

表 7-2 各污染物协同脱除情况

设备名称	污染物		
	烟尘	SO_3	汞
脱硝装置	—	脱硝催化剂会促使部分 SO_2 转化为 SO_3	采用高效汞氧化催化剂,将零价汞(Hg^0)氧化为二价汞(Hg^{2+})
热回收器	烟气温度降至酸露点以下,绝大部分 SO_3 在烟气降温过程中凝结并被粉尘吸附	绝大部分 SO_3 被粉尘吸附	在较低温度下会增加颗粒汞(Hg^p)被烟尘捕获的机会
低低温电除尘器	粉尘性质发生了很大变化,使粉尘比电阻降低,烟气击穿电压升高,烟气量减小,除尘效率提高	绝大部分 SO_3 被粉尘吸附随烟尘一起被去除	颗粒态汞(Hg^p)和二价汞(Hg^{2+})被灰颗粒吸附并去除
湿法脱硫装置	(1)因除尘器出口粉尘粒径增大,湿法脱硫装置协同除尘效应得到大幅提高; (2)因脱硫浆液的洗涤作用,烟尘被进一步脱除; (3)合适的吸收塔流速、较好的气流分布、优化喷淋层设计及采用高性能的除雾器,可实现较低的烟尘浓度	对 SO_3 有一定的脱除作用,其脱除率一般为 30%~50%	(1)颗粒态汞(Hg^p)和二价汞(Hg^{2+})在湿法脱硫装置中被吸收; (2)部分二价汞(Hg^{2+})被还原为零价汞(Hg^0),不利于汞的脱除
湿式电除尘器	粉尘性质发生明显变化,且可根本上消除"二次扬尘",除尘效率大幅提高,并可达到极低的烟尘排放限值	对 SO_3 有较好的脱除作用,脱除效率一般可达 60%左右	可去除烟气中部分颗粒态汞(Hg^p)和二价汞(Hg^{2+})

表 7-3 典型污染物治理技术间的协同脱除作用

污染物	脱硝	热回收器	低低温电除尘器	湿法脱硫	湿式电除尘器
PM	○	▲	√	●	√
SO_2	○	○	○	√	○
SO_3	★	▲	√	●	√
NO_x	√	○	○	●	○
Hg	▲	○	●	●	●

注:√—直接作用;●—直接协同作用;▲—间接协同作用;○—基本无作用或无作用;★—反作用。

C 技术优势

以低低温电除尘技术为核心的技术路线具有如下优势:

(1)该技术路线理念先进,现实可行;

(2)利用原有设备进行改造集成,初投资、运行成本增幅较小;

(3)不会造成新的二次污染及能源消耗转移;

（4）具有良好的技术适应性，可应用于新建或改造机组；

（5）不同模块间具有良好的集成性能，可根据不同排放要求进行有效组合。

7.7.1.2　性能指标

以低低温电除尘技术为核心的技术路线可达到的性能指标如下：

（1）湿法脱硫系统的协同除尘效率不低于70%，烟尘排放浓度可达到10mg/m³以下；

（2）SO_2排放浓度不超过35mg/m³；

（3）NO_x排放浓度不超过50mg/m³；

（4）SO_3的脱除率不低于80%，最高可达95%以上。

7.7.1.3　适用条件

以低低温电除尘技术为核心的技术路线的适用条件如下：

（1）灰硫比大于100；

（2）中、低硫且灰分较低的煤种；

（3）低低温ESP出口烟浓度低于15mg/m³时，电场数量一般应不少于5个；除尘难易性为容易或较容易的煤种，ESP所需比集尘面积一般应不低于130m²/（m³/s）；除尘难易性为一般的煤种，ESP所需比集尘面积一般应不低于140m²/（m³/s）。

对于灰硫比过大或燃煤中含硫量较高或飞灰中碱性氧化物（主要为Na_2O）含量较高的煤种，烟尘性质改善幅度相对减小，对低低温电除尘器提效幅度有一定影响。

7.7.2　以湿式电除尘技术为核心的烟气协同治理技术路线

7.7.2.1　以湿式电除尘技术为核心的烟气协同治理技术路线介绍

WESP的主要功能是进一步实现烟气污染物，包括微细颗粒物（$PM_{2.5}$、SO_3酸雾等）的洁净化处理，主要用于解决脱硫塔后的烟尘排放问题。作为燃煤电污染物控制的精处理技术设备，WESP一般与除尘器和湿法脱硫系统配合使用，不受煤种条件限制，可应用于新建工程和改造工程。

当燃煤电厂污染物需达到超低排放的要求时，可采用以湿式电除尘技术为核心的烟气协同治理技术路线。其中，当除尘器采用湿式电除尘器时，关键设备主要功能、污染物协同脱除等与"以低低温电除尘技术为核心的烟气协同治理技术路线"相同。

当烟尘排放限值为5mg/m³时，WESP入口烟尘浓度宜小于20mg/m³。为减少前级污染控制设备的投资，并考虑WESP可达到的除尘效率，适当加大WESP的容量，其入口烟尘浓度可放宽至30mg/m³。

当烟尘排放限值为10mg/m³时，WESP入口烟尘浓度宜小于30mg/m³。为减少前级污染控制设备的投资，并考虑WESP可达到的除尘效率，适当加大WESP的容量，其入口烟尘浓度可放宽至60mg/m³。

7.7.2.2　以湿式电除尘技术为核心的性能指标

以湿式电除尘技术为核心的技术路线可达到的性能指标如下：

（1）烟囱出口烟尘排放浓度可达5mg/m³以下，烟尘去除率（含石膏）和$PM_{2.5}$去除率大于70%，对于金属极板WESP，当要求烟尘去除率不低于85%时，一般需要两个电场。

（2）SO_2 排放浓度不超过 $35mg/m^3$。

（3）NO_x 排放浓度不超过 $50mg/m^3$。

（4）SO_3 的脱除率不低于 70%，最高可达 95%以上。

7.7.2.3　适用条件

以湿式电除尘技术为核心的技术路线的适用条件如下：

（1）WESP 进口烟气需为饱和烟气。

（2）对于新建工程，当烟尘排放浓度限值不大于 $5mg/m^3$ 时。

（3）对于改造工程，当除尘设备及湿法脱硫设备改造难度大或费用很高、烟尘排放达不到标准要求，尤其是烟尘排放限值为 $10mg/m^3$ 或更低，且场地允许时。

（4）锅炉用中、高硫煤时。

第2篇

烟尘测试技术

本部分内容包括：（1）除尘管道内气体参数的测试，包括气体的温度、压力、湿度、风速、流量和含尘浓度等；（2）粉尘特性及测试，包括粉尘的密度、黏附性、粒径和比电阻等；（3）除尘器性能的测试，包括除尘效率、压力损失及除尘器的漏风率等，以及电除尘器和袋式除尘器的性能测试；（4）超低排放测试技术。

8 烟气状态参数的测量

8.1 烟气的组成及表示

8.1.1 烟气组成

烟气组成是指空气参与燃烧后的气态产物，主要成分是氮气、氧气、二氧化碳、二氧化硫、水蒸气等。另外还含有少量的一氧化碳、三氧化硫、氢气、甲烷和其他碳氢化合物，通常烟气可由式（8-1）表示：

$$N_2 + O_2 + SO_2 + H_2O + CO + SO_3 + H_2 + CH_4 + \sum C_m H_n = 100\% \qquad (8-1)$$

氮气主要来源于空气，还有少量的来源于煤中的氮；氧气来源于过剩空气，过剩空气又由两部分组成，一是供给的空气量大于煤燃烧所需要的理论空气量的剩余，二是锅炉尾部漏入的空气；二氧化碳、二氧化硫主要是煤中碳元素和硫元素与氧化合的生成物，过剩空气中也含有少量的二氧化碳；水蒸气源于煤中氢元素与氧化合物反应的生成物，另一部分是原煤中的水分，还有一部分是空气中携带的水分；其他微量成分是煤不完全燃烧的生成物。标准状态下烟气密度为 $1.32 \sim 1.34 kg/m^3$。烟气是由数种气体组成，另外，工程中将包括粉尘在内的烟气称为"烟尘"，因此，烟尘是由多种气体和微粒组成的混合气体或气溶胶。此外，从物理意义上讲，除去粉尘后烟气主要是由"干烟气"和"水蒸气"组成的混合气体，工程称为"湿烟气"或"实际烟气"。烟气中的水蒸气和某些组分的变化会导致烟气物理性质、化学性质的变化。

8.1.2 相及组分表示法

8.1.2.1 质量分数、摩尔分数和体积分数

在烟气中，质量分数或摩尔分数或体积分数是指一相中某组分的质量或物质的量或体

积与该相总质量或总物质的量或总体积之比值。若用 m 表示一相的总质量，kg；用 m_i 表示该相所含组分 i 的质量，kg，则组分 i 的质量分数为

$$w_i = \frac{m_i}{m} \tag{8-2}$$

显然有：

$$\sum_{i=1}^{n} w_i = 1$$

同样，若 n 为一相的总物质的量，mol；n_i 为该相所含组分 i 的物质的量，mol，则组分 i 的摩尔分数为

$$y_i = \frac{n_i}{n} \tag{8-3}$$

并有：

$$\sum_{i=1}^{n} y_i = 1$$

若用 V 表示一相所占有总体积，m^3；用 V_i 表示该相所含组分 i 占有的体积，m^3；则组分 i 的体积分数为

$$\varphi_i = \frac{V_i}{V} \tag{8-4}$$

并有：

$$\sum_{i=1}^{n} \varphi_i = 1$$

工程计算中，有时需要对质量分数、摩尔分数和体积分数三种表示方法进行相互换算，因而有必要给出三者的换算关系式。若取一相总质量为 1kg，用 M_i 表示该相组分摩尔质量，kg/mol，则组分 i 的物质的量为

$$n_i = \frac{m_i}{M_i}$$

该相总物质的量为

$$n = \sum_{i=1}^{n} n_i = \sum_{i=1}^{n} \frac{m_i}{M_i}$$

将其代入式（8-3）便得

$$y_i = \frac{\dfrac{m_i}{M_i}}{\displaystyle\sum_{i=1}^{n} \dfrac{m_i}{M_i}} \tag{8-5}$$

类似地可以求得由摩尔分数计算质量分数的公式：

$$w_i = \frac{M_i y_i}{\displaystyle\sum_{i=1}^{n} M_i y_i} \tag{8-6}$$

式中，$\displaystyle\sum_{i=1}^{n} M_i y_i = \overline{M}$；$\overline{M}$ 为该相平均摩尔质量（或平均相对分子量）。

体积分数计算质量分数的公式:

$$w_i = \frac{\rho_i \varphi_i}{\sum\limits_{i=1}^{n} \rho_i \varphi_i} \tag{8-7}$$

其中:

$$\sum_{i=1}^{n} \rho_i \varphi_i = \overline{\rho}$$

式中, ρ_i 为该相所含组分 i 的密度; $\overline{\rho}$ 为该相混合物平均密度。

8.1.2.2 质量浓度和摩尔浓度

质量浓度或摩尔浓度是指单位体积混合气体中所含组分的质量或物质的量,则组分 i 的质量浓度或摩尔浓度为

$$C_i = \frac{m_i}{V} \tag{8-8}$$

或

$$C_i' = \frac{n_i}{V}$$

质量浓度 C 的单位用 g/m³ 或 mg/m³(标态)等,摩尔浓度 C' 的单位用 mol/m³ 或 kmol/m³ 等。

8.1.3 气体基本定律

8.1.3.1 理想气体状态方程

各种低压气体都服从理想气体状态方程:

$$pV = nRT \tag{8-9}$$

式中, n 为气体的物质的量,mol; p 为气体的压力,Pa; T 为气体的温度,K; V 为 n mol 气体在压力为 p 、温度为 T 时的体积,m³; R 为与气体种类无关的通用气体常数。

R 的数值随 p 、 V 、 n 所用单位不同而异,若压力单位采用 Pa 时,则通用气体常数:

$R = 8.314 \mathrm{J}/(\mathrm{mol} \cdot \mathrm{K}) = 0.08206 \mathrm{~atm} \cdot \mathrm{m}^3/(\mathrm{kmol} \cdot \mathrm{K})(1 \mathrm{atm} = 101.325 \mathrm{kPa})$

工程上为了直接计算气体的质量和密度,还常用到理想气体状态方程的另一种表达式。将 $n = m/M$ 代入式(8-9),并令:

$$R' = \frac{R}{M}$$

得

$$pV = mR'T \quad \text{或} \quad p = \rho R'T \tag{8-10}$$

式中, m 为气体的质量,kg; ρ 为气体的密度,kg/m³; M 为气体的摩尔质量,kg/mol; R' 为气体常数,其值随气体种类和采用单位不同而异,可查询相关手册中气体基本常数表格获得。

试验研究证明,工程中烟气服从 $pV = nRT$ 或 $pV = mR'T$ 关系式。

8.1.3.2　分压定律及分体积定律

A　分压定律

分压力是指该组分单独存在，并和混合气体有相同体积和相同温度时所具有的压力。烟气总压力等于各组分的分压力之和，表示为

$$p = \sum p_i \tag{8-11}$$

混合气体中某组分 i 的分压力 p_i 和总压力 p 之比，可由理想气体状态方程推导出：

$$\frac{p_i}{p} = y_i \tag{8-12}$$

即混合气体中各组分的分压力等于该组分的摩尔分数与总压力乘积。所以当总压力一定时，可以用组分的分压力来表示气体的组成。

B　分体积定律

混合气体中某组分 i 单独存在，并和混合气体的温度、压力相同时所具有的体积 V 称为混合气体中 i 组分的分体积。烟气的总体积等于其中各组分的分体积之和，表示为

$$V = \sum V_i \tag{8-13}$$

同样可以得到：

$$\varphi_i = \frac{V_i}{V} \tag{8-14}$$

式（8-14）表明混合气体中某组分的体积分数值等于该组分的摩尔分数值。

8.2　测试条件的选择

除尘系统测试条件选择应考虑的原则是：符合生产正常的工况条件和除尘系统稳定运行的条件；测定位置具有合理与代表性。同时测定工作也要遵循安全第一的原则，避免可能发生的事故。

8.2.1　测定与运转的条件

测试过程中，操作人员应采取适当的措施，保证除尘系统和设施的连续正常运转；充分考虑在测试过程中，因生产或除尘设备故障而不能进行准确测定的状况。

（1）确定除尘系统和设施的运转状况。充分考虑除尘系统和设施的种类、规模及测试要求，确定测试实施计划。在测试的过程中，除尘设施必须严格按照正常的条件运转。

（2）选定测试时间。测试的时间必须选择在除尘系统和设施正常生产工况下进行。当工况出现周期性变化时，测试时间至少要多于一个周期的时间，一般选择 3 个生产周期的时间。

对验收测试，应在运转后经过 1~3 个月时间进行。对湿法除尘的情况，通常把运转后 1~3 个月作为测定的稳定时期。对采用惯性力和离心力除尘时，1 周 ~ 1 个月后进行测试即可。采用电除尘时，1~3 个月进行测定者居多。对袋式除尘而言，应把稳定运行期定为 3 个月以上。

（3）测试地点的安全操作。对于大规模的除尘设备，测试地点几乎都是在高处。要在数米以上高处进行测试，必须考虑测试的安全性和可操作性，保证在高处也能顺利而安

全地进行操作。

（4）升降设备要有足够的强度。操作平台的宽度、强度以及安全栏杆（高度大于1.10m）应符合安全要求。测试操作中，要防止金属测试仪器与电线接触，以免引起触电事故；要防止有害气体和粉尘造成的危险。测试用仪器、装置所需要的电源开关和插座的位置，测试仪器的安放地点均应安全可靠，保证测试操作不发生故障。

8.2.2 测试位置和测定点的选取

在不影响测定精度和设备性能的范围内，除尘设备和风机的测试位置应尽可能靠近机体。管道的测试位置要避开管道的弯曲部位和断面形状急剧变化的部位。

在除尘器的含尘气体入口和出口管道上，把适合测定条件的管道断面定为测定位置，把能够进行各种项目测定的测定孔设在管道壁面上。测定孔必须具有能够正确使用测试仪器的形状和尺寸。

不进行测定时，设在管道壁面上的测定孔通常用适当的孔盖将其密闭。测定孔设在高处时，测定孔中心线应设在约比站脚平台高1.5m的位置上。站脚平台有手扶栏杆时，测定孔的位置一定要高出栏杆。

8.2.2.1 圆形断面管道

如图8-1所示，当测定位置所在管道断面形状为圆形时，在测定断面互相正交的直线上，按表8-1选择测点的相关位置和个数。测定孔设在正交直线的壁面上。

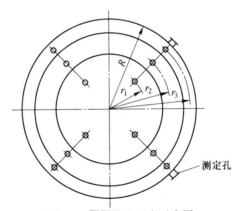

图 8-1　圆形断面测定示意图

表 8-1　圆形断面测点的位置

使用烟道直径 $2R/m$	半径划分数 Z	测定点数	测定点距烟道中心的距离 r_n/m				
			半径序号				
			$n=1$	$n=2$	$n=3$	$n=4$	$n=5$
<1	1	4	0.707R				
1~2	2	8	0.500R	0.866R			
2~4	3	12	0.408R	0.707R	0.913R		
4~4.5	4	16	0.354R	0.612R	0.791R	0.935R	
4.5~5	5	20	0.316R	0.548R	0.707R	0.837R	0.949R

　　当管道直径超过 5m 时，每个测定点的管道断面积不应超过 $1m^2$，并根据式（8-15）设定测定点的位置。

$$r_n = R \sqrt{\frac{2n - 1}{2Z}} \tag{8-15}$$

式中，r_n 为测定点距管道中心的距离，m；R 为管道半径，m；n 为半径序号；Z 为半径划分数。

8.2.2.2　矩形断面管道

　　测定位置上的管道断面形状为长方形和正方形时，如图 8-2 所示，把测定断面分为 4 个以上等断面积的长方形或正方形小格，小格的边长（L）应小于 1m。测点需选择在小格中心处，测孔设在连接各测点的延长线上的管道壁面的上下方向或左右方向上。

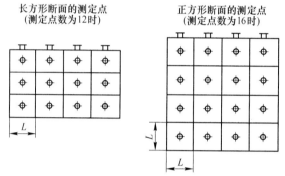

图 8-2　矩形断面测定示意图

　　在管道断面积大于 $20m^2$ 时，等分管道断面，使小格一边之长小于 1m，取其中心为测定点。管道划分数和适用管道尺寸见表 8-2。

表 8-2　矩形断面测点的布设

适用烟道断面积 S/m^2	断面积划分数	测定数	划分的小格一边长度 L/m
>1	2×2	4	≤0.5
1~4	3×3	9	≤0.667
4~9	3×4	12	≤1
9~16	4×4	16	≤1
16~20	4×5	20	≤1

　　另外，气流在测定断面上的流动为非对称时，按非对称方向划分的小格一边之长应比按与此方向相垂直方向划分的小格一边之长小一些，相应地增加测定点数。

　　在决定测点时，应调查粉尘堆积在管道内部的状况和固结在侧壁上的状况，确定含尘气体流道的几何形状，并按上述方法确定测点。

8.3　烟气温度的测量

　　测定温度时，测点应选在靠近测定断面的中心位置上，常用测温仪见表 8-3。在各测定点测定温度时，将测得的数值（3 次以上）取其平均值。

表 8-3　常用测温仪

仪表名称		测温范围 /℃	使用注意事项
玻璃温度计	内封酒精	0~100	适合于管径小、温度低的情况，测定时至少稳定 5min 方可读数
	内封水银	0~500	
热电偶温度计	镍铬-康铜	0~600	用前需校正，插入管道后，待毫伏计稳定再读数。高温测定时，为避免辐射热干扰，最好将热电偶导线置于保护套管内
	镍铬-镍铜	0~1300	
	铂铑-铂	0~1600	
铂热电阻温度计		0~500	用前需校正，插入管道后指示表针稳定后再读数

除尘器试验因烟温不算太高，最常用的是前两种温度计。

8.3.1　水银玻璃温度计

水银玻璃温度计是根据封闭在玻璃管内的水银柱受热膨胀上升的高度与实际温度成一定比例这一原理制成的。其价格便宜，使用方便，测量范围一般为 0~500℃。测试时要求使用实验室水银玻璃温度计，尽量不用工业水银玻璃温度计，因后者测试误差较大。

使用水银玻璃温度计时，测温点附近需防止漏风，读数时要等温度计达到稳定状态再读。由于水银玻璃温度计易被打碎，用于大烟道测试时，温度计需做得很长，使用不够方便，故在烟气温度测量中受到限制。

8.3.2　热电偶温度计

热电偶温度计由热电偶元件、二次仪表、补偿导线、自由端温度补偿器、多点转换开关等部件组成。热电偶的感温元件是两根不同材料的导线，其一端彼此连接，称工作端或热端；另一端不连接，称自由端或冷端。测温时将工作端置于热源中，因工作端和自由端存在温差而产生热电势。温差与热电势的关系常用分度表或分度曲线表示，只要已知不同材质的导线的分度特性，并计入自由端的温度修正，即可求得工作端所在位置的被测温度。

为保证热电偶温度计测量准确，使用时应注意以下几点：

（1）工作端应接触牢固，避免松脱。

（2）两电极间除工作端外，必须有可靠的绝缘，防止短路。

（3）热电偶应有足够的长度，使自由端能引出烟道外至适当距离，与补偿导线相连接。

（4）测量对热电偶有害工质的温度时，应用保护管将其隔绝，但需尽量减小它的热情性。

（5）避免或尽量减少其他热辐射的影响。

（6）测温点附近需防止漏风。

8.4   烟气压力的测量

8.4.1   烟气压力测定原理

测量管道内气体的压力应在气流比较平稳的管段进行，所谓平稳的管段应该是离开弯头、三通、变径管、阀门等影响气流流动的管段。测试中需测定气体的静压、动压和全压。测全压的仪器孔口要迎着管道中气流的方向，测静压的孔口应垂直于气流的方向。风道中气体压力的测量如图 8-3 所示。

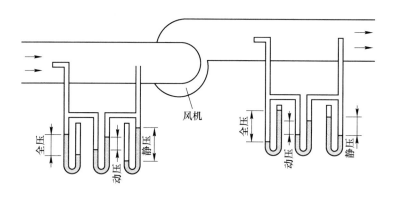

图 8-3   管道中气体压力的测量

如图 8-3 所示，用 U 形压力计测全压和静压时，另一端应与大气相通。因此压力计上读出的压力，实际上是管道内气体压力与大气压力之间的压差（即气体相对压力）。大气压力一般用大气压力表测定。

由于全压等于动压与静压的代数和，所以只测其中两个值，另一值可通过计算求得。

8.4.2   烟气压力测定仪器

气体压力（静压、动压和全压）的测量通常是用插入烟道中的测压管将压力信号取出，在与之连接的压力计上读出，取信号的仪器是皮托管，读数的仪器是压力计。常用的测压仪器有标准皮托管、S 形皮托管、U 形压力计和斜管压力计。

8.4.2.1   标准和 S 形皮托管

标准皮托管的结构如图 8-4 所示，它是一个弯成 90°的双层同心圆管，其开口端同内管相通，用来测定全压；在靠近管头的外管壁上开有若干小孔，用来测定静压。标准皮托管校正系数近似等于 1，皮托管测孔很小，当风道内粉尘浓度大时，易被堵塞，因此这种皮托管只适用于试验室或在除尘器出口的清洁的管道中使用。

S 形皮托管的结构如图 8-5 所示，它是由两个相同的不锈钢等金属管并联组成的，测量端有方向相反的两个开口，测定时，面向气流的开口测得的相当于全压，背向气流的开口测得的相当于静压。S 形皮托管在使用前须在试验风洞用标准皮托管进行校正，S 形皮

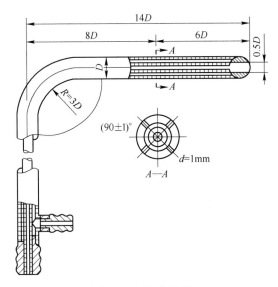

图 8-4　标准皮托管

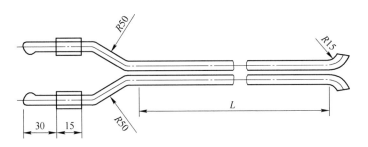

图 8-5　S 形皮托管

托管的动压校正系数为

$$K_{PS} = \sqrt{\frac{p_{dN}}{p_{dS}}} \qquad (8\text{-}16)$$

式中，p_{dN}、p_{dS} 分别为标准皮托管和 S 形皮托管测得的动压值。

管道内的实际动压为

$$p_d = K_{PS}^2 p_{dS} \qquad (8\text{-}17)$$

S 形皮托管校正系数一般在 0.80~0.85 之间。S 形皮托管可在大直径管道中使用，因不易被尘粒堵塞，因而在污染源及除尘系统监测中广泛应用。

8.4.2.2　U 形压力计和倾斜式微压计

U 形压力计由 U 形玻璃管或有机玻璃管制成，内装测压液体，常用测压液体有水、乙醇和汞，视被测压力范围选用。用 U 形压力计测全压和静压时，另一端应与大气相通。因此，压力计上读出的压力实际上是风道内气体压力与大气压力之间的压差（即气体相对压力）。压力 p 按式（8-18）计算：

$$p = g\rho_1 h \qquad (8\text{-}18)$$

式中，p 为压力，Pa；h 为液柱差，mm；ρ_1 为测压液体密度，g/cm^3；g 为重力加速度，

9.80m/s^2。

倾斜式微压计的构造如图 8-6 所示，测压时，将微压计容器开口与测定系统中压力较高的一端相连，斜管与系统中压力较低的一端相连，作用于两个液面上的压力差，使液柱沿斜管上升，压力 p 按式（8-19）计算：

$$p = L\left(\sin\alpha \frac{S_1}{S_2}\right)\rho_1 g \tag{8-19}$$

令 $K = \left(\sin\alpha \frac{S_1}{S_2}\right)\rho_1$，则

$$p = gLK \tag{8-20}$$

式中，p 为压力，Pa；L 为斜管内液柱长度，mm；α 为斜管与水平面夹角，（°）；K 为微压计弧形架刻度；S_1 为斜管截面积，m^2；S_2 为容器截面积，m^2；ρ_1 为测压液体密度，常用密度为 0.81g/cm^3 的乙醇。

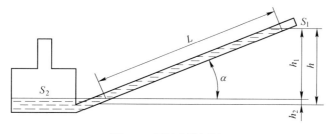

图 8-6　倾斜式微压计

8.4.3　测定方法

测试前，将仪器调整至水平，检查液柱有无气泡，并将液面调至零点，然后根据测定内容用乳胶管或橡皮管将测压管与压力计连接。

测压时，皮托管的管嘴要对准气流流动方向，其偏差不大于 5°，每次要反复测定 3 次，取平均值。

8.5　烟气含湿量的测量

测定含尘气体的含湿量，对求出干含尘气体流量、气体单位体积的质量和计算烟气的露点都是必不可少的。含湿量的测定方法较多，常用的有以下几种。

8.5.1　吸湿管法

吸湿管法测定含湿量的装置由取样管、吸湿管、抽气泵和气体流量计等组成，如图 8-7 所示。

把吸湿剂（五氧化二磷或无水氯化钙）填充到吸湿管中，并填入脱脂棉以防止吸湿剂飞散，再把表面附着物擦掉，密闭两端，称取质量 m_1。测定时，将两个管串联安装在系统中。一端用冷却水冷却，一端用抽气泵抽吸气体。为了防止取样管内凝结出水分，需要对取样管保温或加热，并调节真空泵阀门或使取样管内的采样流量达到 0.1L/(min·g)

（吸湿剂），为了使吸湿剂吸收 1g 左右的水分，需要选定采样时间和采样气量。采样时需记录抽气温度和压力，采样结束后需重新称取吸湿管质量 m_2。

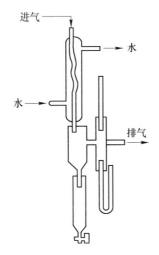

图 8-7　吸湿管法测定含湿量的装置

为防止酸性气体腐蚀泵体，可设置以 3%过氧化氢液为吸收液的 SO_2 吸收瓶（容量在 250mL 以上）和填充脱棉的除雾瓶，对气体进行净化和干燥。

含尘气体中的含量以体积百分率表示，可由下式求出。

使用湿式气体流量计时：

$$C_{H_2O} = \frac{1.24m}{Q \times \dfrac{273}{273+t_m} \times \dfrac{p_a + p_m - p_v}{101325} + 1.24m} \times 100\% \tag{8-21}$$

使用干式气体流量计时：

$$C_{H_2O} = \frac{1.24m}{Q' \times \dfrac{273}{273+t_m} \times \dfrac{p_a + p_m - p_v}{101325} + 1.24m} \times 100\% \tag{8-22}$$

式中，C_{H_2O} 为湿含尘气体中的水蒸气体积分数，%；m 为吸收的水分量，$m = m_2 - m_1$，g；Q 为抽吸的湿气体量，即湿式气体流量计的读数，L；Q' 为抽吸的干气体量，即干式气体流量计的读数，L；t_m 为气体流量计的抽吸气体温度，℃；p_a 为大气压力，Pa；p_m 为气体流量计的气体表压，Pa；p_v 为温度为 t_m 时的饱和水蒸气压力，Pa。

8.5.2　冷凝器法

采用冷凝器法测定含尘气体的含湿量的原理是将一定体积气体中的水分经冷凝器收集起来，精确称量冷凝水量，并且把冷凝后气体中的饱和水蒸气量加起来，由此来确定含尘气体的含湿量。

所用仪器可用烟尘测试仪或其他测试仪，但必须装备有冷凝器和干燥器，在流量计前装有温度表、压力计，冷凝器后装有温度计。大气压力采用常用压力计测定。

冷凝器的结构如图 8-8 所示，将取样管插入含尘气体管道中，按 10~20L/min 的速度抽气，抽气量应保证冷凝水分量在 20mL 以上，同时记下冷凝器出口的饱和水蒸气温度，流量计的读数和流量计前的温度、压力值。采样结束后，取出取样管，将可能凝结在取样管和连接管内的水分倒入冷凝器中，用量筒称量冷凝器中的凝结水量。此时要尽量不使冷凝的水滴黏附在管壁上。

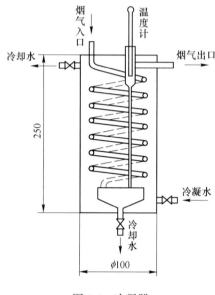

图 8-8　冷凝器

含尘气体的含湿量按式（8-23）计算：

$$G_{sw} = \frac{G_w + \dfrac{1}{1.24}\left(Q_s \times \dfrac{273}{273 + t_r} \times \dfrac{p_v}{101325}\right)}{\rho_0\left(Q_s \times \dfrac{273}{273 + t_r} \times \dfrac{p_a + p_r - p_v}{101325}\right)} \times 1000 \qquad (8\text{-}23)$$

含尘气体中的水蒸气体积分数按式（8-24）计算：

$$C_{H_2O} = \frac{1.24G_w + Q_s \times \dfrac{273}{273 + t_r} \times \dfrac{p_v}{101325}}{1.24G_w + Q_s \times \dfrac{273}{273 + t_r} \times \dfrac{p_a + p_r}{101325}} \times 100\% \qquad (8\text{-}24)$$

式中，G_{sw} 为含尘气体的含湿量，g/kg（干气体）；G_w 为凝结出来的水量，g；Q_s 为在测定状态下含尘气体体积，L；p_v 为冷凝后饱和水蒸气压力，Pa；p_a 为大气压力，Pa；p_r 为流量计前的指示压力，Pa；t_r 为流量计前的含尘气体温度，℃；ρ_0 为标准状态下的干含尘气体的密度，kg/m³；C_{H_2O} 为含尘气体中的水蒸气体积分数，%。

8.5.3　干湿球法

对于接近饱和状态且温度不高的气体用干湿球法测定含湿量较为方便。使用干湿球法测温度，要求两支温度计必须足够精确；烟气通过湿球表面时流速均匀；所测烟气的干湿球温度一定要在 100℃ 以下和露点以上。

用干湿球法测量烟气湿度时，烟气的含湿量用式（8-25）计算：

$$C_{H_2O} = \frac{\varphi \rho_w}{0.804 \times \dfrac{273}{273 + t_g}} \times 100\% \tag{8-25}$$

式中，C_{H_2O} 为烟气中水蒸气含湿量的体积分数，%；φ 为相对湿度，%；ρ_w 为 $1m^3$ 饱和气体中水蒸气密度，g/m^3；t_g 为干球温度，℃。

8.6　烟气流速与流量的测量

8.6.1　流速的测定方法

常用的测定管道内流速的方法有间接式和直接式两类。

8.6.1.1　间接式

A　测点断面的确定

在管路上选择合理的测量断面。测量断面应选择在气流平稳的直管段上，尽量避开弯头、三通、阀门等异形部件。测量断面在异形部件之前时，应距异形部件两倍以上的管道直径；在异形部件之后时，应距异形部件 4 倍管道直径〔方管的直径为：$D = 2AB/(A + B)$〕。

B　测点数的确定

划分测定断面。当管道断面大于 $0.1m^2$ 时，应将断面划分成相等的几个断面。方形管道几个等断面为矩形，每个矩形断面的中心点为测点。圆形管道 n 个等断面为同心环，每个圆环内设 4 个测点。当管道断面较小时，可只在管道断面中心选取一点测量。

C　平均风速的测定

用测压管与微压计（斜管压力计或补偿微压计）测定管内各测点的动压孔，再用式（8-26）算出各点的流速 V。

$$V = \sqrt{\frac{2p_d}{\rho_g}} \tag{8-26}$$

式中，V 为测定流速，m/s；ρ_g 为管道内烟气的密度，kg/m^3；p_d 为测点的实际动压值，Pa。

管道内的平均流速 V_p 是测量断面上各测点流速的平均值。即

$$V_p = \sqrt{\frac{2}{\rho_g}} \times \frac{\sqrt{p_{d1}} + \sqrt{p_{d2}} + \cdots + \sqrt{p_{dn}}}{n} \tag{8-27}$$

式中，V_p 为管道内的平均流速，m/s；p_{d1}，$\cdots$，p_{dn} 为测量断面上各测点的实际动压值，Pa；n 为测点数。

此法虽较繁琐，由于精度高，在通风除尘系统测试中得到广泛应用。

8.6.1.2　直读式

常用的直读式测速仪是热球式热电风速仪和热线式热电风速仪。这种仪器的传感器是测头，其为镍铬丝弹簧圈，用低熔点的玻璃将其包成球或不包仍为线状。弹簧圈内有一对

镍铬—康铜热电偶，用以测量球体的温升程度。测头用电加热。测头的温升会受到周围空气流速的影响，根据温升的大小，即可测得气流的速度。

仪器的测量部分采用电子放大线路和运算放大器，并用数字显示测量结果。测量的范围为 $0.05 \sim 30 \text{m/s}$。

测点的断面和测点数的确定与间接式相同。

8.6.2 管道内流量的计算

管道内平均流速确定以后，可按式（8-28）计算管道内的流量：

$$Q = 3600V_p F \qquad (8-28)$$

式中，Q 为管道内流量，m^3/h；F 为管道断面积，m^2；V_p 为管道内平均流速，m/s。

气体在管道内的流速、流量与大气压力、气流温度有关。当管道内输送非常温气体时，应同时给出气流温度和大气压力。

8.7 烟气含尘浓度的测定

粉尘浓度的测定是除尘测试中的一个重要内容，它主要包括三个方面：

（1）工作区粉尘浓度的测定（以检验工作区粉尘的浓度是否达到国家卫生标准）。

（2）尘源排放浓度的测定（以检验排放到大气中的气体的含尘浓度是否达到国家排放标准）。

（3）除尘器除尘效率的测定（以评价除尘器的性能）。

上述第（2）和（3）项测定，所采用的方法基本上是相同的，都是测定管道内的粉尘浓度。而各种类型的排放标准，如 g/m^3，kg/h 及 kg/(t 产品) 等都是根据测得的粉尘浓度换算得来的。

除尘器效率的测定可以在现场进行，也可以在试验室进行。在现场测试时，所采用的方法与测定排放浓度的方法相同，但这时一般都采用在除尘器前后同时测定粉尘浓度，然后计算除尘效率。

实验室测定除尘器的效率时，采用人工发尘，气体的温度、湿度与室内环境相同，管道内的气流可以控制得比较均匀，所有这些都可使实验室测定和计算工作简化。

8.7.1 工作区粉尘浓度的测定

工作区粉尘浓度测定的常用方法是滤膜测尘，由于这种方法具有操作简单、精度高、费用低、易于在工厂企业中推广等优点而得到广泛应用。此外，β 射线测尘、压电天平测尘等快速测尘方法，在工业厂矿中也逐步得到应用，是很有发展前途的测尘方法。结合国标，这里仅对常用的滤膜法进行介绍。

测定原理：空气中的总粉尘用已知质量的滤膜采集，由滤膜的增量和采气量计算出空气中总粉尘的浓度。

测定装置（见图 8-9）是由滤膜采样头（见图 8-10）、流量计和调节装置及抽气泵等组成。

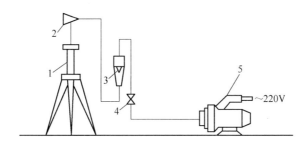

图 8-9　滤膜测尘装置图

1—三脚支架；2—滤膜采样头；3—转子流量计；4—流量调节阀；5—抽气泵

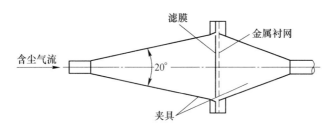

图 8-10　圆形滤膜捕尘装置

当抽气泵开动时，工作区的含尘空气通过采样头被吸入，粉尘被阻留在夹在采样头内的滤膜表面上。根据滤膜在采样前后增加的质量（即被阻留的粉尘质量）和采样的空气量，就可以计算出空气中的粉尘浓度：

$$c = \frac{W_2 - W_1}{Q_N} \tag{8-29}$$

式中，c 为工作区粉尘浓度（标态），mg/m^3；W_1、W_2 分别为采样前后的滤膜质量，mg；Q_N 为标准状态下的采气量，m^3。

滤膜作为阻留粉尘的过滤材料，是由直径为 $1.2 \sim 1.5\mu m$ 超细合成纤维构成的网状薄膜。这种薄膜的孔隙很小，表面呈细绒状，不吸湿，不易脆裂，质地均匀，有明显的带负电性，能牢固地吸附粉尘。滤膜具有捕尘效率高（大于 99%）、阻力小、质量轻、便于操作等优点。

通常用转子流量计测定采样抽气量。抽气量 q 一般控制为 $10 \sim 13L/min$，采样时间 t 为 $10 \sim 20min$。将所测得的总抽气量（$Q = tq/1000$，单位为 m^3）换算成标准状态气量（Q_N）。

为了在测尘时携带方便，可采用便携式测尘仪（采样装置的各部件，包括采样头、流量计、抽气泵等组装在一个小型测尘箱内）。便携式测尘仪的特点是采用微型电机带动的小抽气机体积小，质量轻。电源采用交直流两用，直流电源为蓄电池或干电池。

8.7.2　管道内粉尘浓度的测定

管道中粉尘浓度的测量比工作区粉尘浓度的测量要复杂得多，这是由管道中气体的温度、湿度以及流速分布、粉尘浓度分布等条件所决定的。以等速采样捕集粉尘，从抽取气体量算出含尘浓度，在管道测定求出粉尘量，计算出管道内气体含尘浓度。

8.7.2.1　采样装置

粉尘采样装置由粉尘捕集器、采样管、测定抽吸含尘气体流量装置（气体流量计）和抽气装置（真空泵）等组成。为了调节流量，在抽气管道系统中加设调节阀，为了防腐蚀，系统安设了 SO_2 吸收瓶和除雾瓶。整个取样装置的全部管路不能漏气，否则测定将产生误差。

采样装置按粉尘捕集器设在管道内、外的形式，分别称为内滤式和外滤式两种。

采样管是由采样嘴和连接管构成。采样管根据采样嘴结构形式可分为普通型和平衡型两类。普通型采样管如图 8-11 所示，当采样量在 $10 \sim 60 L/min$ 范围内时的采样嘴有 $4 \sim$ 22mm（直径）的共 16 种，图 8-11a 中采样管的采样嘴为可更换的。平衡型采样管（等速采样管）是在烟气流速未知或流速波动较大的测点采样时应用，它分静压平衡型和动压平衡型两种。图 8-12 为静压平衡型等速采样管的一种，其使用方法是在烟尘采样过程中不断调节流量使等速采样管的内外静压差为零，此时，从理论上可认为采样管内流速等于烟道内侧点上的烟气流速。但应指出，由于气流进入采样嘴时的局部摩擦阻力以及紊流损失等影响，采样管内的静压往往比管外的静压要小。在实际情况下，虽测得内外静压相等，但内外速度并不等。因此，只有当内外静压孔位置选择恰当时才能符合真正的等速要求。

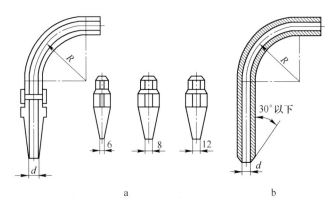

图 8-11　普通型采样管

a—可更换的采样嘴；b—不可更换的采样嘴

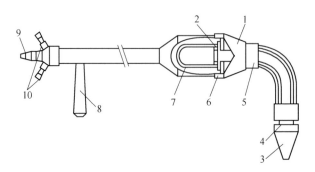

图 8-12　静压平衡型等速采样管结构

1—紧固连接阀；2—滤筒压环；3—采样嘴；4—内套管；5—取样座；6—垫片；
7—滤筒；8—手柄；9—抽气接头；10—静压接头

　　捕尘装置是采样系统的关键，采样的准确性与捕尘装置的效率密切相关，要求装置的捕尘效率在99%以上。常用的捕尘装置有滤筒、滤膜、集尘管。

　　滤筒适用于内部采样，滤筒捕尘装置如图8-13所示。

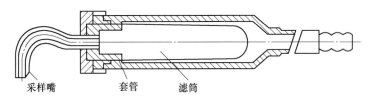

图8-13　滤筒捕尘装置

　　当精确测定或捕集粉尘样的量较小时，使用前可将滤筒在烘箱中按不同适用温度预热2h，除去滤筒中的大部分有机物质，然后再进行采样，这样可得到较为准确的结果。滤筒称重一般采用感量为0.1mg的天平。

　　当烟气温度高、烟尘浓度大时，常用玻璃制的集尘管进行外部采样。图8-14为标准型集尘管，当管内烟气温度可控制在250℃以下时，管内装填的滤材常用絮状玻璃纤维棉或聚苯乙烯纤维棉；当烟气温度低于150℃时，也可采用长纤维清洁的脱脂棉。一般集尘管装棉长度为3～4cm，装填量为3～5g。采样前后，要将集尘管在烘箱中加热105℃烘干3～6h，在干燥器内放冷后称重，称重用感量为0.1mg的天平。

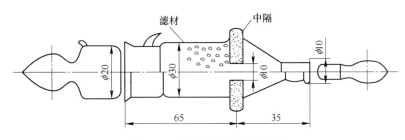

图8-14　标准集尘管捕尘装置

　　在烟尘采样系统中常用瞬时读数的转子流量计（要求上限刻度为50L/min左右）和累积式流量计（要求精确读出1L流量）作为流量测定装置。考虑到等速采样和捕尘装置在采样过程中阻力变化而产生的流量波动，为了计算上的方便，通常将这两种流量测定装置串联在同一烟尘采样系统中。

　　要保证采样嘴入口处有一定流速，又要能克服烟道内负压和整个采样系统阻损的要求，一般采样动力的流量达到40L/min时能有26～50kPa的负压，即可满足烟尘采样的需要。常用的有油封旋片真空泵和干式刮板泵。

8.7.2.2　烟尘浓度的计算

　　烟尘浓度以换算成标准状况下1m³干烟气中所含烟尘质量（mg或kg）表示为宜，以便统一计算烟囱的污染物排放速率量（kg/h）或排放浓度（mg/m³）。

　　（1）测量工况下烟尘质量浓度按式（8-30）计算：

$$c = \frac{G}{q_r t} \tag{8-30}$$

式中，c 为烟尘质量浓度，mg/m^3；G 为捕尘装置捕集的烟尘质量，mg；q_r 为由转子流量计读出的湿烟气平均采样量，L/min；t 为采样时间，min。

（2）标准状况下烟尘质量浓度按式（8-31）计算：

$$c' = \frac{G}{q_0} \tag{8-31}$$

式中，c' 为标准状况下烟尘质量浓度，mg/m^3；G 为捕尘装置捕集的烟尘质量，mg；q_0 为标准状况下的烟气采样量，L。

8.7.2.3　烟道测定断面上烟尘的平均浓度

根据所划分的各个断面测点上测得的烟尘质量浓度，按式（8-32）可求出整个烟道测定断面上烟尘的平均质量浓度：

$$c_p = \frac{c_1 S_1 v_{s1} + c_2 S_2 v_{s2} + \cdots + c_n S_n v_{sn}}{S_1 v_{s1} + S_2 v_{s2} + \cdots + S_n v_{sn}} \tag{8-32}$$

式中，c_p 为测定断面的平均质量浓度，mg/m^3；c_1，$\cdots$，c_n 为各划分断面上测点的烟尘质量浓度，mg/m^3；S_1，$\cdots$，S_n 为所划分的各个断面的面积，m^2；v_{s1}，$\cdots$，v_{sn} 为各划分断面上测点的烟气流速，m/s。

但需指出，采用移动采样法进行测定时，也要按式（8-32）进行计算。如果等速采样速度不变，利用同一捕尘装置一次完成整个烟道测定断面上各测点的移动采样，则测得的烟尘浓度值即为整个烟道测定断面上烟尘的平均浓度。

8.7.3　实验室粉尘浓度测定的工作原理

实验室测定粉尘浓度的实验装置如图 8-15 所示，由滤膜采样头（见图 8-10）、流量计和调节装置及抽气泵等组成。

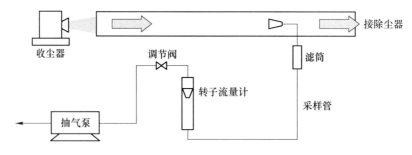

图 8-15　实验室粉尘浓度测定装置

当抽气泵开动时，工作区的含尘空气通过采样头被吸入，粉尘被阻留在夹在采样头内的滤膜表面上。根据滤膜在采样前后增加的质量（即被阻留的粉尘质量）和采样的空气量，空气中的粉尘浓度可由式（8-29）算出，除尘效率由式（8-33）计算：

$$\eta_T = \left(1 - \frac{c_o}{c_i} \right) \times 100\% \tag{8-33}$$

式中，c_i、c_o 分别为进入除尘器前后气体的含尘质量浓度。

9 粉尘特性及测量

9.1 粉尘采样原则及等速采样

9.1.1 粉尘采样的原则

为了使采集的粉尘样品具有代表性，采样时必须遵循以下原则。

9.1.1.1 保持等速采样

所谓等速采样，就是在采样过程中使采样嘴处的抽吸速度与采样嘴所在处的烟气流速一致。若采样嘴抽吸速度大于烟道内烟气流速，则采样嘴入口存在气流收缩现象，如图9-1c所示，此时，采样嘴边缘烟气中所带的一部分粗颗粒粉尘因惯性力较大而脱离已改变流向的收缩气流，仅部分微小颗粒粉尘随烟气一起改变流向进入采样嘴，故测定的粉尘浓度偏低。相反，若抽吸速度小于烟道内烟气流速，采样嘴入口处会出现气流向四周扩散的现象，如图9-1d所示。此时，改变流向脱离采样嘴的气流中，会有部分粗颗粒受惯性力的影响冲入采样嘴，造成测定的粉尘浓度偏高。正确的方法是保持等速采样，如图9-1a所示。只有如此，才能保证测得的粉尘浓度与颗粒分散度和烟气实际工况相一致。

沃特森根据不同尘粒的大小，通过测试确定了非等速采样时测得的粉尘浓度与实际浓度间的关系，如图9-2所示。从图9-2可以看出，当粉尘粒径为$4\mu m$时，非等速采样测得的粉尘浓度的误差不大于10%，因此，对粒径小于$4\mu m$的粉尘可不必考虑等速采样（如大气飘尘采样）。随着粉尘粒径增大，非等速采样引起的误差越来越明显。

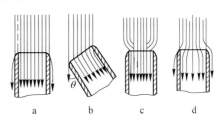

图 9-1 采样位置与速度的影响

试验还表明，当采样嘴抽吸速度小于实际烟速5%或不大于实际烟速10%时，测得的粉尘浓度误差大致在±5%以内。所以，采样时采样嘴抽吸速度的偏差必须控制在上述范围内。

9.1.1.2 采样嘴方向与烟气流向要一致

从图9-1b可以看出，当采样嘴未对准气流方向时，即使保持等速采样，也有部分粗颗粒粉尘受惯性力影响而脱离改变了流向的气流，造成测量的粉尘浓度偏低。

沃特森用不同大小的粉尘颗粒，在保证等速采样的条件下，改变采样嘴与烟气流向之间的角度，发现采样嘴方向对粉尘浓度的测量有一定的影响。

从图9-3可以看出，随着采样嘴与气流夹角增大，c_t/c的值越来越小，而且随着粉尘粒径的增大，c_t/c的值越发变小。对于粒径大于$4\mu m$的粉尘，当采样嘴与气流夹角大于30°时，测得的粉尘浓度明显低于实际浓度。因此，为了控制粉尘浓度测量偏差在±5%以内，采样嘴与气流的夹角应小于10°。

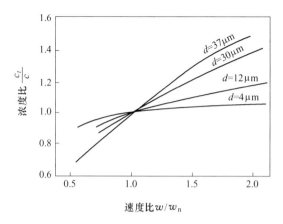

图 9-2　非等速采样所产生的误差

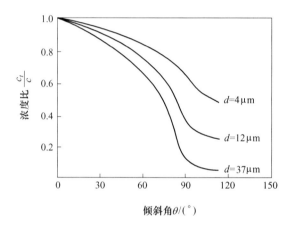

图 9-3　采样嘴方向对粉尘浓度测量的影响

9.1.1.3　尽量减小采样管形状对气流的影响

为了减小采样嘴对气流流线的影响，要求将采样嘴做成内缘锐边的。曾对多种内缘锐边而外形不同（如球形、锥度为 120°、60°、30° 等）的采样嘴进行试验，发现锥形采样嘴对气流影响较小，尤其是锥度 30° 的采样嘴。同时，采样管头部外径与被测烟道直径之比应不大于 0.035。

9.1.1.4　采样嘴大小要合适

为了获得有代表性的粉尘样品，要求采样嘴内径有一个下限。内径过小的采样嘴会使烟气中较粗的粉尘颗粒被排斥在外，并使单位时间所采集的粉尘样品量太少，从而加大测量误差。因此，在抽气动力能满足的条件下，希望尽量采用内径大一些的采样嘴。目前，国内采样管常用的采样嘴内径有 6mm、8mm、10mm、12mm、14mm、16mm 等规格。

9.1.2　预测流速法等速采样

预测流速法就是预先用皮托管测定烟道内各采样点的流速，然后根据所选用的采样嘴直径，计算出满足等速采样各点所需的采样流量；或者根据各采样点的流速与固定的采样流量，计算出各点所需的采样嘴直径。两者相比，前者较方便，而后者需在各点更换相应的不同直径的采样嘴，比较麻烦。因此，预测流速法一般采用前一种方法。

预测流速法等速采样系统如图9-4所示。

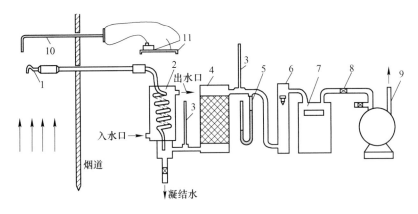

图9-4 预测流速法等速采样系统

1—采样管；2—冷凝器；3—温度计；4—干燥器；5、11—压力计；6—瞬时流量计；
7—累积流量计；8—调节阀；9—抽气泵；10—测速管

采样步骤如下：

（1）采样前，先测出各采样点的烟气流速、温度、含湿量和烟气静压。

（2）根据各采样点的流速、烟气状态参数和选用的采样嘴直径，计算出各采样点等速采样的流量。

（3）将已称重的滤筒放入采样管内，按图9-4所示的系统连接，并检查系统是否漏气。

（4）将采样管放入烟道第一个采样点处，使采样嘴对准气流，打开抽气泵调整采样流量至第一点等速采样流量。

（5）采样期间，由于尘粒在滤筒上逐渐聚集，阻力会逐渐有所增加，需随时调节流量，同时记下流量计前的温度和压力。

（6）一点采样后，立即将采样管移至第二点，同时迅速调节流量至第二点所需的等速采样流量，各点采样时间相等。

（7）采样结束，切断电源，同时关闭管路，防止烟道内负压将滤筒收尘倒抽出去。

（8）小心取出滤筒，在100~110℃烘箱内烘2h左右，然后放入干燥皿冷却到室温称重。

预测流速法的关键是计算维持等速采样所需的采样流量。由于烟气温度较高，湿度较大，烟气在采样过程中从烟道内各采样点经采样管到达流量计，其温度、压力和湿度均不可避免要发生变化，烟气体积也随之而变，必须做相应的修正计算，若烟道截面上速度场与浓度场都较均匀，且运行工况稳定，则可减少采样点数量，以减少测试的计算工作量。但火电厂烟道布置一般都较紧凑，难以做到流速与粉尘浓度的均匀分布。为了保证测试精度，采样点数量不但不能减少，而且还要酌情增加，这样必然进一步增加测试的计算工作量。

9.1.3　皮托管平行采样法等速采样

当烟气工况在测试时间发生波动时，需要随时检测烟气流速，以便及时调节采样流量保持等速采样。这一要求采用预测流速法很难达到，而采用皮托管平行采样法则可以实现。这种方法是将靠背式皮托管（即 S 形皮托管）和采样管固定在一起，使采样嘴的平面和靠背式皮托管的开口平面平行，间距以 25～35mm 为宜，太近会干扰进入采样嘴气流的流线；太远则不能真实反映采样嘴处的烟气流速。测试前，先将等速条件下靠背式皮托管的动压值和流量计读数的关系绘制成线解图或一快速计算尺。测得皮托管的动压值及烟道、流量计处的气体温度和压力后，对照采样嘴直径，即可换算出应取的流量计读数。及时调整抽气流量，即可保持等速采样。

9.1.4　静压平衡法等速采样

静压平衡法等速采样的原理是流体力学的伯努利方程。根据伯努利方程，可以得到：

$$\frac{\rho_1 v_1^2}{2} + p_1 = \frac{\rho_2 v_2^2}{2} + p_2 + \lambda \frac{l_n}{d} \times \frac{\rho_2 v_2^2}{2} + \xi \frac{\rho_2 v_2^2}{2} \tag{9-1}$$

式中，v_1 为烟道内采样点处的烟气速度，m/s；v_2 为采样嘴入口处的烟气速度，m/s；p_1 为烟道内采样点处的烟气静压，Pa；p_2 为采样嘴内的烟气静压，Pa；ρ_1 为烟道内采样点处的烟气密度，kg/m^3；ρ_2 为采样嘴内的烟气密度，kg/m^3；λ 为采样嘴内表面的摩擦阻力系数；d 为采样嘴直径，m；l_n 为采样嘴端部到内静压孔的距离，m；ξ 为采样嘴局部阻力系数。

在采样过程中，由于采样点处的烟气静压（简称为外静压）与采样嘴内的烟气静压（简称内静压）之差较小，且烟气温度基本不变，故可认为 $\rho_1 = \rho_2$，将式（9-1）简化后得到：

$$p_1 - p_2 = \frac{\rho_2}{2}(v_2^2 - v_1^2) + \frac{\rho_2 v_2^2}{2}\left(\lambda \frac{l_n}{d} + \xi\right) \tag{9-2}$$

从式（9-2）可以看出，若阻力损失可以忽略不计，则在采样过程中只要使 $p_1 = p_2$，即可使 $v_1 \approx v_2$。

按照上述原理制作的静压平衡型采样管结构比预测流速法所用的普通型采样管要复杂一些。在其头部离采样嘴适当距离处设有外静压孔（或环缝），用于测量烟道内采样点处的静压；在采样嘴内适当距离处设有内静压孔，用于测量采样嘴内抽吸烟气的静压。在采样过程中只要及时调整阀门控制采样流量，维持内、外静压基本相等，便能保持等速采样。图 9-5 为静压平衡法等速采样系统。

最初的静压平衡型采样管的捕尘装置为外置式旋风子和过滤器。为了提高捕集效率，减轻采样管质量，节省每次采样后必须冲洗采样管的工作量，捕尘装置改用内置式超细玻璃棉滤筒。由于滤筒捕尘量有限，采样嘴直径相应有所减小，于是，在采样过程中发现不等速误差明显增大。这是因为小口径采样嘴的摩擦阻力损失、局部阻力损失及采样嘴内气流层之间的附加应力均比大口径采样嘴的大，即式（9-2）中的阻力损失已不能忽略不计。

在必须考虑阻力损失的前提下，若要继续保持等速采样，可在采样嘴内设计一个扩压段。设采样嘴直径为 d，扩压段直径为 d'，气流进入采样嘴前的静压与流速为 p_1、v_1，进

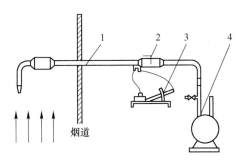

图 9-5　静压平衡法等速采样系统

1—静压平衡型采样管；2—调节阀；3—微压计；4—抽气泵

入采样嘴后气流的静压与流速为 p_2、v_2，到达扩压段后气流的静压与流速为 p_3、v_3，其余参数如图 9-6 所示。

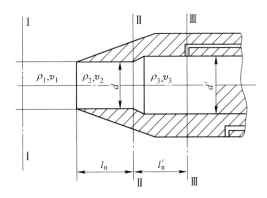

图 9-6　带扩压段的采样嘴示意图

根据伯努利方程：

$$p_1 + \frac{\rho_1 v_1^2}{2} = p_2 + \frac{\rho_2 v_2^2}{2} + \lambda \frac{l_n}{d} \frac{\rho_2 v_2^2}{2} + \xi \frac{\rho_2 v_2^2}{2} \tag{9-3}$$

$$p_2 + \frac{\rho_2 v_2^2}{2} = p_3 + \frac{\rho_3 v_3^2}{2} + \lambda' \frac{l'_n}{d'} \frac{\rho_3 v_3^2}{2} + \xi' \frac{\rho_3 v_3^2}{2} \tag{9-4}$$

根据流量连续方程：

$$v_2 \frac{\pi d^2}{4} = v_3 \frac{\pi d'^2}{4} \tag{9-5}$$

若令 $\dfrac{d^2}{d'^2} = m$（m 称扩压比），则

$$mv_2 = v_3 \tag{9-6}$$

将上述各式整理后可得

$$p_1 + \frac{\rho_1 v_1^2}{2} = p_3 + \frac{\rho_2 v_2^2}{2} - \left[1 - m^2 \left(1 + \lambda' \frac{l'_n}{d'} + \xi' \right) - \left(\lambda \frac{l_n}{d} + \xi \right) \right] \frac{\rho_2 v_2^2}{2} \tag{9-7}$$

若扩压比合适，$p_1 = p_3$ 时，$v_1 = v_2$，则式（9-7）中右边第三项应为零：

$$\left[1 - m^2 \left(1 + \lambda' \frac{l'_n}{d'} + \xi' \right) - \left(\lambda \frac{l_n}{d} + \xi \right) \right] \frac{\rho_2 v_2^2}{2} = 0 \qquad (9\text{-}8)$$

整理后可得

$$\frac{\rho_1 v_1^2}{2} - \frac{\rho_2 v_2^2}{2} = \left(\lambda' \frac{l'_n}{d'} + \xi' \right) \frac{\rho_1 v_1^2}{2} + \left(\lambda \frac{l_n}{d} + \xi \right) \frac{\rho_2 v_2^2}{2} \qquad (9\text{-}9)$$

由式（9-9）可以看出，带扩压段的采样嘴等速采样时，气流从截面 I 流到截面 II，其阻力损失总和由它的动能下降来补偿了。这就是扩压补偿的原理。

将式（9-8）整理后，可得到合适的扩压比 m：

$$m = \sqrt{\frac{1 - \left(\lambda \frac{l_n}{d} + \xi \right)}{1 + \left(\lambda' \frac{l'_n}{d'} + \xi' \right)}} \qquad (9\text{-}10)$$

因为式（9-10）中的 λ、ξ 等阻力系数难以用计算方法求得，故一般都采用实验室对采样嘴进行净空气标定的方法，以求得合适的扩压比 m。经测试，口径分别为 8mm、10mm、12mm、14mm、16mm 的 5 种采样嘴，只要扩压比误差不超过 ± 0.005，在 $10 \sim 25$m/s 速度范围内，不等速误差不超过 $\pm 3\%$，可满足工业应用的要求。这 5 种采样嘴的扩压段直径与其口径相比，最多增加不到 1mm，气流通过扩压段时流速降低有限，故不存在因烟气流速降低而使采样嘴内积灰的问题。图 9-7 为按上述原理制作的 PND-32 型采样管。

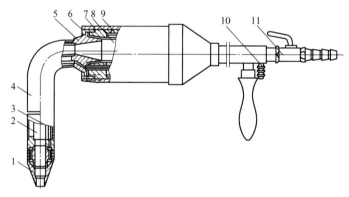

图 9-7　PND-32 型采样管结构示意图

1—采样头；2—内套管；3—传压管；4—外套管；5—滤座；6—锁母；7—座套；
8—滤筒；9—滤筒外套；10—传压管接头；11—采样管控制阀门

当然，为了补偿阻力损失，也可以不在采样嘴内设计扩压段，而采用管外补偿法，如图 9-8 所示。

PND-32 型采样管操作比较简便，步骤如下：

（1）将已烘干称重过的滤筒放入采样管内，并检查采样管是否漏气，内、外静压管是否串流。

（2）调高微压计零位至 $20 \sim 30$mm 处，微压计有两个开口，用 ϕ6mm 胶管分别与采样管内、外静压接头连接，将抽气胶管与采样管抽气接头连接，并保证采样过程中传压胶管和抽气胶管畅通。

（3）将采样管插入烟道，使采样嘴对准气流，拧上导向套，保证测孔不漏气。

（4）打开抽气泵，调整采样流量，使采样管内、外静压平衡，即使微压计液柱维持测试前调高了的零位，当微压计系数 $K = 0.2$ 时，液柱上下波动不要超过 5mm。

（5）一点采样后，立即将采样管移到第二点，各点采样时间相等。由于滤筒捕尘增多，阻力增加，需随时调整抽气流量。

（6）换测孔或采样结束取出采样管时，必须切断电源，关闭管路，并注意不得将采样嘴朝下。

（7）采样结束，小心取出滤筒，并轻敲采样管 90°弯头，拧下采样头，收集其中粉尘，一并烘干，在干燥皿中冷却到室温称重。

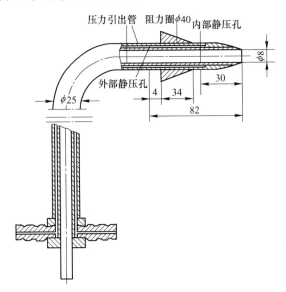

图 9-8　采用管外补偿法的静压平衡型采样管

9.1.5　动压平衡法等速采样

动压平衡法所用的动压平衡型采样管与皮托管平行采样法有些相似，也由一支采样管与一支靠背式皮托管组成，不同的是，动压平衡型采样管在采样管滤筒座后装一孔板流速测量装置。采样时，调节抽气流量，使抽气在孔板两端产生的压差所反映的流速，与靠背式皮托管在同一采样处测出的烟气速度相等，就能保持等速采样。

用靠背式皮托管测定采样点处烟气速度时，流速与动压的关系为

$$v_y = K_p \sqrt{\frac{2p_d}{\rho_s}} \tag{9-11}$$

式中，v_y 为采样点处的烟气速度，m/s；K_p 为靠背式皮托管的校正系数；p_d 为烟气动压，Pa；ρ_s 为采样点处烟气密度，kg/m³。

用孔板测定采样管抽气速度时，流速与孔压前后压差的关系为

$$v_n = \alpha\varepsilon\sqrt{\frac{2p_n}{\rho_n}}$$

(9-12)

式中，v_n 为采样管抽气速度，m/s；α 为流量系数；ε 为膨胀系数；p_n 为孔板压差，Pa；ρ_n 为抽取的烟气密度，kg/m³。

进入采样管的烟气与采样点处烟气的有关参数相差甚微，故可认为 $\rho_s = \rho_n$，若 $\alpha\varepsilon = K_p$，则 $p_d = p_n$，亦即 $v_s = v_n$。

制作 $\alpha\varepsilon = K_p$ 的孔板，孔板尺寸需经多次试验才能确定，这是动压平衡型采样管合格与否的关键，图9-9为动压平衡法等速采样系统。整套仪器由采样管、仪器箱、冷凝器，抽气泵等组成。采样嘴直径有 6mm、8mm 两种，视烟气速度、抽气能力、含尘浓度等合理选用。仪器箱内装有一台双管倾斜式微压计，一支与皮托管连接，用以指示采样点处的烟气动压，另一支与采样管上的孔板连接，以控制抽气流量，跟踪烟气动压，保持等速采样。

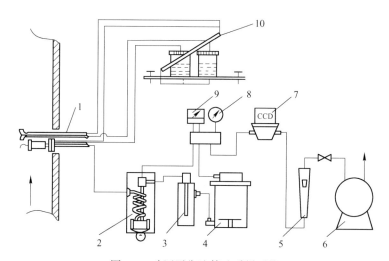

图 9-9　动压平衡法等速采样系统

1—采样管；2—冷凝器；3—气水分离器；4—干燥瓶；5—转子流量计；6—抽气泵；
7—累积流量计；8—负压表；9—温度计；10—双管倾斜式微压计

9.2　粉尘样品的分取

粉尘的基本性质的测试，是以具体的粉尘为对象，因而测试所用的粉尘必须具有代表性。从尘源收集的粉尘，需经过随机分取处理，以使所测粉尘具有良好的代表性。分取样品的方法一般有圆锥四分法、流动切断法和回转分取法等。

9.2.1　圆锥四分法

圆锥四分法是将粉尘经漏斗下落到水平板上堆积成圆锥体，再将圆锥垂直分成四等份，舍去对角上的两份，而取其另一对角上的两份。混合后重新堆成圆锥再分成四份进行取舍。如此依次重复 2~3 次，最后取其任意对角上的两份作为测试用粉尘样品。

9.2.2 流动切断法

流动切断法是在从现场取回的试料比较少的情况下采用的。把试料放入固定的漏斗中，使其从漏斗小孔中流出。用容器在漏斗下部左右移动，随机接取一定量的粉料作为分析用品。此外，也可以将装有粉尘的漏斗左右移动，使粉尘漏入两个并在一起的容器中，然后取其中一个（舍去另外一个）。将试料重复分取几次，直至所取试料的数量满足分析用样为止。

9.2.3 回转分取法

回转分取法是使粉尘从固定的漏斗中流出，漏斗下部设有转动的分隔成八个部分的圆盘，粉尘均匀地落到圆盘上的各部分，取其中的一部分作为分析测定用料。有时为了简化设备，也可使圆盘固定而将漏斗作回转运动，使粉尘均匀落入圆盘各部分中。

9.3 粉尘密度的测定

物质的密度是指其单位体积所具有的质量，即 $\rho = m/V$。而粉尘通常是由某种母料在自然或人为因素的作用下所形成的固体细粒的松散集合体。所以，粉尘与粉尘之间存在空隙，且尘粒表面不光滑、内部也有空隙，因而颗粒表面和内部吸附着一定的空气。将堆积状态下包括空隙体积在内的粉尘密度叫做堆积密度，而将不包括尘粒之间空隙及尘粒本身的微孔所占有的体积的粉尘密度叫做真密度，两者的测定方法不尽相同。

9.3.1 粉尘真密度的测定

为了测得粉尘的真密度，首先需要准确测出不包括粉尘之间空隙的粉尘自身所占的体积。为此可以采用多种方法，比较普遍的是液相置换法，此外也有采用气相加压法的。

9.3.1.1 液相置换法（比重瓶法）

比重瓶法是选取某种液体注入粉尘中，排除粉尘之间的气体以得到粉尘的体积，然后根据称得的粉尘质量计算粉尘的密度。为了能将气体尽可能彻底排除，通常还需要煮沸排气或抽真空排气。所选择的浸液要易于渗入粉尘之间，浸润性好，但又不使粉尘溶解、膨胀和产生化学变化。一般可用蒸馏水、酒精、苯等。测定原理是浸液在真空条件下浸入粉尘空隙；测定同体积的粉尘和浸液的质量，根据浸液的密度计算粉尘的密度。

普通比重瓶的容量为 25~100mL，并带有瓶塞。

试样制备：粉尘样品在 105℃下干燥 4h，放置室内自然冷却后通过 0.175mm（80 目）标准筛除去杂物，准备测定。对于在温度不大于 105℃时就会发生化学反应或熔化、升华的粉尘，干燥温度宜比发生化学反应或熔化、升华温度至少降低 5℃，并适当延长干燥时间。

测定方法：首先称量洁净干燥的带盖比重瓶质量 m_0，然后装入粉尘（约占比重瓶体积的 1/3），称量比重瓶和粉尘质量 m_s。将浸液注入装有粉尘的比重瓶内（至比重瓶约 2/3 容积处），湿润并浸没粉尘，然后置于密闭容器中抽真空（见图 9-10），直到容器中的真空度达到使瓶中的浸液开始呈沸腾状态，瓶内基本无气泡逸出时停止抽气。注意抽气开始调节三通阀，使瓶内粉尘中的空气缓缓排出，应避免由于抽气过急而将粉尘带出。停止抽气后将比重瓶取出注满浸液并加盖，液面应与盖顶平齐，称取比重瓶、粉尘和浸液质量 m_{sL}。洗净比重瓶，注满浸液并加盖，液面应与盖顶平齐，称取比重瓶和浸液质量 m_L。记录室内温度作为测定温度。

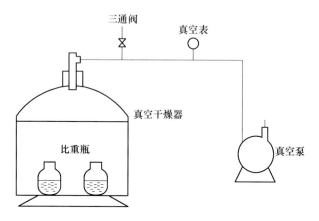

图 9-10　粉尘真密度测量装置

粉尘真密度 $\rho_p (g/cm^3)$ 可由式（9-13）求得

$$\rho_p = \frac{m_s - m_0}{\dfrac{m_s - m_0 + m_L - m_{sL}}{\rho_L}} \tag{9-13}$$

式中，ρ_L 为浸液在测定温度下的密度，g/cm^3。

通常在测定时需要取平行样品，两者的误差应小于 1%，否则应重新测定，直到满足精度要求为止。此时，粉尘的真密度取二平行样品的平均值。测定中保持浸液温度的稳定很重要，因为温度的变化是误差的主要原因。为此，通常要将比重瓶置于恒温槽中恒温半小时再读取温度。

9.3.1.2　气相加压法（真密度测定仪）

气相加压法测定粉尘真密度的原理如图 9-11 所示，当容器内未加粉尘时，活塞由位置 A 压缩到位置 B。这时气体的体积由 $V+V_0$ 变化到 V，而压力则由 p_d 变化到 $p_d+\Delta p_1$，按波义耳–马略特定律：

$$p_d(V + V_0) = (p_d + \Delta p_1)V \tag{9-14}$$

由此可得出 V：

$$V = V_0 \frac{p_d}{\Delta p_1} \tag{9-15}$$

当容器内加入体积为 V_s 的粉尘后，活塞仍然由 A 位置压缩到 B 位置，即压缩相同的体积 V_0。这时，气体体积的变化由 $V+V_0-V_s$ 变到 $V-V_s$，而压力变化则由 p_d 变到 $p_d+\Delta p_2$。

同样可写出：

$$V - V_s = V_0 \frac{p_d}{\Delta p_2} \tag{9-16}$$

将式（9-15）的 V 代入式（9-16），得 V_s：

$$V_s = V_0 \left(\frac{p_d}{\Delta p_1} - \frac{p_d}{\Delta p_2} \right) \qquad (9-17)$$

由压力计精密测出两次压缩时的压力 Δp_1、Δp_2 以及 p_d，在压缩体积 V_0 一定的情况下，即可得出粉尘的体积 V_s，从而可计算出粉尘的真密度。

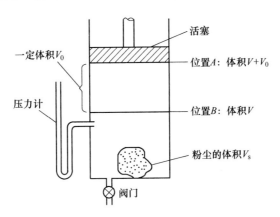

图 9-11　气相加压法原理图

图 9-12 为利用气相加压法的 Beckman930 型粉尘真密度测定仪，在此仪器中，使两次加压的终压力均相同（$p_1 = p_2$）。粉尘的体积 V_s 可按式（9-18）算出：

$$V_s = \frac{V_1 - V_2}{V_0 - V_1} V_0 \qquad (9-18)$$

式中，V_s 为粉尘的体积，cm^3；V_0 为未加压时气缸的体积，cm^3；V_2 为气缸中没有加粉尘灰时，压缩到压力为 p_2 时的体积，cm^3；V_1 为气缸中加入粉尘时，压缩到压力为 p_2 时的体积，cm^3。

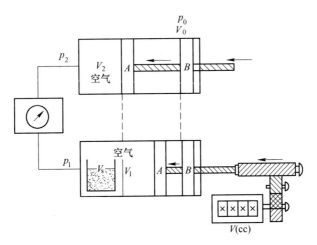

图 9-12　Beckman930 型粉尘真密度测定仪

精密测出体积 V_0、V_1 及 V_2，由式（9-18）可求出粉尘的体积 V_s。

采用上述气相加压法其测定精度比用液体置换法要低，因为准确测定压力和体积是较困难的。

9.3.2　粉尘堆积密度的测定（自然堆积法）

自然堆积法是将粉尘从漏斗口在一定高度自由下落充满量筒，测定松装状态下量筒内单位体积粉尘的质量，即粉尘堆积密度。其测定前试样的处理过程与真密度测定试样的前处理相同。

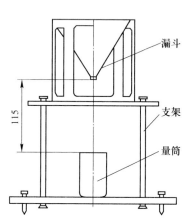

图 9-13　粉尘堆积密度的测定装置

测定粉尘的堆积密度时，需要准确地测出粉尘（包括尘粒间的空隙）所占据的体积及粉尘的质量。图 9-13 为标准的自然堆积法测定粉尘堆积密度的测定装置。装置应水平放在试验台上，其中漏斗锥度为 60°±0.5°，漏斗流出口直径为 ϕ12.7mm，漏斗中心与下部圆形量筒中心一致，流出口底沿与量筒上沿距离为（115±2）mm，量筒内径为 ϕ39mm，容积为 100cm³。测试时，首先称取盛灰量筒的质量 m_0，漏斗中装有量筒容积 1.2～1.5 倍的粉尘。抽出塞棒后，粉尘由一定的高度（1155mm）落入量筒，然后用厚 $\delta = 3$mm 的刮片将量筒上堆积的粉尘刮平。称取量筒加粉尘的质量 m_s，即可求得粉尘的堆积密度 ρ_b(g/cm³)：

$$\rho_b = \frac{m_s - m_0}{100} \tag{9-19}$$

其精度要求为三次测量结果的最大绝对误差不大于 1g，取三次样的平均值进行密度计算。

9.4　粉尘摩擦角的测定

摩擦角是粉状物料静止和运动力学特性的物理量。了解粉尘的摩擦角，对正确设计除尘器管道和灰斗很有帮助。摩擦角包括静止角（安息角）、内部摩擦角、壁面摩擦角。

9.4.1　静止角

静止角又叫休止角、安息角或堆积角。粉尘从漏斗状小孔连续落到水平面上，形成一个圆锥体，这一圆锥体母线与水平面的夹角就称作静止角，测定方法有图 9-14 所示的几种。

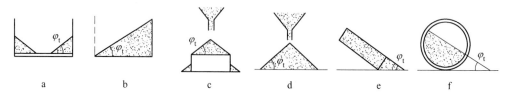

图 9-14　静止角的测定方法

a，b—排出法；c，d—注入法；e，f—倾斜法通常煤灰或煤渣的松装密度 $\rho = 0.67\text{g/cm}^3$，静止角为 $35°$；飞灰的松装密度 $\rho = 0.72\text{g/cm}^3$，静止角为 $42°$。

9.4.2 内部摩擦角

将物料沿内部某一断面切断产生滑动，作用于此面的剪切力与垂直力之比的反正切，称为内部摩擦角。测定内部摩擦角最简单的方法是直接切断法，如图 9-15 所示。测定产生滑动的切断力 F 和垂直方向的总作用力 $\sum G$，则可计算内部摩擦角。

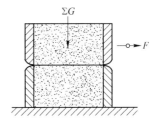

图 9-15　直接切断测定内部摩擦角

9.4.3 壁面摩擦角

壁面摩擦角是指料层与固体壁面之间的摩擦角。测定的方法如图 9-16 所示，将每边长约 100cm 的木框放在与壁面同样材料的平板上，框内放入一定的物料，上面放有不同质量的重块，通过弹簧秤平稳地牵引，根据物料在板面上慢慢擦动时的弹簧秤读数，即可计算出壁面摩擦角。

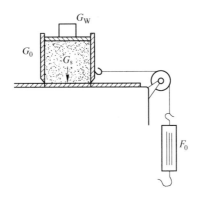

图 9-16　壁面摩擦角的测定

9.5　粉尘润湿性的测定

尘粒与液体附着的难易程度称为粒子的润湿性。液体对固体表面的润湿程度，取决于液体分子对固体表面作用力的大小。表面张力越小的液体，它对固体粒子就越容易润湿。例如，酒精、煤油的表面张力小，对颗粒的润湿就比水好。根据颗粒能被水润湿的程度，一般可分为亲水性粉尘和疏水性粉尘。粉体的润湿性可以用液体对试管中粒子的润湿速度来表征。通常，取润湿时间为 20min，测出此时间的润湿高度 $L_{20}(\text{mm})$，于是润湿速度 v_{20} 为：

$$v_{20} = \frac{L_{20}}{20} \tag{9-20}$$

按 v_{20} 作为评定粒子的润湿性的指标，可将颗粒物分为 4 类，见表 9-1。在除尘技术中，粉尘的润湿性是设计或选用除尘设备的主要依据之一。特别是对过滤除尘器来说，滤料的选择尤为重要。

表 9-1　水对粉尘的润湿性

粉尘类型	Ⅰ	Ⅱ	Ⅲ	Ⅳ
润湿性	绝对憎水	憎水	中等亲水	强亲水
$v_{20}/\text{mm} \cdot \text{min}^{-1}$	<0.5	0.5~2.5	2.5~8.0	>8.0
颗粒物举例	石蜡、沥青	石墨、煤、硫	玻璃微珠、石英	锅炉飞灰、钙

　　粉尘润湿性的测试主要用毛细作用法，即将一定长度的玻璃试管装满粉尘，使之倒置于容水底盘中，当水与粉尘接触后，水通过粉尘层颗粒间的空隙所形成的毛细管作用，逐渐上升，浸润粉尘。测量固定时间（如 20min）内水沿试管内粉尘上升的高度即为所测粉尘的浸润度，也称为浸透速度法。

　　测定原理：将粉尘装入底端加封滤纸的无底玻璃试管；试管垂直置于浸液面上，底端面与浸液面接触；测定一组对应时间的粉尘浸润高度，表征该浸液对粉尘的浸透速度，即为粉尘对该浸液的浸润性。

　　试样制备：粉尘样在 105℃下干燥 4h，放置室内自然冷却后通过 0.175mm（80 目）标准筛除去杂物，准备测定。对于在温度不大于 105℃时就会发生化学反应或熔化、升华的粉尘，干燥温度宜比发生化学反应或熔化、升华温度至少降低 5℃，并适当延长干燥时间。

　　粉尘浸润性测定装置如图 9-17 所示，它由试管、水槽和供水箱等组成。试管是一内径为 ϕ5mm（或 ϕ7mm），从下至上带有刻度（从 0~240mm）的玻璃管。水槽可以用瓷盘也可以用其他金属盘制成，在水槽的适当高度有与试管相同的小孔，并有支架支持试管垂直放置。水箱用以供水。水槽的溢流口与试管底部应在同一水平高度，以保持水面与粉尘接触。测定时将试管底端用滤纸封住，装入粉尘并同时用小木棒敲打，将粉尘夯实至稳定的填充率（即粉尘高度稳定），然后放置到水槽支架上。水与试管底部滤纸接触后，逐渐浸润粉尘，测取浸润时间及浸液在对应时间内上升的高度，便可计算出水对粉尘的浸润速度。在一般情况下，浸润时间取 20min。

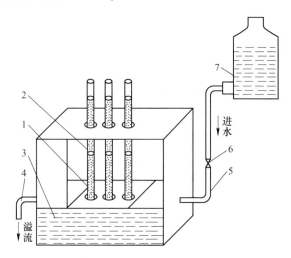

图 9-17　粉尘浸润性测定装置

1—试管；2—试粉；3—水槽；4—溢流管；5—进水管；6—阀门；7—水箱

这种方法测量粉尘的浸润性，操作简单，装置易造。其测定结果不受外界因素或操作技巧的影响，且始终有极好的重复性，是英国、日本对粉尘润湿性的标准测定方法。

9.6 粉尘含水率的测定

粉尘中含有的水分由 3 部分组成：附着在粒子表面上的水、包含在凹坑处及细孔中的自由水分以及紧密结合在粒子内部的结合水分。干燥作业时可以除去自由水分和一部分结合水分，其余部分作为平衡水残留，其数量随干燥条件而变化。

粉尘中水分的含量通常用含水率 $w(\%)$ 表示，其定义为粉尘中含水量 $m_w(g)$ 与粉尘总质量 $m_d(g)$ 之比：

$$w = \frac{m_w}{m_w + m_d} \times 100\% \tag{9-21}$$

工业测定的水分是指总水分和平衡水分之差。测定水分的方法要根据粉尘的种类和测定目的来选择。最基本的方法是将一定量的尘样（约 100g）放在约 105℃ 的烘箱中干燥，恒重后再进行称量，即测定干燥前后粉尘的质量，计算粉尘在干燥过程中失去的水分量与干燥前粉尘质量的比率，即粉尘含水率：

$$w = \frac{m_d - m_a}{m_d} \times 100\% \tag{9-22}$$

式中，w 为粉尘的含水率，%；m_a 为粉尘干燥恒重后的质量，g；m_d 为粉尘干燥前的总质量，g。

测定水分的方法还有蒸馏法、化学反应法和电测量法等。

颗粒的含水率与颗粒的吸湿性有关，颗粒的含水率的大小会影响到颗粒的其他物理性质，如导电性、黏附性、流动性等，所有这些在设计除尘装置时都必须加以考虑。

9.7 粉尘黏附性的测定

粉尘颗粒相互附着或附着于固体表面上的现象称为粉尘的黏附性。影响粉尘黏附性的因素很多，一般情况下，粉尘的粒径小、形状不规则、表面粗糙、含水率高、润湿性好以及荷电量大时，易产生黏附现象。粉尘的黏附性还与周围介质的性质有关，例如尘粒在液体中的黏附性要比在气体中弱得多；在粗糙或黏性物质的固体表面上，黏附力会大大提高。

利用粉尘的黏附性可以使粉尘相互凝聚和附着在固体表面上，这有利于粉尘的捕集和避免二次扬尘。但在含尘气体通过的设备或管道中，又会因为粉尘的黏附和堆积，造成管道和设备的堵塞。

在除尘技术、环境工程中多采用拉伸断裂法测定粉尘的黏附性。本节仅对拉伸断裂法作简要介绍。

将粉尘用震动充填或压实充填的方法装填入分开成两部分的容器中，然后对粉尘进行拉伸，直至断裂，用测力计测量粉尘层的断裂应力，这种方法称为拉伸断裂法。其拉伸方向有水平状态和垂直状态两种。

图 9-18 为水平拉伸断裂测量装置，粉尘充填于由左右两部分组成的容器中，容器的一部分固定，另一部分系于弹簧测力器上，然后给弹簧一定的拉力。当拉力等于粉尘层断面的断裂应力加上滚动轮的摩擦阻力时，粉尘层断裂。

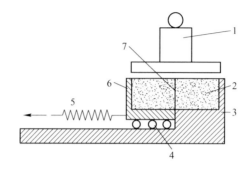

图 9-18　水平拉伸断裂测量装置

1—压块；2—粉尘；3—固定盒；4—滚轮；5—弹簧测力计；6—活动盒；7—粉尘断裂面

为了免除滚动轮摩擦力的影响，可以将水平拉伸改为垂直拉伸，如图 9-19 所示。

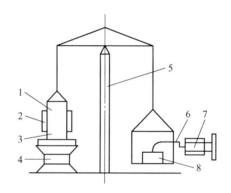

图 9-19　垂直拉断法装置

1—上套管；2—夹具；3—下套管；4—可调支架；5—黏度天平；6—滴水管；7—注水器；8—盛水器

垂直拉断法原理：粉尘装入可分套筒样品盒，震动充填致密；然后，在黏度天平上垂直拉断粉尘样品。测得的粉尘样品垂直拉断强度，表征粉尘的黏结性。当天平横梁左端的套筒挂上待测尘样时，天平将因不平衡而微向左倾斜。用注水器向水杯中连续注水，当两边质量相等时，粉尘层断裂，立即停止注水。粉尘层的断裂应力 F 可由式（9-23）求得

$$F = \frac{(\sum \Delta W - G_{s})\ g}{A} \tag{9-23}$$

式中，F 为粉尘层断裂应力，Pa；A 为断裂粉尘截面积，m^2；G_s 为上部筒体及粉尘质量，kg；$\sum \Delta W$ 为由注水器加入的水质量，kg。

为了使粉尘在测定时有较高的充填率，粉尘层应有一定的强度，通常采用机械振动法将粉尘充填于容器中。

9.8 粉尘磨损性的测定

固体颗粒物的磨损性是含尘气流在流动过程中对器壁、管道壁和过滤材料的磨损性能。粒子对物体表面的磨损是一个较复杂的现象，对刚性壁面表现为碰撞磨损，对塑性壁面表现为切削磨损。在粒子的净化或输送中，经常碰到的是对塑性材料的磨损。其磨损率与粉尘入射角、入射速度、粉尘硬度、粒径、球形度和浓度等因素有关。

粉尘的磨损性到目前还没有一个统一的定量表示方法。苏联采用磨损性系数 $K_a(m^2/kg)$ 来表示：

$$K_a = A\Delta G \tag{9-24}$$

式中，ΔG 为材料的磨损量，kg；A 为与测定仪器有关的常数，m^2/kg^2。

在确定 ΔG 时，采用 20 号钢的钢片，大小为 10mm×12mm×2mm，将其置于由于圆管的旋转而形成的外甩气流中，钢片与气流成 45°。供灰漏斗放入约 10g 的被测粉尘，粉尘加入圆管中的速度不大于 3g/min。在含尘气流的作用下，钢片被磨损，准确称出钢片初始质量 G_0 和磨损后的质量 G_1，可得

$$\Delta G = G_0 - G_1 \tag{9-25}$$

当圆管转速为 314rad/s，圆管长 150mm 时，$A = 1.185×10^5 m^2/kg^2$。

除尘器器壁的磨损时间 t 与磨损的深度 h 成正比，与气流中的含尘量 S、气流速度 v_g^3、磨损系数 K_a 及粉尘粒子碰撞到器壁的概率 E 成反比，可按式（9-26）计算：

$$t = \frac{g}{3600} \times \frac{h}{Sv_g^3 K_a E} \tag{9-26}$$

式中，t 为磨损时间，h；g 为重力加速度，m^2/s；h 为磨损深度，m；K_a 为粉尘磨损系数；v_g 为气流速度，m/s；S 为含尘浓度，kg/m^3；E 为概率，用小数表示，当 $E = 1$ 时，磨损最大，通常取 $E = 0.5 \sim 0.7$。

粉尘的磨损系数取决于粉尘的分散度、成分、形状及其他性质。各种飞灰磨损系数的通常范围为 $(1 \sim 2)×10^{-11} m^2/kg$。

9.9 粉尘粒径的测定

9.9.1 粒径的分类

粒径作为粉体颗粒"大小"的度量方法，是粉尘的基本物理参数之一。粉尘的许多物化性质都与粒度有着密切的联系。粉尘是大量固体微粒的聚合体，其整体粒度的"大小"取决于单一颗粒的"粒径"的分布。粒径一般用来描述单个粒子的"大小"，粒度通常用于描述粉料的"粗细"，这是"粒度"和"粒径"的微小区别所在。

在不同的应用领域，由于对粒径"大小"的观测方法不同，形成了几十种不同的粒径定义。但总体上不外乎两大类型，一类是几何粒径，一类是物理粒径。

所谓几何粒径，是对颗粒的"几何尺寸"大小的度量，如用显微镜法测量的长轴径、短轴径、定向径，用筛分法测量的筛分径等。这类粒径主要与颗粒的外形尺寸有关，而与

其密度、质量等物理特性无关。

所谓物理粒径，是指与颗粒的诸如阻力特性、沉降速度等某种物理特性相关的粒径，如阻力径、自由沉降径、空气动力径和斯托克斯（Stokes）径等。分别定义如下：

（1）阻力径 d_d。在相同气体中，如果尘粒的运动阻力与某一处于相同运动速度的假想规则球体的运动阻力相同，则该球体的直径即被定义为尘粒的阻力径。

（2）自由沉降径 d_f。当尘粒在特定介质（气体或液体）中作自由沉降运动时，如果其自由沉降速度与某一密度相等的假想规则球体相同，则该球体的直径即被定义为尘粒的自由沉降径。

（3）空气动力径 d_a。当尘粒的沉降速度与处于相同气体中的且密度等于 $1g/cm^3$ 的球体沉降速度相同时，则该球体的直径即被定义为尘粒的空气动力径。

（4）Stokes 径 d_s。特指在斯托克斯流态下（层流流态，颗粒的雷诺数 $Re<0.2$）的自由沉降径。其数学表达式为

$$d_s = \sqrt{\frac{18\mu v}{(\rho_p - \rho)g}} \tag{9-27}$$

式中，μ 为介质动力黏性系数，$Pa \cdot s$；v 为颗粒沉降速度，m/s；ρ_p 为颗粒的密度，kg/m^3；ρ 为介质密度，kg/m^3；g 为重力加速度，m/s^2。

颗粒的物理粒径尽管也用几何量来表示，如 μm，但已与颗粒外形的实际几何尺寸没有直接的因果关系。换言之，物理粒径大的颗粒，其几何尺寸有可能很小。比如，对于两种不同类型的物料，如一根 $100\mu m$ 的纺织纤维，其 Stokes 径远比 $1\mu m$ 的金属粒子小。即使同一类物料，如飞灰，其密实颗粒也要比相同外形尺寸的空心漂珠大很多。这是因为金属粒子和实心灰粒的密度要比纤维颗粒和空心漂珠大的缘故。因此，物理粒径已经不是实际意义上的粒子"直径"，而是一种间接表达的"当量直径"。

对于燃煤电厂的飞灰，粒径的表述有两种，一种是筛分径，利用机械筛分机或气流筛分机测定；另一种是 Stokes 径，利用 Bacho 粒度分级仪或液体沉降分级仪测定。筛分径常用于飞灰综合利用技术领域，例如，当将飞灰用于水泥或混凝土的掺和料时，国家对飞灰的品位等级作出了严格的规定（见表9-2），其中所规定的粒径即指筛分径。这是因为筛分径代表的是几何尺度，而几何尺度直接决定着飞灰的活性，进而直接影响水泥和混凝土的性能。

表 9-2　飞灰质量指标的分级（GBJ 146—90）　　　　　　　　　　（%）

粉煤灰等级	质量指标			
	细度（45μm 方孔筛的筛余累计分布率）	烧失量	需水量比	三氧化硫含量
I	≤12	≤5	≤95	≤3
II	≤20	≤8	≤105	≤3
III	≤45	≤15	≤115	≤3

Stokes 径被广泛应用于与颗粒的运动特性相关的技术领域，如研究颗粒在烟道、除尘器、除灰管道以及大气中的输送、沉降、悬浮、扩散和迁移运动的规律及其阻力特性，以及除尘除灰设备、管道的设计等。

9.9.2　飞灰的粒度分布参数

飞灰具有相当宽广的粒度分布域，其粒径从微米级到毫米级都有。要准确地表达其粒度的分布特征，必须借助于一些分布参数，常用的飞灰粒度分布参数有以下几种。

9.9.2.1　质量频率分布

飞灰颗粒的质量频率分布又称为分散度，是指按照不同的粒径段将飞灰试样划分为若干个粒组。不同粒组内的灰样质量（g）称为组频数，试样总质量为全频数（g）。某个粒组的灰样质量（组频数）占试样总量（全频数）的百分比称为组频率，每个粒组的组频率即组成了该灰样的质量频率分布（见表9-3）。

表 9-3　某电厂电除尘器入口烟道飞灰粒度分布

粒组/μm	0~5	5~10	10~20	20~30	30~40	40~50	50~60	>60
组频数/g	11.9	16.6	22.8	13.1	8.2	5.1	3.9	13.4
组频率/%	12.5	17.5	24.0	13.8	8.6	5.4	4.1	14.1
筛上累计分布率/%	>0	>5	>10	>20	>30	>40	>50	>60
	100	87.5	70.7	46.0	32.2	23.6	18.2	14.1
筛下累计分布率/%	<0	<5	<10	<20	<30	<40	<50	<60
	0	12.5	29.3	54.0	67.8	76.2	81.8	85.9
中位径 d_{50}/μm	18.0							

9.9.2.2　累计分布率

飞灰粒度的累计分布率分为筛上累计分布率和筛下累计分布率两种。所谓筛上累计分布率是指大于某一粒径灰样的质量占灰样总质量的百分比；筛下累计分布率恰好相反，即小于某一粒径灰样的质量占灰样总质量的百分比。由此可见，筛上累计分布率和筛下累计分布率是互补关系，即

$$D_i + R_i = 100\% \tag{9-28}$$

9.9.3　粒度分布特征径

当两组或多组灰样的粒度分布数据放到一起时，有时很难对它们的粗细作出直观评价。这时粒度分布特征值，即特征粒径（简称特征径）就显示出其特殊作用。

所谓特征径，就是利用某一特定参数来定量地表示灰样的粗细程度。比较常用的特征径有平均径、众径、中位径、标准差等，这些特征参数是通过对粒度分布数据或粒度分布曲线的统计处理得到的。其优点是仅需一个数值即可对粉料的粗细进行量化评价。但由于每个特征径只是从某一特定的角度对灰样粒度的粗细程度进行统计的，难免存在一定的片面性。尽管如此，从对飞灰粗细程度进行评价角度而言，特征径是非常方便、直观、简捷和实用的。

在飞灰的粒度分析中，最常用的特征径是中位径 d_{50}，所谓中位径是指当筛上累计分布率或筛下累计分布率等于50%时的对应粒径。由此可知，灰样中大于中位径的灰量和小于中位径的灰量是相等的。

9.9.4 粉尘粒径的测定

粉尘的粒径大小与除尘技术有着极为密切的关系，因而粒径的测定成为通风除尘测试技术中重要的组成部分。粉尘粒径的许多测定方法都是基于测定粉尘的某种特性（光学特性、惯性、电性等）基础上的。由于各种测定方法所依据的基本原理不同，所测出粒径的含义也不同，例如采用显微镜法测得的粉尘粒径是指投影径（定向径、长径、短径等），而用电导法测得的粒径是等体积径，沉降法测得的粒径是粉尘的空气动力径等。一般来说，由于多数粉尘为非球体，不同的方法之间是没有对比性的，因此，在给出粒径分布的同时，应说明所采用的分析方法。表9-4列出了颗粒粒径分布测定的一般方法。

表9-4 粉尘粒径分布测定的一般方法

分 类	测定方法		测定范围/μm	分布基准
筛分	筛分法		>40	计重
显微镜	光学显微镜		0.8~150	计数
	电子显微镜		0.001~5	计数
沉降	增量法	移液管法	0.5~60	计重
		光透过法	0.1~800	面积
		X射线法	0.1~100	面积
	累积法	沉降天平	0.5~60	计重
		沉降柱	<50	计重
流体分级	离心力法		5~100	计重
	串级冲击法		0.3~20	计重
光电	电感应法		0.6~800	体积
	激光测速法		0.5~15	计重、计数
	激光衍射法		0.5~1800	计重、计数

9.9.4.1 显微镜法

显微镜法是将制备好的粉尘样标本置于显微镜的载物台上，在给定的显微镜放大倍率下（常用450~600倍的，特殊情况下用1000~1500倍的），用目镜测微尺对粉尘逐个进行测量。通常可以测出费雷特直径、马丁直径、投影面积直径等。观测时要求每个视野范围内的粉尘粒数不超过50~75个。每次测量的粒子数量要以测量结果能达到稳定为原则。对于形状较规则的粉尘粒子，可以测量100个；对于形状不规则或粒径分布范围较宽的粉尘，一般约需测量200~2000个。

粒径在0.5~100μm时，可用普通光学显微镜测量，在0.001~5μm，则需用电子显微镜测量。目测法在显微镜下观测粒子尺寸和计数，不但很费力费时，而且由于操作人员的技术熟练程度不同，观测结果往往差别很大。现在发展的图像分析法将显微技术、电子技术和计算机技术融为一体，为显微镜法提供了既快又好的自动方法。

尘粒外形愈接近于球体、四方体或多面体，用显微镜所测得的粒径愈接近其实际平均值。若尘粒呈片状，则测量经常带有某些固定的误差。这种方法的优点是可以观察粒子的形状，但只能直接了解粒径大小分布的情况，而不能得到按质量分级的数据。

9.9.4.2 筛分法

筛分法是测定粉尘粒径质量分布的一种较简单和通用的方法。它是取 50~200g 粉尘样品，使其依次通过一套筛孔渐小的标准筛进行筛分，即可把粉尘样品分成粒径大小不同的几组，求出每组粉尘质量占粉尘样品总质量的百分数，即粉尘的质量频率分布或质量累积频率。

常用的标准筛直径为 200mm，高度为 50mm。筛子规格一般用"网目"（简称目）表示，目指 1 英寸（1 英寸 = 2.54 厘米）长度上的筛孔数。我国多采用泰勒（Tyler）标准筛，最小孔径为 40μm（相当于 360 目）。筛分方法有手工筛分和振筛机筛分两种，都要求筛分到每分钟通过每只筛子的粉尘量不超过 0.05g，或为筛上物料量的 0.1% 为止。要求筛分过程粉尘样品的散失量最大不超过总粉尘样品质量的 4%。

据统计，用于筛分 60μm 以上的粒子时，测量误差较小。因筛分法简便易行，且有时采用其他测定方法时（如沉降法），需事先用筛分法筛除较大粒子，所以筛分法仍应用较广泛。

但是，筛分法测定的粉尘分散度不足以代表粉尘在气流中运动的特性。

9.9.4.3 气体分离法

沉降法是气体除尘实验研究中应用最广泛的方法，测得粒径是斯托克斯直径或空气动力学直径，粒径测定范围为 0.5~40μm。沉降法又可分为液体沉降法和气体沉降法两类，皆是根据粒子在流体（液体或气体）介质中沉降时遵循斯托克斯定律而得来的测定方法。

使尘粒在气体介质中沉降来测定粒径分布的方法有重力沉降法、离心力沉降法和惯性力沉降法。

A 巴柯离心分级粒度测定仪

巴柯（Bacho）离心分级粒度测定仪是一种利用离心力使粉尘从携带气流中分离出来的一种仪器。其工作原理如图 9-20 所示，粉尘样品由给料器 5 落到高速旋转的旋转圆盘 6 上，在离心力作用下向外侧运动。同时，由于风扇 4 的旋转，使空气从下部入口 1 吸入，经节流片 10、均流片 2、分级室 3，最后由上部边缘排出。从旋转圆盘到达分级室的粉尘同时受到向外的离心力和向心的气流阻力的作用，当粒径为 d_1 的尘粒的离心力与所受气流阻力平衡时，便被分离出来沉降到粗尘捕集部 7 处，粒径小于 d_1 的粉尘被气流带走或沉积在细尘捕集部位 8 处。依次更换节流片，逐次增大气流速度，便可将粉尘按粒径（由小到大）分成 8 组，并求出粉尘的粒径分布。每次测定前需筛除大于 0.4mm 的粉尘，所需粉尘样品为 10~20g，给粉尘量为 1~2g/min，分级一次所需时间为 20~30min。

为了确定分级仪每次被分离出的粉尘直径，仪器在出厂前要用标准粒子（密度为 1g/cm³ 的球体）进行标定，确定出每一个节流片（即每一种风量）所对应的粉尘分割粒径，即空气动力学分割直径 d_{ac}，当被测粉尘的真密度为 ρ_p 时，则相应于某一节流片被测粉尘的分割粒径 d_c 按式（9-29）换算：

$$d_c = \frac{d_{ac}}{\sqrt{\rho_p}} \tag{9-29}$$

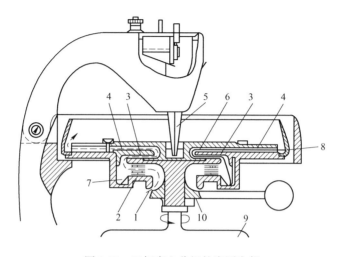

图 9-20　巴柯离心分级粒度测定仪

1—空气入口；2—均流片；3—分级室；4—风扇；5—给料器；6—旋转圆盘；
7—粗尘捕集部；8—细尘捕集部；9—电动机；10—节流片（可更换）

巴柯离心分级仪测定粉尘粒径的范围是 $2 \sim 60 \mu m$，可分成 8 级。巴柯离心分级仪具有结构简单、操作方便、分析时间较短（分析一个样品约 2h）等优点，适用于测定中等或较粗的松散性粉尘。对于吸湿性大、黏性稍大的粉尘，只要耐心细致操作，采取必要的弥补措施，也能得出较好结果。但对于细粉尘的测值偏低，不易分离干净；对过于光滑松散、流动性大的粉尘，又会发生细粒子偏高的现象。

B　级联冲击器

级联冲击器是使含尘气流从喷嘴喷出冲击在冲击板上，靠惯性碰撞机制使大于某一粒径的粒子沉降于冲击板上的一种多级串联粒子分级仪。既能测定气溶胶中固体粒子的粒径分布，同时又能测定含尘气流（或飘尘）的浓度。该仪器的分级粒径范围为 $0.3 \sim 20 \mu m$，与现在作为主要除尘对象的粒径范围是一致的。由于级联冲击器具有结构简单、紧凑、维护使用方便、体积小且性能稳定等特点，适用于现场或实验室使用，所以成为类型很多、使用范围很广的一种粒径分级测定仪器。

图 9-21 所示为级联冲击器的工作原理图，自圆形或狭缝形喷嘴喷出的含尘气流，直接喷射到前方的冲击板上，惯性较大的尘粒会偏离气流与冲击板碰撞，并由于黏性力、静电力和范德华力的作用互相附着，沉积于冲击板表面，而惯性较小的尘粒则随着气流进入下一级。从第 1 级至第 n 级（一

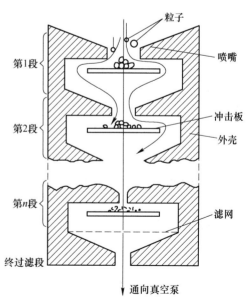

图 9-21　级联冲击器工作原理图

般 $n=5\sim10$）的喷嘴尺寸逐级减小，通过喷嘴的气流速度逐渐增大，则在冲击板上沉积的粉尘粒径逐级减小。称量出各级冲击板上沉积粉尘的质量，便可计算出粉尘的粒径质量分布及含尘气体的质量浓度。

冲击器的喷嘴形式有圆形和狭缝形（矩形）两类，狭缝形喷嘴通过的气体流量大，可以缩短测定时间。每级冲击器可以是单孔喷嘴，也可以是多孔喷嘴，孔数可达数百个。

9.9.4.4　液体沉降法

根据斯托克斯定律，当雷诺数 Re 小于 1 时，微小粉尘在介质中的沉降过程存在如下关系：

$$d = \sqrt{\frac{18H\mu}{(\rho_p - \rho)gt}} \tag{9-30}$$

式中，d 为粉尘粒径，cm；H 为粉尘在介质中沉降高度，cm；μ 为介质的动力黏度，g/(cm·s)；t 为粉尘沉降时间，s；ρ_p 为粉尘的真密度（若含空心微珠则为视密度），g/cm^3；ρ 为介质的密度，g/cm^3。

从式（9-30）可看出，只要预先测定粉尘的真密度（或视密度），并测出介质的动力黏度、密度，经过一定的沉降时间 t 后，不同粒径的粉尘将分布在不同的高度上。这时采用沉降天平或光电分析，就可确定粉尘的分散度。这种方法操作要求比较严格，但测定结果的重现性较好。

A　移液管法

安德森（Andensen）移液管法的测定装置主要是吸管装置，如图 9-22 所示。测定原理大致是：根据确定的沉降高度 H（液面至吸管底部的距离），及尘粒分组后每组的最大粒径 d_i 计算出相应的沉降时间（预定的吸液时间）。用 $6\sim10$g 尘样加蒸馏水制成悬浮液，注入吸管瓶中至 600mL 刻度线。按预定吸液时间用吸管吸液（每次吸 10mL），烘干后称重，便可测出每次吸液中小干粒径 d_i 的粉尘质量 m_i，根据原始悬浮液（10mL）中所含的粉尘质量，可计算出粒径 d_i 的粉尘筛下累积频率。

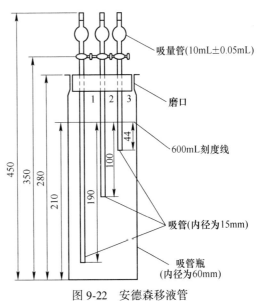

图 9-22　安德森移液管

由于移液管法的测定装置简单，操作较容易，测量精度和重现性均较好，所以得到了广泛应用，很多新装置也总是用它作比较。

B　沉降天平法

沉降天平法是欧登（Oden）于 1915 年提出来的。图 9-23 为巴奇曼（Bachmann）自动记录沉降天平的示意图。称盘置于装有粉尘样品悬浮液的沉降筒的底部，天平横梁的一臂悬挂称盘，另一臂与扭轴相连。转轴通过伺服电动机驱动旋转，而使天平横梁保持水平，其控制靠反光镜、光电管、放大器及电动机等来完成。转轴旋转角度表示沉降到秤盘上的粉尘质量，利用转动的记录纸自动记录下来。

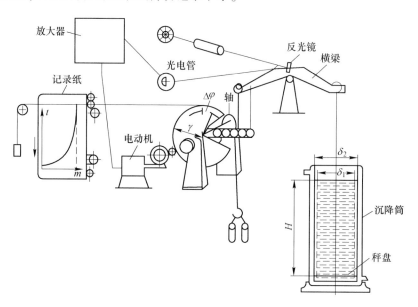

图 9-23　自动记录沉降天平示意图

沉降曲线的纵坐标为粒子沉降时间 t（与粒径 d 相对应），横坐标为沉降到秤盘上的粒子的质量 m，则曲线上任一点的切线为粒子的沉降速度，切线与横轴交点到原点的距离为 t_i 时间内粒径大于 d_i 的粒子的沉降质量 m_i。而参与沉降的试样总质量 m_0 应为秤盘上的总沉降量 m_t 与沉降终止时秤盘上方悬浮液中未沉降的试样总质量 m_s 之和，即 $m_0 = m_t + m_s$。因此，在测出 m_0 之后，便可求出粒径 d_i 的筛上累计频率。

9.9.4.5　电传感法

电传感仪器是根据库尔特原理制成的：通过压力差迫使液体中悬浮的粉尘颗粒随悬浮液一个接一个地穿越小孔口，孔口两边各设置一个电极，当粉尘颗粒穿越孔口时，由于电阻发生变化引起电压脉冲，而脉冲振幅的大小与颗粒的大小成正比。通过放大装置把脉冲加以放大，根据测出的数据就可确定颗粒的大小与颗粒的数目，从而求得粉尘的分散度（见图 9-24）。这种方法的优点是快速，测定结果的重现性好。

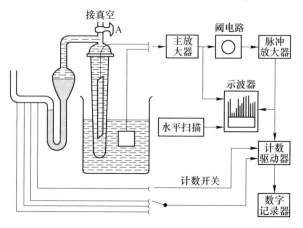

图 9-24　库尔特计数器运转原理

9.10 粉尘的比电阻测定

国际上通常将粉尘比电阻测量技术分为实验室和现场两种测量方法。实验室方法（又称实验台方法）检测的是粉尘的固有比电阻，现场方法检测的是粉尘的工况比电阻。基于不同原理设计的用于实验室内和电除尘器运行现场的测定装置有若干种，下面将介绍两种最具有代表性的粉尘比电阻试验台和现场粉尘比电阻测定仪。

9.10.1 实验室测量方法

所谓实验室比电阻测量是指在实验室内按照人为设定工况对从现场采集来的粉尘样品进行的测量。

作者课题组在 DR 型高压粉尘比电阻试验台基础上开发了新型的可调温度及烟气成分的粉尘比电阻试验台，由配气系统、测试系统、显示系统和控制系统四部分组成。配气系统通过流量计实现不同气体成分的测试环境，测试系统位于电极箱内，测试环境温度、粉尘层施加电压及漏泄电流，测试结果通过导线传输至显示系统仪表盘，试验台的电压、气体流量和温度的控制由控制系统实现。装置结构合理，提高了测量精度，实现了不同气体环境下粉尘比电阻的测量。经过实验验证，该实验台测量数据有良好的重现性。它采用国际通行的"平行圆盘型"测量电极，电极的结构系依据美国机械工程师协会（APCA）动力规范（28）设计，由于其主电极面积（即被测粉尘的过流面积）、灰层厚度以及灰层的表面压强均为定值，分别为 $2.54cm^2$、$0.5cm$ 和 $981Pa$，从而有效降低了测量误差。

9.10.1.1 试验台结构原理

新型的可调工况粉尘比电阻试验台由配气系统、测试系统、显示系统和控制系统四部分组成。配气系统通过流量计实现不同气体成分的测试环境，电极箱内设灰盘放置待测样品，测试系统测试环境温度、粉尘层施加电压及漏泄电流，电压电流及温度等参数的测试结果通过导线传输至显示系统仪表盘，试验台的电压、气体流量和温度的控制由控制系统实现。可调工况粉尘比电阻试验台总体结构图如图 9-25 所示。通过上述四个系统配合操作，其可实现不同温度下、不同气体环境下粉尘比电阻的测定。

A 配气系统

配气系统主要由自动配气系统和操控平台两部分组成，基本结构如图 9-26 所示。

自动配气系统包括控制面板、混气室、流量计和进气管路。根据测定工况要求进行气源选择，包括硫氧化物、氮氧化物、压缩空气等，利用高精度气体流量计控制各气体流量，实现所需气体浓度。各气体经过流量计后进入混气室，使气体充分混合，同时气体流速下降。混合均匀的气体通过高精度气体流量计从隔离罩底部沿进气口进入充气室，使隔离罩内多孔灰盘中的粉尘样品与设定气氛完全混合。进气速度尽量缓慢，避免粉尘和配气混合时，由于气体流速过大或不稳定造成粉尘样品飞扬。

粉尘在设定气氛中放置 5min，确保颗粒周围空间由设定气氛充满后，用推进摇杆 5 将多孔灰盘 6 推出隔离罩，同时将隔离罩内的气体由排气孔排出。操作过程中确保粉尘层结构不受破坏，保证测试结果的准确性。

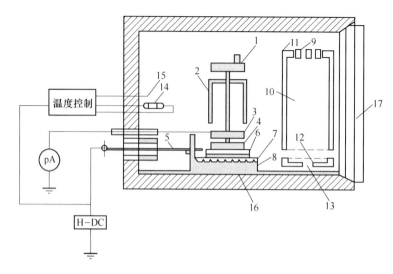

图 9-25　可调工况粉尘比电阻试验台结构总图

1—灰盘升降摇杆；2—悬挂梁；3—接地电极；4—环形电极；5—推进摇杆；6—多孔灰盘；
7—高压圆盘电极；8—耐高温底座；9—排气孔；10—充气室；11—隔离罩；12—绝缘层；
13—进气孔；14—电加热器；15—温控仪；16—高温电极箱；17—电极箱门

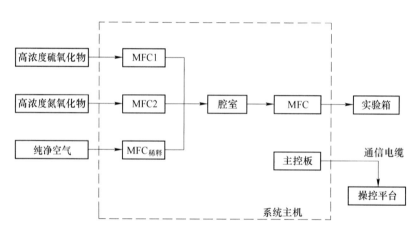

图 9-26　配气系统图

B　测试系统

测试系统由高压圆盘电极、低压接地电极、环形电极和多孔灰盘组成。高压圆盘电极经由导线连接高压电源及电流表，测试粉尘样品的电压及电流，环形电极保证粉尘层接受测试的部分场强均匀。电机箱内测试系统如图 9-27 所示。

多孔灰盘用来盛放待测样品，高压电源与圆盘电极相连，用来提供测定所需的直流负高压，环形电极置于粉尘层上部，其较大的表面积可以保证粉尘层表面的场强均匀，从而减少误差。此外，采用固定质量的环形电极，可以使粉尘层表面承受压强相同，避免压强对比电阻的影响。此外，环形电极上部设有升降摇杆，通过转动摇杆来调节环形电极的升降，以减少电极升降过程中对粉尘层表面的影响。电极箱内部装有温度传感器，测试箱体内的实时温度。

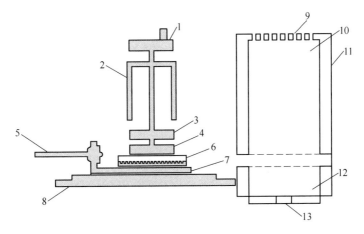

图 9-27　电机箱内测试系统图

1—升降摇杆；2—悬挂梁；3—接地电极；4—环形电极；5—推进摇杆；6—多孔灰盘；7—高压圆盘电极；
8—耐高温底座；9—排气孔；10—充气室；11—隔离罩；12—绝缘层；13—进气口

C　显示系统

显示系统包括电压显示、电流显示和温度显示。电压显示直接置于高压电源面板，用于实时显示施加在粉尘层的直流负高压。电流显示位于电流表模板，显示由灵敏电流计测定流经粉尘层的电流，同时设有与接地的旁路电路保护电流表，防止粉尘层击穿时产生的瞬时大电流对电流表造成冲击。温度显示位于温度控制器面板，用于显示设置温度及温度传感器测得的电极箱内的实时温度。此外，预留比电阻显示面板用于显示经过数据处理器输出的即时比电阻值。

D　控制系统

控制系统由高压电源控制、气体流量控制和温度控制三部分组成。高压电源控制通过调节旋钮向高压圆盘电极提供测试所需的直流负高压；气体流量控制通过流量计对各气体组分流量进行控制，从而实现气体成分比例的调节，另外通过控制混合后气体的流量来实现气体进入隔离罩的气速控制；温度控制是通过温控器与电加热器连接实现升温，国内温度传感器用来测量箱体内实时温度。

9.10.1.2　试验台主要技术特点

A　电压调节范围广

工业粉尘化学成分复杂，导致其介电特性也各不相同。对于高比电阻粉尘，其导电性能很差，粉尘层泄漏电流非常小。因此，在测定高比电阻或超高比电阻粉尘时，为了得到足够准确的结果，必须施加足够高的测量电压。为避免施加高电压时，测量线路上产生电流泄漏或者非正常放电，本试验台在电流传输和电极盘设计时采用旁路技术措施，保证测量线路在几十千伏高压下不产生电流泄漏和串流现象。

B　测量重现性

可调工况粉尘比电阻试验台采用了升降推杆及悬吊式电极的设计，有效地控制了圆盘电极的升降速度，减小了人为操作误差。采用了数字式测量技术，各类仪器、仪表测量精度也进一步优化，确保了良好的测量数据重现性。

C　安全可靠性

在粉尘层施加高电压时会产生击穿现象，粉尘层击穿瞬间电流会迅速增加，对测量仪表有一定风险。本试验台通过设置多重保护，如漏泄电流旁路、测量开关打开前仪表接地等，保证仪表在安全的条件下运行。

9.10.1.3　测试应用

为验证本实验台的可靠性，采集了国内不同地区五家燃煤电厂飞灰，分别进行了空气条件下飞灰的固有比电阻测试及设定气氛下飞灰工况比电阻的测试。

A　空气成分下飞灰固有比电阻的测定

图 9-28 所示为 5 种飞灰样品的比电阻在室内空气环境中随温度的变化曲线。

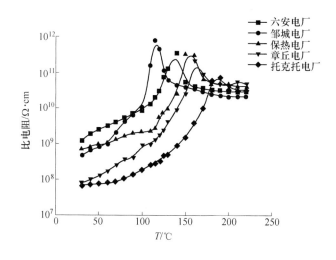

图 9-28　部分燃煤电厂飞灰的比电阻随温度变化曲线

由图 9-28 可以看出，在室内空气环境下，5 种飞灰的比电阻随着温度的变化趋势基本相同，当温度从室温逐渐上升时，飞灰比电阻也逐渐升高，120℃ 左右到达比电阻峰值。之后，温度继续升高时，飞灰比电阻会缓慢下降。

所有飞灰的比电阻都存在一个峰值，在到达峰值前，飞灰比电阻随着温度的升高而增大，到达峰值后，温度继续升高时，飞灰比电阻逐渐减小。其原因可由体积比电阻与表面比电阻形成的"并联电阻"理论解释：当电极箱中温度从室温开始上升时，粉尘颗粒内部缝隙中的水分开始受热蒸发，颗粒的表面会有一层薄薄的液膜形成，颗粒的表面导电性能会大大增加，相应的比电阻值主要受表面导电影响而大大下降，直至飞灰比电阻降至最低点（本次实验前对飞灰样品进行了干燥预处理，实验结果没有此种现象出现）。随着温度继续上升，粉尘颗粒表面的水分被蒸发至空气中，液膜逐渐消失，粉尘表面比电阻开始增大，总比电阻也迅速上升，以邹城电厂飞灰为例，当温度达到 120℃ 以上时，颗粒中的水分全部蒸发，此时，飞灰的比电阻达到最高值。

B　设定工况粉尘比电阻测试

为验证试验台在设定工况下的可靠性，通过控制各气体流量计设定具体气氛，调节温度及湿度后，对上述五个样品的比电阻进行了测定。具体设定工况如下：电极箱内湿度设定为20%，温度设定为120℃，SO_2气体流速设定为500mL/min，NO_2流速设定为25mL/min，选取通入气体时间为0s和300s时进行测定，结果如图9-29所示。

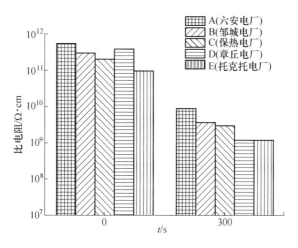

图9-29   设定工况下的飞灰比电阻

由图9-29可以看出，通气前，各样品的比电阻值与在室内空气环境下测量值基本相同。随着气体的通入，各灰样的比电阻值均有明显下降，以章丘电厂（D）的灰样比电阻下降最为明显，由$3.99\times10^{11}\Omega\cdot cm$下降到$1.17\times10^{9}\Omega\cdot cm$，飞灰比电阻的下降幅度超过了2个数量级，可见气体成分对粉尘比电阻影响很大。其影响规律与相关研究结果也非常吻合，验证了本试验台在工况条件下的可靠性。

通过对五家燃煤电厂飞灰进行固有比电阻及工况比电阻的实测检验，证实了可调工况粉尘比电阻试验台同时具备了对粉尘固有比电阻及不同工况下的比电阻的测试功能，为电除尘器的设计选型及稳定运行调试技术提供了一种重要的试验手段。

9.10.2   BDL型便携式飞灰比电阻现场测定仪

BDL型便携式飞灰比电阻现场测定仪（以下简称BDL比电阻仪）是一种现场比电阻测定仪器，也是目前国内外最新型的一种现场比电阻测量仪器。BDL比电阻仪的灰样和电信号的采集均在烟道内部完成，其测量工况与电除尘器实际运行工况一致，因此其测量数据能够真实地反映电除尘器实际运行状态下烟气温度、湿度及SO_2含量等因素变化对飞灰比电阻的综合影响，对电除尘器运行状态的分析、调整及设备改造具有特殊意义。

9.10.2.1   BDL比电阻仪测量系统

BDL比电阻仪包括测量探头和高电阻测量仪表两部分，并与真空泵和微差压计共同组成完整的工况比电阻测量系统（见图9-30）。探头用来进行灰样及灰样漏泄电流信号的采集；高阻表用来指示灰样的阻值；真空泵是测量系统的动力源，用来将烟气中的飞灰吸入探头内的集尘器；微压计用于抽气流量的调节，使真空泵工作在"等速采样"状态下。

测量探头是BDL比电阻仪的关键器件。

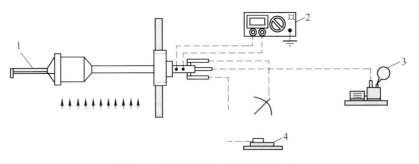

图 9-30　飞灰比电阻现场测量系统

1—探头；2—高阻表；3—真空泵；4—微差压计

9.10.2.2　BDL 比电阻仪结构原理

A　探头的结构

如图 9-31 所示，测量探头由平行短管、采样头、刚玉滤筒、外电极、内电极、内外静压管等部件组成。含尘气流在等速采样控制条件下进入采样嘴，灰样被微孔刚玉滤筒所收集。收集的灰样沉积于内、外电极之间的环形狭缝中。电极经高温氟线与高阻表连接。

B　过滤式集尘器

探头的内部安装有集尘器。集尘器为一只专门设计的微孔刚玉滤筒，其集尘效率可以达到 99.99%，是目前各类集尘器中集尘效率最高的一种。而且刚玉材料本身具有绝缘性能好、耐高温、抗腐蚀等特点，并可重复使用。由于过滤式集尘方式对飞灰性质无任何选择性，无论高比电阻还是低比电阻的飞灰，也无论粒度粗细、黏性大小不同的飞灰都可采集下来。

C　测量电极

测量电极为同心圆环形，由内外电极、辅助电极等组成。测量电极镶嵌在刚玉滤筒内，并一次性紧固于不锈钢探头中，使用中无须拆卸电极和更换滤筒。

沉积于同心圆环电极中的灰层呈同心圆筒状（见图 9-32）。

D　静压平衡系统

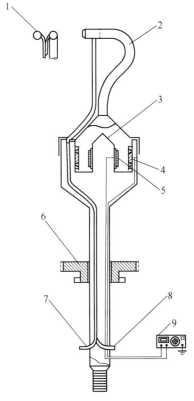

图 9-31　探头结构原理图

1—平行短管；2—采样头；3—刚玉滤筒；

4—外电极；5—内电极；6—丝堵；

7，8—静压管；9—高阻表

为了使采集灰样的粒度、成分（如含碳量）与烟气中实际飞灰的一致，消除因采用代表性偏差造成的测量偏差，采样流速必须与实际烟速相等，即等速采样。如果采样流速（指进入采样嘴的流速）低于测点处的实际烟速，则采集到的灰样偏粗，含碳量会偏高。反之，采集的灰样偏细，含碳量会偏低。粒度和含碳量的偏差都会对比电阻测量结果产生影响。为此，BDL 比电阻仪依据流体力学原理，并经风洞实验，设计配置了"平行短管

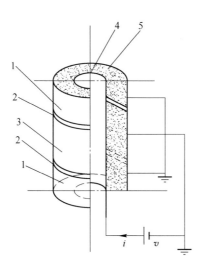

图 9-32　环状灰层的导电模型

1—刚玉滤筒；2—辅助电极；3—外电极；4—内电极；5—灰层

式"静压平衡等速采样系统，实现了等速采样。这也是目前国内外唯一具有等速采样功能的飞灰比电阻测量装置。

静压平衡系统由平行短管、内静压管、外降压管等组成。在采样嘴和平行短管上分别开有一个 3mm 的静压孔，通过各自的传压管将采样嘴内的静压和平行短管的静压传递至微压计。采样嘴和平行短管的各种几何参数，如内径、外径、入口导流角、静压孔前端管长以及表面粗糙度等均相同。

9.10.2.3　BDL 比电阻仪技术特点

（1）采用平行短管式静压平衡等速采样系统和高效过滤式集尘器，可确保采集的灰样具有良好的代表性。

（2）刚玉滤筒集尘器具有耐高温、耐酸蚀、耐高电压等特性。

（3）测试前不需要做灰样耐击穿电压预试验。

（4）具有容性辨识功能，可避免因灰样容性电流过高造成的测量信号失真。

（5）集尘器和测量电极伸入烟道内部，测量数据完全代表烟气工况下的比电阻值。

（6）仪器轻便，测量简捷，双段插接式测量探头携带方便，适用于现场流动检测；内置式探头管径的最粗处小于电除尘器已有的标准采样孔孔径（2 英寸孔），故不需要现场专开测量孔。

9.11　粉尘的成分分析

灰成分分析主要包括：SiO_2、Al_2O_3、TiO_2、Fe_2O_3、CaO、MgO、SO_3、K_2O、Na_2O、MnO_2。灰成分通常可由火焰温度计、原子吸收光谱仪、X 射线荧光分析仪测定，也可用常规的化学成分重量法分析测定，测定方法可参阅 GB/T 1574—1995《煤灰成分分析方法》。

298

10 除尘器性能测试

10.1 除尘器基本性能测试

除尘器类型繁多,结构各异,它们共同的基本性能主要有三项:除尘效率、阻力和漏风率。阻力低、漏风率小,则其消耗的能量少;除尘效率高,则表明其捕集粉尘的能力良好。因此,测定这三项基本性能,是了解除尘器工作状态和运行效果的重要手段。

10.1.1 除尘效率测定

除尘效率又称收集效率、捕集效率或分离效率。它是所捕集的粉尘量与进入除尘器的粉尘量之比。测定除尘效率需按粉尘采样的要求选择合适的测定位置,采用标准采样管,在除尘器进口、出口同步采样,然后通过计算求得。

10.1.1.1 除尘器的总除尘效率

除尘器总效率有几种表示法,常见的有:以进、出除尘器粉尘质量为基准,计算除尘效率;按粉尘个数为基准计算除尘效率;按光学能见度污染程度、粉尘颗粒的投影面积为基准进行计算。但是就我国而言,通常多以进、出除尘器粉尘质量为基准,计算除尘效率。

(1)以粉尘质量为基准的除尘效率:

$$\eta_m = \frac{G_j - G_c}{G_j} \times 100\% = \left(1 - \frac{G_c}{G_j}\right) \times 100\% \tag{10-1}$$

(2)以单位体积粉尘质量浓度为基准的除尘效率:

$$\eta_m = \left(1 - \frac{G_c}{G_j}\right) \times 100\% = \left(1 - \frac{c_c Q_c}{c_j Q_j}\right) \times 100\% = \left(1 - \alpha \frac{c_c}{c_j}\right) \times 100\% \tag{10-2}$$

(3)以粉尘个数为基准的除尘效率:

$$\eta_n = \frac{n_1 - n_2}{n_1} \times 100\% = \left(1 - \frac{n_2}{n_1}\right) \times 100\% \tag{10-3}$$

(4)以粉尘颗粒投影面积为基准的除尘效率:

$$\eta_A = \frac{A_1 - A_2}{A_1} \times 100\% = \left(1 - \frac{A_2}{A_1}\right) \times 100\% \tag{10-4}$$

式中,G_j、G_c 分别为除尘器进口、出口粉尘质量,kg/h;c_j、c_c 分别为除尘器进口、出口粉尘浓度,g/m³;Q_j、Q_c 分别为除尘器进出口标准状态下的烟气流量,m³/h;α 为除尘器漏风系数;n_1、n_2 分别为除尘器进出口粉尘颗粒个数;A_1、A_2 分别为进口、出口粉尘的投影面积,m²。

火力发电厂除尘器的除尘效率一般以粉尘质量或单位体积内的粉尘质量（含尘浓度）为基准。

10.1.1.2　透过率

对高效除尘器，例如电除尘器、袋式除尘器，常用透过率 P 来表示除尘器的捕集性能，透过率按式（10-5）计算：

$$P = (1 - \eta) \times 100\% \qquad (10\text{-}5)$$

10.1.1.3　净化系数

对超高除尘器还可用净化系数 f_0 来表示捕集性能：

$$f_0 = \frac{1}{1 - \eta} \qquad (10\text{-}6)$$

例如，$\eta = 99.999\%$，则 $f_0 = 10^5$。

净化系数的对数值称为净化指数，上例的净化指数为 5。

10.1.1.4　分级效率

通常来说，在一定粉尘密度条件下，粉尘颗粒越粗除尘效率越高。因此，仅用综合除尘效率来表述除尘器收集性能就显得不够，还应揭示出不同粒径粉尘颗粒的除尘效率才更为合理、更全面地反映除尘器性能。用 $\eta_\delta(\%)$ 表示分级效率：

$$\eta_\delta = \left[1 - \frac{f_{2(\delta)}\, G_j}{f_{1(\delta)}\, G_c} \right] \times 100\% \qquad (10\text{-}7)$$

式中，$f_{1(\delta)}$、$f_{2(\delta)}$ 分别为粉尘粒径为 $\delta \pm \dfrac{\Delta\delta}{2}$ 的粉尘在除尘器进口、出口粉尘质量中的百分比。

分级效率与总效率的关系：

$$\eta_\delta = \eta_m \times \frac{f_{2(\delta)}}{f_{1(\delta)}} + \frac{f_{1(\delta)} - f_{2(\delta)}}{f_{1(\delta)}} \times 100\% \qquad (10\text{-}8)$$

10.1.1.5　多级串联除尘效率

假如除尘器由多级串联组成，各级除尘效率分别为 η_1，η_2，…，η_n，则总效率为

$$\sum \eta = 1 + (1 - \eta_1)\eta_2 + \cdots + (1 - \eta_1)(1 - \eta_2)\cdots(1 - \eta_{n-1})\eta_n \qquad (10\text{-}9)$$

如果各级除尘效率相等，即 $\eta_1 = \eta_2 = \cdots = \eta_n$，则

$$\sum \eta = 1 - (1 - \eta_n)^n \qquad (10\text{-}10)$$

10.1.1.6　分离临界粒径

为了形象地描述除尘器捕集粉尘性能，可采用分离临界粒径这个概念。

从图 10-1 中可以看出，分级效率与粒径的关系曲线下端在 0 处与横坐标相切，上端与 100% 横线相切。对某一类除尘器来说，按除尘器作用力的不同，能捕集的粉尘粒径也有一定范围，即大于某一粒径粉尘都能收集，而小于某一粒径粉尘都不能捕集。这种粒径称临界粒径 d_c，分级效率理论曲线是平行于纵坐标轴的直线。但是，实际除尘过程中，除主导作用外，还有二次扬尘，回弹等因素，使应捕集的粉尘而捕集不到；而另一方面，由于碰撞、凝并、凝聚、扩散等因素，使主导作用力捕集不到的小颗粒粉尘被捕集到了。因此，称除尘效率为 50% 粉尘粒径为分离临界粒径 d_{c50}。它可以通过测定分级效率，在

η_δ 与 δ 关系图上求得。对同一类除尘器，d_{c50} 越小，则分离效率越高。

10.1.1.7　除尘效率测量误差

在测量除尘器效率时，如果粉尘浓度测量值与真实值有偏差，则除尘效率就会出现偏差，或高或低，造成偏差的原因主要有以下几方面：

（1）测量位置不理想，测量断面上存在涡流。测量点数少，代表性差。

（2）锅炉负荷在测量过程中发生显著变化。

（3）采样管收集性能差，而烟气中粉尘很细，致使部分细粉尘逃逸。

（4）测量人员操作不当失误。

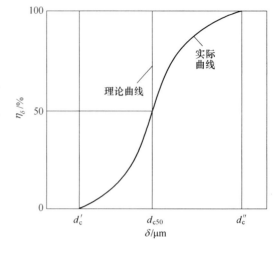

图 10-1　分级效率理论曲线和实际曲线

（5）仪器控制特性不好，或抽吸达不到等速要求。

假定测量除尘器进口、出口测量误差分别为 σ_1、σ_2，则除尘效率最大值 η_{max} 和最小值 η_{min} 分别表示成：

$$\eta_{max} = \left[1 - \alpha \frac{(1 - \sigma_2) c_c}{(1 + \sigma_1) c_j} \right] \times 100\% \tag{10-11}$$

$$\eta_{min} = \left[1 - \alpha \frac{(1 + \sigma_2) c_c}{(1 - \sigma_1) c_j} \right] \times 100\% \tag{10-12}$$

除尘效率测量误差为

$$\Delta\eta = \eta_{max} - \eta = \frac{\sigma_1 + \sigma_2}{1 + \sigma_1}(1 - \eta) \tag{10-13}$$

$$-\Delta\eta = \eta_{min} - \eta = -\frac{\sigma_1 + \sigma_2}{1 - \sigma_1} \tag{10-14}$$

假如某除尘器除尘效率 $\eta = 95\%$，$\sigma_1 = \sigma_2 = 10\%$，则 $\Delta\eta = -0.0111 \sim 0.0091$，因此，除尘效率的测定值由于测试误差而在 93.89% ~ 95.91% 范围内。

10.1.2　除尘器阻力的测量

除尘器的阻力是指烟气通过除尘器所损失的能量。分别测得除尘器进口、出口烟气总能量后，两者相减即为除尘器阻力。为此，需同时准确测定进口和出口烟气的静压、平均流速或动压、介质温度、环境温度、大气压力等参数，并测量测点位置标高。

测量位置尽可能选择在接近除尘器进出口烟箱 1 倍当量直径以内平直管段上。如果条件不允许，也可采用效率测量孔测试，但注意的是测试数据中应扣除测量断面到除尘器进出口烟箱法兰面间压力降。

如果烟气流态较平稳均匀，则可在烟道壁上一点测量烟气静压，来代表整个测量断面平均静压值，但要求该点一定要设置并安装在直管段上，静压测孔座内径一般为 5 ~ 6mm，测孔内壁四周光滑无毛刺、无积灰。

如果烟气流态不均匀，应采用多点测量取平均值方法测量。

除尘器阻力按式（10-15）计算：

$$\Delta p = (p_d' - p_d'') + (p_j' - p_j'') - g\rho_k(y' - y'') + g(y'\rho' - y''\rho'') \tag{10-15}$$

式中，p_d'、p_d''分别为除尘器进口、出口烟气动压，Pa；p_j'、p_j''分别为除尘器进口、出口烟气静压，Pa；y'、y''分别为除尘器测点位置标高，m；ρ'、ρ''分别为除尘器进口、出口烟气密度，kg/m^3；ρ_k为烟道周围空气密度，kg/m^3；g为重力加速度，m/s^2。

当除尘器进口、出口烟气温度相差不大时，$\rho' \approx \rho''$，取平均值为ρ_y，则式（10-15）简化为

$$\Delta p = (p_d' - p_d'') + (p_j' - p_j'') - g(y' - y'')(\rho_k - \rho_y) \tag{10-16}$$

如果进口、出口静压测点标高相差不大，则可进一步简化为

$$\Delta p = (p_d' - p_d'') + (p_j' - p_j'') \tag{10-17}$$

若进口、出口烟气流速基本相等，则除尘器压力降可近似看作进口、出口静压之差，即

$$\Delta p = p_j' - p_j'' \tag{10-18}$$

10.1.3　漏风率的测量

本体漏风率是衡量除尘器性能的重要指标之一，可以检查除尘器严密性，进而对除尘器制造和安装质量做出公正评价。对于高效除尘设备，漏风率过大，不仅会影响运行参数，降低除尘效率，还会导致局部烟温低于酸露点温度，造成电极或滤袋粘灰、腐蚀。除尘器漏风量可根据进口、出口烟气流量之差来计算：

$$\Delta Q_0 = Q_0'' - Q_0' \tag{10-19}$$

式中，Q_0'、Q_0''分别为除尘器进口、出口烟气流量，m^3/h；ΔQ_0为除尘器漏风量，m^3/h。

漏风量与除尘器进口烟气流量之比称为漏风率：

$$\Delta\alpha = \frac{\Delta Q_0}{Q_0'} \times 100\% \tag{10-20}$$

常用的测量漏风率的方法有如下几种：

（1）用标准批托管或经过标定的其他测速管、微压计（电子微压计）同步测量除尘器进口、出口烟气流量，并换算成标准状态下烟气流量，按式（10-19）计算。

这种方法用于测定干式除尘器的漏风率效果尚好，但对于混式除尘器，因烟气中的SO_2、SO_3、CO_2等部分溶解于水中，部分除尘用水因吸热而蒸发，出口烟气流量难以准确测定，故湿式除尘器漏风率一般不用此法测定。

（2）测量精度不低于1级的电化学氧量计或顺磁氧量计及其他测量烟气氧量仪器，测量除尘器进口、出口氧量，按式（10-21）计算：

$$\Delta\alpha = \frac{O_{2out} - O_{2in}}{K - O_{2out}} \times 100\% \tag{10-21}$$

式中，$\Delta\alpha$为电除尘器漏风率，%；O_{2out}为出口断面烟气平均含氧量，%；O_{2in}为进口断面烟气平均含氧量，%；K为当地大气含氧量，根据海拔高度查表得到。

（3）化学方法测量除尘器进口、出口烟气氧量。最常用的方法是利用化学吸收法按容积测量气体成分，所使用的仪器是奥氏分析仪，如图10-2所示。测定烟气中CO_2含量时，用量气管量取一定体积气体试样，让它通过装有吸收剂KOH溶液的吸收瓶，使之与

吸收剂接触，CO_2 即被定量吸收，反应物 K_2CO_3 仍留在 KOH 溶液中（$CO_2 + 2KOH =$ $K_2CO_3 + H_2O$），根据吸收前后气体体积差，便可计算出烟气中 CO_2 含量。由于烟气中三原子气体以 CO_2 为主，SO_x、NO_x 与之相比微不足道，故根据进口、出口烟气中 CO_2 的变化就可计算出除尘器漏风率：

$$\Delta\alpha = \frac{RO'_2 - RO''_2}{RO'_2} \times 100\% \qquad (10\text{-}22)$$

式中，RO'_2 为除尘器进口烟气中 RO_2 成分含量，%；RO''_2 为除尘器出口烟气中 RO_2 成分含量，%。

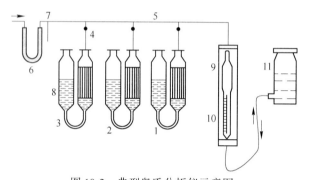

图 10-2　典型奥氏分析仪示意图

1~3—吸收瓶；4—旋塞；5—梳形管；6—过滤器；7—三通旋塞；8—缓冲瓶；
9—量气管；10—水套管；11—水准瓶

（4）氧化锆氧量计。燃烧过程是一种激烈的氧化反应，需要大量空气助燃，但当烟气进入除尘器时，燃烧过程早已结束，氧化反应不再进行，如果没有其他特殊原因，通过除尘器后的烟气中含氧量不会发生变化。实际上，由于除尘器不同程度存在着漏风，外界大气多少会混入除尘器内的烟气中。烟气中的含氧量（体积分数）一般为 4%~6%，而大气中的含氧量约为 20.6%，两者相差甚大。因此，只要测得除尘器进口、出口烟气的含氧量，就能较精确地计算出漏风率。

氧化锆氧量计是利用氧化锆管作传感器测量混合气体中氧气含量的一种仪器，优点是结构简单、信号准确、使用可靠、反应迅速，该仪器核心元件是氧化锆管。它是由 4 价锆被一部分 2 价钙或 3 价钇所取代而生成氧空穴的一种氧化晶体，在高温并有氧存在情况下，表面氧取代了晶体中氧离子空穴中的位置变成氧离子。若氧化锆两侧氧浓度不同，浓度高的一侧必然向低的一侧迁移，形成浓差电池，产生电动势，电动势的大小与温度及两侧氧分压大小有关：

$$E = 0.0496 T \lg \frac{p_c}{p_a} \qquad (11\text{-}23)$$

式中，E 为浓差电池的最大输出电动势，mV；T 为氧化锆所处的温度，℃；p_c、p_a 为浓差电池两侧（烟气及大气）氧分压，%。

在氧化锆氧量计中，将氧化锆所处的温度加热到一个定值，高浓度侧通大气，氧分压为恒定，即 $p_c = 20.6\%$，这样，E 只是氧气中氧分压 p_a 的函数，将 E 放大即显性化处理，即可直接读出烟气中氧分压，也就是烟气中氧含量。

图 10-3 是氧化锆氧量计装置，采样管的过滤器探头可用玻璃面或滤膜（筒），要求采

样管与氧接辅助抽气泵（筒）均可。要求采样管与氧量计的连接严密，如果烟道负压过大，仪器本身所配套的抽气源满足不了需要时，可外接辅助抽气泵。

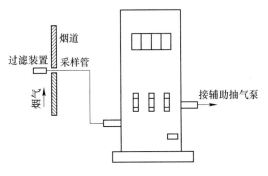

图 10-3　氧化锆氧量计装置

测量烟气含氧量的仪器除了氧化锆氧量计外还有化学氧量计、顺磁氧量计等。

10.2　电除尘器性能试验

电除尘器性能试验除了 10.1 节中讲到的除尘器基本性能试验外，还应进行气流分布均匀性、收尘极和放电极振打特性、电晕放电伏安特性等试验内容。性能试验既可以在工业设备上进行，也可以在冷态模型或热态半工业性试验装置上进行。

10.2.1　气流均匀性试验

电除尘器的气流均匀性试验一般包括两部分内容：一台工业炉窑上各台（或各室）电除尘器的气量分配的均匀性、每台电除尘器电场内的气流分布均匀性。

气量分配均匀性可以用前面所介绍的烟气流量测定方法，测量各台电除尘器的处理烟量，并换算成标准状态下的烟气量，计算出平均烟量，进而求得各台电除尘器的处理烟量与平均烟量（均指标准状态下）的相对偏差。通常要求各台电除尘器的烟气量分配相对偏差应小于±10%，对于高效率电除尘器有的要求气量分配的相对偏差小于±5%。

本节将着重介绍电除尘器电场内的气流分布均匀性试验。

只要严格按相似理论确定模型几何尺寸，按照模型试验原则进行试验并将试验结果按相似准则放大到实物，则在实物电除尘器上测量结果与模型模拟试验结果基本一致。对于要求相对均方根值 $\sigma' \leqslant 0.25$，可不进行现场气流分布试验。而对于未进行模拟试验，套用或借用现役电除尘器气流分布装置的必须进行现场气流分布调整试验；而对于改造的电除尘器没有进行模拟试验的，一定要进行现场调整试验；对于要求相对均方值 $\sigma' \leqslant 0.2$，一定要进行现场气流分布调整试验。否则将很难达到期望的气流分布均匀性。

现场实物气流分布试验是在设备安装结束，主辅机具备冷态启动运行条件下进行的。现场气流分布调整试验能够检验模拟试验精确度，又能检查安装可能出现的质量问题，并调整到预期的气流分布均匀性目的。

在进行现场气流分配和分布试验时，只能在冷态下进行，因此，必须考虑气体介质密度变化的影响，空气介质密度为 1.293kg/m³，而烟气介质密度为 0.8kg/m³ 左右，两者相差较大。试验中应尽量做到断面气体流速接近或达到设计值，否则将会产生较大误差。

10.2.1.1　测量位置

通常现场气流分布调整试验只在第一电场前进行，除特殊目的外，后续电场可不做试验，原因是气流经过电场后收尘极板排限制气流的横向流动，由于气流的扩散作用，气流上下分布也趋于均匀。因此测量位置选择在末排气流分布板与第一电场收尘极板排之间，离分布板距离应大于 $10d$ 处（d 为多孔板孔径、槽板通流间距、方格孔当量直径）。

10.2.1.2　布置测点

沿高度方向 1.0~1.5m 间隔划分；宽度方向按收尘极距确定，通常以 2~3 个通道为一个测点间隔。每个测点所代表面积以 $1.0m^2$ 为宜。大型电除尘器可适当增加，但每个测点所代表面积也不宜超过 $1.5m^2$。

10.2.1.3　测量方法

A　拉线测量法

在测量断面处上下各拉一根钢丝，制作仪器固定架和上下挂钩，具体结构如图 10-4 所示。这种测量方法通常采用热球式风速仪，便于固定和测量。它的好处是：排除了测量人员对气流的干扰，定位准确，测量精度高，但前期准备工作量大。

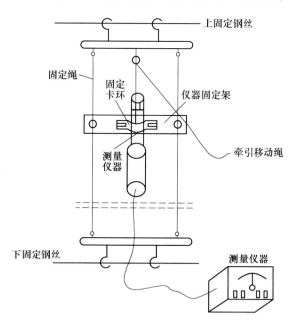

图 10-4　拉线法测量气流分布装置

B　利用收尘极板作固定测量法

利用收尘极板作仪器固定点进行测量，如图 10-5 所示。为防止极板变形仪器夹无法上下移动，仪器夹板端固定板宽度大于收尘极同极距 50~100mm。这种测量方法要求是：收尘极板端部没有放电极大框架，极板上下无障碍物，仪器测量架可以自由上下移动。该方法具有定位准确，测量距离易于控制，测量人员对气流无影响，测量精确度高等特点。

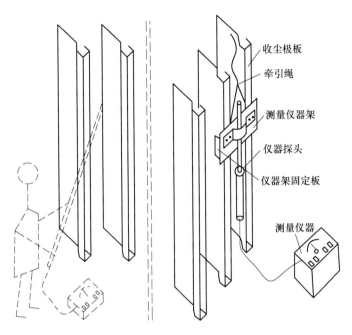

图 10-5 利用收尘极板固定和直接测量示意图

C 直接测量法

直接测量法就是测量人员进入电除尘器内部，将仪器固定在金属或木杆上，逐点测量，如图 10-5 虚线所示。为避免测量人员干扰气流，测量杆长度至少应大于 3.0mm 以上。这种测量方法测量距离很难控制，即使测量杆加长到 3.0m 以上，测量人员也会不可避免地干扰气流，测量准确度较低。该方法作为一般了解气流分布情况还可以，对于考核或需要准确数据的场合则不宜采用。

10.2.1.4 计算

相对均方根值按式（10-24）计算：

$$\sigma' = \sqrt{\frac{1}{n}\sum_{i=1}^{n}\left(\frac{v_i - v}{v}\right)^2} \quad\quad （10-24）$$

式中，σ' 为截面气流速度相对均方根值；n 为测量截面上测点总数；v_i 为 i 点上测出的气流速度，m/s；v 为测量截面各测点气流速度算术平均值，m/s。

10.2.1.5 气流分布均匀性评判

采用相对均方根值法，评判标准如下：

(1) $\sigma' \leqslant 0.1$，优。

(2) $\sigma' \leqslant 0.15$，良。

(3) $\sigma' \leqslant 0.25$，及格。

10.2.2 振打特性试验

电除尘器主要有四个工作过程：一是电晕放电；二是粉尘荷电；三是粉尘被收集到收尘极板或放电极线（极少量粉尘）；四是清除收尘极和放电极表面粉尘，使其落入灰斗。

至此，完成收尘过程。

清除收尘极和放电极表面粉尘不但是完成收尘最重要的过程，还是维持电除尘器稳定高效运行的必要条件之一。收尘极振打加速度值及其分布均匀程度关系到黏附在电极表面的粉尘能否有效剥离。振打力太小，电极上积灰增厚，易产生反电晕，导致运行电流减小，除尘效率下降；振打力太大，从电极表面上剥落的粉尘不易形成团片或块状下落，而是呈颗粒状粉尘下落，在下落过程中易被烟气流携带走，引起"二次扬尘"，并加速振打系统机械损耗。放电极振打也有类似问题，振打力太小，积灰清除不干净，电晕电流减小，除尘效率下降。振打力太大，易造成放电极线损坏或短线，危及电除尘器投入率和安全运行。

10.2.2.1　振打试验对象的确定

A　新安装电除尘器

被测量的收尘极板或放电极线可随机选择，当被测对象确定后，必须对其相应的振打系统作详细检查。保证振打系统组件加工和安装符合设计要求，振打锤体与承击砧相对位置配合正确，接触良好，振打轴的传动系统平稳、灵活。

B　现役电除尘器

须根据测量目的来选择测量对象。例如，需要了解收尘极和放电极线表面加速度大小，可选择积灰适中的一组极板或极线作为被测对象；如果确定某种粉尘所需要的振打加速度值，则选择电极表面积灰不超过要求的一组作为被测对象；如果电极或振打传动机构的结构改变，需要了解振打加速度大小时，应相应选择具有代表性的一组电极作为测量对象。

10.2.2.2　测点布置

不论测试的目的属于哪一类，对被测件相应的系统及结构形式都必须作简要说明，并画出简图，标明测点位置。

A　新安装电除尘器

对收尘极板排和放电极线进行全面测定。对收尘极板高度为 10.0m 以下的，每间隔 1.0~1.5m 设置一个测点；10.0m 以上极板，每隔 1.5~2.0m 设置一个测点。

B　现役电除尘器

在有条件的情况下，应对所选择的收尘极板排或放电极线整排进行测试，按新安装电除尘器规则设置测点数量。对有困难的可选择板排的首尾各两块极板（极线）上设置测点。必要时，每排极板（极线）上下各设置两个测点。另外设置测点原则是：距振打位置最远和最近极板（极线）设置测点，测量相应的振打加速度值。

当需要了解振打力传递和衰减情况时，在冲击杆处也应设置测点，同时也可以用来检验安装质量。

10.2.2.3　测量仪器

通常用于测定收尘极和放电极振打加速度的是冲击测振仪，它由加速度传感器、电荷放大器、冲击电压表和记录仪等组成。

10.2.2.4　测量方法

A　加速度传感器选择

被测件承受振打时，振打力近似于半正弦波，冲击脉冲宽度为 0.1~0.2ms。为了不失真地测定出冲击脉冲信号，加速度传感器和配套使用的电荷放大器等的频率范围要与其相适应。加速度传感器体积要小，质量要轻，其质量不超过被测体质量的 1/10。

加速度传感器出厂时均附有电压、电荷灵敏度和频率响应曲线和技术指标。随着时间的延长，加速度传感器的灵敏度会降低，为保证测量精度，必须每年由计量部门标定一次，最好连同测量仪器系统整体标定。

B　电荷放大器上、下限截止频率选择

由于加速度传感器的谐振频率不够高，冲击的宽广频谱会引起加速度传感器共振响应。因此，在加速度传感器输出、输入电荷放大器时，必须把高频响应滤掉。

电荷放大器上限截止频率一般设置五挡，即 $1 \times 10^3 Hz$、$3 \times 10^3 Hz$、$10 \times 10^3 Hz$、$30 \times 10^3 Hz$ 和 $100 \times 10^3 Hz$（线性），它们分别表示信号在该频率下降 (3 ± 1) dB。因此，应根据不同型号的加速度传感器频率响应选择电荷放大器的上限截止频率。如 JC-2 型加速度传感器的响应频率为 $8 \times 10^3 Hz$，宜选用 $10 \times 10^3 Hz$ 挡。

C　冲击电压表量程挡的选择

选择量程挡应使读数在表盘刻度的 30%～100%。

D　加速度传感器的安装

加速度传感器安装固定方式对测量结果有很大影响。由于现场条件不同，加速度传感器与被测件的连接可以用螺栓、磁铁或黏结剂。采用何种连接方式应在测定数据中作明确说明。

当采用螺栓连接时（一般用 M4 螺栓），因扭紧力不同测量结果相差很大。最好用扭力扳手，安装力矩为 176.52N·m；当用磁铁连接时，被测体表面应除锈，光洁，接触良好；当用黏结剂连接时，可采用氯仿糊胶、氯仿或 502 黏结剂等。

加速度传感器接触面要平整光滑。被测件表面应除污垢，去铁锈。此外，加速度传感器引出端应保持清洁、干燥，以免降低绝缘电阻，使系统低频响应变坏，典型正确安装如图 10-6 所示。

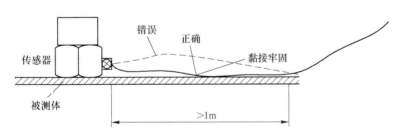

图 10-6　振打加速度传感器安装方式

传感器垂直安装于被测体表面上，测得法向（z 向）加速度；安装方向与振打力方向平行，测得切向（x 向）加速度。测量结果应注明振打力的方向。

E　其他注意事项

切勿使仪器在过载状态下工作，当电荷放大器输出或输入电压超过 10V 时，过载指示灯亮，此时应将电荷放大器输出灵敏度调低，否则会使测量值偏低；测量过程中应避开强电场、磁场、高噪声及其他振动源的干扰；必须使用屏蔽电缆，电缆接头牢固，接触良好。

10.2.2.5　振打加速度指标

振打清灰效果不仅决定于振打加速度值，而且和振幅、频率也有密切关系。因此，不能孤立地片面追求大的振打加速度值。

放电极振打要求以不积灰，极线清洁，尖端不"积瘤"为准，不宜太大，否则会损伤极线寿命，造成断线，危及安全运行。

A　确定最小加速度原则

（1）极板（极线）振打清灰最小加速度应能使极板（极线）基本保持清洁，但不是绝对干净。极板（极线）上允许残留的粉尘厚度应根据粉尘比电阻不同而定，一般残留粉尘厚度应小于2mm。

（2）二次电流不再下降，电除尘器供电处于最佳状态。

B　最小振打加速度确定方法

粉尘性质不同，所需要的振打加速度值也不同。即使是同一种粉尘，因温度、烟气成分以及电场强弱不同，所需要的加速度值也不同。例如，同一种粉尘，如果排烟温度相差比较大，即便其他条件相同，所需要的振打加速度值也不同。

确定某种粉尘最小加速度值的方法通常有两种：一种是在一切条件都在仿真情况下做模拟试验；另一种是观察和测量同一种粉尘在电除尘器相似运行工况下的实际运行效果。

目前还缺乏不同燃煤条件下所需要最小振打加速度值的成熟经验和确切数值，往往都是根据经验来确定，谁积累的经验多，谁确定的振打加速度值就更准确。下面介绍世界主要生产电除尘器厂家对最小振打加速度值的观点。

（1）德国鲁奇公司认为燃煤锅炉电除尘器收尘极板最小振打加速度值为 $200g$（$g = 9.81 \text{m/s}^2$，下同）。

（2）日本《粉体学会志》认为，比电阻 $\rho < 10^4 \Omega \cdot cm$ 粉尘，振打加速度约需 $40g$；比电阻 $10^4 \Omega \cdot cm < \rho < 10^{12} \Omega \cdot cm$ 粉尘，振打加速度约需 $100g$ 可以剥落 90% 的粉尘；但高比电阻粉尘，即使振打加速度为 $200g$，粉尘剥落率最大限度也只有 10% 左右，甚至不能剥落。

（3）美国洛奇·科特雷尔公司认为振打清除 6mm 厚粉尘，仅需（$10 \sim 50$）g 即可。

上述各公司提出的最小振打加速度值，都是在各自不同的收尘极和放电极形式、多种不同固定方式、不同结构、不同燃煤、不同粉尘特性条件下提出的，没有普遍意义。

必须指出，极板受冲击后振打加速度 $\alpha = \dfrac{4\pi^2 f^2 d}{1000}$，即振打加速度 α 与极板振动频率 f 和振幅 d 有关，而且 f 与 d 互为函数关系。

美国洛奇·科特雷尔公司认为，在一定振动加速度范围内，应尽量避免振动频率在 10Hz 或 1000Hz 这两个极值上，以保证 99% 以上粉尘能被剥离并落入灰斗。因为频率低、振幅大，粉尘不易从极板上清除下来；相反，频率高、振幅小，粉尘不能成片状剥落，易被烟气携带走，而且加剧振打构件的疲劳。例如，同样是 $20g$ 振打加速度，当 $f = 100 \text{Hz}$，$d = 0.5 \text{mm}$ 时，清灰效果良好，粉尘成片状剥落；而当 $f = 5000 \text{Hz}$，$d = 0.02 \text{mm}$ 时，粉尘由块状击碎成尘雾。上例说明，不能简单地用加速度值大小衡量振打效果的优劣。

10.2.2.6 振打加速度评判

A 计算公式

$$\sigma_r = \sqrt{\frac{\sum_{i=1}^{n}(a_i - a)^2}{(n-1)a^2}} \qquad (10\text{-}25)$$

式中，σ_r 为相对均方根系数；a_i 为测点加速度，m/s^2；a 为被测截面上测点的平均加速度，m/s^2；n 为被测截面上的测点数。

B 评判标准

收尘极板最小加速度值不小于 $1470m/s^2$，且不大于 $1960m/s^2$，螺旋线框架各边上最小加速度值不小于 $1960m/s^2$，且不大于 $2450m/s^2$。管型芒刺线半圆管上最小加速度值不小于 $490m/s^2$，且不大于 $980m/s^2$。

测试平面内相对均方根差系数 σ_r 小于或等于 0.40 为合格。

10.2.3 伏安特性试验

电除尘器运行效率和对粉尘比电阻适应性，通常由运行电压和电晕电流变化情况反映出来，所以测定电晕放电的伏安特性是电除尘器常规试验项目之一。

10.2.3.1 伏安特性试验前准备工作

工业设备伏安特性试验常常直接利用高压整流设备控制柜上的电压表和电流表计量电除尘器各电场的运行电压和电晕电流。由于高压整流设备生产厂在出厂前调试时，一般只用电阻负载对电压表、电流表进行校对。但是电除尘器是容性负载，故在工业设备上进行伏安特性试验时，应对电压表和电流表在带电场负载情况下重新校准。

10.2.3.2 冷态伏安特性试验

研究电除尘器结构，尤其是对放电极线选型，极板、极线匹配试验，都要测定冷态伏安特性。新安装电除尘器投产前，现役电除尘器检修后也经常要测定冷态伏安特性以便检查安装、检修质量，确保电除尘器能顺利投入运行。

进行冷态伏安特性试验时，应在引风机投入运行状态下进行。对新投产电除尘器首次伏安特性试验数据和曲线应存入档案长期保留，供以后检验电除尘器检修质量时校对。

一般说来，经过一段时间运行的放电极尖刺变钝，伏安特性曲线比原始状态曲线沿电压侧坐标向外平移，即在相同电压下电流略减小。如果曲线向外平移很多，往往是放电极积灰（俗称放电极"肥大"）没有清理干净或尖端遭严重腐蚀或电蚀而变秃所致。如果曲线变短，则说明异极距变化，致使闪络提前。对比伏安特性变化，可以发现问题，为消除缺陷提供依据。

10.2.3.3 热态伏安特性试验

运行状态下伏安特性是多变量的函数。其中最重要的影响因素是烟气成分、温度、压力；粉尘成分、物理性质、浓度、粒度；烟气流速；极板极线结构形式和匹配、极间距；供电特性、电压波形等，因此电除尘器在所有的情况都应该进行热态伏安特性试验。

试验要求设备运行稳定，电器参数可调。

试验方法和步骤：电压可从闪络点开始向下降，即每隔 5000V 电压为一个测定点，读取电晕电流值，直到电晕电流为零；然后再上升，也是每个 5000V 电压为一个测定点，直到闪络，将上下测定结果取平均值，绘制成曲线，即伏安特性曲线。

10. 2. 4　收尘极板电流密度及分布均匀性测定

电除尘器的除尘效率和反电晕现象与收尘极板电流密度及其分布均匀性有密切关系。而收尘极板电流密度及其分布均匀性主要受极板和放电极线结构形式、两者匹配和布置方式、运行电压等因素影响。运行状态下还受烟气特性、粉尘理化特性的影响，因此，为避免多因素相互干扰，一般不宜在工业设备上测定，应在冷态模拟条件下进行试验。

10. 2. 4. 1　收尘极板电流密度测定装置

电流密度测定装置如图 10-7 所示，在电流密度测定装置上，一侧装有固定的极板，对应侧有可以移动极板以便调整极距；放电极框架上放电极线可以更换，也可以变更线距。为了避免边缘效应影响，测定电流密度的那块极板应置于中间位置，在测量极板上涂（粘）一层绝缘层，再在绝缘层上粘贴若干条彼此绝缘的铜箔，铜箔的一端焊导线连接到微安表上。测量时稳定施加电压，逐点测量铜箔上的电流值。

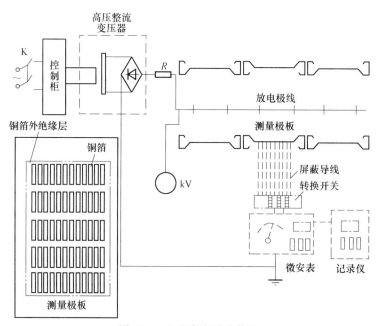

图 10-7　电流密度试验装置

10. 2. 4. 2　电流密度分布均匀性

电流密度分布均匀性同气流分布和振打加速度分布均匀性一样，用相对均方根值表示。σ'_x 表示沿极板水平方向均匀性，σ'_z 表示沿极板高度方向均匀性。

$$\sigma'_x = \frac{\sigma_x}{\bar{j}} \tag{10-26}$$

$$\sigma'_z = \frac{\sigma_z}{\bar{j}} \tag{10-27}$$

式中，σ_x 为 x 方向极板电流密度标准偏差，$\mu A/cm^2$；σ_z 为 z 方向极板电流密度标准偏差，$\mu A/cm^2$；$\bar{j}$ 为平均极板电流密度，$\mu A/cm^2$。

10.2.5 电场特性试验

电晕电场中粉尘的理论驱进速度可用式（10-28）表示：

$$w = \frac{2\varepsilon_0 E_0 E_p}{\mu} \qquad (10\text{-}28)$$

式中，ε_0 为真空介电常数，$8.86\times10^{-12}F/m$；E_0 为荷电空间电场强度，V/m；E_p 为收尘极板附近电场强度，V/m；μ 为气体黏度，$kg/(m \cdot s)$。

由此可知，电场强度大小和分布是影响电除尘器效率的关键因素。工业电除尘器电场测量技术很复杂，它涉及两相介质、空间电荷、三维空间电场的测量技术。目前尚未见成熟经验报道，大多处于无粉尘条件下二维电场测量阶段。

二维电场中空间电位和电场强度只是 x、y 方向函数，假设方向是均匀的。电位是标量，梯度的负值就是电场强度。测得电位后，电场强度也就容易确定了。国际上，在二维电场测量方面有 J. S. Lagarias 的落球法和 Cooperman 的射球法。两者都是利用金属小球穿越电场时荷电，用法拉第筒测量小球的荷电量（q_1），由 $V_G = \dfrac{q_1}{C_{GE}}$ 即可计算出电位和相位的电场强度 E_1。落球法和射球法中的电场强度比较高，小球轨迹偏离较大，测量误差大。

G. W. Penney 和 R. E. Mayick 采用探针法测量电场电位和电场强度。此法要求被测电场中电位在某一方向（z）的一段距离上必须均匀。探针这样定位：沿着探针轴线方向电位是均匀的。如果探针是一根直径均匀的圆线，由于同极离子的运动，每单位长度电荷与探针线直径和被测空间最大场强成正比。探针获得电位超过了没有探针时的空间电位，超过的部分（误差电位）近似与每单位长度电荷量 q_1 成正比，即

$$q_1 = 2\pi d\varepsilon_0 E_1 \qquad (10\text{-}29)$$

式中，ε_0 为真空介电常数，$8.86\times10^{-2}F/m$；d 为探针线直径，m；E_1 为探针所在处电场强度，V/m。

10.3 布袋除尘器特性试验

布袋除尘器具有除尘效率高、结构简单、不受粉尘比电阻影响等优点，随着环保标准的提高，布袋除尘器得到了广泛的应用。布袋除尘器的种类繁多，判断其特性优劣主要参数有滤料理化性能、除尘性能、阻力特性、漏风率、气量分配均匀性等。

10.3.1 滤料理化特性

10.3.1.1 滤料形态特性

A 滤料形态特性内容和指标

滤料形态特性主要包括：滤料单位面积质量、厚度、幅宽和体积密度，它们实际测量值和公称极限值偏差见表 10-1。

表 10-1　实际测量值与公称极限值偏差

项　　目	滤　料　类　型	
	非机织造滤料	机织滤料
单位面积质量/g·m⁻²	±25	±10
厚度/mm	±0.2	±0.1
幅宽/mm	+4	+4
	−1	−1

B　测量方法

机织滤料形态特性以滤料厚度 $t(mm)$、单位面积质量 ω（g/m^2）、幅宽 $b(mm)$ 和织物经纬密度（经向：根/10cm；纬向：根/10cm）表示，测量方法如下：

（1）滤料厚度按 GB 3820《机织物（梭织物和针织物）厚度的测定》测量。

（2）滤料单位面积质量按 GB 4669《机织物单位长度质量和单位面积质量的测定》测量。

（3）滤料幅宽按 GB 4667《机织物幅宽的测定》测量。

（4）滤料织物经纬密度按 GB 4668《机织物密度的测定》测量。

非机织造滤料的形态特性以滤料厚度 $t(mm)$、单位面积质量 $\omega(g/m^2)$、幅宽 $b(mm)$、体积密度 ρ_c（g/cm^3）和孔隙率 $\Delta(\%)$ 表示，测量方法如下：

（1）滤料厚度 $t(mm)$、单位面积质量 ω（g/m^2）、幅宽 $b(mm)$ 按机织滤料测量方法测量。

（2）滤料体积密度按式（10-30）计算：

$$\rho_c = \frac{\omega}{t} \times 10^{-3} \tag{10-30}$$

（3）滤料孔隙率按式（11-31）计算：

$$\Delta = \left(1 - \frac{\omega}{100 t \rho_c}\right) \times 100\% \tag{10-31}$$

式中，Δ 为孔隙率，%；ρ_c 为滤料所用纤维体积密度，g/cm^3；t 为滤料厚度，mm；ω 为单位面积质量，g/m^2。

10.3.1.2　滤料强力和伸长率

A　滤料强力和伸长率定义指标

a　绝对强力（P）

绝对强力即纤维在连续增加的负荷作用下，直至断裂时所能承受的最大负荷称为纤维的绝对强力，强力单位为牛顿（N）。

b　强度极限（σ）

纤维受断裂负荷的作用而断裂时，单位面积上所承受的最大负荷称为纤维的强度极限。强度极限可按式（10-32）计算：

$$\sigma = \frac{P}{A} \tag{10-32}$$

式中，P 为纤维的绝对强力，N；A 为负荷作用前纤维的横截面积，mm^2。

　　c　相对强度（P_T）

　　纤维的绝对强力和细度之比称为相对强度，单位为牛顿/特（N/tex）。

$$P_T = \frac{P}{N_{tex}} \tag{10-33}$$

　　d　平均断裂强度

　　平均断裂强度为

$$\overline{F} = \frac{\sum F_i}{n} \tag{10-34}$$

式中，$\overline{F}$ 为平均断裂强度，N；F_i 为试样断裂强度，N；n 为测量次数。

　　e　纤维断裂伸长率

　　纤维断裂伸长率指纤维在连续增加负荷作用下产生伸长变形之和与试验次数之比。

　　试验次数用式（10-35）表示：

$$\overline{e} = \frac{\sum \Delta l}{n} \tag{10-35}$$

式中，$\overline{e}$ 为平均断裂伸长，mm；$\sum \Delta l$ 为试样断裂伸长之总和，mm；n 为试验次数。

　　伸长强力和伸长率应符合表 10-2 的规定。

表 10-2　滤料强度与伸长率

项　　目		滤 料 类 型	
		普通型	高强低伸型
断裂强力/N	经向	>600	>3000
	纬向	>1000	>2000
断裂伸长率/%	经向	<35	<17
	纬向	<55	<27
经向定负荷伸长率/%	经向	—	<1

　　B　测量方法

　　滤料强力伸长率按 GB 3923《机织物断裂强力和断裂伸长的测定》测量。

　　C　试验步骤

　　（1）按 GB 3923《机织物断裂强力和断裂伸长的测定》的规定，准备能满足名义夹持长度达 200mm，宽度为 50mm 的试样 3 条。

　　（2）将 3 条试样的一端加紧固定，另一端加载 40N。

　　（3）静置 24h 后卸载，取下试样并测量长度。

　　（4）分别计算 3 条试样的伸长率，然后求平均值。

10.3.1.3　滤料透气性

　　当滤料两侧存在压差时，通透空气的性能称为织物透气性。通常采用"透气度"来表示透气性能。透气度是指在织物两侧施加 125Pa 压差时，单位时间流过滤料单位面积的空气体积。纺织行业通常采用 $m^3/(m^2 \cdot s)$。为了与布袋除尘器的过滤速度单位相一致，故改为 $m^3/(m^2 \cdot min)$。

A　滤料透气性极限值

滤料透气性极限值应符合表 10-3 规定。

表 10-3　滤料透气性极限值

滤料类型	非机织造滤料	机织布滤料
透气度极限偏差/%	±25	±15

B　测量方法

透气度使用透气仪测量。透气仪分为低压和中压两种形式。

透气度测量应在不同批次，不同位置进行，测量次数不少于 5 次，平均透气度按式（10-36）计算：

$$\overline{q} = \frac{1}{n}\sum q_i \tag{10-36}$$

式中，q_i 为第 i 个样品透气度，$m^3/(m^2 \cdot min)$。

滤料透气度按 GB 5453《织物透气性试验方法》测量，单位为 $m^3/(m^2 \cdot min)$。

10.3.1.4　滤料静电特性

由于摩擦等原因滤料可能荷电，电荷的积累可使电压达千伏，一旦存在放电条件，就会产生火花，当烟尘中含有易燃易爆性气体时就会引起爆炸，危及设备安全运行。因此降低滤料的荷电性能和提高导电能力就显得十分重要。而测量滤料的静电性能也非常重要。

A　滤料抗静电限值要求

对于抗静电滤料，其静电特性应符合表 10-4 规定。

表 10-4　滤料抗静电特性

滤料抗静电特性	最大限值	滤料抗静电特性	最大限值
摩擦荷电电荷密度/$\mu C \cdot m^{-2}$	<7	表面电阻/Ω	<10^{10}
摩擦电位/V	<500	体积电阻/Ω	<10^9
半衰期/s	<1		

B　测量方法

滤料的静电特性按 GB/T 12703《纺织品静电测试方法》测量。

10.3.1.5　洁净滤料阻力特性

A　滤料阻力特性限值要求

滤料的阻力特性以洁净滤料阻力系数和动态滤尘时的阻力值表示，其数值不超过表 10-5 规定。

B　测量方法

准备直径为 100mm 的滤料试样 3 块。

按下列步骤测定洁净滤料样品的阻力系数：

（1）将洁净滤料样品夹紧在滤料静态测试仪上。

（2）改变滤速，测定 n 种滤速条件下滤料的阻力 $\Delta p_{0i}=1$，2，…，n。

表 10-5　滤料阻力特性

项　目	滤　料　类　型	
	非机织造滤料	机织滤料
洁净滤料阻力系数 c	<10	<20
动态滤尘时阻力 Δp/Pa	<80	<100

洁净滤料阻力系数计算。测量时准备 3 块试样，在标准大气中调试 24h，夹持到滤料静态测量仪上。改变过滤速度，测量 n 种滤速下滤料两面阻力 Δp_i，按式（10-37）计算滤料阻力系数：

$$c = \frac{1}{n}\sum_{i=1}^{n}\frac{\Delta p_{0i}}{U_i} \tag{10-37}$$

式中，U_i 为第 i 次测试时的速度，m/min；Δp_{0i} 为速度为 U 时洁净滤料的阻力，Pa；n 为测定次数。

C　阻力

在过滤速度为 0.2～5.0m/min 状态下气体通过洁净滤料流动的雷诺数很小，流动状态属于层流，阻力可按式（10-38）计算：

$$\Delta p = \frac{120\mu H\alpha_{\mathrm{c}}}{\pi d^2 \phi^{0.58}}v \tag{10-38}$$

式中，v 为滤速，cm/s；d 为纤维直径，cm；H 为纤维层厚度，cm；μ 为气体黏滞系数；α_{c} 为充填系数。

滤料阻力由微压计测量，试验时开启引风机，并达到预先设计的过滤速度，读微压计测量值，即是滤料洁净状态下的阻力。

D　滤料动态阻力

滤料阻力 Δp_{b} 由洁净滤袋阻力 Δp_0、初始粉尘层阻力 Δp_{d0}（初始阻力指不能清除掉粉尘所产生的阻力）和动态粉尘阻力 Δp_{d}（动态阻力指通过清灰可以除掉的粉尘形成阻力，该阻力随容尘量增加而上升，但清灰后趋于零）组成，即 $\Delta p_{\mathrm{b}} = \Delta p_0 + \Delta p_{\mathrm{d0}} + \Delta p_{\mathrm{d}}$。在试验装置上进行测量，采用接近于实际的粉尘，模拟滤袋实际工况发生，同时记录时间与阻力的变化，当阻力趋于稳定后记录下最终阻力，然后清灰。再重新发生，重复上述过程，最少需要进行 5 次试验，5 次试验中最大阻力值即为该试样的最终阻力。

10.3.1.6　滤料静态除尘效率

滤料静态除尘效率测量在试验装置上进行。试验过程是：开启引风机，气体从上口进入管道，经滤料，滤膜和孔板后排出。用微压计测量孔板压差，计算滤料透气量和过滤速度；用微压计测量滤料阻力；调节引风机风量，当滤料阻力达到 130Pa 时，测量的流量即为滤料的透气度。

试验粉尘通常的中位粒径 D_{p50} 为 8～12μm 滑石粉。对每个试样最少发生 10g，粉尘浓度波动控制在 ±20% 之内。每次发尘不少于 30min。发尘结束关闭引风机，取下滤料和滤膜并称重，按式（10-39）计算滤料的静态除尘效率：

$$\eta_{\mathrm{j}} = \frac{\Delta G_{\mathrm{f}}}{\Delta G_{\mathrm{f}} + \Delta G_{\mathrm{m}}} \times 100\% \qquad (10\text{-}39)$$

式中，η_{j} 为滤料静态效率，%；ΔG_{f} 为试验滤料收集的粉尘量，g；ΔG_{m} 为滤膜收集的粉尘量，g。

滤料容尘量为

$$m_{\mathrm{f}} = \frac{\Delta G_{\mathrm{f}}}{A_{\mathrm{f}}} \qquad (10\text{-}40)$$

式中，m_{f} 为滤料容量，$\mathrm{g/m^2}$；A_{f} 为试验滤料过滤面积，$\mathrm{m^2}$。

10.3.1.7　滤料动态除尘效率

A　滤料动态除尘效率

滤料的静态过滤效率是指在形成粉尘层前期对粉尘收集和阻留的能力。而滤料在实际工作中，主要是在形成粉尘层之后，此时滤料对粉尘的收集与阻留就不单单依赖于滤料本身，而更多的是依赖于粉尘层，这是因为粉尘层的收集和阻留的能力很强，通常滤料动态除尘效率高于静态除尘效率。滤料的动态除尘效率真实地反映了过滤材料在工作状态下的除尘效果。因此，测量动态条件下除尘效率非常必要。

按下列步骤进行试验：

（1）制备过滤面积为 $0.02\mathrm{m^2}$ 试验滤袋 3 条。

（2）将一条试验滤袋套在骨架外部，穿过花板固定。

（3）启动送引风机，控制流速为 $(1.0\pm0.1)\mathrm{m/min}$，将 $G_0(\mathrm{g})$ 试验粉尘自发尘口送入除尘器箱体内。

（4）重复过滤清灰操作 5 次，得到 5 个动态除尘效率 $\eta_i (i = 1、2、3、4、5)$，取平均值为滤料动态除尘效率。

B　滤料剥离率

依据测量滤料动态阻力数据，按式（10-41）计算滤料剥离率 P_{d}：

$$p_{\mathrm{d}} = \frac{p_{\mathrm{e}} - \Delta p_{\mathrm{e}}'}{\Delta p_{\mathrm{e}}} \times 100\% \qquad (10\text{-}41)$$

式中，Δp_{e} 为容尘饱和滤袋清灰前阻力（滤袋动态阻力），Pa；$\Delta p_{\mathrm{e}}'$ 为容尘饱和滤袋清灰后阻力（再生滤料阻力），Pa。

滤料动态阻力为

$$\Delta p_{\mathrm{e}} = \Delta p_0 + \Delta p_{\mathrm{d0}} + \Delta p_{\mathrm{d}}$$

令 $$\Delta p_0 = \xi_0 \frac{\mu}{g} v; \quad \Delta p_{\mathrm{d0}} = \alpha m d_0 \frac{\mu}{g} v; \quad \Delta p_{\mathrm{d}} = \alpha m_{\mathrm{d}} \frac{\mu}{g} v$$

则 $$\Delta p_{\mathrm{e}} = \xi_0 \frac{\mu}{g} v + \alpha m_{\mathrm{d0}} \frac{\mu}{g} v + \alpha m_{\mathrm{d}} \frac{\mu}{g} v$$

$$\Delta p = \left[\xi_0 + \alpha (m_{\mathrm{d0}} + m_{\mathrm{d}}) \right] \frac{\mu}{g} v$$

$$\Delta p_{\mathrm{e}}' = \Delta p_0 + \Delta p_{\mathrm{d0}} = (\xi_0 + \alpha m_{\mathrm{d0}}) \frac{\mu}{g} v \qquad (10\text{-}42)$$

式中，ξ_0 为洁净滤料阻力系数；α 为粉尘阻力系数；m_{d0} 为一次粉尘层负荷；m_d 为动态粉尘负荷。

10.3.1.8 滤料疏水性检测

对于烟气湿度大的场合使用布袋除尘器，常发生"糊袋"现象。一旦"糊袋"粉尘很难从滤袋上剥离，造成布袋除尘器阻力上升，严重的使机组带动不了负荷，无法正常工作。为了解决这类问题，通常对滤料进行疏水性处理。为了比较滤料的疏水性，可通过测量滤料的沾水性和浸润角来衡量滤料的疏水性。

滤料沾水性用沾水仪测量，沾水仪喷嘴有凸圆面，其上布置 19 个 $\phi 0.9\text{mm}$ 孔。用 250mL 水注入漏斗后，持续喷淋时间为 $25\sim30\text{s}$。

试验夹持器由两个互相配合的木环或金属环组成，内环外径为 150mm，试样被夹持在其中。试验时将卡环安置在适合的支座上，使其成 45°倾角，试验面中心在喷嘴中心下 150mm 处，试验用水为蒸馏水或去离子水，温度为（20±2）℃或（27±2）℃，相对湿度为 65%±2%。样品应在吸湿状态下调湿平衡，试验前，样品应在标准大气中，使空气畅通的流过样品，直至每 2 小时连续称重，样品质量变化不超过 0.25% 为止。沾水性判断较为复杂，非专业人员很难判断，因此，应由具有经验的技术人员进行测量和判断。

10.3.1.9 滤料耐温性测量

随机剪取滤料样品（尺寸为 500mm×400mm）4 块，按《机织物断裂强力和断裂伸长的测定》（GB 39234）测量其断裂强度 f_0，将其余 3 块平行悬挂于高温烘箱内，以 2℃/min 速率升温至该滤料最高允许使用温度后恒温，并开始计时。用滤料断裂强力 f_i 和初始断裂强力 f_0 计算断裂强力保持率：

$$\lambda_i = \frac{f_i}{f_0} \tag{10-43}$$

国家环保产品认定条件 HJ-T 324—2006 对耐温性能检验技术要求见表 10-6。

表 10-6 耐温滤料检验项目及技术条件

序号	检 验 项 目	考核指标/%
1	24h 加热后强度保持率	≥95
2	72h 加热后强度保持率	≥90
3	100h 加热后强度保持率	≥80

10.3.1.10 滤料耐腐蚀性检测

随机在 3m^2 滤料上剪取 500mm×400mm 试样滤料 5 块。取其中 1 块按《机织物断裂强力和断裂伸长的测定》（GB 3923）测量其断裂强度 f_0；将两块分别淹没于浓 H_2SO_4 和 NaOH 两种溶液中；剩余两块分别淹没于盛有 85℃的浓 H_2SO_4 和 NaOH 两种溶液中恒温浸泡。24 后将他们都取出，用清水充分漂洗，并在通风橱柜中干燥后，再按《机织物断裂强力和断裂伸长的测定》（GB 3923）测量其断裂强度 f_0。按式（10-43）计算断裂强度保持率。测量结果按表 10-7 滤料耐腐蚀性能检验技术要求考核。

表 10-7　滤料耐腐蚀检验项目及技术条件

序号	检 验 项 目	考核指标/%
1	常温定时酸腐蚀后强度保持率	≥85
	85℃定时酸腐蚀后强度保持率	
2	常温定时有机物腐蚀后强度保持率	
	85℃定时有机物腐蚀后强度保持率	

10.3.2　布袋除尘器试验样机性能测量

10.3.2.1　建立试验样机

该试验主要是用于新产品研制和现役布袋除尘器抽样检验，需建立试验装置。试验装置处理风量通常不超过 10000m³/h，要求引风机全压大于 3000Pa。试验样机可设计成一个袋室或一组滤袋，在测量过程中可采用捆扎或封堵部分滤袋的办法来实现测量要求。

10.3.2.2　对试验样机要求

（1）试验装置的给粉机应满足连续和均匀地发送粉尘。

（2）试验装置出、入口按 12m/s 气体流速确定管道直径，宜采用圆形截面，尽量做到进口、出口直径相等。引风机前设置风量调节门或采用直流电机驱动引风机。

10.3.2.3　性能测量

在进行性能测量时需注意如下问题：

（1）应在拟定的清灰强度和清灰周期条件下进行过滤速度、阻力、入口粉尘浓度等主要参数的性能测定。

（2）测量前应使滤袋上残留粉尘达到动态平衡状态。方法是使引风机稳定在最小风量下运行，但能吸入试验粉尘，同时发送粉尘。随着滤袋阻力增加，逐步增大调节风门开度，直到达到试验要求。稳定运行，开始试验。

（3）按新样机提出的技术条件确定试验内容、试验步骤。

10.3.2.4　试验粉尘

在未指定用途和未指定处理粉尘时，可采用中位粒径 d_{p50} 为 8~12μm，几何标准偏差 σ_i 在 2~3 范围内，325 目滑石粉作为试验粉尘。对指定用途的试验样机，采用实际处理粉尘为试验粉尘，并测量其粒径分布和真密度。

10.3.2.5　试验方法

测点布置原则、数量、效率、烟尘排放浓度、阻力、漏风率、烟气量、温度等参数的测量，按本书介绍的方法进行。

10.3.3　布袋式除尘器现场性能测量

10.3.3.1　测量项目

（1）粉尘粒径分布和真密度；

（2）烟气温度；

（3）烟气湿度；

（4）烟气静压；

（5）烟气流量；

（6）烟气含尘浓度；

（7）过滤速度、阻力、除尘效率、排放浓度、漏风率。

10.3.3.2 测量时间

应在布袋除尘器投入商业运行 1 个月后进行。

10.3.3.3 试验方法

按本书介绍的方法进行。

11　超低排放测试技术

我国日益严峻的大气污染形势，日趋严格的国家及地方政策和标准，促进了我国除尘技术的迅猛发展，但同时也给我国现有的测试技术带来了巨大挑战。尤其近年来，随着超低排放工程的陆续投运，各单位也纷纷开展相关测试研究工作，探索并发展一种适用于低浓度环境且科学合理的烟气污染物超低排放测试方法迫在眉睫。

燃煤电厂烟气污染物是指 GB 13223—2011《火电厂大气污染物排放标准》中规定烟尘、SO_2、NO_x 与 Hg 及其化合物。近年来灰霾污染较为严重，烟气中的细颗粒物 $PM_{2.5}$ 与 SO_3 也受到广泛关注。由于 SO_2、NO_x、Hg 及其化合物在烟气中分布较为均匀，我国现有标准 HJ/T 75—2007《固定污染源烟气排放连续监测技术规范》、HJ/T 397—2007《固定源废气检测技术规范》、HJ 543—2009《固定污染源废气　汞的测定　冷原子吸收分光光度法》基本满足超低排放条件下烟气中 SO_2、NO_x、Hg 及其化合物的监测要求。到目前为止，国内低浓度烟气条件下的烟尘、$PM_{2.5}$ 以及 SO_3 的测试方法尚不健全，通过结合已有的研究基础及国外低浓度标准测试方法，对低浓度测试仪器和方法进行探讨并给予简单阐述，旨在为我国燃煤电厂超低排放技术考核及相应标准测试方法的选取提供一定的参考。

11.1　燃煤电厂低浓度烟尘测试方法

烟尘是指在燃料的燃烧、高温熔融和化学反应等过程中形成的漂浮于烟气中的颗粒物，燃煤电厂加装湿法脱硫后，排放烟气中的颗粒物不仅包括烟尘，而且包括湿法脱硫过程中产生的衍生物石膏、液体颗粒物质等，且监测过程中难以区分，因此本章所指烟气中的烟尘除特别注明外，均包括烟尘、石膏等以固体形式存在的颗粒物。

固定源烟尘测试有自动分析和手工分析两种方法，其中自动分析法有光学法（包括光透射和散射两种）、电荷法、β 射线法等，手工分析法主要是指过滤称重法，即通过等速采样的方法，抽取一定体积的烟气，将过滤装置收集到的粉尘进行称重，从而换算得到烟气中烟尘浓度值，该方法是固定源烟尘测试的标准方法。

11.1.1　自动分析法（在线监测方法）

11.1.1.1　光透射法

由于光的透视性，易于实现光电之间的转换和与计算机的连接等，使得基于光学原理的测量方法能够对污染源进行远距离的连续测量。国外早在 20 世纪 70 年代就推出了用于测量烟尘浓度的不透明度测尘仪（浊度计）。

光透射法是基于朗伯—比尔定律而设计的测定烟尘浓度的仪器。当一束光通过含有颗粒物的烟气时，其光强因烟气中颗粒物对光的吸收和散射作用而减弱。

光透射法测尘仪分单光程和双光程两种测尘仪。双光程测尘仪已经广泛地应用于烟尘浓度的测定。从仪器使用的光源看，有钨灯、石英卤素灯光源测尘仪和激光光源测尘仪，激光光源有氦氖气体激光光源和半导体激光光源。钨灯光源寿命较短，半导体激光器（650~670nm）由于具有稳定性高和使用寿命长的特点已经在测尘仪上得到广泛应用。

11.1.1.2　光散射法

光散射法利用颗粒物对入射光的散射作用测量烟尘。当入射光束照射颗粒物时，颗粒物对光在所有方向散射，某一方向的散射光经聚焦后由检测器检测，在一定范围内，检测信号和颗粒物浓度成比例。光散射法可实现对排放源的远距离、实时、在线和连续测量，可直接给出烟气中以 mg/m^3 表示的烟尘排放浓度。

后向散射法测尘仪是光散射法的代表产品，光源可采用近红外或激光二极管，与光透射法相比，仪器安装简单，采用烟道单面安装。

11.1.1.3　电荷法

运动的颗粒与插入流场的金属电极之间由于摩擦会产生等量的符号相反的静电荷，通过测量金属电极对地的静电流就可以得到颗粒的浓度值。一般来说，颗粒浓度与静电流之间的关系并非是线性关系，往往还受到环境和颗粒流动特性影响。目前的研究主要包括：一是从电动力学的角度出发，寻找描述颗粒浓度与静电流之间关系的更加精确的理论计算模型；二是研究不同材料情况下，颗粒摩擦生电的机理和特征。

另外，由于粉尘之间的碰撞和摩擦，粉尘颗粒也会因失去电子而带静电，其电荷量随粉尘浓度、流速的变化而按一定规律变化，电荷量在粉尘的流动中同时形成一个可变的静电场。利用静电感应原理测得静电场的大小及变化，通过信号处理，即可显示一定粉体浓度的数值。

11.1.1.4　β射线法

β射线是放射线的一种，是一种电子流。所以在通过粉尘颗粒时，和颗粒内的电子发生散射、冲突而被吸收。当β射线的能量恒定时，这一吸收量与颗粒的质量成正比，不受其粒径、分布、颜色、烟气湿度等的影响。

测尘仪将烟气中颗粒物按等速采样方法采集到滤纸上，利用β射线吸收方式，根据滤纸在采样前后吸收β射线的差求出滤纸捕集颗粒物的质量。

11.1.1.5　超低排放条件下的测试要求

传统的光、电测尘法不需要抽气采样即可直接测量烟尘浓度，但测量值受颗粒物的直径、分布、烟气湿度等因素的影响较大，需在现场进行浓度标定。由于燃煤电厂超低排放条件下，普遍加装了湿法脱硫，烟气中的液滴含量常常远高于烟尘含量，液滴也被当作颗粒物测量，因此传统的光、电测尘法不适用于超低排放条件下的烟尘测量。为减少液滴对超低排放条件下烟气中烟尘测量的干扰，目前主要采用抽取烟气并进行加热处理，然后采用光、电测尘法对处理后的烟气进行测量，这种测量基本不受烟气中的湿度影响，但测量结果中包括了溶解在液滴中的溶解性固体。

β射线法有效避免了烟尘颗粒大小、分布及烟气湿度对测试结果的影响，其测量的动态范围宽、空间分辨率高。但是由于存在放射性辐射源，容易产生辐射泄漏，因此对现场测量操作人员的素质要求较高。同时，系统需要增加各种屏蔽措施，结构设备复杂且昂贵。β射线法一般适合于对测量有特殊要求的场合。

11.1.2　过滤称重法（参比方法）

过滤称重法是其他烟尘浓度测定方法的校正基准，是烟尘浓度的基本测定方法，即参比方法。该方法通过采样系统从排气筒中抽取烟气，用经过烘干、称重的滤筒将烟气中的颗粒物收集下来，再经过烘干、称重，用采样前后质量之差求出收集的颗粒物质量。测出抽取烟气的温度和压力，扣除烟气中所含水分的量，计算出抽取的干烟气在标准状态下的体积。用颗粒物质量除以气体标态体积，得到烟尘浓度。为减少颗粒物惯性力的影响，标准要求等速采样，即采样仪器的抽气速度与烟道采样点的烟气速度相等。

HJ/T 397—2007《固定源废气监测技术规范》与 GB/T 16157—1996《固定污染源排气中颗粒物测定与气态污染物采样方法》中规定了等速采样原则、采样方法以及维持等速采样的预测流速采样法、动压平衡采样法、静压平衡采样法和皮托管平行测速采样法四种方法。由于这两个标准制定较早，当时的烟尘排放标准限值较为宽松，称重的天平感量为 0.1mg，已不能适应低浓度烟尘的测试要求。

11.1.2.1　引起过滤称重法测试误差的因素分析

过滤称重法的采样、称重过程均较复杂，引起误差的因素和环节也较多，若不注意，很可能会影响结果的准确性。

A　采样误差

a　采样点

选取采样点时，应尽量保证采样点处烟气流速平稳，烟尘浓度均匀。但实际中，由于惯性和烟道形状影响，烟道烟尘分布通常不是均匀对称的，且个别测孔与弯头等扰流源距离较近，流场处于扰流状态，流速及烟尘浓度极不均匀，这会引起较大的测量误差。

b　采样仪器

烟尘测试包括现场各参数及烟尘样品的获取等，包含多种仪表，任何一种装置或仪表不准确，就会引起多项测试结果失真。测试单位应对所用仪器定时进行校准检验，保证仪器性能和测试数据的准确性。

c　采样滤筒

滤筒的质量直接影响烟尘浓度测试的准确性，质量差的滤筒可能存在脱毛、裂纹、孔隙等损坏现象，导致测试结果偏低。因此，采样前需要对滤筒进行针孔检查、质量筛选、失重处理等，剔除不合格的滤筒。

B　称重误差

首先是天平感量，天平感量越低，称量的质量就可以越小，适合采集样品量较少的称量。烟气超低排放情况下能够采样的样品量较少，应采用感量为 0.01mg 的电子天平。我国现有固定源烟尘排放测试的国家标准与行业标准中规定的天平感量均是 0.1mg，因此不适用超低排放情况下对烟气中的烟尘测试。其次，天平称重本身就有估读的数值，样品质量越接近天平感量，估读引起的称量误差也就越大，应首先保证采集足够的样品，质量足够大。再次，一般烟尘采样用的滤筒称重和采样后的称重往往间隔几天或更长时间，因此，天平的游移、称重部件的温度不均衡、称量环境的温度、湿度压力等变化均可能引起称量误差。低浓度烟尘测试的天平最好放置在恒温、恒湿环境中。

C 人为操作误差

过滤称重方法的整个采样称重和计算过程均需要测试人员操作或执行，因此，测试人员操作仪器是否得当、是否按照标准方法、是否有一定的操作经验等，都会影响测试数据的准确性，造成人为操作误差。

11.1.2.2 国外低浓度烟尘过滤称重标准测试方法

国际标准化组织（ISO）、美国材料测试协会（ASTM）分别发布了专门针对低浓度烟尘测试的标准方法，分别为 ISO 12141—2002《固定源排放物-低浓度颗粒物物质（烟尘）的质量浓度测定》与 ASTM D6331-2-13《低浓度下来源于固定源的颗粒物质质量测定的标准试验方法（手工重量计法）》，可为我国固定源的低浓度烟尘测试提供参考。

ISO 12141—2002 测试方法适用于标准状态下烟尘浓度低于 $50mg/m^3$ 的情况，尤其是在 $5mg/m^3$ 左右已经得到验证，ASTM D6331-13 规定的测试范围是烟尘浓度低于 $50mg/m^3$ 的情况。在测定低浓度烟尘时，两种标准主要通过以下 3 种方法提高测量准确度：（1）严格按标准规定的称重步骤操作，确保精确；（2）在常规采样速率下延长采样时间；（3）在常规采样时间内提高采样速率。实际上就是采集足够的样品，在感量更低的天平上进行称量。

A 系统构成

ISO 12141—2002 给出了两种采样系统布置方式，如图 11-1 所示。采样系统主要由采样嘴、过滤装置、泵、采样气体流量计量设备以及控制等速取样装置等构成。根据过滤装置的布置位置，可分为烟道内采样和烟道外采样两种。其中过滤器布置在烟道外时，要求其加热至（160±5）℃。国内标准仅有烟道内采样一种布置方式。对于烟道内采样，采样嘴与过滤装置之间的距离应非常短，将滤膜上游的粉尘沉积减到最少。鉴于烟道采样孔的内径尺寸，过滤装置的外径尺寸一般应小于 50mm，采样流量在 $1 \sim 3m^3/h$。因过滤装置温度一般与管道内烟气温度相同，当烟气中含水滴时，可能会发生过滤装置堵塞现象。

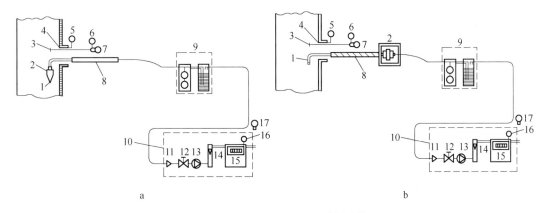

图 11-1 ISO 12141—2002 采样系统

a—烟道内采样系统；b—烟道外采样系统

1—采样嘴；2—过滤器支座；3—皮托管；4—温度探针；5—温度计；6—静压表；7—压差表；
8—支撑管；9—冷却、干燥系统；10—抽气及流量计量设备；11—关闭阀；12—调速阀；
13—泵；14—流量计；15—干燥气体容积计；16—温度计；17—气压计

对于烟道外采样，采样管、支撑管等应可以进行温度控制，以确保将水滴蒸发，减少液滴或酸性雾滴对采样的影响。过滤装置外径一般在 50~150mm 之间，对应的采样流量为 1~10m³/h；当采用大流量采样时，可能会用到其他尺寸的过滤装置。

ASTM D6331-13 同样也给出了两种采样系统布置方式，布置方式同 ISO 12141—2002 类似。其中，当烟气中含有液滴或 SO_3 时，需采用烟道外采样系统，过滤装置加热至 (120 ± 15)℃。

B　采样设备

采样设备主要包括采样嘴、采样泵、滤膜等部件。

a　采样嘴

ISO 12141—2002 对采样嘴尺寸给出了明确规定，如图 11-2 所示。孔径的任何变化应该是逐渐变小的，且锥角应小于 30°；只有在直线长度至少超过 30mm 以后才允许有弯曲，其半径应至少是内径的 1.5 倍。当采用大流量采样时，采样嘴直径一般为 20~50mm。

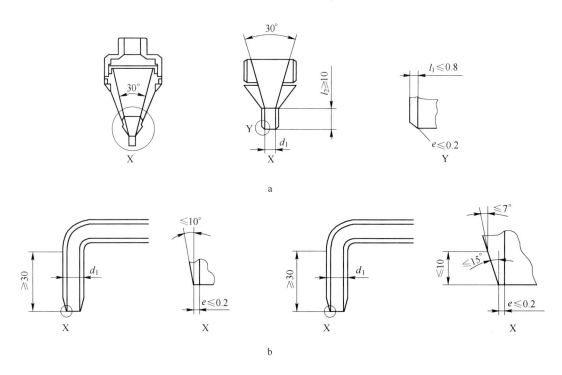

图 11-2　ISO 12141—2002 采样嘴尺寸图
a—烟囱内采样系统对应采样嘴；b—烟囱外采样系统对应采样嘴

GB/T 16157—1996 也给出了采样嘴尺寸的相关规定，要求采样嘴入口角应不大于 45°，与前弯管连接的一端内径应与连接管内径相同，不得有急剧的断面变化或弯曲。入口边缘厚度应不大于 0.2mm，入口直径 d 偏差应不大于 ±0.1mm，其最小直径应不小于 5mm，如图 11-3 所示。

b　采样泵

当采用大流量采样时，采样泵应保证抽气流量在 5~50m³/h。

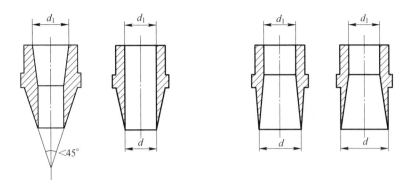

图 11-3 GB/T 16157—1996 采样嘴尺寸图

c 滤膜

ISO 12141—2002 规定，滤膜对于平均粒径为 0.3μm 颗粒的收集效率应大于 99.5%，或平均粒径为 0.6μm 颗粒的收集效率应大于 99.9%。玻璃纤维滤膜可能同酸性气体反应引起质量增加，因此推荐使用石英纤维滤膜、PTFE 滤膜（小于 230℃）。当采用大流量采样时，应避免滤膜破损及其质量损失。

ASTM D6331-13 标准规定，玻璃纤维滤膜对于平均粒径为 0.3μm 的酞酸二辛酯颗粒的收集效率应大于 99.95%。

GB/T 16157—1996 也对滤膜作了相关规定，要求玻璃纤维滤筒对于 0.5μm 颗粒的收集效率应不低于 99.9%，刚玉滤筒对于 0.5μm 颗粒的收集效率应不低于 99%。

C 采样条件

a 采样断面的确定

ISO 12141—2002 规定，采样断面应位于直管道上（最好是垂直管道），应具有恒定的形状与横截面积，应尽可能布置在下游并在任意扰动源（弯头、风机或部分关闭的风门等）的上游。采样位置必须满足：（1）气流与管道轴线之间的角度小于 15°；（2）无局部反向流动存在；（3）气流速度最低为所使用流速测量方法的最小值（如用皮托管，压差应大于 5Pa）；（4）最高与最低局部气流速度之比应小于 3∶1。

满足上述要求的位置通常是：在采样断面上游的长度至少为烟道水力直径的 5 倍，在取样平面下游直线管道则至少为 2 个水力直径。

我国的相关标准也对烟尘的采样位置作了规定，其中，GB/T 16157—1996 要求：采样位置应设置在距弯头、阀门、变径管下游方向不小于 6 倍直径和距上述部件上游方向不小于 3 倍直径处；HJ/T 397—2007 要求：采样位置应设置在距弯头、阀门、变径管下游方向不小于 6 倍直径和距上述部件上游方向不小于 3 倍直径处，当现场空间有限，难以满足该要求时，采样断面与弯头等的距离至少是烟道直径的 1.5 倍。

b 测孔

ISO 12141—2002 规定：测孔尺寸应保证采样设备能顺利通过，建议最小测孔内径为 125mm，或表面积为 100mm×250mm。GB/T 16157—1996 也给出了相应规定，要求测孔内径应不小于 80mm，测孔管长应不大于 50mm。目前，我国燃煤电厂烟道测孔一般采用 GB/T 3091 中的 3 号煤水管（内径为 80mm），这给烟道内采样带来一定困难。

c　数据评价

实验表明，采样后颗粒物可能堆积于滤筒上游的采样设备。颗粒物堆积可能与采样设备的设计、烟气颗粒物的性质有关，但是目前尚无有效方法将堆积的颗粒物降低到可以忽略的水平。ISO 12141—2002 规定：测定低浓度颗粒物时，必须回收、称重过滤器上游采样设备上堆积的颗粒物，过滤器增加的质量与从采样设备上收集的堆积颗粒物质量之和才是实验样品中所含颗粒物的总质量。

静电、滤膜或灰尘的吸湿性、温度变化等都有可能影响称重数据，为提高称重数据的准确性，ISO 12141—2002 规定，采样前、后实验样品需在相同温度、湿度且无污染环境下称重。为测试过程中质量变化的不确定性提供依据，还给出了空白试验的要求，在相同试验地点、相同测试方法但无抽气情况获得实验样品，即总空白值，该值除以平均采样体积，可为整个测试过程中质量变化的不确定性估值提供依据。总空白值应不超过烟尘浓度日排放限值的 10%。当采样值是相应总空白值标准偏差 5 倍以上时，采样数据有效，当采样值低于空白值时，采样数据无效。

总之，对于超低排放工程的低浓度烟尘是可以测准的，但需注意以下几点：

（1）鉴于玻璃纤维可能同酸性气体发生反应，会引起滤筒质量增加，对于测试结果尤其是低浓度测试结果会有一定影响，因此建议滤筒（膜）材质选用 PTFE、石英纤维。

（2）采用大流量、高精度采尘仪。

（3）为保证采集足够的样品质量，对颗粒物浓度低于 $20mg/m^3$ 的烟气，采样体积不得少于 $1m^3$，滤膜的增重应大于 2mg。

（4）使用感量为 0.01mg 天平，以提高样品称量精度，减少称量误差。

（5）采样和称量过程需进行质量控制。

11.2　燃煤电厂烟气中 $PM_{2.5}$ 测试方法

$PM_{2.5}$ 是指环境空气中空气动力学当量直径小于等于 2.5μm 的颗粒物。所谓空气动力学当量直径是指某一种类的粉尘粒子，不论其形状、大小和密度如何，如果它在空气中的沉降速度与密度为 $1g/cm^3$ 的球形粒子的沉降速度一样时，则这种球形粒子的直径即为该种粉尘粒子的空气动力学直径。需要注意，空气动力学当量直径是与颗粒物的密度有关的，如果颗粒物是一个密度大于 $1g/cm^3$ 的球体，那它的空气动力学当量直径要小于其几何直径。空气动力学当量直径的另一个特点是同一空气动力学当量直径的尘粒趋向于沉降在人体呼吸道内的相同区域。

适用于燃煤电厂烟气中 $PM_{2.5}$ 的检测仪器，国内绝大多数采用美国或欧洲进口检测设备，原理大致有三种：重量法、电荷法和光学法。

11.2.1　重量法

固定污染源的 $PM_{2.5}$（一次颗粒物）测试，美国 EPA method 201A、ISO 23210：2009、ISO/DIS 13271：2011、日本 JIS K 0302 等测试方法均以重量法作为标准。重量法是在烟道内等速采样，然后用冲击板或旋风子分离空气动力学直径大于 2.5μm 的颗粒物，$PM_{2.5}$ 则由滤膜或冲击板捕集，然后进行干燥称重。属于这一类的测试仪器有 WY 型冲击式尘粒分级仪、DEKATI PM-10 撞击器、DLPI（Dekati Low Pressure Impactor，低压撞击器）等。这种方法较为直观可靠，可以作为验证其他方法是否准确的标杆，但在烟浓度较低时，该方法需要的采样时间较长，且人工称重程序比较繁琐费时。

11.2.1.1　EPA 方法

EPA 方法 201A 和 EPA 方法 202，是 US EPA 推荐的烟气中不含液滴条件下固定源 $PM_{2.5}$ 一次固态细颗粒物浓度和凝结性细颗粒物浓度的标准测试方法。为了测量含湿量较高的烟气中颗粒物浓度（如 FGD 出口），通常在采样预处理系统中将烟气加热到 120℃以上，在该温度下，烟气中的水分不会凝结以保证烟气中不含液滴。

2010 年修订的 EPA 方法主要的测量原理如图 11-4 所示，通过等速采样嘴进入采样管的烟气首先经过Ⅰ级大气颗粒分割器去除粒径大于 $10\mu m$ 的颗粒物，再经由Ⅱ级颗粒分割器去除粒径为 $2.5\sim10\mu m$ 的颗粒物，最后由滤膜来收集 $PM_{2.5}$，通过称重计算得到一次固态 $PM_{2.5}$ 浓度。经采样系统除去一次固态细颗粒物的烟气进入 EPA 方法 202 测试系统，以鼓泡方式穿过冲击罐中的水，硫酸雾、挥发性有机物等排放到大气会发生冷凝的物质被捕集在水中，最后通过计算得到总的 $PM_{2.5}$ 浓度。

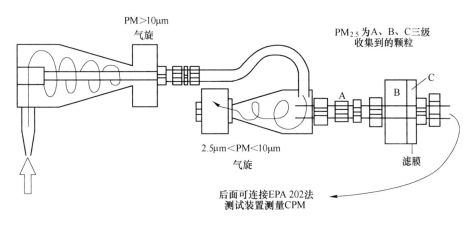

图 11-4　EPA 方法 201A 测量原理

11.2.1.2　ISO 23210：2009 方法

ISO 23210：2009 方法是国际标准化组织 2009 年发布的用于固定源颗粒物浓度测量的标准测试方法，可用其来测量固定源一次固态 $PM_{2.5}$ 浓度，如图 11-5 所示。该方法同样只适用于烟气中不含液滴的条件，与采用气旋原理分离颗粒物的测试方法不同，该法采用撞击器原理分离不同粒径的颗粒物，较大的颗粒物在自身惯性的作用下撞击到撞击器底部的集尘板上。实际操作时，根据每级撞击器对应的需要分离的颗粒物粒径，计算撞击嘴的长度（l_{in}）、撞击嘴的直径（d_{in}）以及撞击嘴与集尘板之间的距离（s），选取相应规格的颗粒撞击器。

ISO 23210：2009 方法具体的工作原理如图 11-6 所示，经等速采样嘴进入采样链的烟气，首先经由Ⅰ、Ⅱ级撞击器分离粒径大于 $10\mu m$ 和粒径介于 $2.5\sim10\mu m$ 的颗粒物，随后由滤膜收集 $PM_{2.5}$，采样结束后，测量滤膜收集到的 $PM_{2.5}$ 质量，计算 $PM_{2.5}$ 质量浓度。

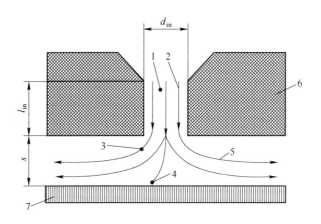

图 11-5　ISO 23210：2009 方法撞击器原理

1—撞击嘴；2—流线；3—气流中剩余的颗粒；4—撞击器收集的颗粒；

5—颗粒轨迹；6—撞击嘴壁面；7—集尘板

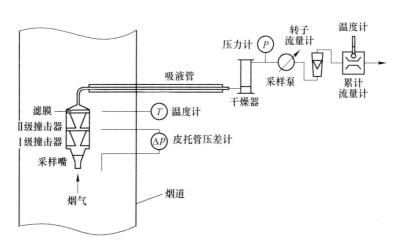

图 11-6　ISO 23210：2009 方法测量原理

11.2.1.3　WY 型冲击式尘粒分级仪

WY 型冲击式尘粒分级仪（包括 WY-1 型、WY-2 型）在国内有比较多的应用，其结构如图 11-7 所示。WY 型冲击式尘粒分级仪由串联的不同直径喷孔及捕集板构成的撞击器组成，基本原理与 ISO 23210：2009 给出的撞击器完全相同。含尘气流经撞击器喷孔喷出遇到其正前方的捕集板时，气流改变方向经专门设计的通道流入下一级，大粒子由于惯性大脱离气流流线撞击到捕集板上被捕集下来，小粒子则随气流进入下一级，又以更高的速度经下一级喷孔将次大的粒子捕集到这级捕集板上，末级撞击器不能捕集的小粒子被捕集到最后一级高效滤纸上，从而可以得出颗粒物的质量分级组成。

WY-1 型分级仪尘粒测量范围为空气动力直径为 $1.1 \sim 42 \mu m$ 的颗粒物，每级接尘板的最大容尘量可达 100mg 左右，测试最高浓度可达 $30 g/m^3$。WY 型，WY-1 型及 WY-2 型的主要区别是其捕集板的级数及其分级粒径的范围有所不同。该仪器适用于测量通风管道、工业烟气和工作环境中粉尘的空气动力直径和粒径分级组成。

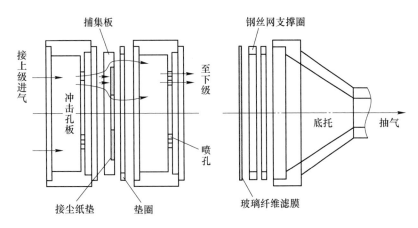

图 11-7　WY 型冲击式尘粒分级仪结构图

11.2.1.4　DEKATI PM-10 撞击器（DEKATI PM-10 Impactor）

DEKATI PM-10 撞击器基本原理是冲击式，两级的 DEKATI PM-10 撞击器测试的粒径范围与 ISO 23210：2009 中描述的两级级联式撞击器一致，即将测定的颗粒划分成三个部分：第一级捕集空气动力学直径大于 10μm 的颗粒；第二级捕集空气动力学直径在 2.5μm 到 10μm 之间的颗粒；第三级滤膜捕集空气动力学直径小于 2.5μm 的颗粒。

这种设备结构简单，携带方便，粒径分级合理，比较适合于现场测试 PM$_{2.5}$。

11.2.1.5　DLPI

DLPI（Dekati Low Pressure Impactor，低压撞击器）是一个 13 段串联的撞击器，应用空气动力学原理将颗粒物在 30nm~10μm 范围内进行划分，小于 30nm 的颗粒被辅助过滤器收集到一个 47mm 的过滤器上，其他规格的颗粒分别被收集在 25mm 的基板上。小的沉积面积与低的损失量使 DLPI 成为比重粒径分析与颗粒化学成分分析的理想工具。

DLPI 可以应用于很多的行业，如烟道测量、大气测量、汽车测量、数学应用等。该仪器 25mm 的收集盘上可以进行化学分析，由于有了过滤器，粒径范围可以扩大到 30nm 以下。

11.2.2　电荷法

电荷法是通过测量颗粒物所带的电荷量来确定其质量。采用电荷法的典型仪器是 ELPI（electrical low pressure impactor，电子低压撞击器）。该仪器同样采用等速采样并用冲击板对颗粒物按粒径大小进行分级。与重量法不同的是，该仪器在颗粒物分级前，需先使颗粒物荷电，然后通过测定颗粒物所带的电荷量再经换算得到其质量。这种方法非常快捷，可以实时得到颗粒物的质量浓度，但 ELPI 直接测量值是颗粒个数浓度值，质量浓度是通过个数乘上体积和密度后获得，为两次转换数据，精度稍差。ELPI 工作原理如图 11-8 所示，含有颗粒的气体样品首先通过单极电晕充电室进行充电，带电的颗粒物被运送到装备有绝缘收集层的低压撞击器上，进入每个层面的带电颗粒物的电流，都可以实时地通过精密电子测量计进行电量测量，最后将电流信号转化为颗粒物粒径（空气动力学上的）分布。电子低压撞击器（ELPI）可以实时地测量 30nm~10μm 的颗粒物分布和粒子浓度。

ELPI 的快速反应使得它对于分析不稳定的颗粒物浓度和粒径分布或者粒径分布的变化来说非常的理想。电子低压撞击器是一个较可靠且易操作的探测仪器，它能够应用在较恶劣的环境中，测量过的颗粒物被收集起来，可以做更进一步的质量分析或成分分析。ELPI现场采样系统图如图 11-9 所示。

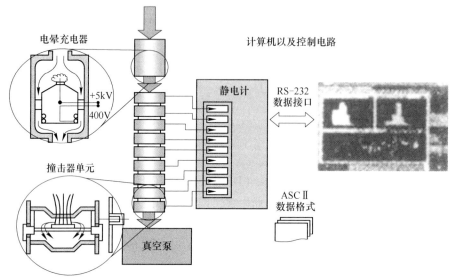

图 11-8　ELPI 工作原理

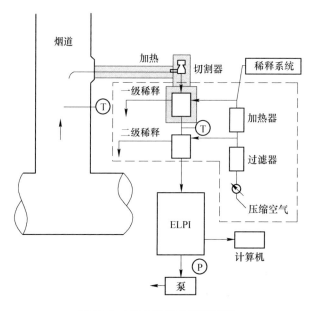

图 11-9　ELPI 现场采样系统图

11.2.3　光学法

光学法是通过测量颗粒物的反射光或透射光来确定颗粒物的粒径与浓度。代表性的有帕莱斯便携式颗粒物检测仪、TSI：APS-3321，通过加速喷嘴使不同粒径的颗粒物获得不同的加速度，然后测量其散射光强度来确定颗粒物的粒径与浓度。这种方法也可以实时得到颗粒物的质量浓度，但同样存在测量精度上的问题。

11.2.3.1 帕莱斯便携式颗粒物检测仪

帕莱斯便携式颗粒物检测仪可同时测量 PM_1、$PM_{2.5}$、PM_4、PM_{10}、TSP 质量或数量浓度，可以从 $0.18 \sim 18\mu m$ 的范围内选择最多 64 个等级分析粒径分布，时间分辨率可在 $1s \sim 24h$ 内任意设定。

当烟气中的粉尘通过光路的光敏感区时，粉尘的散射光量与它的质量浓度成正比，用单位时间内散射光的累计值表示出悬浮粉尘的相对质量浓度，并通过转化系数，计算出粉尘的质量浓度。

11.2.3.2 TSI：APS-3321

TSI:APS-3321 型空气动力学粒度仪测定气溶胶颗粒的空气动力学粒径，并给出气溶胶数量浓度、表面积浓度、体积浓度及质量浓度随粒径的分布情况。该仪器测定每一粒子通过两束近距离激光束的飞行时间，以此换算粒子的动力学粒径。测试粒径范围：$0.5 \sim 20\mu m$（空气动力学直径），$0.37 \sim 20\mu m$（光散射直径）。

目前光学法在燃煤电厂 $PM_{2.5}$ 测试中的应用较少，仍需进一步研究。

11.3　燃煤电厂烟气中 SO_3 测试方法

SO_3 毒性要比 SO_2 大 10 倍，它是电厂蓝烟、黄烟的罪魁祸首，也是酸雨形成的主要原因之一。SO_3 形成亚微米级的 H_2SO_4 酸雾，通过烟囱排入大气，进而形成二次颗粒硫酸盐，这也是大气中 $PM_{2.5}$ 的重要来源之一。另外，SO_3 还可能引起设备腐蚀或与 NH_3 反应生成 $(NH_3)_2SO_4$ 和 NH_3HSO_4，引起 SCR 催化剂失活。美国、英国、日本等发达国家已有相应的 SO_3 排放标准。

11.3.1 国内外 SO_3 测试标准

目前，国内关于 SO_3 测试的标准有：GB/T 16157—1996、DL/T 998—2006、GB/T 21508—2008、HJ 544—2009 等，见表 11-1。目前普遍参照标准 DL/T 998—2006 中附录 A "烟气中 SO_3 的测试的相关规定" 进行测试。

表 11-1　我国现行固定源烟气中 SO_3 测试相关标准

标 准 号	标 准 名 称
GB/T 16157—1996	固定污染源排气中颗粒物测定与气态污染物采样方法
DL/T 998—2006	石灰石—石膏湿法烟气脱硫装置性能验收试验规范
GB/T 21508—2008	燃煤烟气脱硫设备性能测试方法
HJ 544—2009	固定污染源废气硫酸雾的测定离子色谱法（暂行）

美国、日本等国家均发布了关于大气或烟气中 SO_3 的测试标准方法，如美国的 EPA-8、ANSI/ASTM D4856—2001、日本的 JIS K0103—2005，见表 11-2。

表 11-2　国外固定源 SO_3 测试标准

标　准　号	标　准　名　称
EPA-8	固定源硫酸雾和 SO_2 测定
EPA-8	硫酸盐回收炉硫酸蒸气或雾和 SO_2 测定
ANSI/ASTM D4856—2001	工作场所硫酸雾测定（离子色谱法）
JIS K0103—2005	烟气中总硫氧化物的分析方法

11.3.2　采样方法

SO_3 化学性质较为活泼，且与 SO_2 相比在烟气中的含量相对较低，因此，在采样过程中如何有效收集并避免 SO_2 的干扰是采样的关键。

基于等速采样，利用采样枪从烟道中抽取烟气，并对采样枪进行保温加热，防止 SO_3 在管壁冷凝，后接过滤器以过滤烟气中粉尘，之后接 SO_3 收集装置，然后是干燥装置泵、流量计。其中 SO_3 收集方法有冷凝法和吸收法两种。

（1）冷凝法。SO_3 冷凝法收集装置一般为恒温蛇形管或螺旋管形式，可通过恒温水浴来控制冷凝装置温度，温度不宜低于 60℃，主要是防止 SO_2 也发生冷凝。DL/T 998—2006、ANSI/ASTM D4856—2001、JIS K0103—2005 均属于该方法，但日本 JIS 标准中并未给出温度要求。

（2）吸收法。吸收法指的是通过在冰浴中用 80% 异丙醇作为吸收剂，直接吸收烟气中 SO_3，异丙醇可有效吸收 SO_3 并防止 SO_2 氧化，之后接 3% H_2O_2 洗气瓶以吸收烟气中 SO_2。EPA-8 属于该方法。

11.3.3　硫酸根测定方法

冷凝法收集 SO_3 后，通过洗液冲洗，对于水溶液中低浓度 SO_4^{2-} 进行测定，并根据采样体积折算烟气中 SO_3 浓度。水溶液中低浓度 SO_4^{2-} 测定方法主要有：重量法、铬酸钡光度法、离子色谱法、浊度法、容量滴定法等。其中重量法是 ISO 787-13—2002 中的使用方法，但该方法操作繁琐、过程冗长、难以操作；而铬酸钡光度法也存在类似的缺点；离子色谱法检测相对方便，准确性也高，但设备投资费用高，难以普及；而相对来说浊度法和容量滴定法使用较为普遍。对于异丙醇溶液中的 SO_2 可通过钍试剂进行滴定。

11.3.4　烟气协同治理技术路线中 SO_3 测试方法探讨

电除尘器前布置了热回收器（WHR），将烟气温度降低至酸露点以下，此时烟气中 SO_3 冷凝成硫酸雾且绝大部分会被吸附在粉尘表面，因此，若在热回收器前布置测点，直接采样为气态 SO_3，而若在热回收器之后布置测点，则直接采样为硫酸雾。对于气态 SO_3 浓度的测定可按标准 GB/T 21508—2008《燃煤烟气脱硫设备性能测试方法》或 D/T 998—2006《石灰石—石膏湿法烟气脱硫装置性能验收试验规范》执行。对于在有粉尘条件下，且粉尘已吸附了一定量的 SO_3，此时如何测定低浓度的硫酸雾，目前尚无标准测试方法。

参 考 文 献

[1] 祁君田，党小庆，张滨渭．现代烟气除尘技术［M］．北京：化学工业出版社，2008.

[2] 向晓东，等．除尘理论与技术［M］．北京：冶金工业出版社，2013.

[3] 张殿印，刘瑾．除尘设备手册［M］．北京：化学工业出版社，2019.

[4] 陆建刚．大气污染控制工程［M］．2 版．北京：化学工业出版社，2016.

[5] 郦建国．燃煤电厂烟气超低排放技术［M］．北京：中国电力出版社，2015.

[6] 张殿印．除尘工程师手册［M］．北京：化学工业出版社，2019.

[7] 陈国榘，胡健民．除尘器测试技术［M］．北京：水利电力出版社，1988.

[8] 张殿印，王纯．除尘器手册［M］．2 版．北京：化学工业出版社，2015.

[9] 赵海宝，黄俊．低低温电除尘器［M］．北京：化学工业出版社，2018.

[10] 王纯，张殿印．除尘工程技术手册［M］．北京：化学工业出版社，2016.

[11] 陈奎续．电袋复合除尘器［M］．北京：中国电力出版社，2015.

[12] 薛勇．滤筒除尘器［M］．北京：科学出版社，2014.

[13] 中国环境保护产业协会电除尘委员会．电除尘器选型设计指导书［M］．北京：中国电力出版社，2013.

[14] 原永涛，等．火力发电厂电除尘技术［M］．北京：化学工业出版社，2004.

[15] 张殿印，王纯．除尘工程设计手册［M］．北京：化学工业出版社，2010.

[16] 全国环保产品标准化技术委员会．环保装备技术丛书　袋式除尘器［M］．北京：中国电力出版社，2017.

[17] 孙超凡，楼波，龙新峰．大型电袋复合除尘器运行特性与优化［M］．北京：中国电力出版社，2016.

[18] 张殿印，顾海根，肖春．除尘器运行维护与管理［M］．北京：化学工业出版社，2015.

[19] 马春元，常景彩，崔琳，等．新型电极湿式静电除尘技术研究［M］．北京：科学出版社，2018.

[20] 张殿印，王海涛．除尘设备与运行管理［M］．北京：冶金工业出版社，2010.

[21] 向晓东．现代除尘理论与技术［M］．北京：冶金工业出版社，2002.

[22] 胡满银，雷应奇．燃煤电厂袋式除尘器［M］．北京：中国电力出版社，2010.

[23] 陈明绍，等．除尘技术的基本理论与应用［M］．北京：中国建筑工业出版社，1981.

[24] 中国石化集团上海工程有限公司．除尘器［M］．北京：化学工业出版社，2008.

[25] 国电太原第一热电厂．除灰除尘系统和设备［M］．北京：中国电力出版社，2008.

[26] 胡满银，赵毅，刘忠．除尘技术［M］．北京：化学工业出版社，2006.

[27] 胡志光，胡满银，常爱玲．火电厂除尘技术［M］．北京：中国水利水电出版社，2005.

[28] 向晓东．气溶胶科学技术基础［M］．北京：中国环境科学出版社，2012.

[29] 胡志光．电除尘器运行及维修［M］．北京：中国电力出版社，2004.

[30] 于正然，等．烟尘烟气测试实用技术［M］．北京：中国环境科学出版社，1990.